KB144180

개정5판

최신 관광법규론

핵심예상 문제 수록

조진호 · 박영숙 공저

개정5판 머리말

코로나 바이러스 감염증19로 인해 관광산업 전반이 침체하고, 코로나19의 대유행과 장기화로 인해 관광산업계 및 관련 상권이 직격탄을 맞고 고심하고 있던 상황에서, 정부 당국의 발빠른 대응으로 관련 정책 추진과 법제화를 서둔 결과로 외래관광객 수가 팬데믹 이전의 수준까지 회복되어 2022년에 들어서 전년대비 약 319만 8천명 증가하는 성과가 있었다고 보고되고 있다. 이와 같은 관광환경의 발전적 변화에 주목하면서, 이번 책 개정에서 2023년 12월 말까지의 개정된 관광관련 법규 규정들을 빠짐없이 반영하려고 노력하였으나, 그래도 미비한 부분이 많음을 시인하면서 그 보완은 다음 기회로 미루고자 하오니, 독자들의 양해를 바랄 뿐이다.

언제나 그랬듯이 저자로서는 최선의 노력을 기울였다고는 하지만, 그럼에도 미비한 부분에 대하여는 관심있는 분들의 조언을 받아 앞으로 끊임없이 수정·보완해 나가겠음을 약속드린다.

이번에도 이 책의 개정판 출판에 각별히 애써주신 진욱상 회장님께 무한한 감사를 드리며, 아울러 진성원 상무님을 비롯한 임직원 여러분에게도 감사를 드린다.

2024년 1월
조진호 씀

개정4판 머리말

본서의 개정3판을 펴낸 후 불과 2년여의 세월이 흐르는 사이에 급격한 사회변동과 함께 많은 관광관련 법제도가 개정 또는 폐지되거나 새로운 제정이 있었다. 더욱이 지난 2년 사이에 코로나 바이러스 감염증-19로 인해 관광산업 전반이 침체되고, 코로나19의 대유행과 장기화로 관광진흥의 기반악화가 우려되면서, 감염병 등에 대한 장기적이고 지속적인 관광시설 관리 및 예방대책 수립의 필요성이 제기되었다.

이에 정부는 「관광기본법」을 비롯하여 「관광진흥법」, 「관광진흥개발기금법」, 「국제회의산업법」 등에서 그 대응책을 법제화하고 있는데, 그중에서 몇 가지만 소개하고자 한다.

① 최근 들어 「감염병의 예방 및 관리에 관한 법률」에 따른 제1급 감염병 확산으로 매출액이 감소하여 관광진흥개발기금에 납부금을 내기 어려운 카지노사업자들을 대상으로 납부기한을 연장할 수 있도록 하는 근거를 마련하였고(신설 2021.3.23.),

② 야영장업의 활성화를 도모하기 위하여 폐지된 학교의 시설과 재산을 활용하여 야영장업을 하려는 경우, 지금까지는 폐지되어 민간 등에 매각되지 않은 공립학교의 경우에만 완화된 야영장업 등록기준을 적용하도록 했으나, 앞으로는 폐지되어 민간 등에 매각된 공립학교나 폐지된 사립학교 등의 경우에도 완화된 야영장업 등록기준을 적용하도록 하였다(개정 2021.8.10.).

③ 감염병 확산으로 경계 이상의 위기경보가 발령된 경우, 현재는 등급결정기관이 호텔업의 등급결정을 문화체육관광부장관이 정하여 고시하는 기간까지 연장할 수 있도록 했으나, 앞으로는 기존의 호텔업 등급결정의 유효기간을 연장할 수 있도록 하여 해당 기간 동안 별도의 등급결정 절차를 밟지 않아도 되도록 하였다(개정 2021.12.31.).

④ 특별관리지역 지정제도의 실효성을 제고하기 위하여 특별관리지역을 지정·변경 또는 해제할 때에는 문화체육관광부장관과의 협의를 거치도록 의무화하였

으며(신설 2021.4.13.),

⑤ 시·도지사로 하여금 관광특구를 지정함에 있어 지정요건에 맞지 아니하거나 추진실적이 미흡한 관광특구에 대하여는 지정취소·면적조정·개선권고 등 필요한 조치를 의무화하도록 함으로써 관광특구 평가의 효과성을 담보하도록 하였다(신설 2021.4.13.).

⑥ 최근 들어 코로나 감염증의 대유행과 장기화로 인해 관광업계 및 관련 상권이 직격탄을 맞고 있는 상황에서, 관광정책도 포스트 코로나 시대를 대비해야 한다는 목소리가 지속적으로 제기되면서, 정부가 추진 중인 스마트관광산업의 육성 관련 규정을 마련하여(관광진흥법 제47조의8 〈신설 2021.6.15.〉) 새로운 시대에 대비한 스마트관광산업을 안정적으로 육성할 수 있도록 하였다.

언제나 그랬듯이 이 책을 펴냄에 있어서 기쁨보다는 출판 후 평가에 대한 두려움이 앞선다. 물론 저자로서는 최선의 노력을 기울인 작품이라고 자위하지만, 그 평가는 별개의 문제이기 때문이다. 어떻든 평가부분에 대하여는 겸허히 받아들이고, 앞으로 관심있는 분들의 조언을 받아 끊임없이 수정·보완해 나가겠음을 약속드린다.

끝으로 출판계의 어려움에도 불구하고 이 책의 개정판 출간을 흔쾌히 맡아주신 백산출판사 진욱상 회장님께 깊은 감사를 드리며, 미래지향적·창조적 사고로 출판문화 창달에 고심노력하시는 진성원 상무님과 김호철 부장님을 비롯한 편집부 임직원 여러분에게도 감사를 드린다.

2023년 1월

조진호 씀

차례

제1편 관광법규론 서설

제1장 관광법규의 기초이론

제1절 법이란 무엇인가 ········· 19
Ⅰ. 사회생활과 규범 ········· 19
Ⅱ. 법이란 무엇인가 ········· 19
Ⅲ. 법의 특성 ········· 20
제2절 법과 다른 사회규범 ········· 21
Ⅰ. 법과 도덕 ········· 21
Ⅱ. 법과 관습 ········· 22
Ⅲ. 법과 종교 ········· 22
제3절 법의 이념(목적) ········· 23
Ⅰ. 정 의 ········· 23
Ⅱ. 합목적성 ········· 24
Ⅲ. 법적 안정성 ········· 25
Ⅳ. 법이념(法理念)의 상호관계 ········· 25
제4절 법의 존재형식 ········· 26
Ⅰ. 법원의 의의 ········· 26
Ⅱ. 성문법 ········· 26
Ⅲ. 불문법 ········· 28

제5절 법의 분류 ······ 30
Ⅰ. 자연법과 실정법 ······ 30
Ⅱ. 우리나라의 법체계 ······ 31
Ⅲ. 실정법의 분류 ······ 32

제6절 법의 효력 ······ 34
Ⅰ. 법의 실질적 효력 ······ 34
Ⅱ. 법의 형식적 효력 ······ 35

제7절 법의 적용과 해석 ······ 39
Ⅰ. 법의 적용 ······ 39
Ⅱ. 법의 해석 ······ 40

제8절 권리·의무와 법률관계 ······ 43
Ⅰ. 법률관계 ······ 43
Ⅱ. 권 리 ······ 43
Ⅲ. 의 무 ······ 47

제2장 관광법규의 생성과 그 체계

제1절 관광법규의 생성과 구조 ······ 50
Ⅰ. 관광법규의 생성 ······ 50
Ⅱ. 관광법규의 성격 ······ 51
Ⅲ. 관광법규의 구조 ······ 52
1. 협의의 관광법규/52
2. 광의의 관광법규/52

제2절 관광법규의 변천과정 ······ 53
Ⅰ. 개 요 ······ 53
Ⅱ. 변천과정 ······ 54
1. 「관광사업진흥법」의 제정/54
2. 「관광기본법」의 제정/54

3. 「관광사업법」의 제정/55
4. 「관광단지개발촉진법」의 제정/55
5. 「관광진흥법」의 제정/55
6. 「관광진흥개발기금법」의 제정/56
7. 「올림픽대회 등에 대비한 관광숙박업 등의 지원에 관한 법률」의 제정/56
8. 「국제관광공사법」과 「한국관광공사법」의 제정/57
9. 「관광숙박시설지원 등에 관한 특별법」의 제정/57
10. 「관광숙박시설 확충을 위한 특별법」의 제정/57
11. 「국제회의산업 육성에 관한 법률」의 제정/58
12. 「외식산업 진흥법」의 제정/58

제3장 관광행정조직과 관광기구

제1절 관광행정조직 ········· 59

Ⅰ. 우리나라 관광행정의 전개과정 ········· 59
Ⅱ. 중앙관광행정조직 ········· 60
1. 서 설/60
2. 대통령/60
3. 국무회의/60
4. 국무총리/61
5. 문화체육관광부장관/61
Ⅲ. 지방관광행정조직 ········· 63
1. 국가의 지방행정기관/63
2. 지방자치단체의 관광행정사무/64

제2절 관광기구 ········· 67

Ⅰ. 한국관광공사 ········· 67
Ⅱ. 한국문화관광연구원 ········· 70
Ⅲ. 지역관광기구 ········· 72
1. 경상북도문화관광공사/72
2. 경기관광공사/72
3. 서울관광마케팅주식회사/73
4. 인천관광공사/73
5. 제주관광공사/73
6. 대전마케팅공사/74
7. 부산관광공사/74

제2편 관광진흥의 기본방향과 시책

제1장 관광기본법

제1절 관광행정의 목표 ········· 77
Ⅰ. 관광기본법의 제정배경 ········· 77
Ⅱ. 관광기본법의 성격 ········· 78
Ⅲ. 관광기본법의 목적 [제1조] ········· 80
제2절 관광진흥시책의 강구 등 ········· 83
Ⅰ. 정부의 시책 [제2조] ········· 84
Ⅱ. 관광진흥계획의 수립 [제3조] ········· 84
Ⅲ. 연차보고 [제4조] ········· 86
Ⅳ. 법제상의 조치 등 [제5조] ········· 86
Ⅴ. 지방자치단체의 국가시책 협조 [제6조] ········· 88
Ⅵ. 외국관광객의 유치 [제7조] ········· 89
Ⅶ. 관광시설의 개선 [제8조] ········· 92
Ⅷ. 관광자원의 보호 등 [제9조] ········· 93
Ⅸ. 관광사업의 지도·육성 [제10조] ········· 94
Ⅹ. 관광종사자의 자질 향상 [제11조] ········· 95
Ⅺ. 관광지의 지정 및 개발 [제12조] ········· 96
Ⅻ. 국민관광의 발전 [제13조] ········· 97
XIII. 관광진흥개발기금의 설치 [제14조] ········· 99
XIV. 국가관광전략회의의 설치·운영 [제16조] ········· 99

제2장 관광진흥개발기금법

제1절 관광진흥개발기금의 설치 ········· 101
Ⅰ. 기금의 설치 ········· 101
Ⅱ. 기금의 재원 ········· 102

제2절 관광진흥개발기금의 관리 및 운용 ···· 104
Ⅰ. 기금의 관리 ···· 104
Ⅱ. 기금의 용도 ···· 104
Ⅲ. 기금의 운용 ···· 108
Ⅳ. 기금대여업무 ···· 109
Ⅴ. 기금의 회계 ···· 111
Ⅵ. 출국납부금 부과·징수업무의 위탁 ···· 112
Ⅶ. 기금의 관리·운용 민간전문가의 공무원 의제 ···· 113
제3절 제주특별자치도에서의 '기금' 등에 관한 특례 ···· 113
1. 제주관광진흥기금의 설치목적/113
2. 제주관광진흥기금의 재원/114
3. 제주관광진흥기금의 관리/114
4. 제주관광진흥기금 운용계획안의 수립/114
5. 관광진흥개발기금법의 준용/114

제3편 관광진흥법

제1장 총 칙

제1절 관광진흥법의 제정목적 등 ···· 117
Ⅰ. 관광진흥법의 제정목적 ···· 117
Ⅱ. 목적달성을 위한 정책수단 ···· 117
Ⅲ. 제주자치도에서의 관광진흥의 특례 ···· 119
제2절 관광진흥법상의 용어에 대한 정의 ···· 120
1. 관광사업/120
2. 관광사업자/120
3. 기획여행/120
4. 회 원/120
5. 공유자/120
6. 관광지/121

7. 관광단지/121
8. 민간개발자/121
9. 조성계획/121
10. 지원시설/121
11. 관광특구/121
12. 여행이용권/122
13. 문화관광해설사/122

제2장 관광사업

제1절 총 칙 ········· 123

Ⅰ. 관광사업의 종류 ········· 123
1. 여행업/124
2. 관광숙박업/125
3. 관광객이용시설업/132
4. 국제회의업/140
5. 카지노업/142
6. 유원시설업/143
7. 관광편의시설업/143

Ⅱ. 관광사업의 등록·허가 등 ········· 147
1. 관광사업의 등록/147
2. 관광사업의 허가/152
3. 관광사업의 신고/153
4. 관광사업의 지정/154

Ⅲ. 관광사업자의 결격사유 ········· 157

Ⅳ. 관광사업의 경영 ········· 160

제2절 여행업 ········· 165

Ⅰ. 여행업의 의의와 종류 ········· 165

Ⅱ. 여행업자의 보험의 가입 등 ········· 165

Ⅲ. 기획여행의 실시 ········· 167

Ⅳ. 외국인 의료관광의 활성화 ········· 168

Ⅴ. 국외여행 인솔자 ········· 171

Ⅵ. 여행계약 등 ········· 172

제3절 관광숙박업 및 관광객이용시설업 등 ········· 174

Ⅰ. 사업계획의 승인 ········· 174

Ⅱ. 관광숙박업 등의 등록심의위원회 ········· 181

Ⅲ. 관광숙박업 등의 등급 ········ 184
Ⅳ. 관광숙박업 등의 분양 및 회원모집 ········ 189

제4절 카지노업 ········ 194

Ⅰ. 카지노업의 허가 등 ········ 194
Ⅱ. 카지노업의 영업 및 관리 ········ 205
Ⅲ. 카지노사업자 등의 준수사항 ········ 211
Ⅳ. 카지노사업자의 관광진흥개발기금 납부의무 ········ 214

제5절 유원시설업 ········ 216

Ⅰ. 유원시설업의 허가 및 신고 ········ 216
Ⅱ. 유원시설 등의 관리 ········ 222

제6절 관광편의시설업 ········ 228

Ⅰ. 관광편의시설업의 의의와 종류 ········ 228
Ⅱ. 관광편의시설업의 지정 ········ 228

제7절 관광사업의 영업에 대한 지도·감독 ········ 232

Ⅰ. 등록취소 등의 행정처분 ········ 232
Ⅱ. 폐쇄조치 등 ········ 238
Ⅲ. 관광사업자에 대한 과징금의 부과 ········ 239

제8절 관광종사원 ········ 242

Ⅰ. 관광종사원의 자격 ········ 242
Ⅱ. 관광종사원의 교육 ········ 256

제3장 관광사업자단체

제1절 한국관광협회중앙회 ········ 257
Ⅰ. 설 립 ········ 257
Ⅱ. 주요 업무 ········ 258
제2절 관광협회의 종류 ········ 260
Ⅰ. 지역별 관광협회 ········ 260
Ⅱ. 업종별 관광협회 ········ 260
1. 한국여행업협회/260
2. 한국호텔업협회/261
3. 한국종합유원시설협회/262
4. 한국카지노업관광협회/263
5. 한국휴양콘도미니엄경영협회/263
6. 한국외국인관광시설협회/264
7. 한국MICE협회/264
8. 한국PCO협회/265
9. 한국관광펜션업협회/265
Ⅲ. 기타 관광사업체 ········ 266
1. 한국골프장경영협회/266
2. 한국스키장경영협회/267
3. 한국공예·디자인문화진흥원/267

제4장 관광의 진흥과 홍보

제1절 관광정보의 활용 ········ 268
Ⅰ. 관광정보의 활용 ········ 268
Ⅱ. 국제관광기구와의 협력 ········ 268
Ⅲ. 관광통계의 작성 ········ 275

제2절 관광홍보 및 관광자원개발 …… 276
Ⅰ. 관광홍보 …… 276
Ⅱ. 관광자원개발 …… 277
Ⅲ. 국민의 관광복지 증진사업 …… 277
Ⅳ. 관광산업의 국제협력 및 해외시장 진출 지원 …… 281
Ⅴ. 관광산업 진흥사업 추진 …… 281
Ⅵ. 스마트관광산업의 육성 …… 281
Ⅶ. 지역축제 등 …… 282
Ⅷ. 지속가능한 관광활성화 …… 283

제3절 문화관광해설사 …… 285
Ⅰ. 문화관광해설사의 양성 및 활용계획 등 …… 285
Ⅱ. 관광체험교육프로그램 개발·보급 …… 285
Ⅲ. 문화관광해설사 양성교육과정의 개설·운영 …… 286
Ⅳ. 문화관광해설사의 선발 및 활용 등 …… 287
Ⅴ. 문화관광해설사 관련업무 수탁기관 임·직원의 공무원 간주 …… 288

제4절 지역관광협의회 …… 289
Ⅰ. 설 립 …… 289
Ⅱ. 주요 업무 및 경비충당 …… 289

제5절 한국관광 품질인증제도 …… 290
Ⅰ. 한국관광 품질인증 및 지원 등 …… 290
Ⅱ. 한국관광 품질인증의 취소 …… 292
Ⅲ. 한국관광 품질인증 및 취소에 관한 업무규정 …… 293
Ⅳ. 일·휴양연계관광산업의 육성 …… 293

제5장 관광지등의 개발

제1절 관광지 및 관광단지의 개발 ······ 294

Ⅰ. 관광개발계획 ······ 294
Ⅱ. 관광지등의 지정 ······ 300
Ⅲ. 관광지 및 관광단지의 조성 ······ 303
Ⅳ. 관광지등의 관리 ······ 325

제2절 관광특구 ······ 327

Ⅰ. 관광특구의 지정 ······ 327
Ⅱ. 관광특구진흥계획 ······ 330
Ⅲ. 관광특구에 대한 지원 ······ 333
Ⅳ. 관광특구 안에서의 다른 법률에 대한 특례 ······ 333

제6장 보칙 및 행정벌칙

제1절 보 칙 ······ 335

Ⅰ. 관광관련 사업에 대한 재정지원 ······ 335
Ⅱ. 감염병 확산 등에 따른 관광진흥개발기금의 지원 ······ 337
Ⅲ. 청문의 실시 ······ 337
Ⅳ. 보고 및 검사 ······ 338
Ⅴ. 수수료 ······ 339
Ⅵ. 권한의 위임 및 위탁 ······ 340

제2절 행정벌칙 ······ 343

Ⅰ. 행정벌의 의의 ······ 343
Ⅱ. 행정형벌 ······ 343
Ⅲ. 행정질서벌(과태료) ······ 347

제4편 국제회의산업의 육성시책

◈ 국제회의산업 육성에 관한 법률 ◈

제1절 총 설 ··· 353
Ⅰ. 국제회의산업 육성에 관한 법률의 제정목적 ··· 353
Ⅱ. 국제회의 ··· 354
Ⅲ. 국제회의시설 ··· 359

제2절 국제회의산업의 육성 ··· 361
Ⅰ. 국제회의산업의 정의 ··· 361
Ⅱ. 국제회의산업 육성을 위한 국가 및 정부의 책무 ··· 361
1. 행정상·재정상의 지원조치 강구/361
2. 국제회의 전담조직의 지정 및 설치/361
3. 국제회의산업 육성기본계획의 수립 등/362
4. 국제회의 유치·개최 지원/363
5. 국제회의산업 육성기반의 조성 및 정부지원/364
6. 국제회의도시의 지정 및 지원/367
7. 국제회의복합지구의 지정 등/368
8. 국제회의 집적시설의 지정·해제 등/371
9. 부담금의 감면 등/372
10. 재정지원/373
11. 국제회의산업 육성재원의 지원 및 운영/373

[부록] 관광법규 실전문제

Ⅰ. 관광법규론 서설/377
Ⅱ. 관광기본법/387
Ⅲ. 관광진흥개발기금법/393
Ⅳ. 관광진흥법(1)/401
Ⅴ. 관광진흥법(2)/411
Ⅵ. 관광진흥법(3)/421
Ⅶ. 국제회의산업법/432

제 1 편

관광법규론 서설

제1장 관광법규의 기초이론
제2장 관광법규의 생성과 그 체계
제3장 관광행정조직과 관광기구

제1장 관광법규의 기초이론

제1절 법이란 무엇인가

Ⅰ. 사회생활과 규범

일찍이 아리스토텔레스(Aristoteles, B.C. 384~322)가 인간을 가리켜 사회적 동물이라 말한 것처럼 사람은 공동생활의 질서 속에서 태어나 거기에서 자라고 거기에서 생활하는 사회적 존재이다. 고립하여 생활할 수 없는 인간은 모든 면에서 사회적 교섭(交涉)에 의하여 그 생활을 하게 마련이다.

그런데 인간이 사회생활을 하는 데는 반드시 그 질서를 유지하지 않으면 안되는데, 이 질서를 지키기 위해서는 사회생활의 준칙(準則)이 필요하다. 이러한 행위의 준칙을 사회규범(社會規範)이라고 한다. 이와 같은 사회규범에는 여러 가지가 있으나, 그 가운데에서도 특히 중요한 것은 법(法)·도덕(道德)·종교(宗敎)·관습(慣習) 등이다.

여기서 법은 사회생활에 있어서 행위의 규범으로서 모든 사회에는 반드시 그 사회에 특유한 법(法)이 존재한다고 할 수 있다. "사회가 있는 곳에 법이 있다(ubi societas ibi ius)"는 말은 인간의 사회생활과 법과의 불가분의 관계를 적절하게 표명한 것이라 하겠다.

Ⅱ. 법이란 무엇인가

법이 무엇인가 하는 물음은 법학에 있어서 가장 근본적인 문제로서 법을 공부하는 사람이나 평소 법에 대하여 깊은 생각을 하지 않고 살아가는 일반시민들 모두에게 끊임없이 제기되는 의문의 하나이다. 이 문제의 해결을 위하여 예로부터 많은 학자들이 노력도 하고 또 나름대로의 결론을 제시하였지만, 아직까지는 모든 사람들이 수긍하기에 족한 해답은 보이지 않고 있는 것이 현실이다.

일찍이 칸트(Immanuel Kant, 1724~1804)는 “법학자들은 법의 정의(定義)를 탐구하기 위해 지금도 법의 광야에서 헤매고 있다”고 하여 법의 개념을 정립하는 일이 얼마나 어려운가를 토로한 바 있다. 오늘날에도 칸트의 말은 타당하다고 본다. 모든 사람이 공감하고 인정할 수 있는 수학적 해답과 같은 법의 개념은 있을 수 없고, 또 인정할 수도 없다.

이와 같이 법의 개념에 관하여 보편적인 정의(定義)를 내린다는 것은 참으로 어려운 일이지만, 그동안 여러 학자들에 의하여 정립된 학설들을 종합한다면, “법이란 사람이 사회생활을 함에 있어서 스스로 준수해야 할 행위의 준칙(準則)으로서 국가권력에 의하여 강제되는 사회규범”이라고 정의할 수 있다.

Ⅲ. 법의 특성

1. 법의 사회규범성

법은 종교·도덕·관습 등과 함께 사회공동생활을 유지하고 발전시키기 위하여 사람이 서로 지켜야 할 사회규범(社會規範)의 하나라 함은 앞에서 언급한 바 있다. 만약 이 사회에 아무런 규범도 없이 모두가 제각기 자기의 주장과 욕심만을 내세운다면 그곳에는 항상 끊임없는 갈등과 모순에 찬 투쟁만이 계속될 것이다. 그러므로 규범을 떠난 인간의 생활은 있을 수 없고 사회생활이 행하여지는 곳에는 반드시 규범이 존재하기 마련이다. “사회있는 곳에 법이 있다”라는 법언(法諺)에서 법이라는 말은 사회규범 일반을 대표하는 말이다.

2. 법의 행위규범성

법이 규율하는 대상은 사람의 행위이다. 행위란 사람의 의사에 기(基)한 신체의 외부적 동작을 말한다. 법은 사람의 마음 속의 내심(內心)을 문제삼는 것이 아니라 외부로 나타난 행위를 문제삼는 것이다. 이러한 의미에서 법은 행위규범(行爲規範)의 하나이며, 사회생활상 요구되는 행위준칙(行爲準則)인 것이다. 그러나 같은 사회생활규범인 종교나 도덕은 아직 외부에 표현되지 아니한 내심(內心)의 의사(意思) 그 자체도 규율한다는 점에서 법규범과 구별된다.

3. 법의 강제규범성

법규범이 가지는 본질은 강제성(强制性)이라 할 수 있다. 법은 국가권력에 의하여 유지되며 강제되는 규범으로서 그의 위반에 대하여서는 일정한 불이익 내지는 제재(制裁)가 예정되어 있다. 보통 법은 심리적 강제에 의하여 준수되나, 때로는 그 위반자에 대하여 물리적 강제력 즉 강제집행 혹은 형벌 등을 발동함으로써 스스로의 의사를 실현하고 있다. 독일의 법학자 예링(Jhering)이 "국가에 의하여 실현되는 강제야말로 법의 절대적 기준이 된다. 강제가 없는 법규는 자기모순이다. 그것은 마치 타지 않는 불이요 비치지 않는 등불과 같다"고 한 말은 법의 강제규범성을 지적한 것이다. 이에 반하여 관습·도덕·종교 등의 규범에 대하여는 국가권력에 의한 강제가 가하여지지 아니한다.

제2절 법과 다른 사회규범

Ⅰ. 법과 도덕

법과 도덕은 모두 인간의 행위를 바르게 규율하기 위한 사회규범이다. 원래 법과 도덕은 미분화된 개념이었으나, 사회생활이 복잡해짐에 따라 근대에 이르러 분화되었을 뿐만 아니라 법의 근원은 도덕이므로 양자는 밀접한 관계를 가지고 있다.

법과 도덕의 구별에 대해서는 일원론(一元論)과 이원론(二元論)이 대립되고 있다. 일원론을 주장하는 자연법론자(自然法論者)들은 인간이 만든 법은 그보다 더 궁극적인 도덕에 기초하고 그에 합치되어야만 법으로서 효력을 가지며, 따라서 정당하지 않는 법 즉 악법(惡法)은 그 가치가 부정된다고 주장하여 법과 도덕을 일원적인 것으로 보고 있다.

반면에 이원론을 주장하는 법실증주의자(法實證主義者)들은 국가의사가 일정한 형식에 따라 법규로 성립되면 그것에 강제적 효력을 인정하게 하고, 그 내용의 정당성을 문제삼지 아니한다. 그래서 법의 내용이 도덕에 반하더라도 법이며, 악법(惡法)도 법으로 인정하여 법과 도덕을 이원적(二元的)으로 구별하고 있다.

생각건대, 아무리 사악한 법이라도 적법절차(適法節次)에 따라 제정되었으면 법으로서 효력을 가진다고 할 것이다. 민주사회에서 시민은 법을 지켜야 할 의무가 있으며, 자기의 양심에 따라 그 법을 지키지 않으려고 결단하는 것은 법의 문제가 아니라 도덕의 문제이다.

Ⅱ. 법과 관습

관습(慣習)이라 함은 일정한 행위가 특정한 범위의 사회 내부에서 발생하여 계속 반복됨으로써 사회의 관행(慣行)으로 널리 승인되어 사회구성원들이 그에 따라 행동하지 않으면 안된다는 의식을 갖게 하는 사실적인 행동양식을 말한다. 이와 같이 관습은 사회규범의 하나임에는 틀림없으나 법규범(法規範)과는 여러 면에서 차이가 있다.

첫째, 법은 국가권력에 기초하여 성립하는데 반하여, 관습은 다수인의 자발적 모방에 의하여 성립되는 것이다.

둘째, 법은 국가권력의 강제성(强制性)에 의하여 그 내용이 실현되는데 대하여, 관습은 절대적 구속력이 있는 것도 아니며, 법에 의하여 그 효력이 담보되는 것도 아니다. 다만, 관습은 법의 보충적 효력을 가질 뿐이다.

셋째, 관습에 위반한 어떤 행위가 있을 때 여기에 대하여 사회적 비난은 따르겠지만, 법적 비난이 가하여지는 것은 아니다.

넷째, 법은 국가사회의 강제규범이지만, 관습은 대체로 부분사회에서만 성립하고 타당성을 인정받을 뿐이다.

Ⅲ. 법과 종교

종교는 인간이 초인적인 신(神)의 존재를 믿고 그것에 귀의한다는 개인적·내심적 신앙이다. 이것은 개인의 복락(福樂)을 추구하기 때문에 개인의 내심(內心)에 머물러 있는 한 주관적인 것이고 외부에 어떠한 문제도 발생하지 않는다. 그러나 종교를 사회적 사실로 관찰할 때, 종교규범도 그 신자들의 사회생활을 규율하고 있는 만큼 사회규범의 일종이라 할 수 있다.

법과 종교규범은 여러 면에서 구별된다. 규율대상을 기준으로 할 때, 법은 널리 일반인을 대상으로 하고, 종교규범은 오직 그를 믿는 자만을 대상으로 한다. 그리고 강제력을 기준으로 할 때, 법은 정치적으로 조직된 국가권력에 의해 강제되고 위반자에게 제재를 가하지만, 종교규범은 각 개인의 신앙을 기초로 하여 성립·유지되고 그 실효성이 확보된다.

고대에는 제정일치사상(祭政一致思想)에 의해 종교와 법이 미분화상태에 있었고, 중세는 신정일치시대(神政一致時代)로 종교규범이 법과 도덕의 거의 전부를 포괄하여 국가와 사회를 지배하였던 것이나, 종교개혁 이후에는 정교분리(政教分離)가 이루어지고 법은 국가법을 의미하였으며, 교회법은 종교 내부에 적용되는 자치법으로 효력을 가지는데 불과하였다. 오늘날 대부분의 국가에서 법과 종교는 분리되어 있어 종교규범의 실천이 강제되지는 않고, 또한 법에 의해 종교의 자유가 보장되고 있다(헌법 제20조).

제3절 법의 이념(목적)

법의 이념(理念)이란 법이 추구해야 할 궁극적인 가치를 말한다. 이것은 법의 배후에서 법의 원동력이 되는 것이며, 법의 존재목적이나 이유에 관한 문제이다. 법은 맹목적으로 존재하는 것이 아니라 어떤 이념과 가치를 실현하기 위해 존재한다. 그래서 법은 그 이념과 결부하여 이해하여야만 비로소 법의 본질을 파악할 수 있는 것이다.

법의 이념론을 가장 총체적이고 다면적으로 서술한 학자는 독일의 법학자 라드부르흐(G. Radbruch)라고 전해지고 있는데, 그에 의하면 법의 이념은 세 개의 기본가치, 즉 정의(正義)·합목적성(合目的性)·법적안정성(法的安定性)이 집중된 형태로 나타난다고 한다.[1)]

Ⅰ. 정 의

법은 인간의 사회생활에 필요하다는 의식(意識)에 따라 인간에 의하여 만들어진 하나의 현상이며, 그리고 법이 가지는 이념이 정의(正義)의 실현에 있다고 함에는 이론이 없다. 그러므로 정의는 실정법의 가치기준이며 입법자의 목적이 된다.

그러나 무엇이 정의(正義)인가에 대하여는 대체로 로마시대의 정치철학자인

1) 김병묵·이영준 공저, 생활과 법률(서울: 법문사, 2000년), pp.39~48.

키케로(M.T. Cicero: B.C. 106~43)의 견해가 많이 인용되고 있다. 키케로는 정의를 '각자에게 그의 것을(suum cuique)' 주는 것이라고 하였다. 즉 각자에게 그의 몫을 '평등하게 나누어주는 것'이 정의라고 주장하였다. 아리스토텔레스(Aristoteles: B.C. 384~322)도 정의의 내용을 평등(平等)이라고 설파하면서, 정의를 평균적 정의(平均的 正義)와 배분적 정의(配分的 正義)로 나누어서, 전자는 절대적 평등을 의미하며, 후자는 비교적 평등을 의미한다고 하였다.

오늘날에는 일반적으로 아리스토텔레스의 정의론(正義論)에 따라 정의를 평등(平等)으로 이해한다. 그러나 아리스토텔레스가 말한 바와 같이 각자에게 그의 것을 주어 정의를 실현한다고 해도, 각자의 능력과 공적을 결정하는 기준을 어떻게 정하여야 하는가 하는 어려운 문제를 해결할 수 없다. 그래서 이런 실질적인 측면에서 영구불변의 보편적인 것, 즉 절대적인 정의는 찾을 수 없다.

결국 시대와 사회에 따라 또는 사람들의 세계관·가치관에 따라 정의가 달라질 수밖에 없다. 그래서 오늘날에는 평등에 인권존중을 추가하여 이를 정의로 보는 것이 일반적인 경향이다. 평등을 '같은 것은 같게, 불평등한 것은 불평등하게' 라고 말할 때, 이것이 합리적 차별을 의미하는 것이라고 한다. 아무튼 정의의 본질은 평등에 있고 평등은 보편타당한 성격을 가진다.

Ⅱ. 합목적성

합목적성(合目的性)이란 법의 해석 및 적용을 합목적적으로 행한다는 것을 의미하는데, 현실의 사건을 사회실정에 비추어 합목적적으로 판단하여 구체적 타당성을 확보하려는 것이다. 즉 국가의 법질서가 구체적으로 제정·실시되어야 할 어떤 표준과 가치관에 따르는 것을 합목적성이라 말한다.

법은 정의(正義)의 실현에 봉사하는 현실인데, 그 구체적 내용은 법의 목적에 의하여 부여된다. 국가의 본질은 법제도에서 나타나고, 법은 국가목적적 규범으로서 체계화된 것이다. 또한 국가는 법의 목적을 종합적으로 실현하기 위한 대규모의 목적공동체이다. 그러므로 국가의 목적이 바뀌었거나 새로운 목적을 설정한 경우 법이 제정되거나 개정된다. 결국 법의 목적은 국가의 목적과 직결되고, 법은 그 국가의 목적에 맞추어 형성되고 운영되어야 한다. 이것이 합목적성의 이념이다. 결국 합목적성이란 법이 국가목적의 지주가 되고 이에 순응하는 것을 말한다.

Ⅲ. 법적 안정성

법적 안정성(法的 安定性)이란 법에 의하여 보호되는 사회질서의 안정성을 의미한다. 현재의 법질서가 그대로 유지되고 어느 행위가 옳고, 어느 행위가 보호되며, 어떤 책임을 부담하는가 등이 확실하게 정해져 있기 때문에 사람들이 법의 권위를 믿고 안심하고 행동하는 상태를 말한다.

법은 사회의 질서를 유지시켜 주며 분쟁을 해결해 주는 기능을 가지고 있기 때문에 그 자체가 안정되어 있어야 한다. 그래야만 사람들이 그 법을 믿고 법에 따라 생활을 해 나갈 수 있게 된다. 그런데 법적 안정성이 확보되기 위해서는 다음과 같은 몇가지 요건을 갖추어야 한다.

첫째, 법의 내용이 명확하여야 하고, 법조문은 문자만 해독할 수 있는 사람이면 누구든지 그 뜻을 이해할 수 있도록 간결하여야 한다. 그렇지 아니하면 사람들이 안심하고 활동하기 어렵게 될 염려가 있다.

둘째, 법은 너무 쉽게 그리고 자주 변경되어서는 안된다. 특히 입법자의 자의(恣意)에 의하여 법이 조령모개식으로 되어서는 사회에 심대한 혼란을 초래하게 된다.

셋째, 법은 실행가능한 것이어야 하며, 민중의 법의식(法意識)에 합치되는 것이어야 한다. 국민의 의식과 거리가 있는 법은 사회를 규율할 수 없다.

Ⅳ. 법이념(法理念)의 상호관계

정의, 합목적성, 법적안정성이라는 세 가지 법의 이념은 상호 모순관계에서 서로 긴장하며, 또한 상호보완의 관계에서 서로 결합하여 법질서를 형성·유지·발전해 간다.

라드부르흐(G. Radbruch)는 법의 세 이념은 서로 조화하는 가운데 내적(內的) 통일을 이루어 법의 생명을 유지·발전해 나간다고 하였다. 모든 가치가 상대적이고 의심스러워서가 아니라 어떠한 가치도 소중하기 때문에 모든 가치를 존중하는 가운데서 법의 합목적성에 따라 정의를 실현해 나가며 동시에 안정성을 유지해 나갈 수 있다.

여기서 법의 이념 상호간에 서열문제가 발생한다. 절대국가(絶對國家)에서는 국가의 목적과 국가의 안정을 위하여 합목적성의 원리를 만능으로 삼고 정의나 법적 안정성을 희생시켰고, 법실증주의(法實證主義) 시대에는 법적 안정성만을 중요시하고 정의나 합목적성을 소홀히 하였다. 그러나 자연법시대(自然法時代)에는 정의의 원칙을 우선하였으며, 정의에서 법의 효력과 법의 내용을 이끌어 내려고 하였다.

우리 「헌법」 제37조 제2항은 "국민의 모든 자유와 권리는 국가안전보장·질서유지 또는 공공복리를 위하여 필요한 경우에 한하여 법률로써 제한할 수 있으며, 제한하는 경우에도 자유와 권리의 본질적인 내용을 침해할 수 없다"고 규정하고 있다. 이는 법의 세 가지 이념이 충돌하는 경우, 법적 안정성과 합목적성의 바탕 위에서 정의의 원칙인 인간의 자유와 권리가 우선하도록 조화로운 조정을 할 것을 규정하고 있다. 또한 자연법의 원리에 입각하여 기본권의 천부인권성(天賦人權性)을 인정하며, 그 본질적 내용의 침해를 금지하고 있다.

제4절 법의 존재형식

Ⅰ. 법원의 의의

법의 연원(淵源)을 줄여서 법원(法源)이라고 하는데, 이 말은 여러 가지 의미로 사용되고 있다. 즉 넓게는 법을 형성하는 원동력 또는 법의 타당근거를 의미하는 경우이고, 좁게는 법의 존재형식(存在形式) 즉 법을 경험적으로 인식할 수 있는 자료라는 뜻으로 이해하는 경우이다. 오늘날 법원(法源)이라고 할 때에는 좁은 의미 즉 법의 존재형식 또는 표현형식이라는 의미로 쓰이고 있다. 이렇게 볼 때 법은 그 표현형식에 따라 크게 성문법(成文法)과 불문법(不文法)으로 나누어진다.

Ⅱ. 성문법

1. 의 의

성문법이란 문자로 표현되고 문서의 형식을 갖춘 법을 말한다. 입법기관에 의하여 특별한 절차를 거쳐 제정되는 것이기 때문에 제정법(制定法)이라고도 한다. 오늘날 성문법이 실정법질서에서 차지하는 지위는 법계(法系)에 따라 다르다. 즉 영미법계(英美法系)의 국가에서는 불문법을 원칙으로 하기 때문에 성문법의 범위는 극히 국한되어 있는데 반하여, 대륙법계(大陸法系)의 국가에서는 성문법을 원칙으로 하고 있다. 우리나라도 성문법주의를 원칙으로 하고 있다.

2. 성문법의 구조

성문법주의의 국가에서 중요한 법은 특히 법전(法典)의 형식을 취하고 있다. 법원(法源)으로서의 성문법에 속하는 것으로는 헌법, 법률, 명령, 규칙, 자치법규, 조약 등이 있다.

1) 헌 법

헌법(憲法)은 국가의 기본조직과 통치작용 및 국민의 기본권 등을 규정하는 기본법이다. 헌법은 국가에 있어서 최상위(最上位)의 규범이며, 하위법(下位法)인 법률·명령·규칙 등의 타당성의 근거가 된다. 따라서 하위법이 헌법에 위반한 경우에는 헌법재판소 또는 법원에 의한 심사의 대상이 된다. 그리고 우리 헌법은 그 개정이 까다로운 경성헌법(硬性憲法)이다. 대한민국헌법은 1948년 7월 12일에 제정되어 동 17일에 공포·실시되었는데, 그동안 9차례의 개정을 거쳤으며, 전문(前文)과 본문(本文) 130개조, 부칙 6개조로 구성되어 있다.

2) 법 률

법률(法律)은 일정한 목적하에서 입법기관의 의결을 거쳐서(헌법 제40조) 대통령이 공포한 법규범을 말한다. 이것을 협의의 법률이라 하며, 넓은 의미의 법률은 법(法) 그 자체를 말하는데, 법 속에는 법률만이 아니라 명령·규칙·조례 등의 성문법 및 판례·관습법·조리 등을 포함하는 개념이다. 그럼에도 불구하고 실제에 있어서는 양자를 혼동하는 경우도 있다.

3) 명령·규칙

명령(命令)과 규칙(規則)은 국회의 의결을 거치지 아니하고 행정기관 또는 사법기관(司法機關)에 의하여 제정되는 성문법을 말한다. 명령과 규칙은 그 형식적 효력에 있어서는 법률보다 하위에 있으므로 명령으로 법률을 개폐하지 못한다. 다만, 대통령의 긴급재정경제명령 및 긴급명령은 법률과 같은 효력을 가짐으로 그 예외가 된다.

일반적으로 명령은 제정권자가 누구이냐에 따라 대통령령·총리령·부령으로 나누어지고, 헌법상의 근거에 의하여 긴급재정경제처분·명령 및 긴급명령, 계엄, 위임명령, 집행명령 등으로 분류할 수 있다.

한편, 그 법적 성질은 명령이면서 규칙(規則)이라 불리는 것이 있는데, 헌법이 특별한 기관에 규칙제정권을 인정하고 있는 경우로, 국회와 대법원 및 중앙선거관리위원회에 각각 규칙의 제정권을 부여하고 있다.

4) 자치법규

지방자치단체는 주민의 복리에 관한 사무를 처리하고 재산을 관리하며, 법령의 범위내에서 자치에 관한 규정(規程)을 제정할 수 있다. 이와 같이 지방자치단체가 자치권(自治權)에 기하여 제정하는 법령을 자치법규(自治法規)라고 한다.

자치법규에는 조례(條例)와 규칙(規則)이 있다. 여기서 조례는 지방자치단체가 지방의회의 의결을 거쳐 법령의 범위 안에서 제정한 것이고, 규칙은 지방자치단체의 장(長)이 법령·조례에서 위임받은 범위 안에서 그 권한에 속한 사항을 제정한 것이다.

5) 국제조약 및 국제법규

국제조약(國際條約)이란 국가의 국제법상의 권리·의무를 목적으로 하는 두 개 이상의 국가 간의 합의를 말한다. 실제로는 협정, 약정, 협약, 헌장 등 여러 가지 명칭으로 불려지고 있다. 그리고 국제법규(國際法規)란 조약으로 체결된 것은 아니나, 국제사회에서 대다수 국가들이 일반적으로 보편적인 규범으로 승인하고 있는 법규를 의미한다.

우리나라 헌법 제6조 제1항은 "헌법에 의하여 체결·공포된 조약과 일반적으로 승인된 국제법규는 국내법과 같은 효력을 가진다"고 규정하고 있으므로, 국제조약과 국제법규는 국내법의 법원(法源)이 되는 것이다.

Ⅲ. 불문법

불문법(不文法)이란 성문화(成文化)되지 아니한 법 즉 성문법과 같이 일정한 절차와 형식에 의하여 제정·공포되지 아니한 법을 말한다. 이러한 불문법에는 관습법(慣習法)·판례법(判例法)·조리(條理)가 있으며, 영미법계에 있어서는 불문법인 '보통법(普通法, common law)'이 주요한 근간을 이루고 있다.

1. 관습법

관습법이란 국민의 전부 또는 일부 사이에 어떤 사실이 오랜 세월에 걸쳐서 관행(慣行)으로서 반복되고, 이 관행을 준수하는 것이 국민일반의 법적 확신(法的確信)으로 되고, 또한 국가가 이를 준수할 것을 명시적 또는 묵시적으로 승인한 것을 말한다. 따라서 법적 가치가 있다는 확신을 가지지 못하는 관행은 '사실(事實)인 관습'에 지나지 않는다.

관습법(慣習法)이 성립하기 위하여서는 다음의 요건을 갖추어야 한다.

첫째, 관습(慣習)이 존재하여야 한다.

둘째, 관습이 공공의 질서와 선량한 풍속 즉 공서양속(公序良俗)에 반하지 않아야 한다.

셋째, 관습이 법적 가치를 가진다는 법적 확신(法的確信)이 있어야 한다.

넷째, 국가권력에 의하여 법으로 인정되어야 한다.

관습법의 효력에 관하여 우리 「민법」은 제1조에서 "민사(民事)에 관하여 법률에 규정이 없으면 관습법에 의하고....."라고 규정하고 있으며, 「상법」 제1조에서는 "상사(商事)에 관하여 본법에 규정이 없으면 상관습법(商慣習法)에 의하고 상관습법이 없으면 민법(民法)에 의한다"고 규정하고 있다. 이들 규정을 보면 관습법은 원칙적으로 성문법에 대하여 보충적 효력을 가지고 있음을 알 수 있다.

2. 판례법

판례(判例)란 법원이 특정소송사건에 대하여 법을 해석·적용하여 내린 판단을 말하는데, 판례를 법원(法源)으로 인정하는 경우에 이러한 판례의 형태로 존재하는 법을 판례법(判例法)이라고 말한다.

판례를 법원(法源)으로 인정할 것인가에 관하여 영미법계(英美法系)에 있어서는 동일 또는 유사한 사건의 판결이 선례(先例)로서 구속력을 갖는 만큼 선례구속(先例拘束)의 원칙에 의하여 판례는 가장 중요한 법원(法源)이 되고 있다. 반면에 성문법주의국가에 있어서 판례는 법원(法院)에 대하여 법률상의 구속력을 인정하지 않고 사실상 존중될 뿐이다.

우리나라에서는 「법원조직법」 제8조에 "상급법원의 재판에 있어서의 판단은 당해 사건에 관하여 하급심(下級審)을 기속(羈束)한다"고 하여 오직 '그 사건'에 관해서만 하급법원을 구속할 뿐이며, 판례에 대하여 일반적인 법적 구속력을 제도적으로 보장하고 있지는 않다. 그러나 하급법원이 상급법원과 다르게 판결을 하여 상소(上訴)되면 그 판결이 상급법원에 가서 파기될 우려가 있으므로, 사실상 하급법원은 상급법원의 판례를 존중하지 않을 수 없게 된다.

3. 조 리

조리(條理)란 사회생활에 있어서 인간의 건전한 상식으로 판단할 수 있는 '사물(事物)의 본성(本性)' 즉 '사물의 본질적 법칙' 또는 '사물의 도리(道理)'로 이해되고 있다. 조리의 구체적인 내용으로는 경험법칙(經驗法則), 사회통념(社會通念), 사회적 타당성(社會的妥當性), 공서양속(公序良俗), 신의성실(信義誠實), 정의형평(正義衡平) 등으로 표현되기도 한다.

조리는 자연법과 같은 의미로 실정법의 존립근거 또는 평가척도로서 법의 흠결(欠缺)시 최후의 보충적 법원(法源)으로 재판의 준거가 된다.

조리가 법원(法源)의 하나로 인정될 수 있는가에 대하여는 긍정설과 부정설이 대립되고 있으나, 우리 「민법」 제1조는 "민사(民事)에 관하여 법률에 규정이 없으면 관습법에 의하고 관습법이 없으면 조리에 의한다"고 규정함으로써 조리의 법원성(法源性)을 명문으로 인정하고 있다. 다만, 죄형법정주의(罪刑法定主義)가 지배하는 「형법」에 있어서는 구체적 사건에 적용할 법이 없을 때에는 관습법이나 조리를 적용할 수 없고, 형사피고인에게 무죄(無罪)를 선고해야 한다.

제5절 법의 분류

Ⅰ. 자연법과 실정법

1. 자연법

일반적으로 자연법(自然法)이란 "현실의 실정법에 대하여 자연(自然)·신의(信義)·이성(理性)을 기초로 하여 존립하는 영구적인 법 또는 어떤 선험적(先驗的)인 근거에 기초를 두고 존립하는 시간적·공간적 현실을 초월한 보편타당성을 가진 것으로서 이성에 의하여 선험적으로 인식되었던 정의의 이념을 내용으로 한 초실정적(超實定的)인 규범"이라고 할 수 있다. 또한 자연법을 어느 시대에도 영구적으로 변함이 없는 보편타당한 유일한 법, 최고의 진리라고 하는 학자도 있다.

2. 실정법

실정법(實定法)은 특정한 시대에 특정한 사회에서만 효력을 가지고 있는 법규범을 말한다. 제정법(制定法) 등과 같이 경험적 사실에 기초를 두고 성립하였으며, 또 경험적 성격을 가지고 현실로 행해지고 있는 법을 총칭한다. 보통 법이라고 할 때 그것은 실정법을 말한다. 실정법이란 국가권력에 의하여 사회성원에게 행위의 규범으로서 강요되고 있는 규범의 총체이다.

실정법은 성문법이 보통이지만 예외적으로 관습법, 판례법, 조리와 같은 불문법도 있다. 그리고 성문법은 헌법을 정점으로 하여 법률, 명령, 규칙, 처분의 순서로 상하의 단계구조를 이루고 있다.

Ⅱ. 우리나라의 법체계

우리나라의 법체계는 서구적인 자본주의국가의 법체계에 속하면서 대륙법계(大陸法系)의 법체계에도 속하고 있다. 이와 같은 법체계는 그 존재형식에 따라 분류하기도 하고, 또는 효력발생, 기능, 내용 등의 표준에 따라 분류하기도 한다. 여기에서는 가장 일반적인 분류방법에 따라 고찰해 보기로 한다.

<table>
<tr><td rowspan="5">국내법</td><td rowspan="2">공법(公法)</td><td>헌법·행정법·형법·관광진흥법 등</td><td>실체법</td></tr>
<tr><td>민사소송법·형사소송법·부동산등기법·민사집행법 등</td><td>절차법</td></tr>
<tr><td rowspan="2">사법(私法)</td><td>민법(일반법)</td><td rowspan="2">실체법</td></tr>
<tr><td>상법(특별법)</td></tr>
<tr><td>사회법(社會法)</td><td>노동법·경제법·사회보장법·사회복지법 등</td><td>주로 실체법</td></tr>
<tr><td colspan="2">국제법</td><td colspan="2">국제조약·국제법규·국제관습 등</td></tr>
</table>

Ⅲ. 실정법의 분류

1. 국내법과 국제법

국내법(國內法)은 한 국가에 의하여 제정·공포되고 한 국가 내에 한해서 적용되는 국가 대 국민 사이, 또는 국민 상호간의 권리·의무관계를 규정하는 법을 말하고, 국제법(國際法)은 국제사회에 적용되는 국가와 국가 사이의 권리·의무관계를 규정한 법을 말한다. 그런데 국제법은 원칙적으로는 국가와 국가 간의 관계를 대상으로 하나, 최근에는 국제기구 또는 조약상 권리·의무가 부여되어 있는 개인이나 단체도 국제법에 의해 직접 규율을 받는 경우가 많다.

2. 공법과 사법

공법과 사법을 어떻게 구별할 것인가에 관하여는 종래에 이익설, 주체설, 법률관계설, 통치관계설, 생활관계설 등 다양한 학설이 제시되어 왔다. 그러나 현재의 일반적인 견해는 어느 하나만의 기준에 의하여 획일적으로 해결하기보다는 다양한 관점에서 개별적으로 고찰하여 구별할 수밖에 없다는 것이다. 어느 설(說)이나 부분적 타당성을 가지고 있기 때문이다.

생각건대, 공법(公法)은 행정주체와 개인 사이의 관계 또는 행정주체 상호간의 관계를 규율하는 법이며, 원칙적으로 국가적·정치적·지배적·타율적·공익적 성질을 가지고 부대등(不對等)한 당사자 사이의 관계를 규율하는 법이다. 이와 반대로 사법(私法)은 사인(私人) 상호간의 법률관계를 규율하는 법이며, 원칙적으로 개인적·경제적·평등적·자율적·사익적 성질을 가지고 대등(對等)한 당사자 사이의 관계를 규율하는 법이라고 할 수 있다.

3. 일반법과 특별법

법의 효력이 사람·장소·사항에 의하여 특별한 제한없이 널리 일반적으로 미치는 법을 일반법(一般法)이라 말하고, 법의 효력이 사람·장소·사항의 일부에 대하여 미치는 법을 특별법(特別法)이라 말한다.

첫째, 사람을 표준으로 하는 경우에 널리 일반인에게 적용되는 「형법」과 「형사소송법」은 일반법이며, 국민 중에서 어떤 특정한 직업과 신분을 가진 사람에게만 적용되는 「국가공무원법」 및 「소년법」 등은 특별법이다.

둘째, 장소를 표준으로 하는 경우에 국토의 전반에 걸쳐 적용되는 법인 「헌법」, 「형법」, 「민법」 등은 일반법이고, 시·도의 조례(條例) 등은 특별법에 속한다.

셋째, 사항(법률관계)을 표준으로 하는 경우에 일정한 사항 전반에 걸쳐 적용되는 법이 일반법이고, 비교적 한정된 사항에 대해서만 적용되는 법이 특별법이다. 예를 들면 「민법」은 민사(民事)에 관하여 일반법이고, 「상법」은 민사 중에서 상사(商事)에 한하여 효력을 가지므로 상법은 민법에 대하여 특별법이다. 일반법과 특별법을 구별하는 실제상의 이익은, 양자의 관계가 '특별법은 일반법에 우선한다'는 이른바 특별법우선(特別法優先)의 원칙에서 찾을 수 있다.

4. 강행법과 임의법

강행법(强行法)은 당사자의 의사에 관계없이 절대적으로 적용되는 법을 말하며, 임의법(任意法)은 당사자가 법의 규정내용과 다른 의사표시를 한 경우에는 그 법규의 적용이 배제되고 당사자의 의사에 따르는 것을 말한다. 일반적으로 형법·소송법 등의 공법(公法)은 대부분 강행법이며, 사적자치(私的自治)를 원칙으로 하는 사법(私法) 즉 민법·상법 특히 채권법(債權法)에는 임의법이 많이 포함된다.

5. 실체법과 절차법

실체법(實體法)이란 권리와 의무의 성질·종류·내용 및 그 발생·변경·소멸 등의 법률관계의 실체를 규정한 법을 말하고, 절차법(節次法)이란 실체법이 규정한 권리와 의무의 실현 즉 권리·의무의 행사·보전 및 의무이행강제 등에 관하여 국가기관이 취해야 할 절차를 규정한 법을 말한다. 예컨대, 헌법·형법·민법·상법 등은 실체법에 속하고, 형사소송법·민사소송법 등은 절차법에 속한다. 우리나라 「관광진흥법」의 경우에 법률인 관광진흥법은 실체법적 요소가 압도적으로 많고, 대통령령인 「관광진흥법 시행령」은 절차규정이 상당히 있으며, 문화체육관광부령인 「관광진흥법 시행규칙」은 절차규정이 압도적으로 많다.

6. 사회법

사회법(社會法)이란 공법도 사법도 아닌 그 혼합된 법으로서, 독일의 법학자인 라드부르흐(G. Radbruch)의 말을 빌린다면 "전혀 새로운 제3종의 법"을 의미한다. 근대국가에 있어서 자본주의경제의 발전은 한편으로는 경제적 강자와 약자의 대립 또는 자본가와 노동자의 대립을 초래하였고, 다른 한편으로는 자본주의경제의 여러 폐단으로 근로자의 생활에 위협을 주어 국민경제생활을 불안에 몰아넣게 하였던 것이다. 여기서 경제적 약자를 보호하고 강자를 제한하여 노자(勞資) 간의 대립을 완화하고 자본주의경제의 모순을 시정하기 위하여 사권(私權) 특히 소유권과 계약의 자유에 새로운 공법적(公法的) 제한을 가하는 사회정책·노동정책·경제정책 등의 입법이 늘어나고, 이들이 쌓여서 공법(公法)도 아니고 사법(私法)도 아닌 새로운 제3의 법영역인 사회법(社會法)을 형성하게 된 것이다.

사회법의 예로 들 수 있는 것으로는 노동법(근로기준법 등)과 경제법(소비자기본법 등) 기타 사회보장법(국민연금법 등) 등이 있다.

7. 국제사법

오늘날과 같은 "글로벌시대"에는 종래와 달리 국적(國籍)이 다른 사람들과 법률관계(法律關係)를 맺는 경우가 빈번하다. 따라서 이에 따른 분쟁이 자주 발생하는데, 이와 같은 경우에 어느 나라의 법을 적용할 것인가가 문제된다. 이러한 문제를 해결하기 위한 법이 국제사법(國際私法) 내지 섭외사법(涉外私法)이다.

국제사법은 앞에서 설명한 바 있는 국제공법(國際公法)과 구별된다. 국제공법은 여러 국가가 제정한 법으로서 국가 사이에서 적용되는 법이지만, 국제사법은 국가 상호관계를 규율하는 것이 아니라, 한 국가 안에서 국민과 외국인 사이에서 발생하는 섭외적(涉外的) 법률관계에 적용할 준거법(準據法)을 정해 두는 것이 국제사법인 것이다. 따라서 국제사법은 국내법(國內法)에 속한다.

제6절 법의 효력

Ⅰ. 법의 실질적 효력

법의 실질적(實質的) 효력이란 법이 왜 지금 여기에 적용되고 있는가에 대한 설명이다.

법이 실질적으로 효력을 가지기 위해서는 먼저 법규정의 내용이 타당해야 한다. 내용이 타당하지 않으면 이를 적용할 수 없고, 법이 예정한 효력이 발생하지 않는다. 이것이 법의 타당성(妥當性) 문제이다.

그러나 법규정의 내용이 타당하다고 해서 실제로 적용되는 것은 아니다. 법규정이 실제로 실현되어 현실적으로 효력을 발휘하기 위해서는 실효성(實效性)이 있어야 하는데, 법의 실효성은 강제규범으로서의 법의 실현이 국가권력에 의하여 보장되고 있다는 것을 의미한다.

그러므로 법이 타당성은 있으나 실효성이 없으면 그 법은 사문화(死文化)될 것이고, 실효성은 있으나 타당성이 없으면 악법(惡法)에 지나지 않게 된다.

Ⅱ. 법의 형식적 효력

법의 형식적(形式的) 효력은 법의 실질적(實質的) 효력이 미치는 범위를 말한다. 실정법은 그 효력이 무제한일 수 없고, 거기에는 일정한 한계가 있기 마련이다. 이와 같은 한계에 따라 법의 효력을 시간적(時間的) 효력, 대인적(對人的) 효력, 장소적(場所的) 효력으로 나누어 볼 수 있다.

1. 법의 시간적(時間的) 효력

1) 법의 시행

법의 시행(施行)은 법의 효력을 현실적으로 발생시키는 것을 말한다. 성문법은 시행일부터 폐지일까지 그 효력을 가진다. 이 기간을 법의 시행기간 또는 유효기간이라고 한다.

법령의 시행일에 관하여는 부칙(附則)이나 시행령 등에 직접 일정한 기일을 정한 경우에는 그날부터 시행한다. 만일 그러한 법률이 없을 경우에는 공포한 날부터 20일이 경과함으로써 효력을 발생한다.

2) 법의 폐지

법의 폐지(廢止)에는 명문의 규정에 의해 법의 효력이 상실되는 명시적(明示的) 폐지와 명문에 의한 폐지가 아닌 묵시적(黙示的) 폐지가 있다. 명시적 폐지는 법령의 제정시에 미리 그 시행기간을 규정하고 있어 그 유효기간이 만료되어 폐지되는 경우(한시법 등)이고, 묵시적 폐지는 구법(舊法)의 규정과 신법(新法)의 규정이 서로 모순·저촉되는 경우에 그 범위 내에서 구법은 당연히 효력을 상실하는 경우 등이다.

3) 법률불소급의 원칙

법의 효력은 시행후에 발생한 사항에 관해서만 적용되고, 시행 이전에 발생한 사항에 대해서는 소급하여 적용하지 않는다는 것을 법률불소급(法律不遡及)의 원칙이라고 한다. 이 원칙이 인정되는 이유는 법이 소급되면 사회생활에 혼란과 분쟁이 발생하고 구법(舊法)하에서 발생한 법률관계(기득권)를 침해하기 때문이다. 형사(刑事)에 관해서는 특히 엄격히 규제되어 헌법적 차원에서 형벌불소급(刑罰不遡及)의 원칙을 명시하고 있다(헌법 제13조 제1항). 기득권존중(既得權尊重)의 원칙과 사후입법금지(事後立法禁止)의 원칙은 본 원칙의 내용을 이루는 주요한 파생원칙이다.

법률불소급의 원칙은 때로는 입법상의 필요에 의해서 소급효(遡及效)를 인정하는 수도 있다. 불소급(不遡及)은 행위자에게 불이익하게 소급됨을 금하는 것을 내용으로 하는 만큼, 만일 소급함이 오히려 이익일 때에는 이의 소급효를 인정하는 것이 타당하다.

4) 기득권존중의 원칙

기득권(既得權)이라 함은 구법에 의하여 취득된 권리를 말한다. 법률불소급의 원칙에서 인정된 당연한 귀결로서 기득권존중의 원칙이 나오게 된다. 이 원칙은 구법에 의해 생긴 법률관계, 특히 기득권은 신법(新法)의 제정·시행에 의해서 변경 또는 소멸될 수 없고 여전히 존중되어야 한다는 것이다. 이를 '기득권불가침의 원칙'이라고도 말한다.

5) 한시법

한시법(限時法)이란 일정한 효력기간을 미리 법률로써 규정해놓은 법률을 말한다. 즉 특정의 법률이 그 효력의 발생 시기(始期)와 종기(終期)를 스스로 정하여 제정된 법률을 한시법이라고 한다. 예컨대, 부칙(附則)에 "이 법은 2013년 1월 1일부터 적용하여 2016년 12월 말까지 그 효력을 가진다"는 규정을 두는 경우이다. 한시법은 실정법 중 매우 드문 예이지만, 때때로 특수한 경우 특수한 내용을 위해서 한시법으로 법을 제정하는 경우가 있다. 이와 같은 한시법은 그 시행기간의 만료로 자동폐기된다.

6) 경과법

법령의 제정과 개폐가 있었을 때 구법(舊法) 시행시의 사항에 대하여는 구법이 적용되고, 신법(新法) 시행후의 사항에 대하여는 신법이 적용되는 것이 원칙이다. 그러나 구법시행 당시의 사항이 신법이 시행된 후에도 계속 진행되고 있는 경우에는 구법을 적용할 것인가, 아니면 신법을 적용할 것인가 하는 문제가 발생한다. 이 문제를 해결하기 위해 제정된 법을 경과법(經過法)·경과규정(經過規定) 또는 시제법(時際法)이라 말한다. 이것은 대체로 본법(本法)의 부칙(附則)에서 규정하는 것이 보통이지만, 「상법시행법(商法施行法)」과 같이 별도의 시행법을 제정하는 경우도 있다.

7) 시효제도

시효(時效)란 특정한 사실상태가 일정기간 계속되는 경우에 그것이 진실한 권리관계에 합치하는가의 여부를 묻지 않고 그 사실상태를 존중하여 그에 따른 법률상의 효과를 인정하는 제도이다. 즉 일정한 사실상태가 일정한 기간 동안 계속함으로써 법률상으로 권리의 취득 또는 권리의 소멸이 일어나게 하는 법률요건을 시효라 한다.

민법상 시효에는 타인의 물건을 오랫동안 점유함으로써 권리를 취득하게 되는 취득시효(取得時效)와 장기간 권리를 행사하지 않음으로써 권리가 소멸되는 소멸시효(消滅時效)가 있다. 특히 「형사소송법」상의 공소시효(公訴時效)는 범죄의 발생후 일정기간 기소하지 않으면 국가의 소추권(訴追權)을 소멸시키는 제도이다.

2. 법의 대인적(對人的) 효력

1) 속인주의와 속지주의

국적(國籍)을 기준으로 하여 한 국가의 국민은 자국 내에 있거나 외국에 있거나를 불문하고 그 나라의 법을 적용하는 원칙을 속인주의(屬人主義)라고 말한다. 이에 대하여 국가의 영역(領域)을 표준으로 그 영역 내에 있는 사람이면 국적여하를 불문하고 그 나라의 법을 적용하는 원칙을 속지주의(屬地主義)라고 말한다.

2) 속인주의와 속지주의의 조화

오늘날 각국은 영토(領土)를 존중하는 입장(영토고권이 대인고권에 우선함)에서 속지주의(屬地主義)를 원칙으로 하고, 보충적으로 속인주의(屬人主義)를 채택하여 양자의 조화를 모색하고 있다. 그러나 이러한 두 원칙의 병용으로 인하여 서로 충돌하는 경우가 생기는데(법의 저촉), 이를 해결하기 위해 각종의 섭외적 사법(私法)관계에 관한 준거법(準據法)을 지정하는 섭외사법(涉外私法) 혹은 국제사법(國際私法)이 각국에 제정되어 있다.

3) 속인주의와 속지주의의 예외

(1) **치외법권을 갖는 자** …… 국가의 원수·외교사절과 그의 가족·수행원 및 외국군대 등은 치외법권을 가진 자로, 이들은 재류국(在留國) 법의 적용을 받지 않고 그 본국법(本國法)의 적용을 받는다.

(2) **대통령·국회의원의 특권** …… 국가정책상 특수한 신분을 가진 자에게 본국법(本國法)의 적용을 배제하는 경우가 있는데, 대통령은 내란 또는 외환의 죄를 범한 경우를 제외하고는 재직 중 형사상의 소추를 받지 아니하며(헌법 제84조), 국회의원은 현행범(現行犯)이 아닌 경우에는 회기중 국회의 동의 없이 체포·구금되지 아니하고(헌법 제44조 1항), 또 국회내에서 직무상 행한 발언과 표결에 관하여 국회 밖에서 책임을 지지 아니한다(헌법 제45조).

3. 법의 장소적(場所的) 효력

1) 원 칙

법은 그 국가의 전 영역에 걸쳐 적용되는 것이 원칙이다. 영역(領域)이란 주권(主權)이 미치는 범위로서 영토·영해·영공 등을 포함하며, 이러한 영역 안에서는 내국인·외국인을 불문하고 모든 사람에게 일률적으로 적용되는 것을 원칙으로 한다.

2) 예 외

이 원칙에 대해서는 예외도 있다. 국제법상 특별한 지위와 신분을 가진 자는 현재 체류하고 있는 국가의 과세권(課稅權)과 경찰권(警察權)에 복종하지 않을 특권을 가지는데 이것을 치외법권(治外法權)이라 한다. 이들에게는 체류국의 법이 적용되지 아니하고 자국법이 적용된다. 또 타국에 있는 일반 자국민이라 하더라도 참정권·청원권·병역의무 등에 관해서는 정치상 이유 또는 전통적인 민족적 특수사정으로 인하여 자국법을 적용한다.

그리고 법률의 규정내용이 특별한 지역에만 적용될 것이 예정되어 있는 법은 당연히 지역적으로 제한되어 적용된다(예; 계엄법 등). 또 지방자치단체에서 제정한 조례(條例)나 규칙(規則)은 그 지방자치단체 안에서만 적용된다.

제7절 법의 적용과 해석

Ⅰ. 법의 적용

1. 법의 적용과 법원(法院)

법의 적용(適用)이란 법의 보편적이고 추상적인 내용을 개별적인 사회현상에 맞추어 구체적으로 실현시키는 작용을 말한다. 즉 개별적인 사실에 대하여 법적 가치판단을 하는 작업이다.

전형적인 법의 적용과정은 법원(法院)이 재판과정을 통하여 판결로 행한다. 재판과정에서 법원은 먼저 적용될 추상적인 법규를 대전제(大前提)로 하고, 구체적인 사건을 소전제(小前提)로 하여 판결이라는 결론을 도출해내는 이른바 삼단논법(三段論法)의 형식에 따라 법을 적용한다.

예컨대 "사람을 살해한 자는 사형, 무기 또는 5년 이상의 징역에 처한다"라는 법규정은 대전제이고, "갑이 을을 살해하였다"라는 구체적 사실은 소전제이다. 따라서 "갑을 징역 10년에 처한다"라는 결론을 도출하는 과정이 바로 법의 적용과정이다.

2. 법의 적용과정과 사실인정

법의 적용은 다음과 같이 세 단계로 진행된다. 첫째, 사실문제로서 소전제가 되는 구체적 사실의 내용을 확정한다(사실의 인정). 둘째, 법률문제로서 그 사실에 적용할 법규의 의미와 내용을 명확히 한다(법의 발견과 확정). 셋째, 일반추상적인 법규를 대전제로 하고 구체적 사실을 소전제로 하여 법적 판단을 내린다.

법의 적용에서는 우선적으로 법을 적용할 대상인 사실의 존부(存否)와 그 내용을 인정하지 않으면 안된다. 사실의 인정방법에는 입증(立證), 추정(推定), 간주(看做)가 있다.

1) 사실의 입증

사실의 확정은 원칙적으로 객관적 증거에 의하여 입증(立證)되어야 한다. 여기서 증거를 제시할 입증책임(立證責任) 또는 거증책임(擧證責任)이 누구에게 있느냐가 문제되는데, 민사소송에서는 사실의 존부(存否)는 당사자의 입증책임에 의하여 결정되는 반면에, 직권주의를 취하고 있는 형사소송에서는 원칙적으로 검사(檢事)가 입증책임을 지나, 법관(法官)도 입증에 개입할 수 있다.

2) 사실의 추정

추정(推定)이란 법문(法文)에 " ..... 한 것으로 추정한다"고 규정하고 있는 경우가 그 예이다. 추정은 어떤 사실이 불명확한 경우에 법률규정에 의하여 일단 어떤 사실을 확정하고 결론을 내릴 수 있도록 하는 방법이다. 추정은 법의 편의상 사실을 가정(假定)하는 것이기 때문에, 만약 추정된 사실과 반대되는 사실을 나타내는 반증(反證)이 있으면, 추정사실은 별도의 절차가 필요없이 번복되고 만다.

3) 사실의 간주(의제)

사실의 간주(看做)란 공익 또는 법정책상의 이유로 사실의 진실 여부와는 관계 없이 일정한 사실의 존부(存否)를 확정하여 일정한 효과를 부여하는 것을 말하며 일명 의제(擬制)라고도 한다. 간주는 법문(法文)에서 " ..... 로 본다" 또는 " ..... 로 간주한다"로 규정하고 있는 경우가 이에 해당한다. 그런데 간주는 추정과 달라서 반증(反證)이 있다고 하여 간주(의제)된 사실의 법률효과가 곧바로 번복되는 것은 아니고, 이에 대한 취소(取消)의 확정판결이 있어야 비로소 번복되는 것이다.

Ⅱ. 법의 해석

1. 법해석(法解釋)의 의의

사실이 확정되면 그 사실에 적용할 법을 발견해야 한다. 법을 발견하려면 먼저 법을 해석하지 않으면 안된다. 그런데, 법해석의 대상인 성문법(成文法)은 고정적이고 추상적이기 때문에 아무리 주도면밀하게 법규를 정립한다 하더라도, 복잡한 사회현상을 빠짐없이 규정하여 해석상 한점의 의문이 없도록 완전하게 제정할 수는 없다고 본다. 그래서 유동적이고 구체적인 사실에 법을 적용하려면 아무래도 해석(解釋)이라는 과정을 거치지 않으면 아니 되는 것이다.

법의 해석방법에는 크게 나누어 유권해석과 학리해석이 있다.

2. 유권해석

유권해석(有權解釋)이란 국가의 권위 있는 국가기관에 의하여 법규범의 의미 내용이 확정되어지는 것으로 공적(公的) 구속력을 갖는 해석을 말하는데 강제해석 또는 공권적(公權的) 해석이라고도 말한다. 유권해석에는 법을 해석하는 기관에 따라 입법적 해석, 사법적 해석, 행정적 해석으로 구분된다.

1) 입법적 해석

입법적 해석(立法的解釋)이란 입법기관이 법을 제정할 때 법조문에 법규의 내용이나 용어의 뜻을 확정하여 두는 경우를 말한다. 예를 들면 「관광진흥법」은 제2조 제2호에서 "관광사업자란 관광사업을 경영하기 위하여 등록·허가 또는 지정을 받거나 신고를 한 자를 말한다"고 규정하여 법조문에서 관광사업자의 뜻을 확정해 두고 있는 것이 그 예다.

2) 사법적 해석

사법적 해석(司法的解釋)이란 법원에 의해 행해지는 해석이며, 법관이 재판을 할 때에 법을 적용하는데 있어서 그 적용될 법의 의의를 재판서(판결문)에 밝히는 것을 말한다. 보통 판결의 형식으로 이루어지므로 재판해석(裁判解釋)이라고도 말한다. 사법해석은 당해 사건에서는 원칙적으로 최종적인 구속력을 가지므로 법해석으로 중요한 의의를 가진다.

3) 행정적 해석

행정적 해석(行政的解釋)은 행정관청이 법을 집행할 때 구체적으로 행해지는 수도 있고, 상급관청이 하급관청에 대한 회답·훈령·지시 등의 형식으로 일반적·추상적으로 행해지기도 한다. 행정관청은 최종 구속력 있는 해석을 할 수 없으나, 상급관청의 해석은 하급관청에 대해 구속력을 가지므로 유권해석이다.

3. 학리해석

학리해석(學理解釋)이란 개인(특히 법학자)이 학설로서 전개하는 법해석을 말한다. 어떠한 구속력도 없으므로 무권해석(無權解釋)이라고 할 수 있다. 학리해석은 순수한 학문적 견지에서 하는 해석이므로 일반 여론에 대하여 설득력을 가지며, 유권해석에도 영향을 주고 있다. 보통 법의 해석이라고 할 때에는 학리해석을 가리키는데, 이는 문리해석과 논리해석의 두 가지로 크게 나눌 수 있다.

1) 문리해석

문리해석(文理解釋)은 법조문의 문자의 뜻을 하나하나 밝힌 후에 다시 법조문 전체의 문장구성을 검토하여 그 의미내용을 명확히 하는 해석방법이다. 이것은 주로 조문의 어학적·문법적인 해석을 꾀하는 것으로서 성문법해석의 기초를 이루는 동시에 해석의 제일단계에 속한다.

2) 논리해석

논리해석(論理解釋)은 문리해석을 기초로 하여 법질서 전체와의 논리, 법제정의 목적 및 연혁, 법적용 결과의 합리성 등을 고려하여 법문(法文)이 가지는 통일적인 의미를 논리적 방법에 의하여 확정하는 해석방법을 말하는데, 여기에는 확장해석·축소해석·반대해석·물론해석·유추해석 등이 포함된다.

(1) **확장해석**(擴張解釋) — 이는 법규의 문자·문장의 의미를 그 본래의 의미보다 확대하여 해석함으로써 법의 타당성을 확보하려는 해석방법이다. 예컨대, "공원 안에서 수목(樹木)을 꺾지 말라"고 한데 있어서 수목에는 화초(花草)도 포함하는 것으로 보는 것과 같다. 이것은 법문의 의미를 단순하게 해석하면 그 해석이 너무 좁아서 법규의 진정한 의도를 실현할 수 없을 때 이용된다.

(2) **축소해석**(縮小解釋) — 이는 법조문의 문자·문장을 문리적으로 해석하여 본래의 의미보다 축소하여 해석함으로써 법의 타당성을 확보하려는 해석방법이다. 언어적 표현을 제한하므로 제한해석이라고도 말한다. 예컨대, "동물을 잡지 말라"고 하였더라도 쥐나 파리 등은 잡아도 무방하다고 해석하는 것과 같은 경우이다.

(3) **반대해석**(反對解釋) — 일정한 사항에 일정한 효과가 발생한다고 규정한 법조문이 있는 경우에 그 외의 사항에는 그와 반대의 효과가 발생한다고 해석하여 일정한 규정의 이면에 숨어 있는 내용을 밝혀 해석하는 것을 말한다. 예컨대, 민법 제800조에는 "성년에 달한 자는 자유로 약혼할 수 있다"고 규정되어 있는데, 이를 반대로 해석하여 "성년에 달하지 않은 자(미성년자)는 자유로 약혼할 수 없다"고 하는 경우와 같다.

(4) **유추해석**(類推解釋) — 이는 어떤 사항에 대해서 법령에 직접적인 규정이 없는 경우에 그와 유사한 사항을 규정한 다른 법규정이 있으면, 이 법규정을 끌어와서 당해 사안에 적용하도록 하는 해석방법이다.

유추해석은 법규정이 없을 경우에 유용한 해석방법이기는 하지만, 죄형법정주의(罪刑法定主義) 원리가 지배하는 「형법」에 있어서는 유추해석이 원칙적으로 금지된다. 유추해석을 허용하면 형법에 명시되지 않는 행위가 처벌되고 개인의 권리가 침해될 위험이 있기 때문이다.

(5) 물론해석(勿論解釋) — 법문에 일정한 사항이 규정되어 있는 경우, 법문으로서 명기되어 있지 아니한 사항이라 할지라도 사물의 성질상 또는 입법정신에 비추어 보아 이것은 당연히 그 규정에 포함되는 것이라고 해석하는 방법이다. 예컨대, "우마(牛馬)의 통행을 금한다"는 푯말이 붙어 있는 경우에, 우마(牛馬)의 통행을 금할 정도이니 호랑이나 사자의 통행은 물론 허용되지 않는다고 보는 것이 물론해석이다.

제8절 권리 · 의무와 법률관계

Ⅰ. 법률관계

우리들의 사회생활관계 중에서 법에 의하여 규율되는 생활관계를 법률관계(法律關係)라 말한다. 법률관계는 그 생활관계가 법적으로 평가되고 그 효과가 법에 의하여 보장되며 실현된다는 점에서, 도덕이나 종교적 평가를 받게 되는 사실적 생활관계와 구별된다.

이와 같은 법률관계를 양(兩)당사자의 입장에서 본다면, 법으로 구속받는 자의 지위는 의무(義務)이고 법의 옹호 또는 비호를 받는 자의 지위는 권리(權利)이기 때문에, 결국 법률관계의 내용은 구체적으로 권리·의무관계라고 말할 수 있다.

Ⅱ. 권 리

1. 권리의 본질

권리(權利)의 본질에 대한 학설로는 의사설, 이익설, 법력설 등이 있으나, 오늘날 통설은 법력설(法力說)이다. 이에 따르면 권리는 "권익보호의 수단으로서 법이 특정인으로 하여금 특정이익을 실현토록 힘을 주는 것"이라고 말한다. 즉 권리는 특정인이 특정한 생활이익을 실현토록 하기 위하여 법에 의하여 주어진 힘이다. 여기서 생활이익이란 사람의 사회적 생존이나 발전에 도움이 되는 이익(생명·신체·명예 등 비재산적 이익과 재물 등 재산적 이익)을 말하는데, 생활이익 그 자체는 권리가 아니며, 생활이익을 보호 또는 향유하는 수단으로서 법이 준 힘이 권리의 본질이다.

2. 권리와 구별되는 개념들

1) 권 능

권능(權能)이란 권리의 내용을 이루는 세부적인 법률상의 힘, 즉 권리 속에 포함되어 있는 개개의 작용을 의미한다. 즉 하나의 권리가 있으면 그로부터 여러 가지 권능이 나온다. 예컨대, 소유권이라는 권리로부터 사용(使用)의 권능, 수익(收益)의 권능, 처분(處分)의 권능이 파생될 수 있는 것이다(민법 제211조 참조).

2) 권 한

권한(權限)이란 공법상 또는 사법상의 법인 또는 단체의 기관이나 개인의 대리인이 법령이나 정관 등에 의해서 유효하게 행할 수 있는 사무의 범위 내지 법률상의 자격과 지위를 말한다. 예컨대, 공법상 대통령의 권한 및 공무원의 권한이라든가, 사법상 법인의 이사의 대표권한 등과 같은 것이다.

3) 권 력

권력(權力)이란 일정한 개인 또는 집단이 다른 개인 또는 집단을 강제 내지 지배하는 힘을 말한다. 바꾸어 말하면 권력이란 명령권(命令權)을 가리키며 어떤 자의 의사(意思)가 다른 사람을 강제하는 권능을 의미한다. 이것은 사력(私力)이나 폭력과 달라서 일정한 공익(公益)을 달성하기 위하여 다른 개인이나 집단을 강제로 복종시키는 사실상의 힘이다.

4) 권 원

권원(權原)이란 어떤 법률적 또는 사실적 행위를 하는 것을 정당화시키는 근거 즉 법률상의 원인을 말한다. 예컨대, 타인의 토지에 물건을 부속시킬 수 있는 권원은 지상권·임차권(민법 제256조) 등이라고 말하는 경우가 그것이다.

5) 반사적 이익

반사적 이익(反射的利益)이란 법규가 사회일반을 대상으로 하여 정한 규정의 반사적 효과로서 자동적으로 받게 되는 간접적인 이익으로서 반사권(反射權)이라고도 말한다. 반사적 이익은 국민에게 적극적으로 어떤 힘을 부여하는 것이 아니기 때문에 타인이 그 향유(享有)를 침해하더라도 권리를 주장하여 법적으로 보호를 청구할 수 없다.

3. 권리의 분류

권리는 여러 가지 기준에 의하여 분류할 수 있다. 권리는 법률상의 힘(法力)이므로 법을 떠나서는 논의할 수 없다. 따라서 가장 기본적인 분류방법인 공법과 사법의 구분에 따라 공법상의 권리 즉 공권(公權)과 사법상의 권리 즉 사권(私權)으로 크게 나눌 수 있다.

1) 공 권

공권(公權)이라 함은 공익을 목적으로 하여 국가의 통치권의 발동을 요건으로 하는 생활관계에서 당사자 일방이 가지는 권리를 말한다. 공권에는 행정주체(국가 또는 지방자치단체 등)가 국민에 대하여 가지는 국가적 공권(國家的公權)과 사인이 행정주체에 대하여 가지는 개인적 공권(個人的公權)으로 나눌 수 있다.

국가적 공권은 3권(三權)을 기준으로 입법권·행정권·사법권으로 분류되고, 권리의 목적을 기준으로 조직권·형벌권·경찰권·재정권·군정권 등으로 분류되며, 그 내용면에서 명령권·강제권·공법상의 물권 등으로 분류되고 있다. 이에 대하여 개인적(국민적) 공권은 그 내용면에서 자유권·수익권·참정권 등으로 분류된다.

2) 사 권

사권(私權)이란 사법(私法)상의 권리, 즉 사인 상호간의 재산과 신분관계에서 인정되는 권리를 말한다. 또 국가 또는 공공단체가 통치관계를 떠나서 사인과 대등한 지위에서 비권력적 행위를 하는 경우에 국가나 공공단체와 국민간에 존재하는 권리도 사권이다. 사권은 여러 기준에 의하여 분류할 수 있다.

(1) 권리의 내용에 의한 분류

권리의 내용이 무엇이냐에 따라 인격권·신분권·재산권·사원권으로 나눌 수 있다.

① 인격권(人格權) …… 권리자 자신을 객체로 하는 권리로서 권리주체와 분리될 수 없는 인격적 이익의 향수를 내용으로 한다. 생명·신체·자유·명예·정조·성명·초상·창작·사생활 등을 배타적으로 향유할 수 있는 권리라고 한다.

② 신분권(身分權) …… 가족권(家族權)이라고도 칭하는 것으로서 친족권과 상속권으로 나뉜다. 친족권은 일정한 친족상의 신분으로부터 발생하는 권리로서 그 전형적인 것이 친권(親權)이다. 이에 대하여 상속권은 상속인의 지위로부터 발생하는 권리이다. 친족권과 상속권 등은 일정한 신분을 가진 자와 분리할 수 없기 때문에 일신전속권(一身專屬權)이라고도 말한다.

③ 재산권(財産權) …… 인간의 사회생활에 있어서 가장 기본이 되는 경제적 이익을 내용으로 하는 권리로서, 권리자의 인격이나 신분과는 관계없이 금전적 평가를 목적으로 하며, 권리 그 자체도 금전적 가치를 가진다. 이에는 물권(物權)·채권(債權)·무체재산권(無體財産權) 등이 있다.

④ 사원권(社員權) …… 단체의 구성원이 그 구성원이라는 지위 내지 자격에 기하여 그 단체에 대하여 가지는 포괄적인 권리를 말한다. 사원권은 청구권적 성격도 있으나, 인격권과 유사하게 지배권적 성격이 더 강한 포괄적인 권리이다. 공익권(共益權)과 자익권(自益權)이 있다.

(2) 권리의 작용에 의한 분류

권리의 작용 또는 효력을 기준으로 지배권·청구권·형성권·항변권 등으로 나눈다.

① 지배권(支配權) …… 권리의 객체를 직접 배타적으로 지배하는 권리를 말한다. 권리의 실현을 위하여 타인의 협력이 불필요하고, 직접 자기의 의사로써 실현할 수 있는 권리이다. 물권(物權)이 가장 전형적인 지배권이며, 무체재산권·인격권도 이에 속한다. 친권 및 후견권 등도 비록 사람을 대상으로 하지만 상대방의 의사를 억누르고 권리내용을 직접 실현한다는 점에서 역시 지배권이라 하겠다.

② 청구권(請求權) …… 특정인이 타인에게 작위·부작위·수인(受忍)을 요구할 수 있는 권리이다. 청구권의 실현을 위하여는 타인의 행위의 개입을 필요로 한다. 청구권의 전형적인 것으로는 채권(債權)을 들 수 있고, 그 밖에 물권적 청구권과 친족권의 일부, 예컨대 부부간의 동거청구권, 일정한 친족간의 부양청구권, 출생자의 인지청구권 등이 있다.

③ 형성권(形成權) …… 권리자의 일방적 의사표시로 일정한 법률관계의 변동

(권리의 발생·변경·소멸) 기타 법률상의 효과를 발생시키는 권리이다. 형성권에는 권리자의 일방적 의사표시만으로써 효과를 발생시키는 것과 법원의 판결(형성판결)에 의하여 비로소 효과를 발생시키는 것이 있다. 형성권에는 취소권(민법 제140조), 동의권(민법 제802조), 추인권(민법 제443조), 해제권(민법 제543조) 등이 있다.

④ 항변권(抗辯權) …… 타인의 청구권 행사를 거절할 수 있는 권리로서, 청구권을 부인하는 것이 아니라 청구권의 존재를 전제로 하여 그 행사만을 배척하는 것이다. 청구권의 행사를 일시적으로 저지할 수 있는 연기적 항변권에는 동시이행(同時履行)의 항변권, 보증인이 가지는 최고(催告) 및 검색(檢索)의 항변권이 있고, 영구적으로 저지할 수 있는 영구적 항변권에는 상속인의 한정승인(限定承認)의 항변권이 있다.

4. 사회권

사회권(社會權)이란 사회법의 분야에서 인정된 권리를 말한다. 자본주의의 모순을 시정하고 복지국가를 지향하는 현대에 이르러 개인이 그 생존의 유지 또는 발전을 위하여 국가에 대해서 금전적 급여 또는 시설의 이용을 요구할 수 있는 적극적 권리로 인정된 것이다. 사회권을 생활권(生活權)이라고도 부른다. 우리 헌법상 근로의 권리(제32조 1항), 교육을 받을 권리(제31조 1항), 근로자의 단결권·단체교섭권 및 단체행동권(제33조), 인간다운 생활을 할 권리(제34조 1항), 생활무능력자의 국가의 보호를 받을 권리(제34조 5항), 국가로부터 혼인의 순결과 보건에 관하여 국가의 보호를 받을 권리(제36조) 등이 이에 속한다.

Ⅲ. 의 무

1. 의무의 본질

의무(義務)는 권리에 대응하는 상대적인 개념이기 때문에 권리를 어떻게 이해하느냐에 따라 의무의 본질에 관한 설명도 달라진다. 의무의 본질에 관한 법적 구속력설(현재의 다수설)은 권리의 법력설(法力說)에 대응하여 의무란 자기의 의사와는 관계 없이 강제적으로 작위(作爲) 또는 부작위(不作爲)를 하도록 하는 법적 구속으로 보고 있다. 이러한 의무는 법의 명령이나 금지를 직접적 근거로 한다.

2. 책임과의 구별

의무는 책임(責任)과 구별하여야 한다. 의무는 자기의 의사와 관계없이 일정한 작위·부작위 등을 하여야 할 법률상의 구속이지만, 책임은 의무를 위반하거나 불이행한 경우 이에 대하여 형벌·강제집행·손해배상 등 제재를 받게 되는 지위이다. 의무는 책임을 수반함으로써 그 구속성을 확보하게 되는 것이나, 책임이 따르지 아니하는 의무도 있다. 소멸시효 완성후의 채무 즉 자연채무(自然債務)에 있어서는 의무는 있으나 책임은 없다고 할 수 있다(따라서 채권자는 소송권을 갖지 못한다). 또 의무 없는 책임에는 보증채무(保證債務)를 들 수 있다.

3. 의무의 이행

의무의 이행이란 의무자가 자기가 부담하는 의무의 내용인 작위 또는 부작위를 실현하는 것을 말한다. 권리행사의 경우와 마찬가지로 의무의 이행은 신의(信義)에 좇아 성실(誠實)히 하여야 하는데(민법 제2조), 이와 같은 신의성실의 원칙(信義則)에 위반한 의무이행은 정당한 이행이 되지 못하며, 의무불이행의 책임을 지게 된다.

권리는 권리자가 이를 행사하지 않거나 또는 포기할 수 있지만, 의무는 반드시 이행되어야 한다. 의무를 이행하지 않을 때에는 현실적으로 이행이 강제되거나 손해배상을 하여야 하고 또 형사법상의 처벌을 받기도 한다.

4. 의무의 분류

의무의 분류도 권리의 분류에 있어서와 같이 공권·사권·사회권에 대응하여 공의무·사의무 및 사회의무로 분류할 수 있다.

1) 공의무

공의무(公義務)란 공법관계에 있어서 공권(公權)에 대응하는 의무이며 특히 통치관계에서 부담하는 의무이다. 이는 다시 국제법상의 공의무와 국내법상의 공의무로 나눌 수 있다. 전자는 국가가 국제법상의 주체로서 가지는 의무이며, 후자는 국민이 국가나 공공단체에 대해서 가지는 의무인데, 납세의무·병역의무·교육의무 및 근로의 의무 등이 이에 속한다.

2) 사의무

사의무(私義務)란 사권(私權)에 대응하는 의무로서, 사법상(私法上)에서 지는 의무이다. 이는 다시 채무 등 재산법상의 의무와 부부간의 동거의무 등 가족법상의 의무로 나누어진다.

3) 사회의무

사회의무(社會義務)란 사회권(社會權)에 대응하는 의무이다. 사회권은 사회법상의 권리이고, 특히 노동법에서는 근로자의 권리이므로 사회의무는 그 상대방인 사용자의 의무임과 동시에 경우에 따라서는 국가의 의무도 된다. 예컨대, 단결권·근로권에 대해 국가는 근로자의 단결을 보장할 의무를 지며, 사용자도 이를 무시 또는 방해하는 행위로 나오지 아니할 의무를 진다.

4) 적극적 의무

적극적(積極的) 의무는 어떤 행위를 할 것을 내용으로 하는 의무로서 법의 명령규정에 의거하여 발생하고, 작위의무(作爲義務)라고도 말한다. 예컨대, 물건의 반환의무, 금전채무 등이 이에 속한다.

5) 소극적 의무

소극적(消極的) 의무는 어떤 작위(作爲)를 하지 않을 것을 내용으로 하는 의무로서 법의 금지규정에 의거하여 발생한다. 부작위의무라고도 말한다. 예컨대, 물권불가침(物權不可侵)의 의무, 파업을 하지 않는다는 등의 의무가 그것이다. 그리고 소극적 의무의 내용이 되는 부작위에는 단순한 부작위와 인용(忍容)이 있다.

제2장
관광법규의 생성과 그 체계

제1절 관광법규의 생성과 구조

Ⅰ. 관광법규의 생성

현대사회는 기술혁명에 의한 생산성 향상으로 노동시간이 단축되고 가처분소득의 증대로 생활이 윤택해짐에 따라 인간다운 삶을 희망하게 되어 취미생활, 관광, 건강관리 등 다양한 목적으로 여가시간을 보람있게 보내려 하고 있다. 또한 일상생활 중에서 여가시간이 차지하는 비중이 점차 높아지고 여가활동에 대한 인식이 달라지면서 관광이 인간성 회복과 보다 나은 사회 및 문화창조를 위한 기본조건으로서의 의의를 갖게 되었다.

이와 같이 사회적 환경과 인간의 의식구조가 변화됨에 따라 관광이 대중화·생활화되고 그 범위가 확대되면서 관광이 하나의 사회적 문제로 등장하게 되었다. 그리고 관광활동은 국제친선 및 문화교류의 향상에 커다란 영향을 미치고 있으며, 관광소비행위는 국제경제에 직접적인 관련을 맺고 있다. 따라서 오늘날 관광이라는 사회현상이 가지는 사회·문화적 의의와 경제적 파급효과는 매우 커졌으며 그 가치가 널리 인식되기에 이르렀다.

그런데 이와 같은 관광이 건전하게 발전하려면 관광과 관련되는 분야의 질서가 유지되어야 하고, 관광분야의 질서가 유지되려면 관광생활과 관련되는 여러 현상을 규율하는 법이 필요하게 되었다. 관광법규는 이와 같은 관광활동이 원활하게 이루어지도록 관광과 관련되는 여러 가지 여건을 조성하고 관광의 대상이 되는 관광자원의 효율적인 개발촉진과 관광의 매체인 관광사업을 적극적으로 지도·육성함으로써 새로운 관광수요에 대처하고 외래관광객의 유치촉진 등 전반적인 관광진흥을 목적으로 생성된 것이라고 하겠다.

Ⅱ. 관광법규의 성격

관광법규는 관광행정에 관한 국내공법이다. 즉 관광법규는 관광행정에 관한 법, 공법, 국내법이라는 3요소로 형성되는 개념이다.

1. 관광법규는 관광행정(觀光行政)에 관한 법이다.

관광법규는 관광행정권의 조직(組織)·작용(作用) 및 구제(救濟)에 관한 법이다. 즉 관광행정기관의 조직과 권한 및 그 기관 상호간의 관계, 그리고 관광행정작용으로 인하여 국민이 손해를 입거나 손실을 당한 경우에 권리구제를 위한 절차를 규정한 법이다. 그러므로 관광법규는 관광행정의 객체뿐만 아니라 관광행정을 담당하는 관광행정주체까지도 그 규율대상으로 하여 모든 관광행정을 관광법규의 근거에 의하여 행하여지게 함으로써 부당한 행정권의 남용을 방지하고 그 자의적(恣意的)인 행사를 억제하게끔 하고 있다.

2. 관광법규는 공법(公法)이다.

관광행정에 관한 법규가 모두 관광법이라고는 할 수 없고, 관광행정에 관한 특유한 공법(公法)만이 관광법이 된다.

관광행정작용도 일반적인 행정작용과 마찬가지로 권력작용(權力作用)도 있고, 관리작용(管理作用)이나 국고작용(國庫作用)도 있을 수 있다. 이 중에서 권력작용은 관광행정기관이 우월한 지배자로서 명령·강제하는 작용으로 여기에는 공법이 적용되는데 반하여, 행정주체가 국민과 대등한 입장에서 비권력적 수단을 통하여 기업경영 또는 공물(公物)을 관리하는 관리작용에는 원칙적으로 사법(私法)이 적용되나, 공익목적 달성을 위하여 필요한 한도 내에서는 공법(公法)이 적용된다.

3. 관광법규는 국내법(國內法)이다.

관광법규는 오로지 국내 관광행정에 관한 법으로서 국제법과는 구별되는 개념이다. 따라서 국내에 거주하는 내국인은 물론이고, 국내에 체재하는 외국인관광객, 외국인관광사업자, 외국인관광종사원 모두를 규율한다.

그러나 헌법상 국제법도 국내법과 같은 효력을 가지므로(헌법 제6조 1항), 국제법이라고 할지라도 국내관광행정을 규율하고 그 준칙이 될 수 있으면 그 한도 내에서 관광법이 될 수 있다.

Ⅲ. 관광법규의 구조

사회질서를 유지하기 위해서는 법(法)을 비롯하여 여러 가지 규범(規範)이 있어야 하는데, 관광과 연관되는 분야의 질서를 유지하기 위해서도 마찬가지로 관광활동과 관련되는 여러 현상을 규율하는 법이 필요하다. 그런데 법은 사회의 구성원인 인간을 규제대상으로 하고 있고, 또 관광주체가 인간이기 때문에 인간을 규제하는 법률은 모두 관광법규의 범주에 속한다고 할 수 있겠다.

그런데 인간의 관광활동을 규제하는 모든 법률을 관광법규라 하더라도 이를 직접적으로 규제하느냐, 아니면 간접적으로 규제하느냐에 따라 협의의 관광법규와 광의의 관광법규로 구분할 수 있다.

1. 협의의 관광법규

협의(狹義)의 관광법규란 인간의 기본권이며 자유권의 일종으로 볼 수 있는 관광활동을 직접적으로 보호·촉진하는 데 필요한 법을 말한다. 다시 말하면 관광에 관한 여러 현상, 즉 우리나라 관광진흥을 위한 국가와 지방자치단체의 책임과 임무, 관광활동이 원활하게 이루어질 수 있도록 여건을 조성하고, 관광자원을 개발하며, 관광사업의 지도·육성 및 관광자금의 지원 등을 내용으로 하는 법을 말한다. 여기에 해당하는 법규로는 「관광기본법」, 「관광진흥법」, 「관광진흥개발기금법」, 「국제회의산업 육성에 관한 법률」 등이 있다.

한편, 「한국관광공사법」을 협의(고유)의 관광법규에 포함시키는 견해도 있으나, 「한국관광공사법」은 관광행정의 근거법으로서 제정된 것이 아니라, 한국관광공사라는 특수법인으로서의 정부투자기관을 설립·운영하기 위하여 제정된 특별법이라 하겠다.

2. 광의의 관광법규

광의(廣義)의 관광법규란 관광활동을 간접적으로 보호·촉진하는 데 필요한 법을 말한다. 다시 말하면 관광과 관련되는 법규를 말한다. 전술한 바와 같이 관광의 주체는 인간이기 때문에 사회질서 유지차원에서 인간을 규제하는 모든 법은 관광법규의 범주에 속한다고 할 수 있다. 그중에서도 관광활동을 직접적으로 보호·촉진하는 법을 제외한 나머지 법은 관광활동을 간접적으로 보호·촉진하는 법으로서 이를 광의의 관광법규라 할 수 있다.

따라서 관광과 밀접한 관계를 가지고 있는 법률로는「여권법」,「관세법」,「출입국관리법」,「외국환거래법」,「유통산업발전법」,「검역법」,「공중위생관리법」,「환경영향평가법」,「국가기술자격법」,「식품위생법」,「자연공원법」,「도시공원 및 녹지 등에 관한 법률」,「문화재보호법」,「국토기본법」,「공익사업을 위한 토지 등의 취득 및 보상에 관한 법률」,「건축법」,「초지법」,「사방사업법」,「온천법」,「산지관리법」,「체육시설의 설치·이용에 관한 법률」,「국토의 계획 및 이용에 관한 법률」,「유선 및 도선사업법」,「여객자동차운수사업법」,「항공사업법」,「항공안전법」,「농지법」,「폐기물관리법」,「수도법」,「하수도법」,「하천법」,「사도법」,「도로법」,「도로교통법」,「항만법」,「해운법」,「공유수면 관리 및 매립에 관한 법률」 등 무수히 많다.

제2절 관광법규의 변천과정

Ⅰ. 개 요

우리나라의 관광사업은 1960년대에 들어서서 조직과 체제를 갖추고 정부의 강력한 정책적 뒷받침을 마련하는 등 관광사업진흥을 위한 기반을 구축하면서 우리나라 관광사업이 본격적으로 시작되었다. 정부는 관광사업의 중요성을 인식하고, 이를 진흥시키기 위해 정부수립 후 처음으로 관광법규를 제정하여 관광질서를 확립함과 동시에 관광행정조직을 정비하고, 관광지개발을 위한 지정관광지의 지정, 그리고 관광사업의 국제화를 추진하는 등 관광사업 발전에 필요한 기반을 조성하였다. 우리나라 최초의 관광법규는 1961년 8월 22일에 제정된「관광사업진흥법」이다. 이 법을 시발로 현재까지 변천되어 온 우리나라 관광법규의 전개과정을 아래에 요약해 보고자 한다.

Ⅱ. 변천과정

1. 「관광사업진흥법」의 제정

「관광사업진흥법」은 1961년 8월 22일 법률 제689호로 제정·공포된 우리나라 관광에 관한 최초의 법률이다. 이 법은 전문 62개 조로서 제1장 총칙, 제2장 관광사업, 제3장 관광정책심의위원회, 제4장 관광단체, 제5장 벌칙으로 구성되어 있었다.

이 법의 제정 당시에는 관광사업의 종류를 여행알선업(일반여행알선업과 국내여행알선업), 통역안내업, 관광호텔업, 관광시설업으로 분류하고, 관광사업의 건전한 발전을 위하여 관광협회와 업종별관광협회를 설립하며, 이 두 단체의 공동목적을 달성하기 위해 대한관광협회를 설립할 수 있도록 하였다.

그러나 「관광사업진흥법」은 관광사업의 종류를 보다 세분화하고, 현실에 맞는 법체계로 정비하기 위하여 1975년 12월 31일에 폐지될 때까지 4차에 걸친 개정이 있었다.

2. 「관광기본법」의 제정

우리나라는 1970년대에 접어들면서 정부가 관광사업을 경제개발계획에 포함시켜 국가의 주요 전략사업의 하나로 육성함과 동시에 관광수용시설의 확충, 관광단지의 개발 및 관광시장의 다변화 등을 적극 추진함으로써 국민의 관광수요가 점차 증가해 갔으며, 1972년 하반기부터는 우리나라 기업의 경제무대가 빠른 속도로 국제화되어가는 가운데 외국관광객이 급속히 증가하였다.

이에 따라 정부는 관광 관계법의 재정비에 착수하여 1975년 12월 31일 우리나라 최초의 관광법규인 「관광사업진흥법」을 발전적으로 폐지함과 동시에 동법의 성격을 고려하여 「관광기본법」과 「관광사업법」으로 분리 제정하였다. 즉 과거 「관광사업진흥법」의 진흥적(振興的)·조성적(造成的) 부분은 「관광기본법」으로, 규제적(規制的) 부분은 「관광사업법」으로 정비한 것이다.

우리나라 관광법규의 모법(母法)이며 근본법(根本法)의 성격을 갖는 「관광기본법」은 제정당시 전문 15개조로 구성되었던 것이나, 2000년 1월 12일 부분개정(제15조 "관광정책심의위원회"의 규정을 삭제함)이 있었고, 2007년 12월 21일에는 전문(全文)개정이 있었으며, 2017년 11월 28일에는 "국가전략회의"(제16조 신설)의 설치·운영을 골자로 하는 일부개정이 있었다.

이 법은 그 제정목적(동법 제1조)에서 밝힌 바와 같이 우리나라 관광진흥의 방향과 시책에 관한 사항을 규정함으로써 국제친선의 증진과 국민경제 및 국민복지의 향상을 기하고 건전한 국민관광의 발전을 도모하는 것을 목적으로 제정된 법이다. 이러한 목적을 달성하기 위하여 국가와 지방자치단체의 책임과 의무를 명시하였으며, 정부의 관광진흥장기계획의 수립 및 관광진흥개발기금 설치 등과 관광시책을 실시하기 위해 필요한 별도의 법의 제정을 의무화하는 등 우리나라 관광진흥시책 전반에 관한 입법방침을 명시하고 있다.

3. 「관광사업법」의 제정

「관광사업법」도 「관광기본법」과 같은 배경하에서 분리제정되었다 함은 전술한 바 있다.

1975년 12월 31일 법률 제3088호로 제정된 「관광사업법」은 관광사업의 종류를 여행알선업, 관광숙박업, 관광객이용시설업의 세 가지로 크게 분류하였으며, 관광활동이 점차 활성화됨에 따라 관광산업의 육성과 함께 관광의 질서유지차원에서 규제사항이 대폭 강화된 법률이었다.

이 법은 관광여건과 관광성향의 변화에 따라 발전적 개정을 거듭해오던 끝에 「관광단지개발촉진법」과 일원화할 필요성이 대두됨에 따라 1986년 12월에 정책적으로 폐지되고, 그 대신 「관광진흥법」을 새로이 제정하게 되었다.

4. 「관광단지개발촉진법」의 제정

1975년 4월 법률 제2759호로 제정·공포된 「관광단지개발촉진법」은 경주보문관광단지와 제주중문관광단지 등과 같은 국제수준의 관광단지의 개발을 촉진하여 관광사업의 발전기반을 조성하려는 목적을 가지고 제정되었던 것이다. 그러나 이 법은 「관광사업법」과 일원화할 필요성에 따라 1986년 12월 새로 제정된 「관광진흥법」에 흡수되면서 폐지되었다.

5. 「관광진흥법」의 제정

1986년 12월 31일 법률 제4065호로 제정·공포된 「관광진흥법」은 1986년 12월에 폐지된 「관광사업법」의 내용을 대부분 답습함과 동시에 「관광단지개발촉진법」을 폐지하고 이의 내용을 흡수한 것이 주요 내용이라 하겠다.

과거의 「관광사업법」은 그 자체가 관광사업자에 대한 규제중심으로 되어 있었고, 또 관장하는 업종의 범위(여행알선업, 관광숙박업, 관광객이용시설업의 세 가지로 크게 분류하였음)도 극히 한정되어 있어서 80년대의 관광진흥을 위한 다양한 관광사업의 실체를 조장하고 육성할 수는 없었기 때문에, 이러한 역할을 할 수 있는 내용의 법으로 전환시키기 위하여 포괄적 개념인 「관광진흥법」으로 개칭 제정하게 된 것이다.

6. 「관광진흥개발기금법」의 제정

1972년 12월 29일 법률 제2402호로 제정된 「관광진흥개발기금법」은 제도금융으로서 관광기금의 설치·운용에 관한 법이다. 이 법은 기금의 설치·재원·관리·회계연도·용도·운용 및 기금운용위원회의 설치에 관한 규정을 두고 있다.

본래 관광사업은 국민복지차원에서 국민에게 휴식공간과 오락시설을 제공할 뿐만 아니라 굴뚝 없는 수출산업으로서 외화를 획득하여 국제수지개선에 크게 기여하고 있다. 그러나 관광호텔업이나 종합휴양업, 관광유람선업 등의 관광사업은 타산업에 비해 고정자본비율이 높은데 반하여 투하자본의 회수기간이 길어 적극적인 민자(民資) 유치가 어려운 실정이다.

따라서 정부는 관광진흥개발기금을 조성하여 관광시설의 건설 및 개·보수, 관광지 및 관광단지의 개발, 관광객 편의시설의 건설과 관광사업체의 운영자금으로 지원하여 관광사업의 발전은 물론 관광외화수입의 증대에 기여하도록 하였다.

7. 「올림픽대회 등에 대비한 관광숙박업 등의 지원에 관한 법률」의 제정

1986년 5월 12일 법률 제3844호로 제정된 이 법은 제10회 서울아시아경기대회(1986년 개최)와 제24회 서울올림픽대회(1988년 개최) 등 대규모 국제행사에 대비하여 관광숙박업 등을 행하는 자에 대하여 외국관광객이 이용할 시설의 정비 등을 지원하여 이들 행사를 원활히 수행하고, 아울러 관광사업의 획기적인 발전에 이바지함을 목적으로 하고 있다.

이 법은 올림픽이 끝나는 해인 1988년 12월 31일까지 효력을 가지는 한시법(限時法)으로 제정되었기 때문에 그 유효기간이 만료됨에 따라 자동폐지되었다.

8. 「국제관광공사법」과 「한국관광공사법」의 제정

현행 「한국관광공사법」의 전신은 「국제관광공사법」(1962.4.24. 법률 제1060호)이다. 「국제관광공사법」에 의해 국제관광공사(현 한국관광공사의 전신)가 설립되었는데, 이 공사는 관광선전, 관광객에 대한 제반 편의제공, 외국관광객의 유치와 관광사업의 발전에 선도적인 사업경영, 관광종사원의 양성과 훈련을 주된 임무로 하였다.

「국제관광공사법」은 1982년 11월에 「한국관광공사법」으로 명칭을 변경함과 동시에 동법에 의하여 설립된 국제관광공사의 명칭도 한국관광공사로 개칭하여 오늘에 이르고 있다.

9. 「관광숙박시설지원 등에 관한 특별법」의 제정

이 법은 2000년 ASEM회의, 2002년의 아시안게임 및 월드컵축구대회 등 대규모 국제행사에 대비하여 관광호텔시설의 건설과 확충을 촉진하여 관광호텔시설의 부족을 해소하고 관광호텔업 기타 숙박업의 서비스 개선을 위하여 각종 지원을 함으로써 국제행사의 성공적 개최와 관광산업의 발전에 이바지할 목적으로 1997년 1월 13일 제정·공포되었다.

따라서 이 법은 「관광진흥법」을 비롯한 관광관계법이나 기타 관광숙박시설에 관련된 법률의 규정 등을 적용하기 전에 이 법이 우선하여 적용되었다. 그러나 이 법은 2002년 12월 31일까지 효력을 가지는 한시법(限時法)으로 제정되었기 때문에 그 유효기간의 만료로 자동폐지되었다.

10. 「관광숙박시설 확충을 위한 특별법」의 제정

이 법은 관광숙박시설의 건설과 확충을 촉진하기 위한 각종 지원에 관한 사항을 규정함으로써 외국관광객의 유치 확대와 관광산업의 발전 및 경쟁력 강화에 이바지하는 것을 목적(같은법 제1조)으로 2012년 1월 26일 제정되었다. 이는 곧 외국관광객 2천만명 시대를 대비하여 부족한 관광숙박시설 확충을 위한 민간투자 활성화의 필요성이 절실함에 따라 이를 위한 제도적 기반을 마련한 것으로 본다.

따라서 이 법은 호텔업에 대한 여러 가지 특례를 규정하여 현행 「관광진흥법」보다 훨씬 유리한 조건으로 호텔업을 경영할 수 있도록 2016년 12월 31일(2015.12.11. 부칙 제2조)까지 유효한 한시법(限時法)으로 제정되었기 때문에 그 유효기간의 만료로 자동폐기되었다.

11. 「국제회의산업 육성에 관한 법률」의 제정

이 법은 국제회의의 유치를 촉진하고 그 원활한 개최를 지원하여 국제회의산업을 육성·진흥함으로써 관광산업의 발전과 국민경제의 향상 등에 이바지함을 목적(같은법 제1조)으로 1996년 12월 30일 제정된 법률이다.

이 법에서는 국제회의산업의 육성·진흥을 위한 국가의 책무, 국제회의산업 육성에 필요한 기본계획의 수립, 국제회의의 유치 등의 지원, 국제회의 도시의 지정 및 지원, 국제회의 전담조직의 설치 등에 관한 내용을 규정하고 있다. 이 지원조치에는 국제회의 참가자가 이용할 숙박시설·교통시설 및 관광편의시설 등의 설치·확충 또는 개선을 위하여 필요한 사항이 포함되어야 한다.

12. 「외식산업 진흥법」의 제정

이 법은 외식산업의 육성 및 지원에 필요한 사항을 정하여 외식산업 진흥의 기반을 조성하고 경쟁력을 강화함으로써 국민의 삶의 질 향상과 국민경제의 건전한 발전에 이바지하는 것을 목적으로 2011년 3월 9일(법률 제10454호) 제정되었는데, 외식산업진흥 기본계획의 수립, 외식산업의 육성·지원 및 경쟁력 강화 등에 관한 사항을 규정한 법률로 전문 20조와 부칙으로 구성되어 있다.

제3장
관광행정조직과 관광기구

제1절 관광행정조직

Ⅰ. 우리나라 관광행정의 전개과정

우리나라 관광행정의 역사를 살펴보면, 1950년 12월에 교통부 총무과 소속으로 '관광계'를 설치함으로써 교통부장관이 관광에 관한 행정업무를 관장하기 시작하였고, 그 후 1954년 2월에는 교통부 육운국 '관광과'로 승격시켰으며, 1963년 8월에는 육운국 관광과를 '관광국'으로 승격시켜 관광행정조직을 강화함으로써 우리나라 관광이 발전할 수 있는 기틀을 마련하였다.

1994년 12월 23일에는 정부조직 개편에 따라 그동안 교통부장관이 관장하고 있던 관광업무가 문화체육부장관으로 이관됨으로써 우리나라 관광행정의 주무관청은 문화체육부장관이었으나, 1998년 2월 28일 다시 정부조직의 개편으로 문화체육부가 문화관광부로 개칭(改稱)되면서 '관광(觀光)'이라는 단어가 정부부처 명칭에 처음으로 들어가게 되었다. 그리고 2008년 2월 29일에는 「정부조직법」 개정으로 문화관광부가 문화체육관광부로 명칭이 변경되었다.

그후 2013년 3월 23일에는 정부조직 개편에 따른 정부 기능변경에 따라 종래 관광산업국 명칭을 관광국으로 변경하고 관광레저기획관을 중심으로 일부 소속 부서의 명칭과 기능을 개편하였다. 2014년 10월 23일 정부조직 개편에 따라 2차관 소관으로 관광체육레저정책실이 신설되었고 관광국을 관광정책관실과 관광레저정책관실로 분리·개편하였다. 2015년 1월 6일 관광체육레저정책실이 체육관광정책실로 조직개편되었다. 2016년 4월 4일 정부조직 개편에 따라 관광정책실이 신설되었고, 관광정책실에는 관광정책관실과 국제관광정책관실을 두었다, 2017년 9월 4일에는 직제 개정에 따라 관광정책실을 관광정책국과 관광산업정책관으로 개편되었다.

Ⅱ. 중앙관광행정조직

1. 서 설

국가의 중앙관광행정기관은 「헌법」 및 그에 의거한 국가의 일반중앙행정기관에 대한 일반법인 「정부조직법」 그리고 관광에 관한 특별법인 「관광기본법」, 「관광진흥법」, 「관광진흥개발기금법」 등에 의하여 설치된다.

「헌법」과 법령에 의거한 국가의 중앙관광행정기관을 개관하면, 국가원수이자 정부수반인 대통령이 중앙관광행정기관의 정점이 되고, 그 밑에 심의기관인 국무회의가 있고, 그리고 대통령의 명을 받아 문화체육관광부를 포함한 각 행정기관을 통할하는 국무총리가 있다. 국무총리 밑에는 관광행정의 주무관청인 문화체육관광부장관이 있다.

2. 대통령

대통령은 외국에 대하여 국가를 대표하는 국가원수로서의 지위와 행정부의 수반으로서의 지위 등 이중적 성격을 갖는다.

대통령은 행정부의 수반으로서 중앙관광행정기관의 구성원을 「헌법」과 법률의 규정에 의하여 임명하고, 관광행정에 관한 최고결정권과 최고지휘권을 가진다. 또한 관광행정에 대한 예산편성권 기타 재정에 관한 권한을 가진다. 또한 대통령은 관광에 관련한 법률을 제안할 권한을 가지며, 국회가 제정한 관광관계법을 공포하고 집행한다. 그리고 그 법률에 이의가 있으면 법률안거부권을 행사할 수 있다.

한편, 대통령은 관광관련 법률에서 구체적으로 범위를 정하여 위임받은 사항과 그 법률을 집행하기 위하여 필요한 사항에 관하여 대통령령을 제정할 수 있는 행정입법권을 가진다. 대통령령으로 제정된 관광관련 행정입법으로는 「관광진흥법 시행령」, 「관광진흥개발기금법 시행령」, 「한국관광공사법 시행령」 등이 있다.

3. 국무회의

우리 헌법상 국무회의는 정부의 권한에 속하는 중요한 정책(관광정책을 포함한다)을 심의하는 행정부의 최고 심의기관이다. 국무회의는 대통령(의장)을 비롯한 국무총리(부의장)와 문화체육관광부장관 등을 포함한 15인 이상 30인 이하의 국무위원으로 구성된다.

국무회의에서는 관광에 관한 법률안 및 대통령령안, 관광관련 예산안 및 결산 기타 재정에 관한 중요한 사항, 문화체육관광부의 중요한 관광정책의 수립과 조정, 정부의 관광정책에 관계되는 청원의 심사, 국영기업체인 한국관광공사의 관리자의 임명, 기타 대통령·국무총리·문화체육관광부장관이 제출한 관광에 관한 사항 등을 심의한다.

국무회의는 의결기관이 아니고 심의기관에 불과하기 때문에 그 심의결과는 대통령을 법적으로 구속하지 못하며, 대통령은 심의내용과 다른 정책을 결정하고 집행할 수 있다.

4. 국무총리

국무총리는 최고의 관광행정관청인 대통령을 보좌하고, 관광행정에 관하여 대통령의 명을 받아 문화체육관광부장관 뿐만 아니라 행정각부를 통할한다. 또한 국무회의 부의장으로서 주요 관광정책을 심의하고, 대통령이 궐위되거나 사고로 인하여 직무를 수행할 수 없을 때에는 그 권한을 대행한다.

국무총리는 관광행정의 주무관청인 문화체육관광부장관의 임명을 대통령에게 제청하고, 그 해임을 대통령에게 건의할 수 있다. 또한 국무총리는 국회 또는 그 위원회에 출석하여 관광행정을 포함한 국정처리상황을 보고하거나 의견을 진술하고, 국회의원의 질문에 응답할 권리와 의무를 가진다.

국무총리도 관광행정에 관하여 법률이나 대통령령의 위임이 있는 경우 또는 그 직권으로 총리령을 제정할 수 있다.

5. 문화체육관광부장관

1) 법적 지위와 권한

문화체육관광부장관은 정부수반인 대통령과 그 명을 받은 국무총리의 통괄 아래에서 관광행정사무를 집행하는 중앙행정관청이다.

「정부조직법」 제35조에 따르면 "문화체육관광부장관은 문화·예술·영상·광고·출판·간행물·체육·관광에 관한 사무를 관장한다"고 규정하고 있으므로 문화체육관광부장관이 관광행정에 관한 주무관청이 된다.

문화체육관광부장관은 국무위원의 자격으로 관광과 관련된 법률안 및 대통령령의 제정·개정·폐지안을 작성하여 국무회의에 제출할 수 있으며, 관광행정에 관하여 법률이나 대통령령의 위임 또는 직권으로 부령을 제정할 수 있다. 현재 관광과 관련하여 문화체육관광부령으로 제정된 부령으로는 「관광진흥법 시행규칙」과 「관광진흥개발기금법 시행규칙」 등이 있다.

2) 문화체육관광부의 관광행정조직

(1) **보조기관** — 문화체육관광부장관의 관광행정에 관한 권한행사를 보조하는 것을 임무로 하는 보조기관으로는 문화체육관광부 제2차관 및 관광정책국장이 있다(**개정 2018.8.21., 2020.12.22.**).

개정된 「문화체육관광부와 그 소속기관 직제」에 따르면 관광정책국장 밑에는 관광산업정책관 1명을 두며, 관광정책국에는 관광정책과·국내관광진흥과·국제관광과·관광기반과를 두고, 관광산업정책관에는 관광산업정책과·융합관광산업과 및 관광개발과를 둔다(「직제」 제18조 및 「직제시행규칙」 제15조). **<개정 2018.8.21., 2020.12.22.>**

(2) **자문기관** — 관광진흥개발기금의 운용에 관한 종합적인 사항을 심의하기 위하여 문화체육관광부장관 소속으로 '기금운용위원회(이하 "위원회"라 한다)'를 두고 있다(관광진흥개발기금법 제6조).

(3) **관광정책국장은** 관광에 관한 다음 사항을 분장한다(「직제」 제18조 제3항). **<개정 2017.9.4., 2018.8.21., 2020.12.22.>**

1. 관광산업진흥을 위한 종합계획의 수립 및 시행
2. 관광 정보화 및 통계
3. 남북관광 교류 및 협력
4. 국내 관광진흥 및 외래관광객 유치
5. 국내여행 활성화
6. 관광진흥개발기금의 조성과 운용
7. 지역관광 콘텐츠 육성 및 활성화에 관한 사항
8. 문화관광축제의 조사·개발·육성
9. 문화·예술·민속·레저 및 생태 등 관광자원의 관광상품화
10. 산업시설 등의 관광자원화 사업 및 도시 내 관광자원개발 등 관광활성화에 관한 사항
11. 국제관광기구 및 외국정부와의 관광 협력

12. 외래관광객 유치 관련 항공, 교통, 비자협력에 관한 사항
13. 국제관광 행사 및 한국관광의 해외광고에 관한 사항
14. 외국인 대상 지역특화 관광콘텐츠 개발 및 해외 홍보마케팅에 관한 사항
15. 국민의 해외여행에 관한 사항
16. 여행업의 육성
17. 관광안내체계의 개선 및 편의 증진
18. 외국인 대상 관광불편해소 및 안내체계 확충에 관한 사항
19. 관광특구의 개발·육성
20. 관광산업정책 수립 및 시행
21. 관광기업 육성 및 관광투자 활성화 관련 업무
22. 관광 전문인력 양성 및 취업지원에 관한 사항
23. 관광숙박업, 관광객이용시설업, 유원시설업 및 관광 편의시설업 등의 육성
24. 카지노업, 관광유람선업, 국제회의업의 육성
25. 전통음식의 관광상품화
26. 관광개발기본계획의 수립 및 권역별 관광개발계획의 협의·조정
27. 관광지, 관광단지의 개발·육성
28. 관광중심 기업도시 개발·육성
29. 국내외 관광 투자유치 촉진 및 지방자치단체의 관광 투자유치 지원
30. 지속가능한 관광자원의 개발과 활성화

Ⅲ. 지방관광행정조직

1. 국가의 지방행정기관

국가의 지방행정기관은 그 주관사무의 특성을 기준으로 보통지방행정기관과 특별지방행정기관으로 나누어진다. 전자는 해당 관할구역 내에 시행되는 일반적인 국가행정사무를 관장하며, 사무의 소속에 따라 각 주무부장관의 지휘·감독을 받는 국가행정기관을 말한다. 반면에 후자는 특정 중앙관청에 소속하여 그 권한에 속하는 사무를 처리하는 기관을 말한다. 관광행정에 관한 특별행정기관은 없다.

현행법상 보통지방행정기관은 이를 별도로 설치하지 아니하고 지방자치단체의 장인 특별시장, 광역시장, 특별자치시장, 도지사, 특별자치도지사와 시장·군수 및 자치구의 구청장에게 위임하여 행하고 있다(지방자치법 제102조). 따라서 지방자치단체의 장은 국가사무를 수임·처리하는 한도 안에서는 국가의 보통지방행정기관의 지위에 있는 것이며, 지방자치단체의 집행기관의 지위와 국가보통행정관청의 지위를 아울러 가진다. 그러므로 지방관광행정조직은 지방자치단체의 조직과 같다고 할 수 있다.

2. 지방자치단체의 관광행정사무

1) 지방자치단체의 종류 및 성질

지방자치단체란 국가공공단체의 하나로서 국가 밑에서 국가로부터 존립목적을 부여받은 일정한 관할구역을 가진 공법인(公法人)을 말한다(제3조 제1항). 현행 「지방자치법」의 규정에 따르면 지방자치단체는 ① 특별시, 광역시, 특별자치시, 도, 특별자치도와 ② 시, 군, 구의 두 종류로 구분하고 있다(동법 제2조 제1항). 여기서 지방자치단체인 구(이하 "**자치구**"라 한다)는 특별시와 광역시 관할구역 안의 구만을 말한다.

특별시, 광역시, 특별자치시, 도, 특별자치도(이하 "**시 · 도**"라 한다)는 정부의 직할(直轄)로 두고, **시**는 도의 관할구역 안에, **군**은 광역시, 특별자치시나 도의 관할구역 안에 두며, **자치구**는 특별시와 광역시, 특별자치시의 관할구역 안에 둔다(동법 제3조).

2) 지방자치단체의 관광행정사무

(1) 자치사무와 위임사무

지방자치단체는 그 관할구역 안의 자치사무와 위임사무를 처리하는 것을 목적으로 한다. 여기서 자치사무(自治事務)란 지방자치단체의 존립목적이 되는 지방적 복리사무를 말하고, 위임사무(委任事務)란 법령에 의하여 국가 또는 다른 지방자치단체의 위임에 의하여 그 지방자치단체에 속하게 된 사무를 말한다. 또한 위임사무는 지방자치단체 자체에 위임되는 단체위임사무(團體委任事務)와 지방자치단체의 장 또는 집행기관에 위임되는 기관위임사무(機關委任事務)로 구분된다.

관광행정은 국가사무이기 때문에 주로 기관위임사무이며, 이 사무를 처리하는 지방자치단체는 국가의 행정기관이 된다.

지방자치단체가 관광과 관련하여 행하는 사무로는 첫째, 국가시책에의 협조인데, 지방자치단체는 관광에 관한 국가시책에 필요한 시책을 강구하여야 한다(관광기본법 제6조). 둘째, 공공시설 설치사무로서, 지방자치단체는 관광지 등의 조성사업과 그 운영에 관련되는 도로, 전기, 상·하수도 등 공공시설을 우선하여 설치하도록 노력하여야 한다(관광진흥법 제57조). 셋째, 입장료·관람료 또는 이용료의 관광지등의 보존비용 충당사무이다. 지방자치단체가 관광지등에 입장하는 자로부터 입장료를, 관광시설을 관람 또는 이용하는 자로부터 관람료 또는 이용료를 징수하면 이를 관광지등의 보존·관리와 그 개발에 필요한 비용에 충당하여야 한다(관광진흥법 제67조 3항).

(2) "제주특별법" 상 관광관련 특례규정

「제주특별자치도 설치 및 국제자유도시 조성을 위한 특별법」(이하 "제주특별법"이라 한다)에 따르면 국가는 제주자치도가 자율적으로 관광정책을 시행할 수 있도록 관련 법령의 정비를 추진하여야 하며, 관광진흥과 관련된 계획을 수립하고 사업을 시행할 경우 제주자치도의 관광진흥에 관한 사항을 고려하여야 한다.

특히 정부는 2008년 4월에 서비스산업선진화(PROGRESS-1) 방안의 일환으로 「관광진흥법」, 「관광진흥개발기금법」, 「국제회의산업 육성에 관한 법률」등 이른바 '관광3법'상의 권한사항을 제주자치도지사에게 일괄 이양하기로 결정하였다. 이에 따라 제주자치도는 자율과 책임에 따라 지역의 관광여건을 조성하고 관광자원을 개발하며 관광사업을 육성함으로써 국가의 관광진흥에 이바지하여야 하는데, 이를 위한 관광진흥관련 특례규정을 살펴보면 다음과 같다.

(가) 국제회의산업 육성을 위한 특례(제주특별법 제244조)

문화체육관광부장관은 국제회의산업을 육성·지원하기 위하여 「국제회의산업 육성에 관한 법률」 제14조에도 불구하고 제주자치도를 국제회의도시로 지정·고시할 수 있다.

(나) 카지노업의 허가 등에 관한 특례(제주특별법 제244조)

관광사업의 경쟁력 강화를 위하여 외국인전용 카지노업에 대한 허가 및 지도·감독 등에 관한 문화체육관광부장관의 권한을 제주도지사의 권한으로 하고,

그와 관련된 허가요건·시설기준을 포함하여 여행업의 등록기준, 관광호텔의 등급결정 등에 관한 사항을 도조례로 정할 수 있도록 하였다.

(다) 관광숙박업의 등급 지정에 관한 특례(제주특별법 제240조)

「관광진흥법」 제19조제1항(관광숙박업의 등급)에 따른 문화체육관광부장관의 권한(야영장업에 관한 사항은 제외한다)은 제주도지사의 권한으로 한다.

(라) 외국인투자의 촉진을 위한 「관광진흥법」 적용의 특례(제주특례법 제243조)

제주도지사는 카지노업의 허가를 받으려는 자가 외국인투자를 하려는 경우로서 일정한 요건을 갖추었으면 「관광진흥법」 제21조(카지노업의 허가요건등)에도 불구하고 같은 법 제5조제1항에 따른 카지노업(외국인전용의 카지노업으로 한정한다)의 허가를 할 수 있다.

(마) 관광진흥개발기금 등에 관한 특례(제주특별법 제245조, 제246조)

① 「관광진흥법」 제30조제2항(기금의 납부)에 따른 문화체육관광부장관의 권한은 제주도지사의 권한으로 한다.

② 「관광진흥법」 제30조제4항(총매출액, 징수비율등)에서 대통령령으로 정하도록 한 사항은 도조례로 정할 수 있다.

③ 「관광진흥법」 제30조제1항에도 불구하고 카지노사업자는 총 매출액의 100분의 10 범위에서 일정비율에 해당하는 금액을 제주관광진흥기금에 납부하여야 한다.

④ 「관광진흥개발기금법」 제2조제1항(기금의 설치 및 재원)에도 불구하고 제주자치도의 관광사업을 효율적으로 발전시키고, 관광외화수입의 증대에 기여하기 위하여 제주관광진흥기금을 설치한다.

(바) 관광진흥 관련 지방공사의 설립·운영(제주특별법 제250조)

제주자치도는 관광정책의 추진 및 관광사업의 활성화를 위하여 「지방공기업법」에 따른 지방공사를 설립할 수 있도록 하였다.

제2절 관광기구

Ⅰ. 한국관광공사

1. 설립근거 및 법적 성격

1) 설립근거

한국관광공사(KTO: Korea Tourism Organization)는 관광진흥, 관광자원개발, 관광산업의 연구개발 및 관광요원의 양성·훈련에 관한 사업을 수행하게 함으로써 국가경제발전과 국민복지증진에 이바지하는 데 목적을 두고 「국제관광공사법」에 의하여 1962년 6월 26일에 국제관광공사라는 명칭으로 설립되었다. 그러나 1982년 11월 29일 「국제관광공사법」이 「한국관광공사법」(이하 "공사법"이라 한다)으로 바뀜에 따라 공사명칭도 한국관광공사(이하 "공사"라 한다)로 바뀌어 오늘에 이르고 있다.

2) 법적 성격

「한국관광공사법」에서는 한국관광공사를 법인(法人)으로 하고(공사법 제2조), 그 공사의 자본금은 500억원으로 하며, 그 2분의 1 이상을 정부가 출자한다(공사법 제4조 제1항). 다만, 정부는 국유재산 중 관광사업 발전에 필요한 토지, 시설 및 물품 등을 공사에 현물로 출자할 수 있다(공사법 제4조 제2항). 그리고 이 법에 규정되지 아니한 한국관광공사의 조직과 경영 등에 관한 사항은 「공공기관의 운영에 관한 법률」에 따른다(공사법 제17조).

이러한 규정들을 통하여 살펴볼 때, 한국관광공사는 행정법상의 공기업(公企業)에 해당한다고 볼 수 있으며, 그 중에서도 특수법인사업(特殊法人事業)으로 독립적 사업에 해당하는 공기업이라고 하겠다.

2. 공사의 성립과 조직

1) 공사의 성립

정부투자기관인 공기업은 독립법인이 운영한다. 따라서 공기업을 개설하기 위하여는 법인(法人)을 설립하여야 하는데, 현행법상으로는 국가의 정부투자기관은 각 특별법에 의하여 설립된다. 한국관광공사는 「한국관광공사법」이라는 특별법에 의하여 설립되었다.

법인이 성립되기 위해서는 등기가 필요한데, 「한국관광공사법」에 따르면 한국관광공사는 주된 사무소의 소재지에서 설립등기를 함으로써 성립한다(공사법 제5조 제1항)고 규정하고 있다. 설립등기는 정관(定款)의 인가를 받은 날로부터 2주일 내에 주된 사무소의 소재지에서 하여야 한다(공사법 시행령 제2조 제1항). 여기서 '인가를 받은 날'이란 인가서가 도달된 날을 말한다(공사법 시행령 제8조).

2) 공사의 조직

한국관광공사의 조직은 「공공기관의 운영에 관한 법률」과 「한국관광공사법」에 따른다. 「공공기관의 운영에 관한 법률」에 의하면 투자기관의 경영조직은 의결기능을 전담하는 이사회(理事會)와 집행기능을 전담하는 사장(社長)으로 분리·이원화되고 있다.

한국관광공사는 2022년 12월 말 기준으로 관광디지털본부, 경영혁신본부, 국제관광본부, 국민관광본부, 관광산업본부 등 5개 본부에 16실, 54센터·팀, 33개 해외지사, 10개 국내지사로 구성되어 있으며, 정원은 669명이다.

3. 주요 사업

1) 목적사업

한국관광공사는 공사의 설립목적을 달성하기 위하여 다음의 사업을 수행한다(공사법 제12조 제1항 **〈개정 2016.12.20.〉**).

1. 국제관광 진흥사업
   가. 외국인 관광객의 유치를 위한 홍보
   나. 국제관광시장의 조사 및 개척
   다. 관광에 관한 국제협력의 증진
   라. 국제관광에 관한 지도 및 교육
2. 국민관광 진흥사업
   가. 국민관광의 홍보
   나. 국민관광의 실태 조사
   다. 국민관광에 관한 지도 및 교육
   라. 장애인, 노약자 등 관광취약계층에 대한 관광지원

3. 관광자원 개발사업
   가. 관광단지의 조성과 관리, 운영 및 처분
   나. 관광자원 및 관광시설의 개발을 위한 시범사업
   다. 관광지의 개발
   라. 관광자원의 조사
4. 관광산업의 연구·개발사업
   가. 관광산업에 관한 정보의 수집·분석 및 연구
   나. 관광산업의 연구에 관한 용역사업
5. 관광관련 전문인력의 양성과 훈련사업
6. 관광사업의 발전을 위하여 필요한 물품의 수출입업을 비롯한 부대사업으로서 이사회가 의결한 사업

2) 위탁경영 및 위탁사업의 시행

① 공사는 '공사법' 제12조제1항에 따른 사업 중 필요하다고 인정하는 사업은 이사회의 의결을 거쳐 타인에게 위탁하여 경영하게 할 수 있다(공사법 제12조 제2항).

여기서 "타인"이란 공공단체, 공익법인 또는 문화체육관광부장관이 인정하는 단체를 말한다(공사법 시행령 제9조).

② 공사는 국가, 지방자치단체, 「공공기관의 운영에 관한 법률」에 따른 공공기관 및 그 밖의 공공단체 중 대통령령으로 정하는 기관으로부터 '공사법' 제12조제1항 각 호의 어느 하나에 해당하는 사업을 위탁받아 시행할 수 있다(공사법 제12조 3항 **〈신설 2018.5.8.〉**).

여기서 "대통령령으로 정하는 기관"이란 「지방공기업법」에 따른 지방직영기업, 지방공사 및 「지방자치단체 출자·출연기관의 운영에 관한 법률(약칭 지방출자출연법)」에 따른 행정안전부장관이 지정한 출자·출연기관을 말한다(공사법시행령 제9조의2 **〈신설 2018.5.8.〉**).

3) 정부로부터의 수탁사업

관광종사원 중 관광통역안내사, 호텔경영사 및 호텔관리사 자격시험, 등록 및 자격증의 발급업무(관광진흥법 제38조, 동법 시행령 제65조제1항 4호) 등을 위탁받아 처리하고 있다. 다만, 자격시험의 출제, 시행, 채점 등 자격시험의 관리에 관한 업무는 「한국산업인력공단법」에 따른 한국산업인력공단에 위탁함에 따라 이를 위한 기본계획을 수립한다(관광진흥법 시행령 제65조제1항 4호단서). 또한 문화체육관광부장관으로부터 호텔등급결정권을 위탁받아 호텔등급 결정업무를 수

행함은 물론, 국제회의 전담조직으로 지정받아 공사의 '코리아 MICE뷰로'가 국제회의 유치·개최 지원업무를 수탁처리하고 있다.

4. 정부의 지도·감독

문화체육관광부장관은 공사의 경영목표를 달성하기 위하여 필요한 범위에서 공사의 업무에 관하여 지도·감독하며(한국관광공사법 제16조), 공기업 또는 준정부기관은 매년 3월 20일까지 전년도의 경영실적보고서와 기관장이 체결한 계약의 이행에 관한 보고서를 작성하여 기획재정부장관과 주무기관의 장(문화체육관광부장관)에게 제출하여야 한다(「공공기관의 운영에 관한 법률」 제47조).

그리고 공사가 관광종사원의 자격시험, 등록 및 자격증의 발급에 관한 업무를 위탁받아 수행한 경우에는 이를 분기별로 종합하여 다음 분기 10일까지 문화체육관광부장관에게 보고하여야 한다(관광진흥법 시행령 제65조 제6항).

Ⅱ. 한국문화관광연구원

1. 법적 성격

2016년 5월 19일 개정된 「문화기본법」은 제11조의2 제1항에서 "문화예술의 창달, 문화산업 및 관광진흥을 위한 연구, 조사, 평가를 추진하기 위하여 한국문화관광연구원(이하 "연구원"이라 한다)을 설립한다"고 규정하여, 연구원의 설립 근거를 법률에 명시함과 동시에, 제11조의2 제2항에서는 "연구원은 법인으로 한다"고 규정하여 '법정법인(法定法人)'으로 전환되었음을 명시하고 있다. 이로써 연구원은 명실상부한 국가의 대표적인 문화·예술·관광연구기관으로 그 위상이 높아졌다.

이제까지 한국문화관광연구원(KCTI: Korea Culture & Tourism Institute)은 문화체육관광부 산하 연구기관으로서 문화체육관광부장관의 허가를 받아 설립된 재단법인으로 공법인(公法人)의 성격을 갖추고 있었던 것이나, 이제 「문화기본법」이 개정됨으로써 종래의 '재단법인' 한국문화관광연구원에서 '법정법인' 한국문화관광연구원으로 새출발하게 된 것이다.

2. 연구원의 조직

한국문화관광연구원은 2022년 12월 말 기준으로 경영기획본부, 문화연구본부,

관광연구본부 등 3개 본부와 각 본부의 업무를 수행하는 기획조정실, 경영지원실, 문화예술정책연구실, 문화예술공간연구실, 관광정책연구실, 관광산업연구실 등 6개 실 및 8팀(연구기획팀, 성과확산팀, 인재개발팀, 총무회계팀, 연구지원팀, 통계관리팀, 데이터분석팀, 정보사업팀)으로 구성되어 있다. 그리고 문화산업연구센터 및 정책·정보센터 등 2개 센터가 각각 독립조직으로 설치되어 있다.

2022년 12월 말 기준으로 연구원의 정원은 기관장을 포함하여 총 142명이며, 현원은 기관장, 연구직 68명, 통계직 11명, 행정직 20명, 운영직 27명 및 별도 정원 1명 등 총 128명으로 구성되어 있다.

3. 연구원의 주요 활동 및 사업

1) 주요 활동

연구원은 기본연구사업과 수탁연구사업 등 연구사업을 중심으로 관광관련 통계의 생산·분석·서비스를 비롯하여 정책동향분석 자료발간, 관광지식정보시스템 운영사업, 지역문화관광포럼사업, 계간 「한국관광정책」 발간사업, 지역관광개발사업 평가, 국제협력사업, 관광산업포럼, 국제관광수요예측, 연구지원사업 등 다양한 연구활동을 수행하고 있다.

2) 주요 사업

연구원은 설립목적을 달성하기 위하여 다음 각 호의 사업을 수행한다(문화기본법 제11조의2 제5항).

1. 문화예술의 진흥 및 문화산업의 육성을 위한 조사·연구
2. 문화관광을 위한 조사·평가·연구
3. 문화복지를 위한 환경조성에 관한 조사·연구
4. 전통문화 및 생활문화 진흥을 위한 조사·연구
5. 여가문화에 관한 조사·연구
6. 북한 문화예술 연구
7. 국내외 연구기관, 국제기구와의 교류 및 연구협력사업
8. 문화예술, 문화산업, 관광 관련 정책정보·통계의 생산·분석·서비스
9. 조사·연구결과의 출판 및 홍보
10. 그 밖에 연구원의 설립목적을 달성하는 데 필요한 사업

Ⅲ. 지역관광기구

1. 경상북도문화관광공사

경상북도문화관광공사(GCTO: Gyeongsangbuk-do Culture and Tourism Organization)는 2019년 1월 1일 기존의 경상북도관광공사를 이름을 바꾸어 확대·개편하여 새 출범한 것이다.

경상북도관광공사는 한국관광공사의 자회사였던 '경북관광개발공사'를 경상북도가 인수함으로써 탄생한 지방공기업이다. 2012년 6월 7일 「경상북도관광공사 설립 및 운영에 관한 조례」 및 「경상북도관광공사 정관」(2012.5.31.제정)의 규정에 의하여 설립된 경상북도관광공사는 경북의 역사·문화·자연·생태자원 등을 체계적으로 개발·홍보하고 지역관광산업의 효율성을 제고하여 지역경제 및 관광활성화에 기여함을 설립목적으로 하고 있다.

경상북도가 인수한 기존의 경북관광개발공사는 1974년 1월에 정부와 세계은행(IBRD) 간에 체결한 보문관광단지 개발사업을 위한 차관협정에 따라 1975년 8월 1일 당시 「관광단지개발촉진법」에 의거하여 설립된 '경주관광개발공사'를 모태로 하는데, 여기에 정부투자기관인 한국관광공사가 전액 출자한 정부재투자기관이다. 그 뒤 경상북도 북부의 유교문화권(안동시 일대) 개발사업을 담당해야 할 필요에 의하여 1999년 10월 6일 경북관광개발공사로 확대·개편되었다가 2012년 경상북도에 인수되어 경상북도관광공사의 모체가 되었다.

2. 경기관광공사

경기관광공사(GTO: Gyeonggi Tourism Organization: 이하 "공사"라 한다)는 「지방공기업법」 제49조에 의하여 2002년 4월 8일 경기도조례로 설립된 지방공사로서 공법상의 재단법인이다. 특히 공사는 지방화시대에 부응하여 우리나라에서는 최초로 지방자치단체가 설립한 지방관광공사이다.

경기도는 공사설립을 위하여 제정한 경기도관광공사 설립 및 운영조례(2002.4.8. 제3178호) 제4조 제1항의 규정에 의하여 공사의 자본금을 전액 현금 또는 현물로 출자하였는데, 2002년 5월 11일 경기도관광공사 정관을 제정하여 출범하게 된 것이다.

한편으로 공사의 운영을 위하여 필요한 경우에는 자본금의 2분의 1을 초과하지 아니하는 범위 안에서 다른 기관·단체 또는 개인이 출자할 수 있게 하여(지방공기업법 제53조 제2항 및 조례 제4조 제1항) 지방자치단체인 경기도가 오너

(owner)로서 외부참여도 가능하도록 개방하고 있다.

3. 서울관광마케팅주식회사

서울관광마케팅주식회사(STO: Seoul Tourism Organization)는 「지방공기업법」(제49조)의 규정과 「서울관광마케팅주식회사 설립 및 운영에 관한 조례」에 따라 서울특별시와 민간기업이 협력하여 2008년 2월 4일 설립된 서울시 출자 법인이다.

서울관광마케팅주식회사는 21세기 글로벌 경제시대에 서울시민의 관광복리 증진과 서울 관광산업 발전을 위해 경영합리화와 효율적 조직운영을 위한 투명성을 제고하고, 서울을 세계적인 경제문화도시로 발전시키기 위해 관광마케팅, MICE, 투자개발 등 서울의 도시경쟁력과 관련된 사업을 수행함을 그 목적으로 한다.

4. 인천관광공사

인천관광공사(ITO: Incheon Tourism Organization; 이하 "공사"라 한다)는 「지방공기업법」 제49조에 의하여 2005년 11월 「인천광역시관광공사 설립과 운영에 관한 조례」로 설립된 지방공사로서 공법상의 재단법인이다. 특히 지방자치단체가 설립한 지방관광공사로는 경기관광공사에 이어 두 번째인데, 공사는 「인천광역시관광공사 정관」을 제정하여 2006년 1월 1일부터 출범하게 된 것이다. 그러나 인천관광공사는 2011년 12월 28일 인천시 공기업 통폐합 때 인천도시개발공사에 통합돼 '인천도시공사'로 이름을 바꾸어 인천광역시 산하 지방공기업으로 운영해오다가, 2014년 11월 1일 인천관광공사 재설립 타당성 용역 착수에 이어 2015년 7월 14일 '인천관광공사 설립 및 운영에 관한 조례안'이 인천시의회에서 가결됨으로써 인천도시개발공사에 통합된 지 4년만에 '인천관광공사'로 재출범하게 된 것이다.

5. 제주관광공사

제주관광공사(JTO: Jeju Tourism Organization: 이하 "공사"라 한다)는 「제주특별자치도 설치 및 국제자유도시 조성을 위한 특별법」(제250조), 「지방공기업법」(제49조: 다만, 동조 제3항은 적용하지 아니함)과 「제주관광공사 설립 및 운영조례」(이하 "조례"라 한다)로 설립된 지방공사로서 공법상의 재단법인이다. 2008년 7월

2일 제주관광공사 정관에 따라 출범한 제주관광공사는 지방자치단체가 설립한 지방관광공사로는 경기관광공사와 인천관광공사에 이어 세 번째로 설립되었다.

6. 대전마케팅공사

대전마케팅공사(DIME: Daejun International Marketing Interprise)는 「지방공기업법」 제49조와 「대전마케팅공사 설립 및 운영에 관한 조례」(2011.8.5.)의 규정에 따라 2011년 11월 1일 설립되었다. 이 공사는 대전의 특성과 역사, 문화, 관광자원 등 무한한 잠재력을 바탕으로 고유의 가치를 창출하여 도시의 이용을 극대화하고 방문객과 투자유치로 지역경제 및 문화활성화에 기여함으로써 대전의 도시경쟁력을 확보하려는 데 설립목적이 있다.

7. 부산관광공사

부산관광공사(BTO: Busan Tourism Organization)는 2012년 8월 8일 「지방공기업법」 제49조와 「부산관광공사 설립 및 운영에 관한 조례」 및 '부산관광공사 정관'(2012년 11월 5일 제정)의 규정에 의하여 부산광역시가 2012년 11월 15일 설립한 지방관광공사로서 공법상의 재단법인이다.

공사는 앞으로 국내외에 부산을 파는 관광마케팅을 공격적으로 펼치고, 신성장산업인 MICE 육성과 부가가치가 높은 의료관광객 유치에 주력하며, 관광 관련 기관과의 협력과 지원을 통해 상호 시너지를 높일 계획이다.

제 2 편

관광진흥의 기본방향과 시책

제1장 관광기본법
제2장 관광진흥개발기금법

제1장
관광기본법

제1절 관광행정의 목표

Ⅰ. 관광기본법의 제정배경

1960년대 초 우리나라 관광산업은 사실상 불모지나 다름없었다. 국민의 관광에 대한 의식뿐만 아니라 관광호텔을 포함한 수용태세, 훈련된 관광인력, 관광상품과 해외선전, 국제항공교통 등 관광진흥에 필요한 제반 여건이 매우 불비한 상태였다. 우리나라를 방문하는 외국인관광객은 극소수에 불과했고, 내국인의 국내관광과 해외여행은 상상하기도 어려운 실정이었다.

이러한 때에 정부는 관광산업의 중요성을 인식하고 이를 진흥시키기 위하여 우리나라 최초의 관광법규인 「관광사업진흥법」을 제정·공포(1961.8.22.)하고 관광산업 육성정책을 수립·시행하였다. 당시에는 무엇보다 관광산업을 빠른 시일 내에 발전시키겠다는 의욕이 앞서 관광과 조금이라도 관련이 있는 업종이면 모두 관광사업체로 규정하여 정부차원에서 이를 지도·육성하기 위해 관광사업체에 대한 금융지원과 각종 세제혜택을 부여하는 한편, 관광외화를 획득하여 국내경제 발전에 기여하고자 국제관광 우선의 진흥정책을 추진하다보니, 「관광사업진흥법」은 목전의 현실에 충실한 나머지 관광에 대한 정부의 통일되고 종합적인 기본방침이 분명하지 않아 장기적인 기본정책방향을 제시하지 못하고 국민관광 발전에 소극적이라는 지적을 받고 있었다.

그런데 1970년대에 접어들면서 국제관광의 규모가 양적으로 확대되고 국민소득의 증대 등으로 국민관광이 점차 활기를 띠게 되자, 이제는 국제관광뿐만 아니라 국민관광의 진흥문제가 국민복지차원에서 대두되기 시작하여 국제관광과 국민관광이 조화롭게 발전할 수 있는 관광법규의 재정비가 절실하였던 것이다.

다른 한편으로는 이와 같은 상황 속에서도 관광산업의 중요성을 재인식한 정부는 1975년 2월에 관광산업을 국가의 주요 전략산업의 하나로 지정하고, 이를 적극적으로 발전·육성시키기 위하여 수출산업에 준하는 금융·세제 및 행정지원 등을 하기로 결정하게 되자, 관광행정의 다원화로 야기되는 문제점을 시정하여 통일되고 종합적인 관광진흥기본정책을 추진할 수 있는 제도적 보완의 필요성이 대두하게 되었던 것이다.

이상과 같은 시대적 요청에 따라 1975년 12월 31일 우리나라 최초의 관광법규인 「관광사업진흥법」을 발전적으로 폐지하고 동법의 성격을 고려하여 「관광기본법」과 「관광사업법」으로 분리 제정하게 된 것이다. 즉 「관광기본법」은 관광산업을 주요 국가전략산업으로 육성함과 동시에 점차적으로 활성화되어 가고 있는 국민관광의 건전한 발전을 위해서는 관광의 양적(量的) 확대뿐만 아니라 질적(質的)인 충실을 함께 기하여야 한다는 시대적 요청에 따라 정부의 관광정책도 이에 부응하는 시책을 강구하여야 한다는 판단 아래 제정하게 된 것이다.

1975년 12월 31일 법률 제2877호로 제정·공포된 「관광기본법」은 제정당시에는 전문 15개조로 구성되었던 것이나, 2000년 1월 12일 부분개정으로 "관광정책심의위원회"의 설치근거규정인 제15조를 삭제하였다가 **2017년 11월 28일 제16조(국가관광전략회의)를** 신설규정함으로써 전문(全文) 16개 조항으로 구성돼 있다.

Ⅱ. 관광기본법의 성격

1975년 12월 31일 법률 제2877호로 제정·공포된 「관광기본법」은 관광진흥의 방향과 시책에 관한 사항을 규정함으로써 국제친선을 증진하고 국민경제와 국민복지를 향상시키며 건전한 국민관광의 발전을 도모하는 것을 목적으로 하고 있다(동법 제1조).

2020년 12월 말 기준으로 전체 16개 조항으로 구성되어 있는 「관광기본법」은 다른 기본법과 마찬가지로 대상영역에서 일반 법률과는 다른 기본법 특유의 성격을 가지고 있는데, 이를 나누어 설명하면 다음과 같다.

첫째, 「관광기본법」은 기본법(基本法)이라는 법의 명칭을 사용하고 있다.

일반적으로 법은 그 법률이 규정하고 있는 내용을 일목요연하게 나타낼 수 있는 명칭을 사용하고 있는데, 「관광기본법」은 같은 법률이면서도 다른 기본법 등과 같이 기본법이라는 법명칭을 사용하고 있는 것이 특색이다. 이것은 기본법이

내용, 규제대상, 성격 등의 면에서 일반법률과 달리하고 있을 뿐만 아니라 해당 분야의 일반법률보다 우월성과 지도성을 지니고 있음을 나타내는 것이라 하겠다.

둘째, 「관광기본법」은 일반법(一般法)보다 우위(優位)의 법이다.

「관광기본법」은 비록 기본법이라는 명칭을 사용하고 있지만, 법률의 제정절차에서 일반법률과 동일하다. 따라서 형식적으로 보면 기본법도 하나의 법률이므로 다른 법률들과 동일한 효력을 가진다. 이렇게 본다면 「관광기본법」의 경우도 신법(新法)은 구법(舊法)에 우선한다는 '신법우선(新法優先)의 원칙'이 적용된다고 하겠다. 그러나 이렇게 된다면 「관광기본법」을 제정하게 된 취지에 어긋난다고 하지 않을 수 없다. 왜냐하면 실질적인 면에서 볼 때 일단 기본법이 제정되면 이에 의거해 타 법률을 제정하게 되므로 기본법은 일반법보다 우위(優位)의 법이라 할 수 있기 때문이다. 따라서 새로이 제정되는 관광관계 법률은 그 내용이 「관광기본법」에 저촉되지 않는 방향에서 제정되고 해석·조정되어야 할 것이다.

셋째, 「관광기본법」은 행정주체(行政主體)를 규제대상으로 하는 법이다.

일반적으로 법률은 국민을 규제대상으로 하고 있는데 반하여, 「관광기본법」은 국가·정부·지방자치단체에 대하여 관광진흥을 위해 수행해야 할 책임과 임무를 규정하여 관광행정의 주체를 규제대상으로 하는 특색을 가지고 있다.

즉 「관광기본법」은 국가에 대하여 관광진흥시책의 실시를 위한 법제상·재정상·행정상의 조치를 강구하도록 하고 있으며(제5조), 정부에 대해서는 관광진흥에 관한 기본적이고 종합적인 시책의 강구(제2조), 관광진흥장기계획과 연도별 계획의 수립(제3조), 관광동향에 관한 연차보고서의 정기국회 제출(제4조), 외국 관광객의 유치촉진책 등 강구(제7조), 관광시설의 개선 및 확충(제8조), 관광자원의 보호 및 개발(제9조), 관광사업의 지도·육성(제10조), 관광종사원의 자질향상(제11조), 관광지의 지정 및 개발(제12조), 건전국민관광의 발전(제13조), 관광진흥개발기금의 설치(제14조) 등을 위한 정책을 강구하도록 하고 있다. 그리고 지방자치단체에 대해서도 관광에 관한 국가시책에 관하여 필요한 시책을 강구할 책임과 임무를 부여하고 있다.

넷째, 「관광기본법」은 국민복지(國民福祉)를 증진하는 법이다.

대부분의 법률은 국민의 권리와 의무에 대한 규정을 그 내용으로 한다. 이와 같은 권리와 의무에 관한 사항은 국민의 이해관계에 직접적으로 영향을 미치는 중대한 사항이기 때문에 우리나라 헌법은 국민의 대표기관인 국회에서 제정한 법률로써 규정할 것을 요구하고 있다. 그런데 현대국가의 행정은 국민의 복지를 증진하는 것을 특징으로 하고 있으며, 우리 「헌법」 제34조에서도 우리나라가 사회복지국가를 지향하고 있음을 명시하고 있다. 즉 정부로 하여금 관광시설의 개선, 관광자원의 보호, 관광종사원의 자질 향상, 관광진흥을 위한 재정지원 등 필요한 시책을 강구케 함으로써 국민의 사회적·문화적 생활영역을 확대시켜 결과적으로는 국민의 복지를 증진하는 법률로서의 특성을 가지고 있다.

다섯째, 「관광기본법」은 추상적(抽象的)이며 선언적(宣言的) 의미의 법이다.

일반적인 법률은 국민의 권리와 의무에 관한 사항과 국민의 자유를 제한하거나 허용하는 등 국민의 이해관계에 직접적으로 영향을 주는 것을 내용으로 하고 있기 때문에, 그 법이 요구하는 바를 실제로 준수하도록 하기 위하여 법의 내용을 구체적으로 규정하고 있는 것이 일반적이다.

그러나 「관광기본법」은 일반법과는 달리 관광진흥을 위한 정부의 임무와 책임사항 등을 추상적이고 선언적으로 규정하고 있다. 다시 말하면 일반법률은 다른 법률의 도움 없이도 자체적으로 실행이 가능하나, 「관광기본법」은 그 법을 실시하기 위하여는 별개의 법률제정을 예정하고 있어 입법기술상 그 예를 찾아볼 수 없는 구조로 되어 있다. 「관광기본법」이 규정하는 내용에는 추상적이고 선언적인 사항이 많아 이를 달성하기 위하여는 원칙적으로 별개의 법령에 의해 구체화를 다시 필요로 하고 있다.

Ⅲ. 관광기본법의 목적

「관광기본법」은 **제1조**에서 "**이 법은 관광진흥의 방향과 시책에 관한 사항을 규정함으로써 국제친선을 증진하고 국민경제와 국민복지를 향상시키며 건전한 국민관광의 발전을 도모하는 것을 목적으로 한다**"고 규정하고 있다.

본조의 규정은 「관광기본법」 의 제정목적을 명백히 하고 동시에 관광진흥의 방향과 시책의 기본을 제시함으로써 정부가 관광의 중요성을 인식하여 능동적으로 관광을 진흥할 것을 선언적으로 규정한 것이라 하겠다.

이 규정에 의할 때 우리나라 관광행정의 목표는 첫째, 국제친선의 증진, 둘째, 국민경제의 향상, 셋째, 국민복지의 향상, 넷째, 건전한 국민관광의 발전에 두고 있음을 알 수 있다.

1. 국제친선의 증진

국제관광정책의 기본적인 이념은 외화획득이라는 경제적 효과 외에 국제친선을 증진하는 데도 있다 하겠다. 여기서 국제친선이란 자국민과 다른 나라와의 관계에 있어서 경제적·사회적·문화적 교류를 통하여 상호 이해와 협력을 증진함으로써 결과적으로는 세계평화에 이바지하는 것을 말한다.

이러한 관점에서 관광을 통한 국제친선의 증진은 UNWTO(세계관광기구)[2]의 전신(前身)인 IUOTO(International Union of Official Travel Organizations: 국제관설관광기구)의 주도로 UN이 1967년을 '세계관광의 해'(International Tourist Year)로 선포하고 그 캐치프레이즈로 "여행을 통한 이해는 세계평화를 향한 패스포트이다"(Understanding through travel is a passport to world peace)라고 정한 데에서 잘 나타나고 있다. 이 표어는 시대를 초월하여 현재에도 세계관광정책의 심벌로 널리 사용되고 있다.

이와 같이 관광을 통한 국제친선은 국민경제 및 국민복지의 향상뿐만 아니라 세계평화에도 기여한다고 본다. 따라서 국제관광교류를 한층 더 자유롭게 하기 위해서는 출입국절차의 간소화 및 여행경비의 저렴화를 위한 각종 세금의 감면, 여행안전의 확보와 국제교통수단의 확충 등 정책적 조치가 강구되어야 할 것이다.

2. 국민경제의 향상

국제관광은 외화획득의 주요한 수단으로서 수출무역에 준하는 경제적 효과를 가지고 있다. 외화가득률이 높고 승수효과가 큰 관광산업을 통하여 획득하는 외

---

2) UNWTO(UN World Tourism Organization: 세계관광기구)는 세계 각국 정부기관이 회원으로 가입돼 있는 정부간 관광기구로 1975년 설립되었다. 2021년 12월 말 현재 세계 160개국 정부가 정회원으로, 6개국 정부가 준회원으로, 500여 개 관광 유관기관이 찬조회원으로 가입했으며, 우리나라는 1975년에 정회원으로 가입하였고, 한국관광공사는 1977년 찬조회원으로 가입하였다.

원래 세계관광기구(World Tourism Organization:WTO)는 1975년 설립된 이래 줄곧 WTO라는 영문 약자를 사용하고 있었으나, 1995년 1월에 세계무역기구(World Trade Organization: WTO)가 출범함에 따라 두 기구 간에 영문 약자 WTO가 동일함으로 인한 혼란이 빈번하게 발생하였다. 이에 유엔총회는 양 기구 간에 혼란을 피하고 UN 전문기구로서 세계관광기구의 위상을 높이기 위하여 **2006년 1월 1일부터** WTO라는 명칭을 UNWTO로 바꿔 사용하게 되었다.

화(外貨)는 국가의 경제발전을 위한 투자재원이 될 뿐만 아니라, 국제수지의 개선에도 중요한 몫을 차지한다. 그래서 세계의 모든 나라, 특히 부존자원이 부족하거나 경제발전을 위한 재원이 부족한 나라들은 관광을 국가의 주요 전략산업으로 육성하고 있는 것이다.

우리나라는 이미 1960년대 초에 관광산업의 중요성을 인식하고 이를 진흥시키기 위하여 「관광사업진흥법」을 제정하였으며, 이를 시발점으로 오늘에 이르기까지 관광법규를 비롯하여 관광행정조직을 재정비하고, 관광사업의 국제화를 추진하는 등 관광사업 발전에 필요한 제반 시책을 강구하였던 것이다. 이러한 일련의 시책들은 궁극적으로 국민경제의 향상에 크게 이바지하고 있음은 재론의 여지가 없는 것이다.

3. 국민복지의 향상

현대국가는 제1차 세계대전을 고비로 국가의 기능이 종래의 소극적인 질서유지에서부터 국민의 공공복리를 위하여 적극적으로 국민생활에 개입하는 복지행정(福祉行政)으로 그 중점이 옮겨졌다. 근대 자본주의의 고도의 발전에 따른 급격한 사회환경의 변화는 사회적 불평등과 이로 인한 사회갈등을 심화시켜 국가로 하여금 이를 방치할 수 없도록 만들었기 때문이다. 따라서 현대복리국가의 국민복지정책은 주택·교육·의료 등 사회 각 분야에 걸쳐 추진되고 있는데, 관광분야도 그 주된 대상의 하나라고 하겠다.

우리나라는 구미(歐美) 선진국가에서와 같이 국민복지관광(social tourism)이 활성화되지 못하고 있음은 부인할 수 없는 현실이다. 그럼에도 「관광기본법」은 제1조(목적)에서 "..... 국민복지를 향상시키는 것을 ..... 목적으로 한다"고 규정하고 있고, 또한 「관광진흥법」은 제48조 제4항에서 "문화체육관광부장관과 지방자치단체의 장은 ..... 관광복지의 증진을 위하여 ..... '국민의 관광복지 증진에 관한 사업'을 추진할 수 있다"고 규정하고 있는데, 이는 관광분야에서의 국민복지 증진에 대한 정부의 강력한 실천의지를 촉구한 규정으로 해석된다. 따라서 우리나라도 국민복지관광이 이와 같은 강력한 법적 근거 위에서 더욱더 활성화될 수 있을 것으로 본다.

4. 건전한 국민관광의 발전

오늘날의 관광형태는 국민대중이 다 함께 참여하는 국민관광형태라 할 수 있다. 여기서 국민관광(national tourism)이라 함은 국민 누구나가 일정 한도의 관광을 즐기는 것으로 국내관광과 국외관광을 포함한다. 국민관광은 국민 누구나가 참여하는 관광이기 때문에 이를 대중관광(또는 대량관광; mass tourism)이라 부르기도 한다. 과거에는 관광이 일부 부유층만이 즐기는 것으로 인식되었으나, 70년대 이후의 경제성장과 더불어 국민소득의 향상, 시간적 여유의 증가, 생활양식의 변화, 교육수준의 향상 등으로 인해 여가를 즐기는 경향이 나타나 이제는 관광이 국민 모두의 관심사로 되었다.

그러나 국민복지의 차원에서 국민관광의 발전은 바람직한 현상이기는 하지만, 국민 모두의 대중적인 관광은 여러 면에서 폐단도 나타나고 있다. 국내관광에 있어서 관광지의 오염, 관광자원의 파손, 풍기의 문란, 무질서 등의 부작용이 나타났고, 해외관광에 있어서는 각종 퇴폐적인 관광형태 등으로 국가적 위신을 추락시킨 경우도 허다하다. 이는 갑작스런 관광붐으로 인하여 국민의 관광에 대한 경험이 부족했기 때문으로 본다.

따라서 정부는 건전한 국민관광과 복지관광을 실현하기 위해 건전한 여가활동의 계도(啓導), 관광질서의 확립, 관광불편 해소, 저렴한 숙박시설의 건설, 관광요금의 할인, 여행자금의 대부, 국민휴양공간 확충, 휴가제도 개선, 퇴폐관광의 일소, 관광도덕의 고양(高揚)과 벌칙의 강화, 해외관광에 대한 올바른 정보제공 등 일련의 시책을 강구해야 한다. 이렇게 함으로써 건전한 국민관광의 토대 위에서 국제관광이 아울러 발전해 나갈 수 있을 것으로 본다.

제2절 관광진흥시책의 강구 등

우리나라 「관광기본법」에서는 관광진흥을 위한 시책으로서 정부의 시책강구, 관광진흥계획의 수립, 국회에 대한 연차보고, 법제상의 조치, 지방자치단체의 협조, 외국관광객의 유치, 시설의 개선, 관광자원의 보호 등, 관광사업의 지도·육성, 관광종사자의 자질 향상, 관광지의 지정 및 개발, 국민관광의 발전, 관광진흥개발기금의 설치 및 국가관광전략회의 설치·운영 등에 관하여 규정하고 있다.

Ⅰ. 정부의 시책

「관광기본법」은 제2조에서 "**정부는 이 법의 목적을 달성하기 위하여 관광진흥에 관한 기본적이고 종합적인 시책을 강구하여야 한다**"고 규정하고 있다.

이 규정은 정부가 국제친선의 증진, 국민경제와 국민복지의 향상, 건전한 국민관광의 발전이라는 「관광기본법」의 목적을 달성하기 위하여 관광진흥에 관한 기본적이고 종합적인 시책을 강구하여야 할 책임과 의무를 부여한 것이라 볼 수 있다.

여기서 관광진흥에 관한 기본적이고 종합적인 시책이란 국가적 활동의 총체로서 정치·경제·사회·문화 및 교통에 관한 종합적인 행동계획이라고 할 수 있다. 다시 말하면 관광진흥을 도모하기 위하여 정부가 지향하는 기본방향의 설정 및 그의 실시에 관하여 제반 시책을 계획하고 수립·조정하는 관광경영의 종합적 행동계획이라고 할 수 있다.

그런데 관광과 관련된 업무는 주무부서인 문화체육관광부뿐만 아니라 모든 행정부처에 분산되어 있다. 그래서 각 부처가 각기 독립된 입장에서 관광과 관련된 시책을 수립·시행한다면 일관성 있는 국가시책이 이루어질 수 없고, 오히려 각 부처의 이기주의로 인하여 혼란이 가중되고 결국 행정력의 낭비와 함께 복잡한 행정절차로 국민에게 불편과 부담을 줄 우려마저 있다.

따라서 정부는 종합적인 관광진흥에 관한 시책을 강구하여 범정부적인 차원에서 다원화된 관광업무를 일관성 있게 추진하여야 한다. 이와 같은 취지에서 「관광기본법」은 정부로 하여금 관광종합시책을 강구하도록 책임과 의무를 부과하고 있는 것이다.

Ⅱ. 관광진흥계획의 수립

정부는 2017년 11월 28일 「관광기본법」 제3조를 전문(全文) 개정하였는데, 개정이유는 관광진흥계획을 체계적으로 수립하도록 하고, 계획의 실효성을 높이기 위하여 관광진흥에 관한 기본계획의 수립 주기 및 기본계획에 포함되어야 하는 세부사항을 규정하며, 기본계획에 따라 매년 시행계획을 수립·시행하고 그 추진실적을 평가하여 기본계획에 반영하도록 하려는 데 개정목적이 있는 것으로 본다.

개정된 「관광기본법」 **제3조는** 제1항에서 "**정부는 관광진흥의 기반을 조성하고 관광산업의 경쟁력을 강화하기 위하여 관광진흥에 관한 기본계획**(이하 "기본계획"이라 한다)**을 5년마다 수립·시행하여야 한다**"고 규정하고 있으며, 또 "**정부는 '기본계획'에 따라 매년 '시행계획'을 수립·시행하고 그 추진실적을 평가하여 기본계획에 반영하여야 함**"(제3조 4항)을 의무화하고 있다. 그리고 '기본계획'은 **제16조 제1항에** 따른 '**국가전략회의**'의 **심의를 거쳐 확정하도록 하고 있다**(제3조 제3항).

'**기본계획**'에 관해서는 2020년 12월 22일 일부 개정이 있었는데, 제3조 제2항 제8호를 제9호로 하고, 같은 항에 제8호를 신설하는 것으로서, 기본계획에는 다음 각 호의 사항이 포함되어야 한다(제3조 제2항 **<개정 2020.12.22.>**).

1. 관광진흥을 위한 정책의 기본방향
2. 국내외 관광여건과 관광동향에 관한 사항
3. 관광진흥을 위한 기반조성에 관한 사항
4. 관광진흥을 위한 관광사업의 부문별 정책에 관한 사항
5. 관광진흥을 위한 재원 확보 및 배분에 관한 사항
6. 관광진흥을 위한 제도 개선에 관한 사항
7. 관광진흥과 관련된 중앙행정기관의 역할 분담에 관한 사항
8. 관광시설의 감염병 등에 대한 안전·위생·방역관리에 관한 사항
9. 그 밖에 관광진흥을 위하여 필요한 사항

그런데 「관광기본법」 제3조에서의 '**관광진흥에 관한 기본계획**'은 비록 5개년 계획으로 중기계획의 형태를 띠고 있으나, 「관광기본법」의 규정에 따른 '**관광진흥기본계획**'이므로 우리나라 모든 관광계획의 최상위계획이라 할 수 있는데, 다른 관광계획은 이 '기본계획'과 일관성이 유지되도록 수립되어야 한다고 본다.

따라서 「관광진흥법」 제49조의 규정에 의한 관광개발기본계획이나 권역별 관광개발계획과 또 같은 법 제54조의 규정에 의한 관광지·관광단지의 조성계획, 그리고 「국제회의산업 육성에 관한 법률」 제6조의 규정에 의한 국제회의산업 육성기본계획 등도 이 '기본계획'의 하위계획으로서 이 계획과 일관성이 유지되도록 수립·시행하여야 한다.

Ⅲ. 연차보고

「관광기본법」은 제4조에서 "**정부는 매년 관광진흥에 관한 시책과 동향에 대한 보고서를 정기국회가 시작하기 전까지 국회에 제출하여야 한다**"고 규정하고 있다.

본조의 규정은 관광진흥에 관한 정부의 책임행정을 확보하는 데 근본취지가 있다고 하겠다.

관광행정에 대한 감시·비판·통제는 국가의 여러 기관 및 국민에 의한 것이 있으나, 그 가운데서도 가장 중요한 것이 국회에 의한 것이다.

보고서를 국회에 제출하는 취지는 위와 같은 관광행정에 대한 감시·비판·통제 이외에도 국민의 대표기관인 국회를 통하여 주권자인 국민에게 관광정책을 알리고, 입법권과 재정권을 가진 국회의 협력을 얻기 위한 것이다.

보고서의 내용은 관광진흥에 관한 시책과 동향이다. 여기에는 국민관광 및 국제관광의 진흥, 국제협력의 증진, 관광자원의 개발, 관광인력의 양성, 관광산업의 육성, 관광시설의 확충, 관광여건의 개선, 관광관련 기구와 활동, 지방자치단체의 관광진흥 등에 관한 실적 및 국내외 관광동향 등에 관한 1년간의 추진실적과 다음 해의 추진계획 등 관광에 관한 모든 분야가 총망라된다고 할 것이다.

이 보고서는 정기국회가 개회되는 매년 9월 1일(국회법 제4조) 이전까지 국회에 제출하도록 의무화시키고 있다. 연차보고(年次報告)를 정기국회 개시 전으로 정한 이유는 정기국회는 다음 연도의 예산을 심의·의결하는 예산국회이므로 관광예산심의에 도움을 주고 협조를 구할 수 있으며, 또 관광법률의 제정 또는 개정시에 입법참고자료로 활용할 수 있게 하고, 정기국회 개회 직후에는 바로 국정감사가 진행되기 때문이다.

Ⅳ. 법제상의 조치 등

「관광기본법」은 제5조에서 "**국가는 제2조에 따른 시책을 실시하기 위하여 법제상·재정상의 조치와 그 밖에 필요한 행정상의 조치를 강구하여야 한다**"고 규정하고 있다.

본조의 규정은「관광기본법」제2조에 근거하여 정부가 수립한 관광진흥에 관한 기본적·종합적인 시책을 구체적으로 실시하기 위해서는 필요에 따라 법률을 제정하거나 예산을 확보하거나, 또는 세부적인 행정상의 조치들을 취해야 하기 때문에, 이러한 최소한의 법제상·재정상·행정상의 조치를 강구하도록 국가에 의무를 부과한 것이다.

그런데「관광기본법」이 전체의 조문에서 의무의 주체를 정부 또는 지방자치단체로 하고 있는데 반하여, 제5조에서만은 유독 국가로 정하고 있는 것은 법제상의 조치나 재정상의 조치는 행정부(좁은 의미의 정부)만이 단독으로 처리할 수 있는 것이 아니고, 국회에서 입법을 하거나 예산을 의결하여야 하는 등 넓은 의미의 정부인 국가(입법부, 사법부, 행정부가 모두 포함되는)가 조치하여야 할 사항이기 때문이다.

1. 법제상의 조치

법제상(法制上)의 조치란 관광진흥과 관련된 법령의 제정·개정에 관한 조치를 말한다.「관광기본법」은 관광진흥을 위한 기본방향과 기본시책을 규정한 기본법이기 때문에 모든 조항이 관광시책을 추상적이고 선언적으로 규정한 것들이다. 따라서 그 내용을 구체적으로 실시하기 위하여는 개별법률이 필요할 뿐만 아니라, 행정입법(대통령령·문화체육관광부령)도 대부분 근거법률이 없으면 제정할 수 없는데, 그 법률은 국회만이 제정할 수 있는 것이다. 법제상 조치의 범위는 관광과 관련되는 법률뿐만 아니라 간접적으로 관련되는 모든 법규를 포함한다고 본다. 또한 관광진흥을 위한 새로운 법률의 제정뿐만 아니라 사회여건에 맞지 않는 기존법률의 개정과 폐지도 그 대상이 된다고 하겠다.

2. 재정상의 조치

재정상(財政上)의 조치란 국가의 재정에 관한 구체적인 조치를 의미한다고 할 수 있는데, 관광진흥을 위한 재정상의 조치에는 관광사업자를 위한 면세, 관광진흥을 위한 국가의 직접투자, 민간사업자에 대한 재정금융상의 지원, 관광진흥개발기금의 설치·운용, 관광지개발 등 관광진흥을 위한 예산확보, 지방자치단체에 대한 보조금의 지급 등이 포함된다고 할 것이다. 이들은 모두가 근거법률이 국회에서 제정되어야만 비로소 정부가 추진할 수 있는 것들이다.

3. 행정상의 조치

그 밖에 필요한 행정상(行政上)의 조치란 포괄적인 개념으로 관광사업자를 위한 행정절차의 간소화, 관광사업에 대한 지속적인 규제완화, 관광객을 위한 출입국절차의 개선, 관광종사원의 교육지원 등 관광과 관련되는 모든 행정조치들을 말한다.

Ⅴ. 지방자치단체의 국가시책 협조

「관광기본법」은 **제6조**에서 "**지방자치단체는 관광에 관한 국가시책에 필요한 시책을 강구하여야 한다**"고 규정하고 있다.

본조는 국가가 수립한 관광시책을 효과적이고도 차질 없이 추진하기 위해서는 지방자치단체가 필요한 세부시책을 수립하여 시행하여야만 가능하다는 지방자치단체의 협조의무를 촉구한 규정이라 하겠다.

즉 「관광기본법」에서 규정하고 있는 기본적·종합적인 관광시책을 효율적으로 실시하기 위해서는 국가의 노력만으로는 충분하지 못하며, 국가와 지방자치단체가 서로 협조하고 지원하는 행정체계가 이루어져야만 가능하다고 본 것이다. 그것은 지방자치단체가 국가로부터 위임받은 사무뿐만 아니라 그 지역주민의 복리증진을 위한 자치사무도 처리하기 때문에 지방자치단체의 협조 없이는 국가 전역에 걸치는 관광진흥시책을 효율적으로 실시할 수가 없기 때문이다.

실제로 국가는 관광시책을 수립하여 직접 시행하는 경우도 있지만, 대부분의 경우 국가가 기본시책을 수립하고 지방자치단체는 이 기본시책에 근거하여 그 지역실정에 알맞은 세부시책을 수립하여 집행함으로써 국가시책을 보완하고 있는 것이다.

「관광기본법」은 지방자치단체가 강구하여야 할 사항으로 "관광에 관한 국가시책에 필요한 시책"이라고 규정하고 있다. 그런데 이것은 지방자치단체가 강구해야 할 시책이 국가의 시책에 국한된 위임사무만을 가리킨다고는 볼 수 없다. 왜냐하면 지방자치단체에는 주민의 복리증진을 위한 독립된 자치사무도 있기 때문이다. 따라서 지방자치단체가 강구하여야 할 시책이라고 할 때에는 우리나라 관광진흥에 관한 기본적·종합적인 시책을 실시함에 있어 국가로부터 위임받은 사무를 집행하는 데 필요한 시책은 물론, 주민의 복리증진을 위하여 지방자치단체 자체에서 수립한 지역내 관광진흥시책 등이 모두 포함된다고 할 것이다.

Ⅵ. 외국관광객의 유치

「관광기본법」은 **제7조**에서 "**정부는 외국관광객의 유치를 촉진하기 위하여 해외 홍보를 강화하고 출입국 절차를 개선하며 그 밖에 필요한 시책을 강구하여야 한다**"고 규정하고 있다.

본조는 정부에 대해 외국 관광객의 유치를 위한 시책을 강구하도록 촉구함과 동시에 이를 위한 방법으로 해외 홍보의 강화, 출입국 절차의 개선, 그 밖에 필요한 시책 등을 예시하고 있다.

외국 관광객 유치는 외화획득, 고용창출, 지역개발 등 경제적 측면의 효과뿐만 아니라 국제적 이미지 향상과 관광객 교류를 통한 국가간 선린·우호관계 정립과 평화분위기 조성에도 기여하는 바 크다. 따라서 세계 각국은 관광산업 발전을 위해 외래관광객 유치에 국가적 지원을 강화하고 있는 것이 오늘날의 추세이다. 이에 따라 우리 정부는 2008년 9월에 '2010~2012 한국방문의 해'를 선포한 뒤 2009년까지 사전홍보를 실시하고, 2010년부터 2012년까지 민·관 협력을 바탕으로 성공적인 캠페인을 전개하였다.

이에 따라 2012년에 한국을 방문한 외국인 관광객이 1,114만명을 기록하면서 드디어 외국인 관광객 1,000만명 시대가 개막되었다. 이후 2013년에 들어와서는 외국인 관광객 1,200만명을 유치하였고, 2014년에는 전년대비 16.6%의 성장률을 보이며 1,400만명을 돌파하여 역대 최대규모를 기록하였으나, 2015년에 들어와서 메르스(MERS, 중동호흡기증후군)의 영향 등으로 전년대비 6.8% 감소한 1,323만명을 기록하여 한때 외래관광객 유치에 위기를 맞기도 했다.

그러나 2016년에 들어와서 전년대비 31.2% 증가한 1,720만명을 유치함으로써 역대 최고치를 기록하였는데, 2017년에 들어와 전년대비 22.7%나 감소한 1,333만명을 기록한 때도 있었지만, 2018년에는 전년대비 15.1% 증가한 1,535만명을 유치하였고, **2019년에는** 전년대비 14.0% 증가한 **1,750만 2,756명**을 유치함으로써 역대 최고치를 기록하였다.

이는 방한 관광객 역대 최고 기록으로, 중국의 한한령(限韓令) 지속 및 일본의 수출제한 조치 등 대외적 악재에도 불구하고 정부가 주력시장 회복 및 방한 관광시장의 다변화 정책 등을 발 빠르게 추진하여 이뤄낸 성과라는 점에서 큰 의의가 있다고 본다.

한편, 코로나19 팬데믹 선언의 영향으로 외래관광객이 86.5%나 감소한 2020년이나 그 영향이 지속되고 있는 2021년을 제외하면 국내외적인 관광여건으로 보아 외국인 관광객의 성장추세는 더욱 가속화될 것으로 기대해 본다.

이에 따라 우리나라는 2022년부터 단계적 방역대책 완화 및 해제 등 감염병 대응의 변화를 위한 정책을 추진한 결과로 방한 외래관광객 수는 2021년 대비 약 200만명 증가하였다.[3)]

1. 해외 홍보의 강화

해외 홍보라 함은 외국인이 우리나라에 내방하도록 우리나라의 자연, 문화, 역사, 풍물, 풍습, 관광지, 행사, 경제상황 등을 외국인에게 알리는 활동, 즉 우리나라의 관광대상, 관광시설, 관광매력 등을 외국에 소개하여 외국인의 관광의욕을 유발하고 관광동기를 부여할 수 있는 각종의 판촉활동을 말한다. 관광홍보의 방법으로는 해외선전사무소의 운영, 선전물의 제작 및 배포, 언론매체를 통한 광고, 관광유치단 파견, 관광전시회의 개최, 건전관광캠페인 등이 있다.

우리나라의 해외 관광홍보는 정부투자기관인 한국관광공사가 주도적 위치에서 전문적이고 집중적으로 실시하고 있다. 한국관광공사는 외국인 관광객 유치와 관광수입 증대를 위하여 의료관광, 크루즈관광, 한류관광 등 다양한 고부가가치 한국 관광상품을 개발·보급하고 있으며, 해외마케팅 전진기지인 34개 해외지사를 중심으로 해외관광시장을 개척함과 동시에 지방자치단체와 관광업계의 관광마케팅 활동을 지원하고 있다. 이와는 별도로 대한무역투자진흥공사(KOTRA)를 비롯하여 한국관광협회중앙회와 관광호텔 및 여행사 등 관광사업체들이 각각 독자적으로 홍보업무를 실시하고 있다.

한편, 문화체육관광부장관 또는 시·도지사는 국제관광의 촉진과 국민관광의 건전한 발전을 위하여 국내외 관광 홍보활동을 조정하거나 관광선전물을 심사하거나 그 밖에 필요한 사항을 지원할 수 있다(관광진흥법 제48조 1항).

또한 문화체육관광부장관 또는 시·도지사는 관광홍보를 원활히 추진하기 위하여 필요하면 문화체육관광부령으로 정하는 바에 따라 관광사업자 등에게 해외 관광시장에 대한 정기적인 조사, 관광 홍보물의 제작, 관광안내소의 운영 등에 필요한 사항을 권고하거나 지도할 수 있다(동법 제48조 2항).

2. 출입국절차의 개선

우리나라도 급변하는 환경변화와 다양한 고객의 요구에 적극적으로 대응하면

---

3) 한국관광데이터랩 방한 외래관광 추이 통계자료

서 세계 선진공항과 경쟁관계에서 우위를 확보하기 위하여 여권자동판독(MRP) 구축, 승객정보사전분석시스템(APIS) 도입, 출입국신고서 제출 생략, 출입국심사관 이동식 근무시스템 및 자동출입국심사시스템(SES) 도입 등 출입국심사 전반에 걸쳐 강도 높은 출입국심사 혁신을 추진하고 있다.

우리나라는 국제교류가 많은 세계 여러 나라와 사증면제협정(査證免除協定)을 체결하여 비자(Visa) 없이 출입국이 가능하도록 함으로써 출입국절차의 간소화에 노력하고 있다. 이에 따라 2007년 4월 1일부터 제주특별자치도에 무사증(無査證)으로 입국한 외국인 환자 및 가족에 대하여 질병치료 및 요양시 한번에 최대 4년까지 장기체류를 허용함으로써 제주자치도 관광의료사업 육성에 기여하고 있다. 그리고 2007년 10월 4일에는 '한·과테말라 사증면제협정'을 체결·공포(조약 제1866호)하여 유효한 여권 및 여행증명서를 소지한 양국의 국민은 상대국에서 비자 없이 90일간 체류가 가능하게 되었다.

2010년 1월 9일에는 '한-러 단기방문사증 발급 간소화에 관한 협정'이 발효됨에 따라 무역·산업전시회 등에 참가하는 러시아 기업인은 해당 조직위원회에서 발행한 초청장만 있으면 단기상용(C-2)사증 발급이 가능하게 되었다. 또 2011년 4월 1일부터는 최근 신흥 관광시장으로 떠오르고 있는 동남아국가 관광객을 적극 유치하기 위하여 필리핀, 인도네시아 등 우리나라 입국시 사증이 필요한 11개 국가 국민에 대한 사증발급절차를 대폭 개선하였다.

2012년 8월 1일부터는 중국인 관광객 유치 활성화를 위해 복수비자 발급대상 및 유효기간을 확대하고, 비자발급 절차를 간소화하였으며, 최근 증가하는 동남아 관광객의 출입국·체류편의를 위한 단체사증발급 및 출입국심사 절차 등에 대한 종합적인 업무지침을 마련하여 2014년 1월 1일부터 시행하고 있다.

3. 그 밖에 필요한 시책의 강구

이는 외국 관광객의 유치를 촉진하는 데 필요한 해외홍보의 강화 및 출입국절차의 개선 이외의 관광시책을 말한다.

외국 관광객을 획기적으로 유치하는 데는 해외홍보의 강화나 출입국절차의 개선도 중요하지만, 그보다 더 중요한 문제는 모든 관광활동에 필수적 요소라 할 수 있는 관광인프라를 확충하는 것이다. 다시 말하면 관광의 기반이 되는 교통시설과 교통수단의 개선 및 각종 관광숙박시설과 관광편의시설 등을 확충하는 것이다. 그리고 매력적이고 특색있는 관광상품의 개발과 관광기념품의 품질

개선, 관광안내체계 및 여행알선 등 국제관광에 관한 사업을 영위하는 자의 서비스 향상, 우리나라의 산업·문화·가정생활의 소개 강화, 사회질서의 확립 및 사회불안요소의 제거 등 관광여건을 개선하는 것이다. 그렇게 함으로써 외국 관광객들에게 다시 오고 싶은 한국의 이미지를 심어 줄 수 있을 것으로 본다.

Ⅶ. 관광시설의 개선

「관광기본법」은 **제8조**에서 "**정부는 관광객이 이용할 숙박·교통·휴식시설 등의 개선 및 확충을 위하여 필요한 시책을 강구하여야 한다**"고 규정하고 있다.

본조는 관광을 함에 있어서 필수적으로 이용하게 되는 숙박·교통·휴식시설 등을 개선하고 확충하는 데 필요한 시책을 강구할 임무를 정부에 부여하고 있는 것이다.

그런데 본조에서 정부가 개선하고 확충해야 할 대상시설은 숙박·교통·휴식시설에 국한하는 것이 아니라 관광객이 이용하는 모든 시설을 포함하는 포괄적인 의미로 해석하여야 한다고 본다. 따라서 공항·항만·철도·주차장·여객선 등 육해공(陸海空)의 교통시설, 상하수도 및 쓰레기처리시설 등의 환경위생시설, 전화·방송 등의 통신시설을 망라하는 관광기반시설은 물론이고, 숙박시설·휴게시설·안내시설 등을 총망라한 여행관계시설 등을 포괄하는 시설이라고 본다. 이들 시설은 투자비율이 높을 뿐만 아니라 대형화·고급화를 지향하는 추세이다. 따라서 이러한 관광필수시설에 대하여는 민간부문에만 맡길 수는 없고, 정부의 책임으로 개선책을 강구토록 한 것이 「관광기본법」의 취지라고 본다.

정부는 관광숙박시설의 개선을 위해 여러 가지 시책을 강구하고 있는데, 이미 1997년 1월 13일에는 2000년 ASEM회의, 2002년의 아시안게임 및 월드컵축구대회 등 대규모 국제행사에 대비하여 한시법인 「관광숙박시설지원 등에 관한 특별법」을 제정·시행한 바 있고, 2009년 3월 25일 「관광진흥법」 개정 때에는 우수숙박시설 지정제도를 신설하였으며, 2012년 1월 26일에는 다가올 외래관광객 2천만명 시대를 대비하여 이 또한 한시법인 「관광숙박시설 확충을 위한 특별법」을 제정하였다. 이 밖에도 「관광진흥법」에서 규정하고 있는 관광숙박업등록심의위원회 운영(동법 제17조), 관광숙박업의 등급제도(동법 제19조), 등록기준의 설정(동법 제4조), 사업개선명령(동법 제35조 제1항) 등이 있다.

한편, 숙박시설 외에도 관광진흥을 위해서는 관광객이 이용할 수 있는 휴식시설을 포함한 관광관련 시설에 대한 시책이 필요하다. 건전관광을 유도하기 위하여 야외 휴식공간 및 이용편의시설 등을 공공사업으로 개발하는 일, 카지노·골프장·스키장 및 박물관 등과 같이 오락·스포츠·문화시설을 정비하고 확충하는 것 등이 그것이다.

그러나 정부가 관광시설을 개선·확충하는 시책을 강구한다 하더라도 관광객을 관광시설로 유도하는 매체(교통시설)가 없으면 관광이란 현상이 발생할 수가 없다. 교통시설 중에서도 도로·항만·철도 등은 사회간접자본시설(SOC)로서 그 사업의 성격상 정부가 담당하여야 할 교통시책들이라 하겠다.

결국 관광기반시설의 개선이나 확충은 민(民)과 관(官)이 상호 보완적인 업무추진으로 해결하도록 하되, 특히 정부는 이에 필요한 시책을 지속적으로 강구하여야 할 것이다.

Ⅷ. 관광자원의 보호 등

「관광기본법」은 **제9조**에서 "**정부는 관광자원을 보호하고 개발하는 데에 필요한 시책을 강구하여야 한다**"고 규정하고 있다.

본조는 관광객의 감상대상이 되고 관광지의 환경을 형성하는 중요한 요소인 관광자원을 국가적인 차원에서 이를 보호하고 개발하는 데 필요한 시책을 강구해야 할 임무를 정부에게 부여하고 있다.

여기서 관광자원이란 관광객을 유치할 수 있는 매력을 가지고, 인간의 관광동기를 충족시켜 주는 유형·무형의 대상물을 말하는데, 이런 관광자원은 관광객이 그것을 아무리 이용하여도 소모되지 않는 특색을 지니고 있다.

이러한 관광자원은 크게 자연관광자원과 인문관광자원으로 구분할 수 있는데, 자연관광자원으로는 산악·호수·하천·계곡·폭포·동굴·생물·기후·온천·자연경관 등이 있고, 인문관광자원은 인간의 노력과 지혜가 총화(總和)되어 관광객의 관광동기를 충족시켜 주는 유형·무형의 관광자원으로서 문화적 관광자원(유·무형 문화재, 기념물, 민속자료, 향토민속예술제, 박물관, 미술관, 고궁, 유적, 사적, 사찰, 건축물 등), 사회적 관광자원(풍속, 행사, 생활, 예술, 교육, 종교, 음악, 스포츠, 토속음식, 특산물 등), 산업적 관광자원(공업단지, 유통단지, 관광목장, 관광농원, 원예단지, 다목적댐, 발전소, 광업소, 전시회 등), 위락관광자원(놀이시설, 캠프장, 수영장, 레저타운, 경마장, 카지노, 보트장 등) 등이 있다.

이와 같은 관광자원에 대하여 정부는 이를 보호하고 개발하는 데 필요한 시책을 강구하여야 한다는 것이다.

먼저 관광자원을 보호한다는 것은 관광자원 본래의 현상이 파괴되지 않는 상태로 유지하는 것을 말하는데, 따라서 일단 파괴되어 버리면 원상회복이 곤란한 것, 즉 자연의 경관지·문화재 등이 그 대상이 된다고 하겠다.

다음으로 관광자원은 보호와 함께 개발에 필요한 시책도 강구하여야 한다. 관광자원의 개발은 관광자원의 매력을 드높여 관광객을 유인하는 힘을 증진시키고, 숨겨져 있는 관광자원을 관광객 앞에 드러내 보이는 것이다. 관광자원은 그 내용을 고급화하고 전문화하며 관광객의 취향에 부합되게 함으로써 그 매력을 높일 수 있다. 그런데 여기서 특별히 유념해야 할 문제점으로는 자연생태계가 현저히 파괴되는 개발은 철저히 금지하여야 한다는 것이다. 따라서 정부시책 수립시 환경적으로 민감한 관광인 이른바 생태관광(eco-tourism)을 지속적으로 보장할 수 있는 방향으로 정부부처 간의 협조체제가 이루어져야 한다.

요컨대, 관광자원을 보호하고 개발하기 위한 필요한 시책은 「관광진흥법」 제49조의 규정에 의하여 문화체육관광부장관이 관광개발기본계획("기본계획"이라 한다)을, 시·도지사가 권역별관광개발계획("권역계획"이라 한다)을 각각 수립하여 정부와 지방자치단체가 유기적으로 개발하도록 함으로써 전국적으로 균형있는 관광개발을 추진하여 지역발전과 관광진흥에 기여하고 있다.

Ⅸ. 관광사업의 지도·육성

「관광기본법」은 **제10조**에서 "**정부는 관광사업을 육성하기 위하여 관광사업을 지도·감독하고 그 밖에 필요한 시책을 강구하여야 한다**"고 규정하고 있다.

본조는 관광사업의 육성을 위하여 정부의 지도·감독 기타 필요한 시책을 강구할 것을 촉구하는 규정이다. 어느 나라를 막론하고 관광이 진흥되기 위해서는 관광관련 사업이 건전하게 육성되지 않으면 안되기 때문에 정부에게 관광사업의 육성을 위한 책임과 임무를 부여하고 있는 것이다.

관광사업의 건전한 육성이란 경영내용, 사업활동의 내용, 제공되는 서비스의 질 등이 사업자의 입장이나 관광객의 입장에서 건전하고 적절하도록 육성하는 것을 말한다. 「관광진흥법」에서 관광사업자와 관광종사원의 결격사유 및 금지행위, 사업개선명령 등을 규정하고, 이를 위반하였을 경우 등록등의 취소 또는 사업정지 및 벌칙 등을 규정하고 있는 것은 관광사업을 건전하게 육성하기 위한 기본적인 법적 장치라 하겠다. 그러나 관광사업을 육성하는 데에는 이와 같은 법적 조치만으로는 불충분하고, 부단한 행정지도와 감독을 통하여, 그리고 필요한 시책을 강구함으로써만 가능하다고 본다.

관광사업을 육성하기 위한 행정지도(行政指導)란 행정기관이 그 의도하는 바를 실현하기 위하여 상대방의 자발적 협조 또는 동의를 얻어 행하는 비(非)권력적 사실행위(事實行爲)를 말한다. 현대국가에서는 행정기능이 확대되고, 사회경제구조가 행정에 의존하는 바가 크다. 또한 상대방의 임의적 협조나 동의에 의하여 행정목적을 달성하는 것이 민주적이고 능률적이다. 그리고 행정주체는 행정지도를 통하여 행정의 새로운 지식과 기술을 제공할 수 있다. 행정지도에는 비(非)강제적인 각종 권고·조언·지도·요망·협력요청 등의 방법이 사용된다.

관광사업을 육성하기 위한 또하나의 방법으로서 행정감독(行政監督)을 들 수 있다. 행정감독은 행정지도와는 달리 법에 의한 권력행위(權力行爲)를 의미한다. 따라서 행정감독은 구체적인 법적 근거를 요하며, 동시에 상대방이 그에 응하지 않을 때에는 법이 정하는 바에 따라 처벌되고 혹은 그의 의무가 강제되는가 하면, 영업허가의 취소·정지 등 불이익이 가해질 수도 있다. 이러한 행정감독은 「관광진흥법」 제78조의 규정에서 보는 바와 같이 문화체육관광부장관 또는 시·도지사의 관광사업자에 대한 보고 징수 및 서류의 제출 요구, 소속공무원을 통한 관광사업자단체나 관광사업자의 사무소 또는 사업장 등에의 출입 및 장부·서류 기타 물건의 조사 또는 검사를 통하여 이루어진다.

이상에서 설명한 행정지도와 행정감독 이외에 관광사업의 육성을 위하여 정부가 강구하여야 할 시책(施策)으로는 관광사업에 대한 정부의 직접 투자, 관광사업자에 대한 금융지원이나 세제혜택, 관광사업자나 관광사업자단체에 대한 보조금 지급(관광진흥법 제76조) 등 무수히 많다.

X. 관광종사자의 자질 향상

「관광기본법」은 **제11조**에서 **"정부는 관광에 종사하는 자의 자질을 향상시키기 위하여 교육훈련과 그 밖에 필요한 시책을 강구하여야 한다"**고 규정하고 있다.

관광사업의 경제·사회적 효과는 관광종사자가 제공하는 서비스의 질에 의하여 좌우된다고 해도 과언은 아니다. 관광사업은 고객을 직접 접하는 관광종사원의 자세, 즉 서비스의 질이 중요하고, 특히 관광숙박업의 경우에는 서비스가 거의 핵심적인 역할을 하게 된다. 그러므로 관광종사원의 자질이 관광사업 존립기반에 많은 영향을 미친다. 더욱이 국가간, 지역간 인적·물적 자원의 교류가 가속화되고 있는 글로벌시대의 세계관광시장에서는 관광종사자의 질적 수준이 국가경쟁력 비교는 물론 그 나라의 문화수준을 평가하는 척도가 되기도 한다. 따라서 교육훈련을 통하여 관광종사자의 자질을 높일 수 있도록 정부가 필요한 시책을 강구하여야 한다.

XI. 관광지의 지정 및 개발

「관광기본법」은 **제12조**에서 "**정부는 관광에 적합한 지역을 관광지로 지정하여 필요한 개발을 하여야 한다**"고 규정하고 있다.

본조는 정부에게 관광에 적합한 지역을 관광지로 지정할 수 있는 권한을 부여함과 동시에 지정된 관광지를 개발하도록 의무를 부과하고 있다.

그런데 본조는 정부의 관광지 지정권과 개발의무에 대하여 일정한 제한을 가하고 있는데, 즉 정부가 관광지로 지정할 수 있는 지역은 관광에 적합한 곳에 국한하고 있고, 또 개발대상지역은 반드시 지정된 관광지로 한정하고 있다는 점이 특색이다.

먼저 관광에 적합한 지역 즉 관광지로 지정되기 위해서는 첫째, 자연적 또는 문화적 관광자원을 갖추고, 둘째, 관광객을 위한 기본적인 편의시설을 설치하는 지역으로서, 셋째, 「관광진흥법」의 규정에 의하여 관광지로 지정된 곳이어야 한다(관광진흥법 제2조 6호). 따라서 관광객이 이용하는 지역이라고 해서 무조건 관광지가 되는 것은 아니다.

관광지로 지정·개발될 대상지의 선정기준은 첫째, 자연경관이 수려하고 인접 관광자원이 풍부하며 관광객이 많이 이용하고 있거나 이용할 것으로 예상되는 지역, 둘째, 교통수단의 이용이 가능하고 이용객의 접근이 용이한 지역, 셋째, 개발대상지가 국·공유지이거나 가급적으로 사유지, 농경지 및 장애물이 적고, 타 법령에 의한 개발제한요인이 적거나 완화되어 있어서 개발이 가능한 지역, 넷째, 기타 관광시책상 국민관광지로 개발하는 것이 필요하다고 판단되는 지역이다.

관광지의 지정 및 개발에 관하여 살펴보면, 먼저 관광지등(관광지 및 관광단지)은 문화체육관광부령으로 정하는 바에 따라 시장·군수·구청장의 신청에 의하여 '기본계획'과 '권역계획'을 기준으로 시·도지사가 지정한다. 다만, 특별자치도의 경우에는 특별자치도지사가 지정한다(관광진흥법 第52조 第1항). 그리고 관광지 지정 등의 실효성을 제고하기 위하여 지정·고시된 관광지에 대하여 그 고시일로부터 2년 이내에 조성계획의 승인신청이 없거나 승인고시일부터 2년 이내에 사업을 착수하지 아니하면 관광지의 지정 또는 조성계획승인의 효력이 상실하도록 되었다(동법 第56조 1항, 2항). 2022년 12월 말 기준으로 전국에 지정된 관광지는 모두 224개소이다.[4]

다음으로 관광지등의 개발이란 관광자원의 특성에 따라 관광객의 편의를 증진하고 관광객의 유치와 관광소비의 증대를 통하여 지역개발을 촉진할 목적으로 행하는 사업을 말한다. 그러므로 관광지의 개발은 잠재적·현재적 관광자원의 특성을 유효적절하게 살려 관광객의 이용확대를 도모하는 것이다. 이는 관광자원을 물리적으로 개발하는 것뿐만 아니라 넓게는 교통시설 등 관광관련 편의시설을 정비하고, 관광객의 편의와 안전을 확보하기 위한 종합적인 서비스체제를 구축하는 것을 의미한다.

이러한 의미의 관광지개발사업의 주된 내용으로는 도로, 주차장, 상·하수도, 전기·통신시설 등 기반시설의 개발과 함께 잔디 확장, 음료수대, 벤치, 야외취사장 등 이용편의시설을 공공사업으로 개발하고 이를 바탕으로 이용관광객의 편의를 위한 각종 유희시설·숙박시설·상가시설 등에 민간자본을 유치하여 개발하는 것 등이다.

XII. 국민관광의 발전

「관광기본법」은 **제13조**에서 "**정부는 관광에 대한 국민의 이해를 촉구하여 건전한 국민관광을 발전시키는 데에 필요한 시책을 강구하여야 한다**"고 규정하고 있다.

4) 문화체육관광부, 2022년 기준 관광동향에 관한 연차보고서, pp.150~151.

오늘날의 관광형태는 국민대중이 함께 참여하는 국민관광이라 할 수 있다. 여기서 국민관광(national tourism)이란 관광을 통하여 국민대중의 건전한 국민정서를 함양시키고 여가선용을 계도하는 한편, 국가가 국민에게 관광여건을 조성하고, 관광지와 관광시설 등을 개발·정비하여 국내 관광지의 관광시설 및 오락운동시설 등을 생활권적 기본권 차원에서 저렴한 가격으로 균등하게 이용할 수 있도록 하는 것을 말하는데, 이는 대중관광·해외여행·국내관광·복지관광 등을 모두 포함하는 개념이라고 하겠다.

우리나라는 1970년대에 들어서서 국민관광이 본격적으로 보급되기 시작하였으며, 1980년대에는 대량국민관광시대를 맞아 국민의 관광성향이 다양해지고 관광인구도 급증하였을 뿐만 아니라, 1989년 1월에는 국민해외여행이 전면 자유화되자 관광목적의 해외여행도 급증하였다. 그러나 관광경험과 관광정보가 부족한 일부 국민들은 국내관광지에서의 질서문란행위, 공중도덕 실종, 관광지 환경 훼손 등 행락질서를 어지럽히는 관광행태로 사회적 비난을 사는가 하면, 해외관광에서는 일부 몰지각한 관광객들의 퇴폐·보신·싹쓸이 쇼핑 등 파렴치하고 저질스러운 관광행태로 국위를 손상시키고 국제적인 망신을 당하는 경우가 허다하였다.

이에 따라 「관광기본법」 제13조는 정부에게 이상과 같은 불건전한 관광질서 파괴행위를 바로잡고 건전한 국민관광 발전을 위한 시책을 강구하도록 임무를 부여하고 있는데, 정부가 강구해야 할 시책으로는 대체로 다음과 같은 것으로 요약할 수 있다.

첫째, 관광에 대한 국민의 이해를 촉구하는 것이다. 국민관광을 건전하고 생산적인 방향으로 유도·발전시키기 위하여 국민에게 관광의 참뜻을 이해시키고 관광에 대한 인식을 높일 필요가 있다. 이를 위해서는 무엇보다 대국민 건전관광홍보를 전개해 나가야 하는데, 정부와 공공단체는 물론 관광사업자단체, 신문, 방송 등 모든 기관이 지속적으로 참여하는 것이 바람직하다.

둘째는 건전한 국민관광을 발전시키는 데 필요한 시책을 강구하는 것이다. 건전국민관광 발전을 위한 시책으로는 주요 관광지에서의 순회계몽활동, 신문·방송을 통한 계도, 홍보책자나 팸플릿 등의 제작 및 배포 등이 있고, 해외여행자에 대하여는 건전 해외여행풍토 조성을 위하여 해외여행의 절차, 예절, 국가관 등에 관한 교육도 실시하여야 한다. 「관광진흥법」에서도 관광정보의 활용과 관광홍보를 통해 국민관광의 건전한 발전을 도모할 수 있도록 규정하고 있다(동법 제48조).

그런데 우리나라는 그동안 외화획득을 위한 국제관광 우선정책을 추구하여 왔기 때문에 사회복지차원에서의 국민관광 육성을 등한시해 온 것도 사실이다. 따라서 앞으로는 관광선진국에서 보는 바와 같이 튼튼한 국민관광의 기반 위에서 국제관광이 발전할 수 있도록 정부가 국민관광 발전에 더 많은 관심과 노력을 기울여야 할 것이다.

XIII. 관광진흥개발기금의 설치

「관광기본법」은 제14조에서 "**정부는 관광진흥을 위하여 관광진흥개발기금을 설치하여야 한다**"고 규정하고 있다.

우리나라 관광진흥을 위한 여러 가지 시책을 실시하기 위해서는 막대한 자본이 소요됨은 물론이다. 특히 관광호텔의 건설이나 관광자원 개발 등은 타 산업에 비해 고정자산의 투자비율이 높고 투하자본의 회임기간이 길어 적극적인 민자(民資)유치가 어려운 특성을 가지고 있다. 따라서 「관광기본법」은 정부에게 관광진흥을 위한 제도금융으로 관광진흥개발기금을 설치·운용할 것을 명하고 있는 것이다.

관광진흥개발기금의 설치·운용에 관한 자세한 내용은 다음 장에서 별도로 설명하고자 한다.

XIV. 국가관광전략회의의 설치·운영(제16조: 2017.11.28. 본조신설)

「관광기본법」은 제16조에서 "**관광진흥의 방향 및 주요 시책에 대한 수립·조정, 관광진흥계획의 수립 등에 관한 사항을 심의·조정하기 위하여 국무총리 소속으로 국가관광전략회의를 두고, 국가관광전략회의의 구성 및 운영 등에 필요한 사항은 대통령령으로 정한다**"고 규정하고 있다.

본조는 관광진흥의 방향 및 주요 시책에 대한 수립·조정, 그리고 관광진흥계획의 수립(제3조) 등에 관한 사항을 심의·조정하기 위하여 국가관광전략회의를 설치·운영하려는 목적에서 신설된 규정인데, 국가관광전략회의의 기능 및 구성 등에 관하여 살펴보면 다음과 같다.

(1) 국가관광전략회의의 기능(전략회의 규정 제2조)

1. 관광진흥의 방향 및 주요 시책의 수립·조정
2. 관광진흥에 관한 기본계획의 수립
3. 관광분야에 관한 관련 부처 간의 쟁점 사항
4. 그 밖에 전략회의의 의장이 필요하다고 인정하여 회의에 부치는 사항

(2) 국가관광전략회의의 구성(전략회의 규정 제3조 및 제4조)

국가관광전략회의의 의장은 국무총리가 되고, 그 구성원은 의장 이외에 기획재정부장관, 교육부장관, 외교부장관, 법무부장관, 행정안전부장관, 문화체육관광부장관, 농림축산식품부장관, 보건복지부장관, 환경부장관, 국토교통부장관, 해양수산부장관 및 국무조정실장으로 구성한다.

(3) 차관조정회의(전략회의 규정 제9조)

국가관광전략회의의 의장은 전략회의의 효율적 운영을 위하여 전략회의 전에 차관조정회의를 거치도록 할 수 있으며, 차관조정회의는 전략회의의 상정 안건과 관련하여 전략회의가 위임한 사항과 그 밖에 의장이 관련 부처 간에 사전 협의가 필요하다고 인정하는 사항을 협의·조정한다.

제2장 관광진흥개발기금법

제1절 관광진흥개발기금의 설치

Ⅰ. 기금의 설치

1. 기금의 설치목적

우리나라 관광진흥을 위한 여러 가지 시책을 실시하기 위해서는 막대한 자금이 소요되는데, 「관광기본법」은 정부에게 관광진흥을 위하여 관광진흥개발기금을 설치할 것을 촉구하고 있다(제14조). 이에 따라 관광사업을 효율적으로 발전시키고 관광외화수입의 증대에 기여하기 위하여 관광진흥개발기금을 설치함을 목적으로 1972년 12월 29일 「관광진흥개발기금법」(이하 "기금법"이라 한다)을 제정하였다. 그리고 정부는 이 법의 목적을 달성함에 필요한 자금을 확보하기 위하여 정책금융으로 관광진흥개발기금(이하 "기금"이라 한다)을 설치·운용하고 있다.

2. 기금의 조성 및 운용 개관

관광산업을 효율적으로 발전시키고 관광외화수입 증대에 기여하기 위하여 1973년부터 조성·운용되고 있는 관광진흥개발기금은 1973년 설치와 동시에 2억원의 국고 출연을 시작으로 1982년까지 총 401억 5천만원의 기금이 조성되었고, 여기에 전입금, 법정부담금 및 운용수입 등을 합쳐서 2022년 12월 말 기준으로 순조성 규모는 1조 5,847억원으로 확대되어 관광산업의 육성재원으로서 중추적인 역할을 수행해 오고 있다.

관광진흥개발기금은 관광기반시설과 관광숙박업, 휴양업 등 관광객 이용시설의 확충, 관광사업체 운영 등에 융자지원되고 있으며, 국내관광 활성화 및 외래관광객 유치사업에 지원되고 있다. 또한 외국인 관광객의 전략적 유치를 위한 차별화된 마케팅 수행과 국제회의 유치, 의료관광 등 고부가가치 관광산업의 주요 재원이 되고 있다.

Ⅱ. 기금의 재원

기금은 다음의 재원으로 조성한다(기금법 제2조 2항·3항).

1. 정부로부터의 출연금

정부가 국가예산에서 일정액을 기금으로 출연하는 경우이다. 기금이 설치된 1973년에 국고 2억원을 출연한 이후 1978년에는 100억원, 1979년에는 80억원을 출연하는 등 1982년까지 총 401억 5천만원의 기금이 조성되었다.

2. 카지노사업자의 납부금

카지노사업자는 총매출액의 100분의 10의 범위에서 일정비율에 해당하는 금액을 관광진흥개발기금으로 납부하여야 한다(관광진흥법 제30조제1항).

3. 출국납부금

1) 납부대상 및 금액

국내 공항과 항만을 통하여 출국하는 자(내·외국인)로서 납부금 제외대상자가 아닌 경우에는 1만원의 범위에서 출국납부금을 기금에 납부하여야 하는데(기금법 제2조 3항), 납부금의 금액은 항공기를 이용하는 경우 1만원이고, 선박을 이용하는 경우에는 1천원이다(기금법 시행령 제1조의2 제2항).

2) 부과납부금에 대한 이의신청

납부금을 부과받은 자가 부과된 납부금에 대하여 이의가 있는 경우에는 부과받은 날부터 60일 이내에 문화체육관광부장관에게 이의를 신청할 수 있다(기금법 제2조 4항). 문화체육관광부장관이 이의신청을 받았을 때에는 그 신청을 받은 날부터 15일 이내에 이를 검토하여 그 결과를 신청인에게 서면으로 알려야 한다(기금법 제2조 5항).

3) 납부금제외대상자

다음 각 호의 어느 하나에 해당하는 자에 대하여는 출국납부금을 부과하지 아니한다(기금법 시행령 제1조의2 제1항).

1. 외교관여권이 있는 자 즉 대통령·국회의장·대법원장·헌법재판소장·국무총리·외교부장관(이상은 전직자 포함) 그리고 특명전권대사·IOC위원·외교부소속공무원·재외공관근무공무원·정부대표 등(여권법 시행령 제10조)
2. 2세(선박을 이용하는 경우에는 6세) 미만인 어린이
3. 국외로 입양되는 어린이와 그 호송인
4. 대한민국에 주둔하는 외국의 군인 및 군무원
5. 입국이 허용되지 아니하거나 거부되어 출국하는 자
6. 「출입국관리법」 제46조에 따른 강제퇴거 대상자 중 국비로 강제 출국되는 외국인
7. 공항통과 여객으로서 다음 각 목의 어느 하나에 해당되어 보세구역을 벗어난 후 출국하는 여객
   가. 항공기 탑승이 불가능하여 어쩔 수 없이 당일이나 그 다음날 출국하는 경우
   나. 공항이 폐쇄되거나 기상이 악화되어 항공기의 출발이 지연되는 경우
   다. 항공기의 고장·납치, 긴급환자 발생 등 부득이한 사유로 항공기가 불시착한 경우
   라. 관광을 목적으로 보세구역을 벗어난 후 24시간 이내에 다시 보세구역으로 들어오는 경우
8. 국제선 항공기 및 국제선 선박을 운항하는 승무원과 승무교대를 위하여 출국하는 승무원

납부금의 부과제외대상자가 기금납부금면제를 받고자 하는 경우에는 납부금의 부과·징수권자(이하 "부과권자"라 한다)로부터 출국 전에 납부금제외대상확인서를 교부받아 출국시 제출하여야 한다. 다만, 선박을 이용하여 출국하는 자와 승무원은 출국시 부과권자의 확인으로 갈음할 수 있다. 그리고 공항통과 여객이 납부금제외대상확인서를 받으려는 경우에는 항공운송사업자가 항공기 출발 1시간 전까지 그 여객에 대한 납부금의 부과제외사유를 서면으로 부과권자에게 제출하여야 한다(기금법 시행령 제1조의3 제1항 · 제2항).

4. 기금의 운용에 따라 생기는 수익금과 그 밖의 재원

문화체육관광부장관은 기금의 여유자금을 ① 금융기관 또는 체신관서에의 예

치, ② 국채 또는 공채 등 유가증권의 매입, ③ 그 밖의 금융상품의 매입 등의 방법으로 운용할 수 있는데(기금법 시행령 제3조의2), 이렇게 하여 조성된 운용수익과 기금의 대여로 발생한 이자수입 등이 조성재원이 된다.

제2절 관광진흥개발기금의 관리 및 운용

Ⅰ. 기금의 관리

1. 기금의 관리·운용주체

기금은 문화체육관광부장관이 관리한다(기금법 제3조 1항).

2. 기금의 관리·운용 민간전문가

문화체육관광부장관은 기금의 집행·평가·결산 및 여유자금 관리 등을 효율적으로 수행하기 위하여 10명 이내의 민간전문가를 고용하며, 이에 필요한 경비는 기금에서 사용할 수 있다(기금법 제3조 2항).

이 민간전문가는 계약직으로 하며, 그 계약기간은 2년을 원칙으로 하되, 1년 단위로 연장할 수 있다. 민간전문가의 업무분장·채용·복무·보수 및 그 밖의 인사관리에 필요한 사항은 문화체육관광부장관이 정한다(기금법 시행령 제1조의4).

Ⅱ. 기금의 용도

관광진흥개발기금은 관광진흥을 위한 각종 사업에 대여하거나 보조할 수 있다. 기금의 보조는 「보조금의 예산 및 관리에 관한 법률」에서 정하는 바에 따른다(기금법시행령 제3조의3).

1. 기금의 대여

기금은 다음 각 호의 어느 하나에 해당하는 용도에 대여(貸與)할 수 있다(기금법 제5조 1항).

1. 호텔을 비롯한 각종 관광시설의 건설 또는 개수(改修)

2. 관광을 위한 교통수단의 확보 또는 개수
3. 관광사업의 발전을 위한 기반시설의 건설 또는 개수
4. 관광지·관광단지 및 관광특구에서의 관광편의시설의 건설 또는 개수

2. 기금의 경비보조

1) 문화체육관광부장관은 기금에서 관광정책에 관하여 조사·연구하는 법인의 기본재산 형성 및 조사·연구사업, 그 밖의 운영에 필요한 경비를 출연 또는 보조할 수 있다(기금법 제5조 제2항 〈**개정** 2021.6.15.〉). 이에 해당하는 보조대상 법인으로는 한국문화관광연구원을 들 수 있다.

2) 문화체육관광부장관은 출국납부금의 부과·징수업무를 위탁받은 자에게 그 업무에 필요한 경비를 보조할 수 있다(기금법 제12조 2항). 이에 해당하는 보조대상으로는 업무수탁자인 지방해양수산청장, 「항만공사법」에 따른 항만공사 및 「항공사업법」 제2조 제34호에 따른 공항운영자 등이다(기금법 시행령 제22조 〈**개정** 2017.3.29.〉).

3. 기금의 대여 또는 보조

기금은 다음 각 호의 어느 하나에 해당하는 사업에 대여하거나 보조할 수 있다(기금법 제5조 제3항 〈**개정** 2021.8.10.〉).

1. 국외 여행자의 건전한 관광을 위한 교육 및 관광정보의 제공사업
2. 국내외 관광안내체계의 개선 및 관광홍보사업
3. 관광사업 종사자 및 관계자에 대한 교육훈련사업
4. 국민관광 진흥사업 및 외래관광객 유치 지원사업
5. 관광상품 개발 및 지원사업
6. 관광지·관광단지 및 관광특구에서의 공공 편익시설 설치사업
7. 국제회의의 유치 및 개최사업
8. 장애인 등 소외계층에 대한 국민관광 복지사업
9. 전통관광자원 개발 및 지원사업

9의2. 감염병 확산 등으로 관광사업자(「관광진흥법」 제2조 제2호에 따른 관광사업자를 말한다)에게 발생한 경영상 중대한 위기극복을 위한 지원사업:
코로나19의 세계적 대유행으로 인하여 관광사업의 침체가 가속화되고 관광사업계의 피해가 지속됨에 따라, 감염병 확산 등으로 관광사업자에게

발생한 경영상의 위기극복을 위한 지원사업을 관광진흥개빌기금의 용도에 포함하도록하여 관광사업의 피해를 최소화하고 관광업계를 지원할 수 있는 법적 근거를 마련하려는 것으로 본다.

10. 그 밖에 관광사업의 발전을 위하여 필요한 것으로서 대통령령(기금법시행령 제2조)으로 정하는 다음의 사업

가. 여행업자 및 카지노사업자(관광진흥법 제45조의 규정에 의하여 설립한 한국일반여행업협회 및 한국카지노업관광협회 포함)의 해외지사의 설치
나. 관광사업체 운영의 활성화
다. 관광진흥에 기여하는 문화예술사업
라. 지방자치단체나 '관광단지개발자' 등의 관광지 및 관광단지 조성사업
마. 관광지·관광단지 및 관광특구의 문화·체육시설, 숙박시설, 상가시설로서 관광객 유치를 위하여 특히 필요하다고 문화체육관광부장관이 인정하는 시설의 조성
바. 관광 관련 국제기구의 설치

4. 사업이나 투자조합에 출자

1) 출 자

기금은 민간자본의 유치를 위하여 필요한 경우 다음 각 호의 어느 하나의 사업이나 투자조합에 출자(出資)할 수 있다(기금법 제5조 제4항).

1. 관광지 및 관광단지의 조성사업(「관광진흥법」 제2조제6호 및 제7호)
2. 국제회의시설의 건립 및 확충사업("국제회의산업법" 제2조 제3호)
3. 관광사업에의 투자하는 것을 목적으로 하는 투자조합
4. 그 밖에 관광사업의 발전을 위하여 필요한 것으로서 대통령령으로 정하는 사업

   여기서 "대통령령으로 정하는 사업"이란 집합투자기구(集合投資機構) 또는 사모(私募)집합투자기구(「자본시장과 금융투자업에 관한 법률」 제9조 제18항 및 제19항에 따른)나 부동산투자회사(「부동산투자회사법」 제2조제1호에 따른)에 의해 투자되는 관광지 및 관광단지의 조성사업, 국제회의시설의 건립 및 확충사업과 관광사업 일체(「관광진흥법」 제2조 제1호)를 말한다(기금법 시행령 제3조의4 제1항).

2) 출자의 타당성 검토 등

관광지 및 관광단지의 조성사업과 국제회의시설의 건립 및 확충사업에 기금을 출자할 때에는 출자로 인한 민간자본 유치의 기여도 등 출자의 타당성을 검토하여야 한다(기금법 시행령 제3조의4 제2항).

기금 출자 및 관리에 관한 세부기준, 절차, 그 밖에 필요한 사항은 문화체육관광부장관이 정하여 고시한다(기금법 시행령 제3조의4 제3항).

5. 기금의 출연

기금은 신용보증을 통한 대여를 활성화하기 위하여 예산의 범위에서 다음 각 호의 기관에 출연할 수 있다(기금법 제5조 제4항 **<신설 2018.12.24.>**).

1. 「신용보증기금법」에 따른 신용보증기금
2. 「지역신용보증재단법」에 따른 신용보증재단중앙회

출연(出捐)은 출자(出資)와 달리 수익을 목적으로 하지 않기 때문에 정부의 출연은 특정목적사업을 수행하는 비영리기관이나 연구소의 설립·운영자금으로 지원하게 된다. 여기서 신용보증기금은 담보능력이 미약한 기업의 채무를 보증하게 하여 기업의 자금융통을 원활하게 하기 위해 설립되었고, 신용보증재단중앙회도 또한 담보능력이 미약한 지역 내 소기업 및 소상공인 등과 개인의 채무를 보증하게 함으로써 자금융통을 원활하게 하기 위하여 설립되었기 때문에, 이들 기관에 기금을 출연할 수 있게 하기 위해 그 법적 근거를 마련한 것으로 본다.

6. 국제회의산업 육성재원 지원

문화체육관광부장관은 「국제회의산업 육성에 관한 법률」의 규정(제16조)에 의하여 국외여행자의 출국납부금 총액의 100분의 10에 해당하는 금액의 범위에서 국제회의산업의 육성재원을 지원할 수 있게 하였다. 이렇게 지원된 재원으로 국제회의전담조직의 운영, 국제회의 유치·개최자에 대한 지원, 그리고 국제회의도시·한국관광공사·대학 등 국제회의산업 육성기반의 조성을 위한 사업을 실시하는 기관·법인 또는 단체(사업시행기관)의 사업비를 지원할 수 있게 한 것이다.

Ⅲ. 기금의 운용

1. 기금운용위원회의 설치

1) 위원회의 설치

기금의 운용에 관한 종합적인 사항을 심의하기 위하여 문화체육관광부장관 소속으로 기금운용위원회(이하 "위원회"라 한다)를 둔다(기금법 제6조 제1항).

2) 위원회의 구성

① **구성** — '위원회'는 위원장 1명을 포함한 10명 이내의 위원으로 구성한다. '위원회'의 위원장은 문화체육관광부 제1차관이 되고, 위원은 기획재정부 및 문화체육관광부의 고위공무원단에 속하는 공무원, 관광 관련단체 또는 연구기관의 임원, 공인회계사의 자격이 있는 사람, 그 밖에 기금의 관리·운용에 관한 전문지식과 경험이 풍부하다고 인정되는 사람 중에서 문화체육관광부장관이 임명하거나 위촉한다(기금법 시행령 제4조 제1항·제2항 〈개정 2015.1.6.,2017.9.4.〉).

② **위원장의 직무** — 위원장은 위원회를 대표하고, 위원회의 사무를 총괄한다. 위원장이 부득이한 사유로 직무를 수행할 수 없을 때에는 위원장이 지정한 위원이 그 직무를 대행한다(기금법 시행령 제5조).

③ **회의** — 위원회의 회의는 위원장이 소집한다. 회의는 재적위원 과반수의 출석으로 개의하고, 출석위원 과반수의 찬성으로 의결한다(기금법 시행령 제6조).

④ **간사** — 위원회에는 간사 1명을 두며, 간사는 문화체육관광부 소속 공무원 중에서 문화체육관광부장관이 지정하는데, 간사는 위원장의 명을 받아 위원회의 사무를 처리한다(기금법 시행령 제7조).

⑤ **수당** — 회의에 출석한 위원 중 공무원이 아닌 위원에게는 예산의 범위에서 수당을 지급할 수 있다(기금법 시행령 제8조).

3) 위원회의 기능

위원회의 기능은 다음과 같다.

1. 기금의 운용에 관한 종합적인 사항 심의(기금법 제6조 제1항)
2. 기금운용계획안 수립 및 계획변경사항 심의(기금법 제7조)
3. 기금의 대하이자율(貸下利子率), 대여이자율, 대여기간 및 연체이자율 심

의; 이 경우 심의된 사항은 문화체육관광부장관이 기획재정부장관과 협의하여 정하는데, 이를 변경하는 경우에도 또한 같다(기금법 시행령 제10조).

2. 기금운용계획안의 수립

문화체육관광부장관은 매년 「국가재정법」에 따라 기금운용계획안을 수립하여야 한다. 기금운용계획을 변경하는 경우에도 또한 같다. 기금운용계획안을 수립하거나 기금운용계획을 변경하려면 위원회의 심의를 거쳐야 한다(기금법 제7조).

3. 여유자금의 운용

문화체육관광부장관은 기금의 여유자금을 다음 각 호의 방법으로 운용할 수 있다(기금법 시행령 제3조의2).

1. 「은행법」과 그 밖의 법률에 따른 금융기관 및 「우체국예금·보험에 관한 법률」에 따른 체신관서에 예치
2. 국·공채 등 유가증권의 매입
3. 그 밖의 금융상품의 매입

Ⅳ. 기금대여업무

1. 기금대여업무의 취급기관

문화체육관광부장관은「한국산업은행법」 제20조에 따라 한국산업은행이 기금의 대여업무를 할 수 있도록 한국산업은행에 기금을 대여할 수 있다(기금법 시행령 제3조 〈**개정 2014.12.30.**〉).

2. 기금대여업무계획의 작성과 승인

한국산업은행이 기금의 대여업무를 할 경우에는 미리 기금대여업무계획을 작성하여 문화체육관광부장관의 승인을 받아야 한다(기금법 시행령 제9조). 한국산업은행의 은행장은 이 대여업무계획에 따라 기금을 사용하려는 자(기금사용자)로부터 대여신청을 받으면 대여에 필요한 기금을 대하(貸下)하여 줄 것을 문화체육관광부장관에게 신청하여야 한다(기금법 시행규칙 제3조).

기금의 대하(貸下)이자율, 대여(貸與)이자율, 대여기간 및 연체이자율은 위원회의 심의를 거쳐 문화체육관광부장관이 기획재정부장관과 협의하여 정한다.

이를 변경하는 경우에도 또한 같다(기금법 시행령 제10조).

3. 기금의 목적 외의 사용금지 등

1) 기금을 대여받거나 보조받은 자는 대여받거나 보조받을 때에 지정된 목적 외의 용도에 기금을 사용하지 못한다(기금법 제11조 제1항).

2) 대여받거나 보조받은 기금을 목적 외의 용도에 사용하였을 때에는 대여 또는 보조를 취소하고 이를 회수한다(기금법 제11조 제2항).

1. 문화체육관광부장관은 취소된 기금의 대여 또는 보조금을 회수하려는 경우에는 그 기금을 대여받거나 보조받은 자에게 해당 대여금 또는 보조금을 반환하도록 통지하여야 한다(기금법시행령 제18조의2 제2항).
2. 대여금 또는 보조금의 반환통지를 받은 자는 그 통지를 받은 날부터 2개월 이내에 해당 대여금 또는 보조금을 반환하여야 하며, 그 기한까지 반환하지 아니하는 경우에는 그 다음날부터 소정의 연체이자율을 적용한 연체이자를 내야 한다(기금법 시행령 제18조의2 제3항).

3) 문화체육관광부장관은 기금의 대여를 신청한 자 또는 기금의 대여를 받은 자가 다음 각 호의 어느 하나에 해당하면 그 대여신청을 거부하거나, 그 대여를 취소하고 지출된 기금의 전부 또는 일부를 회수한다(기금법 제11조 제3항).

1. 거짓이나 그 밖의 부정한 방법으로 대여를 신청한 경우 또는 대여를 받은 경우
2. 잘못 지급된 경우
3. 관광사업의 등록·허가·지정 또는 사업계획 승인 등의 취소 또는 실효 등으로 기금의 대여자격을 상실하게 된 경우
4. 대여조건을 이행하지 아니한 경우
5. 그 밖에 대통령령으로 정하는 경우, 즉 기금을 대여받은 후 관광사업의 등록 또는 변경등록이나 사업계획 변경승인을 받지 못하여 기금을 대여받을 때에 지정된 목적사업을 계속하여 수행하는 것이 현저히 곤란하거나 불가능한 경우(기금법 시행령 제18조의2 제1항)

4) 다음 각 호의 어느 하나에 해당하는 자는 해당 기금을 대여받거나 보조받은 날부터 5년 이내에 기금을 대여받거나 보조받을 수 없다(기금법 제11조 제4항 〈**개정 2021.4.13.**〉).

1. 대여받거나 보조받은 기금을 목적 외의 용도에 사용한 자
2. 거짓이나 그 밖의 부정한 방법으로 기금을 대여받거나 보조받은 자

Ⅴ. 기금의 회계

1. 기금의 회계연도

기금의 회계연도는 정부의 회계연도에 따른다(기금법 제4조). 매년 1월 1일부터 12월 31일까지로 한다.

2. 기금의 회계기관

문화체육관광부장관은 기금의 수입과 지출에 관한 사무를 하게 하기 위하여 소속 공무원 중에서 기금수입징수관, 기금재무관, 기금지출관 및 기금출납 공무원을 임명한다(기금법 제9조). 문화체육관광부장관이 이들을 임명한 경우에는 감사원장, 기획재정부장관 및 한국은행총재에게 알려야 한다(기금법 시행령 제11조).

3. 기금계정의 처리

문화체육관광부장관은 기금지출관으로 하여금 한국은행에 관광진흥개발기금의 계정(이하 "기금계정"이라 한다)을 설치하도록 하여야 한다(기금법 제10조). 이 기금계정은 수입계정과 지출계정으로 구분하여야 한다(기금법 시행령 제12조).

4. 납부금 및 대여기금의 기금납입 등

1) 납부금의 기금 납입

납부금의 부과권자가 납부금을 부과·징수한 경우에는 지체 없이 납부금을 한국은행에 개설된 기금계정에 납입하여야 한다(기금법 시행령 제12조의2).

2) 대여기금의 납입

한국산업은행의 은행장이나 기금을 전대(轉貸)받은 금융기관의 장은 대여기금(전대받은 기금을 포함한다)과 그 이자를 수납한 경우에는 즉시 기금계정에 납입하여야 한다. 이를 위반한 경우에는 납입기일의 다음 날부터 소정의 연체이자를 납입하여야 한다(기금법 시행령 제10조 및 제13조).

3) 기금의 수납

납부금·대여기금 또는 수익금이 기금계정에 납입된 경우 이를 수납한 자(한국은행)는 지체 없이 그 납입서를 기금수입징수관에게 송부하여야 한다(기금법 시행령 제14조).

4) 기금의 지출한도액 배정 및 통지

문화체육관광부장관은 기금재무관으로 하여금 지출원인행위를 하게 할 경우에는 기금운용계획에 따라 지출한도액을 배정하여야 하는데, 이를 배정한 경우에는 기획재정부장관과 한국은행총재에게 알리는 한편, 기금지출한도액을 한국산업은행의 은행장에게도 알려야 한다. 또 기획재정부장관은 기금의 운용상황 등을 고려하여 필요한 경우에는 기금의 지출을 제한하게 할 수 있다(기금법 시행령 제15조 및 시행규칙 제2조).

5. 기금대여상황 보고

기금의 대여업무를 취급하는 한국산업은행은 매월의 기금사용업체별 대여금액 · 대여잔액 등 기금대여 상황을 다음달 10일 이전까지 보고하여야 하고, 반기(半期)별 대여사업 추진상황을 그 반기의 다음달 10일 이전까지 문화체육관광부장관에게 보고하여야 한다(기금법 시행령 제18조, 시행규칙 제4조).

6. 기금운용상황 감독

문화체육관광부장관은 한국산업은행의 은행장과 기금을 대여받은 자에게 기금 운용에 필요한 사항을 명령하거나 감독할 수 있다(기금법 시행령 제19조).

7. 결산보고

문화체육관광부장관은 회계연도마다 기금의 결산보고서를 작성하여 다음 연도 2월 말일까지 기획재정부장관에게 제출하여야 한다(기금법 시행령 제21조).

Ⅵ. 출국납부금 부과·징수업무의 위탁

1. 납부금 부과·징수업무의 위탁

기금의 재원이 되는 출국납부금의 부과·징수권자는 문화체육관광부장관이다.

문화체육관광부장관은 납부금의 부과·징수의 업무를 대통령령으로 정하는 바에 따라 관계 중앙행정기관의 장과 협의하여 지정하는 자에게 위탁할 수 있다(기금법 제12조 1항).

2. 납부금 부과·징수업무의 수탁자

문화체육관광부장관의 출국납부금 부과·징수업무는 지방해양수산청장, 「항만공사법」에 따른 항만공사 및 「항공사업법」 제2조 제34호에 따른 공항운영자에게 각각 위탁한다(기금법 시행령 제22조 **〈개정 2012.5.14.,2015.1.6.,2017.3.29.〉**).

3. 납부금 부과·징수업무 관련 경비보조

문화체육관광부장관은 출국납부금의 부과·징수업무를 위탁한 경우에는 기금에서 납부금의 부과·징수의 업무를 위탁받은 자에게 그 업무에 필요한 경비를 보조할 수 있다(기금법 제12조 2항).

Ⅶ. 기금의 관리·운용 민간전문가의 공무원 의제

기금의 관리 및 운용 등을 효율적으로 수행하기 위하여 고용된 민간전문가가 업무수행 중 부정이나 범법행위가 있을 때에는 공무원으로 의제(간주)되어 형법 제129조(수뢰·사전수뢰죄), 제130조(제3자 뇌물제공죄), 제131조(수뢰후부정처사, 사후수뢰죄) 및 제132조(알선수뢰죄)의 규정을 적용받게 된다(기금법 제13조).

제3절 제주특별자치도에서의 '기금' 등에 관한 특례

1. 제주관광진흥기금의 설치목적(제주특별법 제246조)

제주특별자치도지사(이하 "도지사"라 한다)는 「제주특별자치도 설치 및 국제자유도시 조성을 위한 특별법」(이하 "제주특별법"이라 한다)의 규정에 따라 제주특별자치도(이하 "제주자치도"라 한다)의 관광사업을 효율적으로 발전시키고, 관광외화수입의 증대에 기여하기 위하여 제주관광진흥기금을 설치한다.

2. 제주관광진흥기금의 재원(제주특별법 제246조 제2항)

제주관광진흥기금은 다음의 재원으로 조성한다.

1) 국가 또는 제주자치도의 출연금

2) 카지노사업자의 납부금

제주자치도에 있는 카지노사업자는 총 매출액의 100분의 10의 범위에서 일정비율에 해당하는 금액을 제주관광진흥기금에 납부하여야 하는데, 이 때 총매출액, 징수비율 및 부과·징수절차 등에 필요한 사항은 도조례로 정할 수 있다. 또 카지노사업자가 법정납부금을 납부기한까지 내지 아니하면 도지사는 10일 이상의 기간을 정하여 이를 독촉하여야 하는데, 이 때 체납된 납부금에 대하여는 100분의 3에 해당하는 가산금을 부과하여야 한다.

3) 출국납부금

제주자치도에 있는 공항과 항만을 통하여 출국하는 사람으로서 납부금 제외대상자가 아닌 경우에는 1만원의 범위에서 출국납부금을 제주관광진흥기금에 납부하여야 하는데, 납부금의 금액은 항공기를 이용하는 경우 1만원이고, 선박을 이용하는 경우에는 1천원이다(제주특별법 제246조).

3. 제주관광진흥기금의 관리

제주관광진흥기금은 도지사가 관리한다. 민간전문가의 고용 등을 포함한 제주관광진흥기금의 관리에 필요한 사항은 도조례로 정할 수 있다(제주특별법 제247조).

4. 제주관광진흥기금 운용계획안의 수립

도지사는 매년 「지방자치단체 기금관리기본법」에 따라 기금운용계획안을 수립하여야 한다(제주특별법 제248조).

5. 관광진흥개발기금법의 준용

제주관광진흥기금에 관하여 ‘제주특별법’, ‘제주특별법 시행령’ 및 도조례로 규정된 사항을 제외하고는 「관광진흥개발기금법」을 준용한다. 이 경우 “문화체육관광부장관”은 “도지사”로, “대통령령”은 “도조례”로 각각 본다(제주특별법 제249조).

제 3 편

관광진흥법

제1장 총 칙
제2장 관광사업
제3장 관광사업자단체
제4장 관광의 진흥과 홍보
제5장 관광지등의 개발
제6장 보칙 및 행정벌칙

제1장
총 칙

제1절 관광진흥법의 제정목적 등

Ⅰ. 관광진흥법의 제정목적

「관광진흥법」은 제1조(목적)에서 "이 법은 관광여건을 조성하고 관광자원을 개발하며 관광사업을 육성하여 관광진흥에 이바지하는 것을 목적으로 한다"고 규정하여 법의 제정목적을 명시하고 있다. 즉 이 법은 우리나라의 관광진흥에 이바지하는 데 목적을 두고 제정된 것이라 하겠다.

Ⅱ. 목적달성을 위한 정책수단

정부는 「관광진흥법」이 우리나라 '관광진흥에 이바지'하도록 다음과 같은 핵심적인 세 가지 정책수단을 구체화하고 이를 위한 각종 시책을 법에 명시하고 있다(동법 제1조).

1. 관광여건의 조성

관광여건의 조성이란 관광객이 관광활동을 원활하게 이루어지도록 하는데 필수적인 요건들을 구비하는 것을 말한다. 그러므로 넓게 보면 관광자원의 개발이나 관광사업의 육성 등도 관광여건 조성에 포함된다고 볼 수 있다. 그러나 여기에서는 그 범위를 축소하여 몇 가지만 고찰해보기로 한다.

관광활동이 월활하게 이루어지도록 하는데 필요한 기본적 요건으로는 관광욕구를 유발케 하는 관광홍보를 비롯하여 관광기획 및 안내, 관광활동에 필수적인 교통시설(철도·항만·공항·도로 등)과 교통수단(비행기·여객선·기차·자동차 등), 숙식에 필수적인 숙박시설(호텔·여관·휴양콘도미니엄·유스호스텔·청소년야영장 등)과 식음료시설(식당·주점 등), 관광편의시설(주차장·야외취사장·전기·화장실 등), 레크리에이션시설(운동시설·놀이시설·오락시설 등), 우편·통신 등의 통신시설, 쇼핑시설(기념품점·토산품점·일용품점 등), 환경위생시설, 기타 관광활동의 활성화에 기여하는 관광정보제공 및 출입국관리 등을 그 예로 들 수 있다.

2. 관광자원의 개발

관광자원의 개발은 관광자원의 가치를 효과적으로 보존하고 새로운 가치를 증진시키는 것을 목적으로 한다. 여기서 관광자원이란 관광객을 유인할 수 있는 매력을 가지고, 인간의 관광동기를 충족시켜 주는 유형 또는 무형의 대상물을 말하는데, 이런 관광자원은 관광객이 그것을 아무리 이용하여도 소모되지 않는 특색을 지니고 있다. 관광자원은 크게 자연관광자원, 문화관광자원, 사회관광자원, 산업관광자원, 위락적 관광자원 등으로 분류하고 있는데, 특히 자연관광자원은 자연의 신비가 우리에게 가져다 주는 하나의 선물로서 우리의 생활공간에서 가장 쉽게 접근할 수 있고, 관광지 조성에서 기초가 되고 있다.

현행 「관광진흥법」에서 규정하고 있는 관광개발기본계획 및 권역별 관광개발계획의 수립(제49조), 관광지 및 관광단지의 지정(제52조), 조성계획의 수립 및 시행(제54조, 제55조), 관광지등의 처분(제59조), 토지 등의 수용 및 사용(제61조), 이주대책(제66조) 등은 관광자원의 개발에 관한 규정들이며, 이외에도 「문화재보호법」(유·무형 문화재 등), 「자연공원법」(국·도·군립 및 지질공원), 「온천법」 등 다른 많은 법에서 관광자원의 지정·개발·관리·보호에 관련된 내용들을 규정하고 있다.

3. 관광사업의 육성

「관광진흥법」은 관광사업을 육성하여 관광진흥에 이바지함을 목적으로 하고 있다. 한 국가의 관광이 발전하려면 관광사업이 건전하게 육성되어야 한다.

관광사업의 정의에 관하여서는 「관광진흥법」 제2조 제1호에서 "관광객을 위하여 운송·숙박·음식·운동·오락·휴양 또는 용역을 제공하거나 그 밖에 관광에 딸린 시설을 갖추어 이를 이용하게 하는 업(業)을 말한다"고 규정하고 있다. 이와 같이 관광사업은 여러 가지 업종으로 구성되어 있는 복합적인 사업이란 특징을 가지고 있고, 그 효과는 단순히 경제적인 측면에 국한하는 것이 아니라 경제외적인 효과까지도 촉진하는 것을 목적으로 하기 때문에, 공익성(公益性)과 기업성(企業性)을 동시에 달성해야 하는 특색을 가지고 있다. 그래서 관광사업을 완전 자유경쟁체제로 인정하지 아니하고 일정한 규제하에서 국가가 직접 이를 지도·육성하고 있는 것이다. 게다가 국제화시대의 진전에 따라 점차 국경의 벽이 허물어지고 국제관광이 보편화되는 현실적 추세 속에서, 만일 관광사업을 아무런 규제없이 무제한으로 방임한다면 오히려 무질서하고 관광진흥에 역행하는 결과를 가져올 수도 있다.

현행 「관광진흥법」에서도 관광사업의 등록(제4조) 또는 허가와 신고(제5조), 관광사업자의 결격사유(제7조), 카지노영업소 이용자의 준수사항(제29조) 등 많은 규제규정들이 있는데, 이들 모두가 관광사업을 건전하게 육성하기 위한 규제내용들이다. 그러나 관광사업을 건전하게 육성하는 데는 이와 같은 법률적 규제만으로는 충분한 실효를 거두기는 어렵다고 보며, 부단한 행정지도(行政指導)가 뒤따라야 할 것이다.

Ⅲ. 제주자치도에서의 관광진흥의 특례

1. 제주자치도의 관광정책 시행에 대한 국가의 자율성 보장

국가는 제주자치도가 자율적으로 관광정책을 시행할 수 있도록 관련 법령의 정비를 추진하여야 하며, 관광진흥과 관련된 계획을 수립하고 사업을 시행할 경우 제주자치도의 관광진흥에 관한 사항을 고려하여야 한다(제주특별법 제238조 1항).

2. 국가의 관광진흥시책에 대한 제주자치도의 기여

제주자치도는 자율과 책임에 따라 지역의 관광여건을 조성하고 관광자원을 개발하며 관광산업을 육성함으로써 국가의 관광진흥에 이바지하여야 한다(동법 제238조 제2항).

3. 국가의 관광정책 등의 수립시 제주자치도에 대한 협조요청

국가는 전국 단위의 관광정책 수립과 관광객 안전, 소비자 보호 및 관광표준 등과 관련하여 필요한 경우 제주자치도에 협조를 요청할 수 있다(동법 제238조 제3항).

제2절 관광진흥법상의 용어에 대한 정의

「관광진흥법」에서 사용하는 용어의 뜻은 다음과 같다(동법 제2조 **〈개정 2023.8.8.〉**).

1. 관광사업

"관광사업이란 관광객을 위하여 운송·숙박·음식·운동·오락·휴양 또는 용역을 제공하거나 그 밖에 관광에 딸린 시설을 갖추어 이를 이용하게 하는 업(業)을 말한다."

2. 관광사업자

"관광사업자란 관광사업을 경영하기 위하여 등록·허가 또는 지정(이하 '등록등'이라 한다)을 받거나 신고를 한 자를 말한다."

3. 기획여행

"기획여행(企劃旅行)이란 여행업을 경영하는 자가 국외여행을 하려는 여행자를 위하여 여행의 목적지·일정, 여행자가 제공받을 운송 또는 숙박 등의 서비스 내용과 그 요금 등에 관한 사항을 미리 정하고 이에 참가하는 여행자를 모집하여 실시하는 여행을 말한다."

현행법은 국외여행에 한정하고 있으며, 흔히 포괄여행, 단체 포괄여행, 패키지 투어(package tour)라고도 말한다. 한마디로 여행업체가 주최하는 단체여행이다.

4. 회 원

"회원(會員)이란 관광사업의 시설을 일반 이용자보다 우선적으로 이용하거나 유리한 조건으로 이용하기로 해당 관광사업자(관광진흥법 제15조 제1항 및 제2항에 따른 사업계획의 승인을 받은 자를 포함한다)와 약정한 자를 말한다."

5. 공유자

"소유자등"이란 단독소유나 공유(共有)의 형식으로 관광사업의 일부 시설을 관광사업자(관광진흥법 제15조 제1항 및 제2항에 따른 사업계획의 승인을 받은 자를 포함한다)로부터 분양받은 자를 말한다.

6. 관광지

"관광지(觀光地)란 자연적 또는 문화적 관광자원을 갖추고 관광객을 위한 기본적인 편의시설을 설치하는 지역으로서 이 법(관광진흥법)에 따라 지정된 곳을 말한다."

7. 관광단지

"관광단지(觀光團地)란 관광객의 다양한 관광 및 휴양을 위하여 각종 관광시설을 종합적으로 개발하는 관광거점지역으로서 이 법(관광진흥법)에 따라 지정된 곳을 말한다."

8. 민간개발자

"민간개발자(民間開發者)란 관광단지를 개발하려는 개인이나 「상법」 또는 「민법」에 따라 설립된 법인을 말한다."

9. 조성계획

"조성계획(造成計劃)이란 관광지나 관광단지의 보호 및 이용을 증진하기 위하여 필요한 관광시설의 조성과 관리에 관한 계획을 말한다."

10. 지원시설

"지원시설(支援施設)이란 관광지나 관광단지의 관리·운영 및 기능 활성화에 필요한 관광지 및 관광단지 안팎의 시설을 말한다." 즉 지원시설에는 관광안내소, 상가, 공중시설, 주차장, 상하수도, 전기·통신시설, 화장실 등이 포함된다.

11. 관광특구

"관광특구(觀光特區)란 외국인 관광객의 유치 촉진 등을 위하여 관광활동과 관련된 관계 법령의 적용이 배제되거나 완화되고, 관광활동과 관련된 서비스·안내체계 및 홍보 등 관광여건을 집중적으로 조성할 필요가 있는 지역으로서 이 법에 따라 지정된 곳을 말한다."

12. 여행이용권

"여행이용권(旅行利用券)이란 관광취약계층이 관광활동을 영위할 수 있도록 금액이나 수량이 기재(전자적 또는 자기적 방법에 의한 기록을 포함한다. 이하 같다)된 증표를 말한다." 이는 2014년 5월 28일「관광진흥법」개정 때 제47조의3부터 제47조의5까지를 함께 신설한 것으로, 장애인 및 저소득층 등 관광취약계층의 여행기회 확대 및 관광활동 장려를 위한 시책을 강구하고, 장애인 관광 지원사업 등에 대한 경비지원 및 관광취약계층에 대한 여행이용권 지급근거를 마련한 것이다.

13. 문화관광해설사

"문화관광해설사란 관광객의 이해와 감상, 체험 기회를 제고하기 위하여 역사·문화·예술·자연 등 관광자원 전반에 대한 전문적인 해설을 제공하는 자를 말한다." 이는 2011년 4월 5일「관광진흥법」개정 때 문화관광해설사를 체계적이고 효과적으로 양성·활용하기 위해 문화관광해설사에 관한 법적 근거를 마련한 것이다.

제2장 관광사업

제1절 총 칙

Ⅰ. 관광사업의 종류

「관광진흥법」은 제3조에서 관광사업의 종류를 크게 7가지로 분류하고(**〈개정 2022.9.27., 2023.8.8.〉**), 동법시행령에서는 이를 각각의 종류별로 다시 세분하고 있다(동법 시행령 제2조 **〈개정 2019.4.9.,2020.4.28.,2021.3.23.〉**).

종 류	세 분	
여행업	종합여행업, 국내외여행업, 국내여행업	
관광숙박업	호텔업	관광호텔업, 수상관광호텔업, 한국전통호텔업, 가족호텔업, 호스텔업, 소형호텔업, 의료관광호텔업
	휴양콘도미니엄업	
관광객이용시설업	전문휴양업	민속촌, 해수욕장, 수렵장, 동물원, 식물원, 수족관, 온천장, 동굴자원, 수영장, 농어촌휴양시설, 활공장, 등록 및 신고 체육시설업시설, 산림휴양시설, 박물관, 미술관
	종합휴양업	제1종종합휴양업, 제2종종합휴양업
	야영장업(일반야영장업, 자동차야영장업)	
	관광유람선업(일반관광유람선업, 크루즈업)	
	관광공연장업	
	외국인관광 도시민박업	
	한옥체험업(2020.4.28. **신설**)	
국제회의업	국제회의시설업, 국제회의기획업	
카지노업		
유원시설업	종합유원시설업, 일반유원시설업, 기타유원시설업	
관광편의시설업	관광유흥음식점업, 관광극장유흥업, 외국인전용 유흥음식점업, 관광식당업, 관광순환버스업, 관광사진업, 여객자동차터미널시설업, 관광펜션업, 관광궤도업, 관광면세업, 관광지원서비스업	

1. 여행업

「관광진흥법」에서의 여행업이란 "여행자 또는 운송시설·숙박시설, 그 밖에 여행에 딸리는 시설의 경영자 등을 위하여 그 시설 이용 알선이나 계약체결의 대리, 여행에 관한 안내, 그 밖의 여행 편의를 제공하는 업"을 말한다(동법 제3조 제1항 1호).

여행업은 사업의 범위 및 취급대상에 따라 종합여행업, 국내외여행업 및 국내여행업으로 구분하고 있다(동법 시행령 제2조 제1항 1호 **〈개정 2021.3.23.〉**).

1) 종합여행업

국내외를 여행하는 내국인 및 외국인을 대상으로 하는 여행업으로 사증(査證; 비자)을 받는 절차를 대행하는 행위를 포함한다. 따라서 종합여행업자는 외국인의 국내 또는 국외여행과 내국인의 국외 또는 국내여행에 대한 업무를 모두 취급할 수 있다.

2) 국내외여행업

국내외를 여행하는 내국인을 대상으로 하는 여행업으로 사증(査證)을 받는 절차를 대행하는 행위를 포함한다. 국내외여행업은 우리나라 국민의 아웃바운드(outbound) 여행(해외여행업무)만을 전담하도록 하기 위해 도입된 것이므로, 외국인을 대상으로 하거나 또는 내국인을 대상으로 한 국내여행업은 이를 허용하지 않고 있다.

3) 국내여행업

국내를 여행하는 내국인을 대상으로 하는 여행업을 말한다. 즉 국내여행업은 내국인을 대상으로 한 국내여행에 국한하고 있어 외국인을 대상으로 하거나 또는 내국인을 대상으로 한 국내외여행업은 이를 허용하지 않고 있다.

4) 여행업의 등록기준 (**개정** 2018.7.2.,2021.8.10.)

(1) 종합여행업의 등록기준

1. 자본금(개인의 경우에는 자산평가액): 5천만원 이상일 것.
2. 사무실: 소유권이나 사용권이 있을 것

(2) 국내외여행업의 등록기준

1. 자본금(개인의 경우에는 자산평가액): 3천만원 이상일 것.
2. 사무실: 소유권이나 사용권이 있을 것

(3) 국내여행업의 등록기준

1. 자본금(개인의 경우에는 자산평가액): 1천500만원 이상일 것.
2. 사무실: 소유권이나 사용권이 있을 것

2. 관광숙박업

현행 「관광진흥법」은 관광숙박업을 호텔업과 휴양콘도미니엄업으로 나누고(제3조 1항 2호), 호텔업을 다시 세분하고 있다(동법 시행령 제2조 1항 2호).

1) 호텔업

호텔업이란 "관광객의 숙박에 적합한 시설을 갖추어 이를 관광객에게 제공하거나 숙박에 딸리는 음식·운동·오락·휴양·공연 또는 연수에 적합한 시설 등을 함께 갖추어 이를 이용하게 하는 업"을 말하는데, 그 종류는 관광호텔업, 수상관광호텔업, 한국전통호텔업, 가족호텔업, 호스텔업, 소형호텔업, 의료관광호텔업 등으로 세분하고 있다(동법 시행령 제2조 제1항 2호).

(1) 관광호텔업

관광객의 숙박에 적합한 시설을 갖추어 관광객에게 이용하게 하고 숙박에 딸린 음식·운동·오락·휴양·공연 또는 연수에 적합한 시설 등(이하 "부대시설"이라 한다)을 함께 갖추어 관광객에게 이용하게 하는 업(業)을 말한다.

한때는 관광호텔업을 종합관광호텔업과 일반관광호텔업으로 세분한 적도 있었으나, 2003년 8월 6일 「관광진흥법 시행령」을 개정하면서 이를 통합하여 관광호텔업으로 단일화하였다.

(2) 수상관광호텔업

수상에 구조물 또는 선박을 고정하거나 매어 놓고 관광객의 숙박에 적합한 시설을 갖추거나 부대시설을 함께 갖추어 관광객에게 이용하게 하는 업으로서, 수려한 해상경관을 볼 수 있도록 해상에 구조물 또는 선박을 개조하여 설치한 숙박시설을 말한다. 만일 노후 선박을 개조하여 숙박에 적합한 시설을 갖추고 있더라도 동력(動力)을 이용하여 선박이 이동할 경우에는 이는 관광호텔이 아니라 선박으로 인정된다.

우리나라에는 2000년 7월 20일 최초로 부산 해운대구에 객실수 53실의 수상관광호텔이 등록되었으나, 그 후 2003년 태풍으로 인해 멸실되어 현재는 존재하지 않는다.

(3) 한국전통호텔업

한국전통의 건축물에 관광객의 숙박에 적합한 시설을 갖추거나 부대시설을 함께 갖추어 관광객에게 이용하게 하는 업을 말한다.

우리나라에는 1991년 7월 26일 최초로 제주도 중문관광단지 내에 객실수 26실의 한국전통호텔(씨에스호텔앤리조트)이 등록된 이래 2003년 10월 전남 구례에 지리산가족호텔(124실), 2004년 5월에는 인천에 을왕관광호텔(44실)이 등록되었고, 2010년 7월 5일에는 경북 경주시에 (주)신라밀레니엄 라(羅)궁 16실, 2011년 10월에는 전남 영광에 한옥호텔 영산재 21실이 등록된 바 있어, 2021년 12월 말 현재 전국 7개소에 173실이 운영되고 있다.

(4) 가족호텔업

가족단위 관광객의 숙박에 적합한 시설 및 취사도구를 갖추어 관광객에게 이용하게 하거나 숙박에 딸린 음식·운동·휴양 또는 연수에 적합한 시설을 함께 갖추어 관광객에게 이용하게 하는 업을 말한다.

경제성장으로 인한 국민소득수준의 향상은 다수 국민으로 하여금 여가활동을 향유케 함으로써 가족단위 관광의 증가를 가져왔는데, 이에 따라 가족호텔도 급격히 증가하게 되었다. 이에 정부는 증가된 가족단위의 관광수요에 부응하여 국민복지 차원에서 저렴한 비용으로 건전한 가족관광을 영위할 수 있게 하기 위하여 가족호텔 내에 취사장, 운동·오락시설 및 위생설비를 겸비토록 하고 있다. 2021년 12월 31일 기준으로 전국 169개소에 14,477실이 운영되고 있다.

(5) 호스텔업

배낭여행객 등 개별 관광객의 숙박에 적합한 시설로서 샤워장, 취사장 등의 편의시설과 외국인 및 내국인 관광객을 위한 문화·정보 교류시설 등을 함께 갖추어 이용하게 하는 업을 말한다. 이는 2009년 10월 7일 「관광진흥법 시행령」 개정 때 호텔업의 한 종류로 신설되었는데, 2010년 12월 21일 최초로 제주도에 객실수 36실의 호스텔이 등록되었으며, 2011년도에는 제주도 4개소 81실, 인천광역시 1개소 15실이 등록되는 등 2021년 12월 말 기준으로 전국 616개소에 14,633실이 운영되고 있다.

(6) 소형호텔업

관광객의 숙박에 적합한 시설을 소규모로 갖추고 숙박에 딸린 음식·운동·휴양 또는 연수에 적합한 시설을 함께 갖추어 관광객에게 이용하게 하는 업을 말한다. 이는 외국인관광객 1,200만명 시대를 맞이하여 관광숙박서비스의 다양성을 제고하고 부가가치가 높은 고품격의 융·복합형 관광산업을 집중적으로 육성하기 위하여 2013년 11월 「관광진흥법 시행령」 개정 때 호텔업의 한 종류로 신설된 것으로, 소형호텔업에 대한 투자를 활성화시켜 관광숙박서비스의 다양성을 제고하고 관광숙박시설을 확충하는 데 기여할 것으로 기대되고 있다. 소형호텔업은 2021년 12월 31일 기준으로 전국 43개소에 1,034실이 운영되고 있다.

(7) 의료관광호텔업

의료관광객의 숙박에 적합한 시설 및 취사도구를 갖추거나 숙박에 딸린 음식·운동 또는 휴양에 적합한 시설을 함께 갖추어 관광객에게 이용하게 하는 업을 말한다. 이는 외국인관광객 1,200만명 시대를 맞이하여 관광숙박서비스의 다양성을 제고하고 부가가치가 높은 고품격의 융·복합형 관광산업을 집중적으로 육성하기 위해 2013년 11월 「관광진흥법 시행령」 개정 때 호텔업의 한 종류로 신설된 것으로, 의료관광객의 편의가 증진되어 의료관광 활성화에 기여할 것으로 기대되고 있다. 의료관광호텔업은 아직까지 등록된 곳이 없다.

2) 휴양콘도미니엄업

휴양콘도미니엄업이란 관광객의 숙박과 취사에 적합한 시설을 갖추어 이를 그 시설의 회원이나 소유자등, 그 밖의 관광객에게 제공하거나 숙박에 딸리는 음식·운동·오락·휴양·공연 또는 연수에 적합한 시설 등을 함께 갖추어 이를 이용하게 하는 업을 말한다(관광진흥법 제3조 1항 2호 **〈개정 2023.8.8.〉**).

본래 콘도미니엄(Condominium)은 1957년 스페인에서 기존호텔에 개인소유 개념을 도입하여 개발한 것이 그 시초이며, 1950년대 이탈리아에서 중소기업들이 종업원들의 복리후생을 위해 회사가 공동투자를 하여 연립주택이나 호텔형태로 지은 별장식 가옥을 10여명이 소유하는 공동휴양시설로 개발한 것이 그 효시라고 한다.

우리나라는 1981년 4월 (주)한국콘도에서 경주보문단지 내에 있는 25평형 108실을 분양한 것이 콘도미니엄의 시초인데, 1982년 12월 31일에는 휴양콘도미니엄업을 「관광진흥법」상의 관광숙박업종으로 신설한 후 오늘에 이르고 있다. 2021년 12월 31일 기준으로 전국 242개 업체에 49,739실이 운영되고 있다.

3) 관광숙박업의 등록기준 (개정 2019.6.11.,2020.4.28., 2021.8.10.)

(1) 관광호텔업의 등록기준

1. 욕실이나 샤워시설을 갖춘 객실을 30실 이상 갖추고 있을 것
2. 외국인에게 서비스를 제공할 수 있는 체제를 갖추고 있을 것
3. 대지 및 건물의 소유권 또는 사용권을 확보하고 있을 것. 다만, 회원을 모집하는 경우에는 소유권을 확보하여야 한다.

(2) 수상관광호텔업의 등록기준

1. 수상관광호텔이 위치하는 수면은 「공유수면 관리 및 매립에 관한 법률」 또는 「하천법」에 따라 관리청으로부터 점용허가를 받을 것
2. 욕실이나 샤워시설을 갖춘 객실이 30실 이상일 것
3. 외국인에게 서비스를 제공할 수 있는 체제를 갖추고 있을 것
4. 수상오염을 방지하기 위한 오수 저장·처리시설과 폐기물처리시설을 갖추고 있을 것
5. 구조물 및 선박의 소유권 또는 사용권을 확보하고 있을 것. 다만, 회원을 모집하는 경우에는 소유권을 확보하여야 한다.

(3) 한국전통호텔업의 등록기준

1. 건축물의 외관은 전통가옥의 형태를 갖추고 있을 것
2. 이용자의 불편이 없도록 욕실이나 샤워시설을 갖추고 있을 것
3. 외국인에게 서비스를 제공할 수 있는 체제를 갖추고 있을 것
4. 대지 및 건물의 소유권 또는 사용권을 확보하고 있을 것. 다만, 회원을 모집하는 경우에는 소유권을 확보하여야 한다.

(4) 가족호텔업의 등록기준

1. 가족단위 관광객이 이용할 수 있는 취사시설이 객실별로 설치되어 있거나 층별로 공동취사장이 설치되어 있을 것
2. 욕실이나 샤워시설을 갖춘 객실이 30실 이상일 것
3. 객실별 면적이 19제곱미터 이상일 것
4. 외국인에게 서비스를 제공할 수 있는 체제를 갖추고 있을 것

5. 대지 및 건물의 소유권 또는 사용권을 확보하고 있을 것. 다만, 회원을 모집하는 경우에는 소유권을 확보하여야 한다.

(5) 호스텔업의 등록기준

1. 배낭여행객 등 개별 관광객의 숙박에 적합한 객실을 갖추고 있을 것
2. 이용자의 불편이 없도록 화장실, 샤워장, 취사장 등의 편의시설을 갖추고 있을 것. 다만, 이러한 편의시설은 공동으로 이용하게 할 수 있다.
3. 외국인 및 내국인 관광객에게 서비스를 제공할 수 있는 문화·정보 교류시설을 갖추고 있을 것
4. 대지 및 건물의 소유권 또는 사용권을 확보하고 있을 것

(6) 소형호텔업의 등록기준

1. 욕실이나 샤워시설을 갖춘 객실을 20실 이상 30실 미만으로 갖추고 있을 것
2. 부대시설의 면적 합계가 건축 연면적의 50퍼센트 이하일 것
3. 두 종류 이상의 부대시설을 갖출 것. 다만, 「식품위생법 시행령」 제21조제8호 다목에 따른 단란주점영업, 같은 호 라목에 따른 유흥주점영업 및 「사행행위 등 규제 및 처벌 특례법」 제2조제1호에 따른 사행행위를 위한 시설은 둘 수 없다.
4. 조식 제공, 외국어 구사인력 고용 등 외국인에게 서비스를 제공할 수 있는 체제를 갖추고 있을 것
5. 대지 및 건물의 소유권 또는 사용권을 확보하고 있을 것. 다만, 회원을 모집하는 경우에는 소유권을 확보하여야 한다.

(7) 의료관광호텔업의 등록기준

1. 의료관광객이 이용할 수 있는 취사시설이 객실별로 설치되어 있거나 층별로 공동취사장이 설치되어 있을 것
2. 욕실이나 샤워시설을 갖춘 객실이 20실 이상일 것
3. 객실별 면적이 19제곱미터 이상일 것
4. 「교육환경 보호에 관한 법률」 제9조 제13호·제22호·제23호 및 제26호에 따른 영업이 이루어지는 시설을 부대시설로 두지 않을 것
5. 의료관광객의 출입이 편리한 체계를 갖추고 있을 것

6. 외국어 구사인력 고용 등 외국인에게 서비스를 제공할 수 있는 체제를 갖추고 있을 것
7. 의료관광호텔 시설(의료관광호텔의 부대시설로 「의료법」 제3조제1항에 따른 의료기관을 설치할 경우에는 그 의료기관을 제외한 시설을 말한다)은 의료기관 시설과 분리될 것. 이 경우 분리에 관하여 필요한 사항은 문화체육관광부장관이 정하여 고시한다.
8. 대지 및 건물의 소유권 또는 사용권을 확보하고 있을 것
9. 의료관광호텔업을 등록하려는 자가 다음의 구분에 따른 요건을 충족하는 외국인환자 유치 의료기관의 개설자 또는 유치업자일 것
   가) 외국인환자 유치 의료기관의 개설자
      1) 「의료 해외진출 및 외국인환자 유치 지원에 관한 법률」 제11조에 따라 보건복지부장관에게 보고한 사업실적에 근거하여 산정할 경우 전년도(등록신청일이 속한 연도의 전년도를 말한다. 이하 같다)의 연환자수(외국인환자 유치 의료기관이 2개 이상인 경우에는 각 외국인환자 유치 의료기관의 연환자수를 합산한 결과를 말한다. 이하 같다) 또는 등록신청일 기준으로 직전 1년간의 연환자수가 500명을 초과할 것. 다만, 외국인환자 유치 의료기관 중 1개 이상이 서울특별시에 있는 경우에는 연환자수가 3,000명을 초과하여야 한다.
      2) 「의료법」 제33조제2항제3호에 따른 의료법인인 경우에는 1)의 요건을 충족하면서 다른 외국인환자 유치 의료기관의 개설자 또는 유치업자와 공동으로 등록하지 아니할 것
      3) 외국인환자 유치 의료기관의 개설자가 설립을 위한 출연재산의 100분의 30 이상을 출연한 경우로서 최다출연자가 되는 비영리법인(외국인환자 유치 의료기관의 개설자인 경우로 한정한다)이 1)의 기준을 충족하지 아니하는 경우에는 그 최다출연자인 외국인환자 유치 의료기관의 개설자가 1)의 기준을 충족할 것
   나) 유치업자
      1) 「의료 해외진출 및 외국인환자 유치 지원에 관한 법률」 제11조에 따라 보건복지부장관에게 보고한 사업실적에 근거하여 산정할 경우 전년도 실환자수(둘 이상의 유치업자가 공동으로 등록하는 경우에는 실환자수를 합산한 결과를 말한다. 이하 같다) 또는 등록신청일 기준으로 직전 1년간의 실환자수가 200명을 초과할 것

2) 외국인환자 유치 의료기관의 개설자가 100분의 30 이상의 지분 또는 주식을 보유하면서 최대출자자가 되는 법인(유치업자인 경우로 한정한다)이 1)의 기준을 충족하지 아니하는 경우에는 그 최대출자자인 외국인환자 유치 의료기관의 개설자가 (가)1)의 기준을 충족할 것

(8) 휴양콘도미니엄업의 등록기준

(가) 객실

1. 같은 단지 안에 객실이 30실 이상일 것. 다만, 2016년 7월 1일부터 2018년 6월 30일까지 제3조제1항에 따라 등록 신청하는 경우에는 20실 이상으로 한다. 〈**개정 2019.6.11.**〉
2. 관광객의 취사·체류 및 숙박에 필요한 설비를 갖추고 있을 것. 다만, 객실 밖에 관광객이 이용할 수 있는 공동취사장 등 취사시설을 갖춘 경우에는 총 객실의 30퍼센트(「국토의 계획 및 이용에 관한 법률」 제6조제1호에 따른 도시지역의 경우에는 총 객실의 30퍼센트 이하의 범위에서 조례로 정하는 비율이 있으면 그 비율을 말한다) 이하의 범위에서 객실에 취사시설을 갖추지 아니할 수 있다. 〈**개정 2019.6.11.**〉

(나) 매점 등

매점이나 간이매장이 있을 것. 다만, 여러 개의 동으로 단지를 구성할 경우에는 공동으로 설치할 수 있다.

(다) 문화체육공간

공연장·전시관·미술관·박물관·수영장·테니스장·축구장·농구장, 그 밖에 관광객이 이용하기 적합한 문화체육공간을 1개소 이상 갖출 것. 다만, 수개의 동으로 단지를 구성할 경우에는 공동으로 설치할 수 있으며, 관광지·관광단지 또는 종합휴양업의 시설 안에 있는 휴양콘도미니엄의 경우에는 이를 설치하지 아니할 수 있다.

(라) 대지 및 건물의 소유권 또는 사용권을 확보하고 있을 것. 다만, 분양 또는 회원을 모집하는 경우에는 소유권을 확보하여야 한다.

3. 관광객이용시설업

관광객이용시설업이란 ① 관광객을 위하여 음식·운동·오락·휴양·문화·예술 또는 레저 등에 적합한 시설을 갖추어 이를 관광객에게 이용하게 하는 업 또는 ② 대통령령으로 정하는 2종 이상의 시설과 관광숙박업의 시설(이하 "관광숙박시설"이라 한다) 등을 함께 갖추어 이를 회원이나 그 밖의 관광객에게 이용하게 하는 업을 말한다(관광진흥법 제3조 1항 3호).

「관광진흥법」은 관광객이용시설업의 종류를 전문휴양업, 종합휴양업(제1종·제2종), 야영장업(일반야영장업, 자동차야영장업), 관광유람선업(일반관광유람선업, 크루즈업), 관광공연장업, 외국인관광 도시민박업, 한옥체험업 등으로 구분하고 있다(동법시행령 제2조제1항 3호 **〈개정 2020.4.28.〉**). 여기서 한옥체험업은 지금까지 관광편의시설업의 일종으로 분류되어 있었는데, 2020년 4월 28일「관광진흥법 시행령」 개정 때 관광객이용시설업의 일종으로 재분류된 것이다.

1) 전문휴양업

관광객의 휴양이나 여가선용을 위하여 「공중위생관리법 시행령」상의 '숙박업시설'[5]이나 「식품위생법 시행령」상의 '음식점시설'[6]을 갖추고 「관광진흥법 시행령」 〈별표 1〉 제4호에 규정된 '전문휴양시설'[7] 중 한 종류의 시설을 갖추어 관광객에게 이용하게 하는 업을 말한다.

2) 종합휴양업

(1) 제1종 종합휴양업

관광객의 휴양이나 여가선용을 위하여 숙박시설 또는 음식점시설을 갖추고 전문휴양시설 중 2종류 이상의 시설을 갖추어 관광객에게 이용하게 하는 업이나, 숙박시설 또는 음식점시설을 갖추고 전문휴양시설 중 1종류 이상의 시설과

---

5) 숙박업시설이란 「공중위생관리법 시행령」 제2조제1항 제1호(농어촌에 설치된 민박사업용 시설) 및 제2호(자연휴양림 안에 설치된 시설)의 시설을 포함하며, 이를 "숙박시설"이라 한다.

6) 음식점시설이란 「식품위생법 시행령」 제21조 제8호 가목·나목 또는 바목의 규정에 따른 휴게음식점영업, 일반음식점영업 또는 제과점영업의 신고에 필요한 시설을 말한다.

7) 전문휴양시설은 「관광진흥법 시행령」 제5조 관련 〈별표 1〉 제4호에 규정되어 있는 16개의개별시설을 말하는데, 민속촌, 해수욕장, 수렵장, 동물원, 식물원, 수족관, 온천장, 동굴자원, 수영장, 농어촌휴양시설, 활공장, 등록 및 신고 체육시설업시설(골프장 등 9종의 체육시설 갖출 것), 산림휴양시설(자연휴양림 및 수목원의 시설 갖출 것), 박물관 및 미술관 등이다.

종합유원시설업의 시설을 갖추어 관광객에게 이용하게 하는 업을 말한다.

(2) 제2종 종합휴양업

관광객의 휴양이나 여가선용을 위하여 관광숙박업의 등록에 필요한 시설과 제1종 종합휴양업 등록에 필요한 전문휴양시설 중 2종류 이상의 시설 또는 전문휴양시설 중 1종류 이상의 시설 및 종합유원시설업의 시설을 함께 갖추어 관광객에게 이용하게 하는 업을 말한다. 제1종 종합휴양업과 다른 점은 제2종 종합휴양업에서는 반드시 여관이나 모텔 같은 일반숙박시설이 아닌 호텔 및 휴양콘도미니엄업과 같은 관광숙박시설을 갖추어야 한다는 점이다.

3) 야영장업

야영장업이란 야영에 적합한 시설 및 설비 등을 갖추고 야영편의를 제공하는 시설(「청소년활동 진흥법」 제10조 제1호 마목에 따른 청소년야영장은 제외한다)을 관광객에게 이용하게 하는 업을 말하는데, 2014년 10월 28일 「관광진흥법 시행령」 개정 때 종전의 자동차야영장업을 일반야영장업과 자동차야영장업으로 세분한것이다. 종전에는 자동차야영장업만을 관광사업으로 등록하도록 하였으나, 일반야영장이 증가하고 있음에 따라 야영장의 안전관리 및 이용자들의 안전도모를 위해 일반야영장업도 관광사업으로 등록할 수 있게 한 것이다(동법시행령 제2조 제1항 제3호 다목).

(1) 일반야영장업

야영장비 등을 설치할 수 있는 공간을 갖추고 야영에 적합한 시설을 함께 갖추어 관광객에게 이용하게 하는 업을 말한다.

(2) 자동차야영장업

자동차를 주차하고 그 옆에 야영장비 등을 설치할 수 있는 공간을 갖추고 취사 등에 적합한 시설을 함께 갖추어 자동차를 이용하는 관광객에게 이용하게 하는 업을 말한다.

4) 관광유람선업

2008년 8월 「관광진흥법 시행령」 개정 때 종전의 관광유람선업을 일반관광유람선업과 크루즈업으로 세분한 것이다(동법시행령 제2조 제1항 제3호 사목).

(1) 일반관광유람선업

「해운법」에 따른 해상여객운송사업의 면허를 받은 자나 「유선(遊船) 및 도선사업법(渡船事業法)」에 따른 유선(遊船)사업의[8] 면허를 받거나 신고한 자가 선박을 이용하여 관광객에게 관광을 할 수 있도록 하는 업을 말한다.

(2) 크루즈업

「해운법」에 따른 순항(順航) 여객운송사업이나 복합 해상여객운송사업의 면허를 받은 자가 해당 선박 안에 숙박시설, 위락시설 등 편의시설을 갖춘 선박을 이용하여 관광객에게 관광을 할 수 있도록 하는 업을 말한다.

5) 관광공연장업

관광객을 위하여 공연시설을 갖추고 한국전통가무가 포함된 공연물을 공연하면서 관광객에게 식사와 주류를 판매하는 업을 말한다. 관광공연장업은 1999년 5월 10일 「관광진흥법 시행령」을 개정할 때 신설된 업종으로서 실내관광공연장과 실외관광공연장을 설치·운영할 수 있다.

6) 외국인관광 도시민박업

외국인관광 도시민박업이란 「국토의 계획 및 이용에 관한 법률」(이하 "국토계획법"이라 한다) 제6조제1호에 따른 도시지역(「농어촌정비법」에 따른 농어촌지역 및 준농어촌지역은 제외한다)의 주민이 자신이 거주하고 있는 단독주택 또는 다가구주택(건축법 시행령 별표 1 제1호 가목 또는 다목)과 아파트, 연립주택 또는 다세대주택(건축법 시행령 별표 1 제2호 가목, 나목 또는 다목)을 이용하여 외국인 관광객에게 한국의 가정문화를 체험할 수 있도록 적합한 시설을 갖추고 숙식 등을 제공하는 사업을 말하는데, 종전까지는 외국인관광 도시민박업의 지정을 받으면 외국인 관광객에게만 숙식 등을 제공할 수 있었으나, 도시재생활성화계획에 따라 마을기업(「도시재생 활성화 및 지원에 관한 특별법」〈약칭 "도시재생법"〉 제2조제6호·제9호에 따른)이 운영하는 외국인관광 도시민박업의 경우에는 외국인 관광객에게 우선하여

---

8) 유선(遊船)사업이라 함은 유선 및 유선장을 갖추고 하천·호소(湖沼) 또는 바다에서 어렵(漁獵)·관광 기타 유락(遊樂)을 위하여 선박을 대여하거나 유락하는 사람을 승선시키는 것을 영업으로 하는 것으로서 「해운법」의 적용을 받지 아니하는 것을 말하고, 도선(渡船)사업이라 함은 도선 및 도선장을 갖추고 하천·호소 또는 대통령령이 정하는 바다목에서 사람 또는 사람과 물건을 운송하는 것을 영업으로 하는 것으로서 「해운법」의 적용을 받지 아니하는 것을 말한다.

숙식 등을 제공하되, 외국인 관광객의 이용에 지장을 주지 아니하는 범위에서 해당 지역을 방문하는 내국인 관광객에게도 그 지역의 특성화된 문화를 체험할 수 있도록 숙식 등을 제공할 수 있게 하였다.

여기서 "마을기업"이란 지역주민 또는 단체가 해당 지역의 인력, 향토, 문화, 자연자원 등 각종 자원을 활용하여 생활환경을 개선하고 지역공동체를 활성화하여 소득 및 일자리를 창출하기 위하여 운영하는 기업을 말한다.

지금까지 외국인관광 도시민박업은 신고등 다른 법률에 따른 별도의 관리체계 없이 관광 편의시설업의 업종으로 분류되어 관리가 불충분한 측면이 있었는데, 2016년 3월 22일 「관광진흥법 시행령」 개정 때 이를 관광객이용시설업으로 재분류함으로써 그 관리체계를 강화하였다.

7) 한옥체험업

한옥(주요 구조가 기둥과 보 및 한식지붕틀로 된 목구조로서 우리나라 전통양식이 반영된 건축물 및 그 부속건축물을 말한다)에 관광객의 숙박 체험에 적합한 시설을 갖추고 관광객에게 이용하게 하거나, 전통 놀이 및 공예 등 전통문화 체험에 적합한 시설을 갖추어 관광객에게 이용하게 하는 업을 말한다(동법시행령 제2조제1항 제3호 **〈개정 2019.4.9.,2020.4.28.〉**). 이는 2009년 10월 7일 「관광진흥법 시행령」 개정 때 새로 추가된 업종으로, 지금까지 관광편의시설업의 일종으로 분류되어 있었는데, 2020년 4월 「관광진흥법 시행령」 개정 때 관광객이용시설업의 일종으로 재분류된 것이다.

8) 관광객이용시설업의 등록기준 (개정 2019.6.11.,2020.4.28., 2021.8.10.)

(1) 전문휴양업의 등록기준(공통기준)

1. 숙박시설이나 음식점시설이 있을 것
2. 주차시설·급수시설·공중화장실 등의 편의시설과 휴게시설이 있을 것

(2) 종합휴양업의 등록기준

1. 제1종 종합휴양업의 경우: 숙박시설 또는 음식점시설을 갖추고 전문휴양시설 중 2종류 이상의 시설을 갖추고 있거나, 숙박시설 또는 음식점시설을 갖추고 전문휴양시설 중 한 종류 이상의 시설과 종합유원시설업의 시설을 갖추고 있을 것
2. 제2종 종합휴양업의 경우: 첫째, 면적은 단일부지로서 50만 제곱미터 이상일 것. 둘째, 시설은 관광숙박업 등록에 필요한 시설과 제1종 종

합휴양업 등록에 필요한 전문휴양시설 중 2종류 이상의 시설 또는 전문휴양시설 중 1종류 이상의 시설과 종합유원시설업의 시설을 함께 갖추고 있을 것

(3) 야영장업의 등록기준

1. 공통기준

가) 침수, 유실, 고립, 산사태, 낙석의 우려가 없는 안전한 곳에 위치할 것

나) 시설배치도, 이용방법, 비상시 행동요령 등을 이용객이 잘 볼 수 있는 곳에 게시할 것

다) 비상시 긴급상황을 이용객에게 알릴 수 있는 시설 또는 장비를 갖출 것

라) 야영장 규모를 고려하여 소화기를 적정하게 확보하고 눈에 띄기 쉬운 곳에 배치할 것

마) 긴급상황에 대비하여 야영장 내부 또는 외부에 대피소와 대피로를 확보할 것

바) 비상시의 대응요령을 숙지하고 야영장이 개장되어 있는 시간에 상주하는 관리요원을 확보할 것

사) 야영장 시설은 자연생태계 등의 원형이 최대한 보존될 수 있도록 토지의 형질변경을 최소화하여 설치할 것. 이 경우 야영장에 설치할 수 있는 야영장 시설의 종류에 관하여는 문화체육관광부령으로 정한다.

아) 야영장에 설치되는 건축물(「건축법」 제2조제1항 제2호에 따른 건축물을 말한다. 이하 이 목에서 같다)의 바닥면적 합계가 야영장 전체면적의 100분의 10 미만일 것. 다만, 「초·중등교육법」 제2조에 따른 학생수와 감소, 학교의 통폐합 등의 사유로 폐지된 학교의 교육활동에 사용되던 시설과 그 밖의 재산(이하 "폐교재산"이라 한다)을 활용하여 야영장업을 하려는 경우(기존 폐교재산의 부지면적 증가가 없는 경우만 해당한다)는 그렇지 않다.

자) (아)에도 불구하고 「국토의 계획 및 이용에 관한 법률」 제36조제1항 제2호 가목에 따른 보전관리지역 또는 같은 법 시행령 제30조제4호 가목에 따른 보전녹지지역에 야영장을 설치하는 경우에는 다음의 요건을 모두 갖출 것. 다만, 폐교재산을 활용하여 야영장업을 하려는 경우(기존 폐교재산의 부지면적 증가가 없는 경우만 해당한다)로서 건축물의 신축 또는 증축을 하지 않고 야영장 입구까지 진입하는

도로의 신설 또는 확장이 없는 때에는 1) 및 2)의 기준을 적용하지 않는다.

1) 야영장 전체면적이 1만제곱미터 미만일 것
2) 야영장에 설치되는 건축물의 바닥면적 합계가 300제곱미터 미만이고, 야영장 전체면적의 100분의 10 미만일 것
3) 「하수도법」 제15조제1항에 따른 배수구역 안에 위치한 야영장은 같은 법 제27조에 따라 공공하수도의 사용이 개시된 때에는 그 배수구역의 하수를 공공하수도에 유입시킬 것. 다만, 「하수도법」 제28조에 해당하는 경우에는 그렇지 않다.
4) 야영장 경계에 조경녹지를 조성하는 등의 방법으로 자연환경 및 경관에 대한 영향을 최소화할 것
5) 야영장으로 인한 비탈면 붕괴, 토사 유출 등의 피해가 발생하지 않도록 할 것

2. 개별기준

가) 일반야영장업

1) 야영용 천막을 칠 수 있는 공간은 천막 1개당 15제곱미터 이상을 확보할 것
2) 야영에 불편이 없도록 하수도 시설 및 화장실을 갖출 것
3) 긴급상황 발생시 이용객을 이송할 수 있는 차로를 확보할 것

나) 자동차야영장업

1) 차량 1대당 50제곱미터 이상의 야영공간(차량을 주차하고 그 옆에 야영장비 등을 설치할 수 있는 공간을 말한다)을 확보할 것
2) 야영에 불편이 없도록 수용인원에 적합한 상·하수도 시설, 전기시설, 화장실 및 취사시설을 갖출 것
3) 야영장 입구까지 1차선 이상의 차로를 확보하고, 1차선 차로를 확보한 경우에는 적정한 곳에 교행(交行)이 가능한 공간을 확보할 것

3. 1. 및 2.의 기준에 관한 특례 **〈신설 2015.11.18.〉**

가) 1. 및 2.에도 불구하고 다음 1) 및 2)의 요건을 모두 충족하는 야영장업을 하려는 경우에는 나) 및 다)의 기준을 적용한다.

1) 「해수욕장의 이용 및 관리에 관한 법률」 제2조제1호에 따른 해수욕장이나 「국토의 계획 및 이용에 관한 법률 시행령」 제2조제1항제2

호에 따른 유원지에서 연간 4개월 이내의 기간 동안만 야영장을 하려는 경우
2) 야영장업의 등록을 위하여 토지의 형질을 변경하지 아니하는 경우
나) 공통기준 및 개별기준은 생략함

(4) 관광유람선업의 등록기준

1. 일반관광유람선업
가) 구조: 「선박안전법」에 따른 구조 및 설비를 갖춘 선박일 것
나) 선상시설: 이용객의 숙박 또는 휴식에 적합한 시설을 갖추고 있을 것
다) 위생시설: 수세식화장실과 냉·난방 설비를 갖추고 있을 것
라) 편의시설: 식당·매점·휴게실을 갖추고 있을 것
마) 수질오염방지시설: 수질오염을 방지하기 위한 오수 저장·처리시설과 폐기물처리시설을 갖추고 있을 것
2. 크루즈업
가) 일반관광유람선업에서 규정하고 있는 관광사업의 등록기준을 충족할 것
나) 욕실이나 샤워시설을 갖춘 객실을 20실 이상 갖추고 있을 것
다) 체육시설, 미용시설, 오락시설, 쇼핑시설 중 두 종류 이상의 시설을 갖추고 있을 것

(5) 관광공연장업의 등록기준

1. 설치장소
관광지·관광단지, 관광특구 또는 「지역문화진흥법」 제18조제1항에 따라 지정된 문화지구(같은 법 제18조제3항제3호에 따라 해당 영업 또는 시설의 설치를 금지하거나 제한하는 경우는 제외한다) 안에 있거나 이 법에 따른 관광사업시설 안에 있을 것. 다만, 실외관광공연장의 경우 법에 따른 관광숙박업, 관광객이용시설업 중 전문휴양업과 종합휴양업, 국제회의업, 유원시설업에 한한다.
2. 시설기준:
가) 실내관광공연장
1) 70제곱미터 이상의 무대를 갖추고 있을 것
2) 출연자가 연습하거나 대기 또는 분장할 수 있는 공간을 갖추고 있을 것

3) 출입구는 「다중이용업소의 안전관리에 관한 특별법」에 따른 다중이용업소의 영업장에 설치하는 안전시설등의 설치기준에 적합할 것
4) 삭제〈2011.3.30〉
5) 공연으로 인한 소음이 밖으로 전달되지 아니하도록 방음시설을 갖추고 있을 것

나) 실외관광공연장
1) 70제곱미터 이상의 무대를 갖추고 있을 것
2) 남녀용으로 구분된 수세식 화장실을 갖추고 있을 것

3. 일반음식점영업허가
「식품위생법 시행령」 제21조에 따른 식품접객업 중 일반음식점 영업허가를 받을 것

(6) 외국인관광 도시민박업의 등록기준

1. 주택의 연면적이 230제곱미터 미만일 것
2. 외국어 안내 서비스가 가능한 체제를 갖출 것
3. 소화기를 1개 이상 구비하고, 객실마다 단독경보형 감지기 및 일산화탄소 경보기(난방설비를 개별난방 방식으로 설치한 경우만 해당한다)를 설치할 것

(7) 한옥체험업의 등록기준

1. 「한옥 등 건축자산의 진흥에 관한 법률」 제27조에 따라 국토교통부장관이 정하여 고시한 기준에 적합한 한옥일 것. 다만, 「문화재보호법」에 따라 문화재로 지정·등록된 한옥 및 「한옥 등 건축자산의 진흥에 관한 법률」 제10조에 따라 우수건축자산으로 등록된 한옥의 경우에는 그렇지 않다.
2. 객실 및 편의시설 등 숙박 체험에 이용되는 공간의 연면적이 230제곱미터 미만일 것. 다만, 다음의 어느 하나에 해당하는 한옥의 경우에는 그렇지 않다.
   가) 「문화재보호법」에 따라 문화재로 지정·등록된 한옥
   나) 「한옥 등 건축자산의 진흥에 관한 법률」 제10조에 따라 우수건축자산으로 등록된 한옥
   다) 한옥마을의 한옥, 고택 등 특별자치시·특별자치도·시·군·구의 조례로 정하는 한옥

3. 숙박 체험을 제공하는 경우에는 이용자의 불편이 없도록 욕실이나 샤워시설 등 편의시설을 갖출 것
4. 객실 내부 또는 주변에 소화기를 1개 이상 비치하고, 숙박 체험을 제공하는 경우에는 객실마다 단독경보형 감지기 및 일산화탄소 경보기(난방설비를 개별난방 방식으로 설치한 경우만 해당한다)를 설치할 것
5. 취사시설을 설치하는 경우에는 「도시가스사업법」, 「액화석유가스의 안전관리 및 사업법」, 「화재예방, 소방시설 설치·유지 및 안전관리에 관한 법률」 및 그 밖의 관계 법령에서 정하는 기준에 적합하게 설치·관리할 것
6. 수돗물(「수도법」 제3조 제5호에 따른 수도 및 같은 조 제14호에 따른 소규모 급수시설에서 공급되는 물을 말한다) 또는 「먹는물관리법」 제5조제3항에 따른 먹는물의 수질 기준에 적합한 먹는물 등을 공급할 수 있는 시설을 갖출 것
7. 월 1회 이상 객실·접수대·로비시설·복도·계단·욕실·샤워시설·세면시설 및 화장실 등을 소독할 수 있는 체제를 갖출 것
8. 객실 및 욕실 등을 수시로 청소하고, 침구류를 정기적으로 세탁할 수 있는 여건을 갖출 것
9. 환기를 위한 시설을 갖출 것. 다만, 창문이 있어 자연적으로 환기가 가능한 경우에는 그렇지 않다.
10. 욕실의 원수(原水)는 「공중위생관리법」 제4조제2항에 따른 목욕물의 수질기준에 적합할 것
11. 한옥을 관리할 수 있는 관리자를 영업시간 동안 배치할 것
12. 숙박 체험을 제공하는 경우에는 접수대 또는 홈페이지 등에 요금표를 게시하고, 게시된 요금을 준수할 것

4. 국제회의업

국제회의업이란 대규모 관광 수요를 유발하여 관광산업 진흥에 기업하는 국제회의(세미나·토론회·전시회·기업회의 등을 포함한다)를 개최할 수 있는 시설을 설치·운영하거나 국제회의 계획·준비·진행 및 그 밖에 이와 관련된 업무를 위탁받아 대행하는 업을 말한다(관광진흥법 제3조 1항 4호 **〈개정 2022.9.27.〉**). 국제회의업은 국제회의시설업과 국제회의기획업으로 분류된다(동법 시행령 제2조 4호).

1) 국제회의시설업

대규모 관광수요를 유발하는 국제회의를 개최할 수 있는 시설을 설치·운영하는 업을 말하는데(관광진흥법 시행령 제2조 1항 4호), 첫째, 「국제회의산업 육성에 관한 법률 시행령」 제3조에 따른 회의시설(전문회의시설·준회의시설) 및 전시시설의 요건을 갖추고 있을 것과, 둘째, 국제회의 개최 및 전시의 편의를 위하여 부대시설(주차시설, 쇼핑·휴식시설)을 갖추고 있을 것을 요구하고 있다(관광진흥법 시행령 제5조 관련 [별표 1] 참조).

2) 국제회의기획업

대규모 관광수요를 유발하는 국제회의의 계획·준비·진행 등의 업무를 위탁받아 대행하는 업을 말한다(관광진흥법 시행령 제2조 1항 4호). 우리나라 국제회의업은 '국제회의용역업'이라는 명칭으로 1986년에 처음으로 「관광진흥법」상의 관광사업으로 신설되었던 것이나, 1998년에 동법을 개정하여 종전의 '국제회의용역업'을 '국제회의기획업'으로 명칭을 변경하고 여기에 '국제회의시설업'을 추가하여 '국제회의업'으로 업무범위를 확대하여 오늘에 이르고 있다.

2019년 12월 말 기준으로 국제회의기획업(PCO)은 664개 업체, 국제회의시설업은 16개 업체가 등록되어 있다.[9]

3) 국제회의업의 등록기준

(1) 국제회의시설업의 등록기준

1. 「국제회의산업 육성에 관한 법률시행령」 제3조에 따른 회의시설 및 전시시설의 요건을 갖추고 있을 것
2. 국제회의 개최 및 전시의 편의를 위하여 부대시설로 주차시설과 쇼핑·휴식시설을 갖추고 있을 것

(2) 국제회의기획업의 등록기준

1. 자본금: 5천만원 이상일 것
2. 사무실: 소유권이나 사용권이 있을 것

---

9) 문화체육관광부, 전게 2019년 기준 연차보고서, p.269.

5. 카지노업

카지노업이란 전문영업장을 갖추고 주사위·트럼프·슬롯머신 등 특정한 기구(機具) 등을 이용하여 우연의 결과에 따라 특정인에게 재산상의 이익을 주고 다른 참가자에게 손실을 주는 행위 등을 하는 업을 말한다(관광진흥법 제3조 1항 5호).

우리나라 카지노 설립의 근거가 된 최초의 법률은 1961년 11월에 제정된 「복표발행현상기타사행행위단속법」이다. 이 법은 1991년 3월에 「사행행위등 규제 및 처벌특례법」으로 개정되면서 카지노업을 사행행위영업으로 규정하고, 이에 대한 허가 등 행정권한을 지방경찰청장에게 부여해왔으나, 현실적으로 카지노업이 관광외화 획득뿐만 아니라 외국인관광객 유치에도 기여하는 바가 크기 때문에 이를 관광사업으로 육성하기 위하여 1994년 8월 3일 「관광진흥법」을 개정하여 관광사업의 일종으로 전환 규정함으로써 이때부터 문화체육관광부장관이 허가권과 지도·감독권을 갖게 되었다(동법 제21조). 다만, 제주도에는 2006년 7월부터 「제주특별자치도 설치 및 국제자유도시 조성을 위한 특별법」(이하 "제주특별법"이라 한다)이 제정·시행됨에 따라 '제주자치도'에서 외국인전용 카지노업을 경영하려는 자는 '도지사'의 허가를 받도록 하였다(제주특별법 제244조).

현행 「관광진흥법」에 의거한 카지노업은 내국인 출입을 허용하지 않는 것을 기본으로 하고 있는데(제28조제1항 4호), 예외적으로 1995년 12월에 「폐광지역개발지원에 관한 특별법」(이하 "폐광지역법"이라 한다)이 제정되면서 강원도 폐광지역에 내국인출입 카지노를 설치할 수 있는 법적 근거가 마련되었으며, 이에 따라 내국인이 출입할 수 있는 강원랜드 스몰카지노가 2000년 10월에 개관되었고, 2003년 3월 28일에는 메인카지노를 강원도 정선군 고한읍 현 위치로 이전 개장하였다. 원래 "폐광지역법"은 2005년 12월 31일까지 효력을 가지는 한시법(限時法)으로 되어 있었으나(동법 부칙 제2조), 그 시한을 10년간 연장하여(개정 2005.3.31.) 2015년 12월 31일까지 효력을 갖도록 하였던 것을, 다시 10년간 연장하여(개정 2012.1.26.) 2025년 12월 31일까지 효력을 갖도록 하였다.

우리나라 카지노업체 현황을 살펴보면 2020년 12월 말 기준으로 17개소가 운영 중에 있는데, 이 중에서 외국인전용 카지노는 16개소(지역별로는 서울 3개소, 부산 2개소, 인천 1개소, 강원 1개소, 경북 1개소, 제주 8개소이다)이고, 내국인출입 카지노는 강원랜드카지노 1개소이다.

6. 유원시설업

유원시설업(遊園施設業)은 유기시설(遊技施設)이나 유기기구(遊技機具)를 갖추어 이를 관광객에게 이용하게 하는 업(다른 영업을 경영하면서 관광객의 유치 또는 광고 등을 목적으로 유기시설이나 유기기구를 설치하여 이를 이용하게 하는 경우를 포함한다)을 말한다(관광진흥법 제3조 1항 6호). 현행 「관광진흥법」상의 유원시설업은 종합유원시설업, 일반유원시설업, 기타유원시설업으로 분류하고 있다(동법 시행령 제2조 1항 5호).

유원시설업은 종래 「공중위생법」상 공중접객업의 하나인 유기장업(遊技場業)으로서 보건복지부장관의 소관이었으나, 1999년 1월 21일 「관광진흥법」을 개정하면서 유원시설업으로 명칭을 변경하여 당시의 문화관광부(현 문화체육관광부)에서 관장하는 관광사업의 한 종류로 전환규정한 것이다.

1) 종합유원시설업

유기시설이나 유기기구를 갖추어 관광객에게 이용하게 하는 업으로서 대규모의 대지 또는 실내에서 「관광진흥법」 제33조에 따른 안전성검사 대상 유기시설 또는 유기기구 여섯 종류 이상을 설치하여 운영하는 업을 말한다.

2) 일반유원시설업

유기시설이나 유기기구를 갖추어 관광객에게 이용하게 하는 업으로서 「관광진흥법」 제33조에 따른 안전성검사 대상 유기시설 또는 유기기구 한 종류 이상을 설치하여 운영하는 업을 말한다.

3) 기타유원시설업

유기시설이나 유기기구를 갖추어 관광객에게 이용하게 하는 업으로서 「관광진흥법」 제33조에 따른 안전성검사 대상이 아닌 유기시설 또는 유기기구를 설치하여 운영하는 업을 말한다.

7. 관광편의시설업

관광편의시설업은 앞에서 설명한 관광사업(여행업, 관광숙박업, 관광객이용시설업, 국제회의업, 카지노업, 유원시설업) 외에 관광진흥에 이바지할 수 있다고 인정되는 사업이나 시설 등을 운영하는 업(관광진흥법 제3조 1항 7호)을 말한다. 이는 비록 다른 관광사업보다 관광객의 이용도가 낮거나 시설규모는 작지만, 다른 사업

못지않게 관광진흥에 기여할 수 있다고 보아 인정된 사업이라고 하겠다.

관광편의시설업을 경영하려는 자는 문화체육관광부령으로 정하는 바에 따라 특별시장·광역시장·특별자치시장·도지사·특별자치도지사(이하 "시·도지사"라 한다) 또는 시장·군수·구청장의 지정을 받아야 하는데(관광진흥법 제6조), 그 종류는 다음과 같다(동법 시행령 제2조 1항 6호 〈**개정** 2019.4.9.,2020.4.28., 2021.3.23.〉).

1) 관광유흥음식점업

식품위생 법령에 따른 유흥주점 영업의 허가를 받은 자가 관광객이 이용하기 적합한 한국 전통 분위기의 시설을 갖추어 그 시설을 이용하는 자에게 음식을 제공하고 노래와 춤을 감상하게 하거나 춤을 추게 하는 업을 말한다.

2) 관광극장유흥업

식품위생 법령에 따른 유흥주점 영업의 허가를 받은 자가 관광객이 이용하기 적합한 무도(舞蹈)시설을 갖추어 그 시설을 이용하는 자에게 음식을 제공하고 노래와 춤을 감상하게 하거나 춤을 추게 하는 업을 말한다.

3) 외국인전용 유흥음식점업

식품위생 법령에 따른 유흥주점 영업의 허가를 받은 자가 외국인이 이용하기 적합한 시설을 갖추어 외국인만을 대상으로 주류나 그 밖의 음식을 제공하고 노래와 춤을 감상하게 하거나 춤을 추게 하는 업을 말한다.

4) 관광식당업

식품위생 법령에 따른 일반음식점영업의 허가를 받은 자가 관광객이 이용하기 적합한 음식 제공시설을 갖추고 관광객에게 특정 국가의 음식을 전문적으로 제공하는 업을 말한다.

5) 관광순환버스업

「여객자동차 운수사업법」에 따른 여객자동차운송사업의 면허를 받거나 등록을 한 자가 버스를 이용하여 관광객에게 시내와 그 주변 관광지를 정기적으로 순회하면서 관광할 수 있도록 하는 업을 말하는데, 지정기준으로 안내방송 등 외국어 안내서비스가 가능한 체제를 갖출 것을 요구하고 있다.

6) 관광사진업

외국인 관광객과 동행하며 기념사진을 촬영하여 판매하는 업을 말한다. 관광사진업을 운영하기 위해서는 사진촬영기술이 풍부한 자 및 외국어 안내서비스가 가능한 체제를 갖추어야 한다.

7) 여객자동차터미널시설업

「여객자동차 운수사업법」에 따른 여객자동차터미널사업의 면허를 받은 자가 관광객이 이용하기 적합한 여객자동차터미널시설을 갖추고 이들에게 휴게시설·안내시설 등 편익시설을 제공하는 업을 말한다. 지정기준을 살펴보면, 인근 관광지역 등의 안내서 등을 비치하고, 인근 관광자원 및 명소 등을 소개하는 관광안내판을 설치하도록 하고 있다.

8) 관광펜션업

숙박시설을 운영하고 있는 자가 자연·문화 체험관광에 적합한 시설을 갖추어 관광객에게 이용하게 하는 업을 말한다(관광진흥법 시행령 제2조 6호). 이는 2003년 8월 「관광진흥법 시행령」 개정 때 새로 추가된 업종으로 새로운 숙박형태의 소규모 고급민박시설이지만, 관광숙박업의 세부업종이 아님을 유의하여야 한다.

관광펜션업의 지정기준을 살펴보면, 자연 및 주변환경과 조화를 이루는 3층 이하의 건축물에 객실은 30실 이하이여야 하는데, 취사 및 숙박에 필요한 설비를 갖추어야 한다. 또한 바비큐장이나 캠프파이어장 등 주인의 환대가 가능한 1종류 이상의 이용시설을 갖추어야(다만, 관광펜션이 수개의 건물 동으로 이루어진 경우에는 그 시설을 공동으로 설치할 수 있다) 할 뿐만 아니라 숙박시설 및 이용시설에 대하여 외국어 안내 표기를 함으로써 외국인 이용에도 대비토록 하였다(관광진흥법 시행규칙 제15조 관련 별표 2 **〈개정 2019.7.10.,2020.9.2.〉**).

그러나 「제주특별자치도 설치 및 국제자유도시 조성을 위한 특별법」(이하 "제주특별법"이라 함)을 적용받는 지역에서는 관광펜션업의 규정은 적용하지 아니한다(관광진흥법 시행령 제2조 2항). "제주특별법"에서는 관광펜션업 대신에 '휴양펜션업'을 규정하고 있기 때문이다. 따라서 제주자치도에서 휴양펜션업을 하고자 하는 자는 당해 사업에 대한 사업계획의 승인을 받아 도지사에게 등록하여야 한다(제주특별법 제244조).

9) 관광궤도업

「궤도운송법」에 따른 궤도사업의 허가를 받은 자가 주변 관람과 운송에 적합한 시설을 갖추어 이를 관광객에게 이용하게 하는 업을 말한다. 이는 궤도차량인 케이블카 등을 설치·운행하는 사업으로 안내방송 등 외국어 안내서비스가 가능한 체제를 갖추고 있어야 하는데(관광진흥법 시행규칙 제15조 관련 별표 2), 종래의 「삭도·궤도법」이 전부 개정되어 「궤도운송법」으로 법의 명칭이 변경됨에 따라 2009년 11월 2일 「관광진흥법 시행령」 개정 때 종전의 '관광삭도업'을 '관광궤도업'으로 명칭이 변경된 것이다.

10) 관광면세업

보세판매장의 특허를 받은 자 또는 면세판매장의 지정을 받은 자가 판매시설을 갖추고 관광객에게 면세물품을 판매하는 업을 말한다(관광진흥법 시행령 제2조제1항제6호 카목). 이는 2016년 3월 22일 「관광진흥법 시행령」 개정 때 새로 추가된 업종으로, 관광면세업을 관광사업의 업종에 포함시켜 관광면세업에 대한 관광진흥개발기금의 지원이 가능하게 함으로써 관광면세업을 체계적으로 관리·육성할 수 있도록 하려는 데 목적이 있다.

관광면세업의 지정기준을 살펴보면 첫째, 외국어 안내서비스가 가능한 체제를 갖출 것, 둘째, 한 개 이상의 외국어로 상품명 및 가격 등 관련 정보가 명시된 전체 또는 개별 안내판을 갖출 것, 셋째, 주변교통의 원활한 소통에 지장을 초래하지 않을 것 등이다.

11) 관광지원서비스업 (신설 2019.4.9.)

관광편의시설업의 한 종류로 주로 관광객 또는 관광사업자 등을 위하여 사업이나 시설 등을 운영하는 업으로서 문화체육관광부장관이 「통계법」(제22조제2항 단서)에 따라 관광 관련 산업으로 분류한 쇼핑업, 운수업, 숙박업, 음식점업, 문화·오락·레저스포츠업, 건설업, 자동차대여업 및 교육서비스업 등을 관광지원서비스업으로 신설한 것이다. 다만, 법에 따라 등록·허가 또는 지정(이 영 제2조제6호 가목부터 카목까지의 규정에 따른 업으로 한정한다)을 받거나 신고를 해야 하는 관광사업은 제외한다.

이는 관광환경의 변화와 기술의 발전에 따라 나타나는 새로운 유형의 관광관련 사업을 관광사업의 한 종류에 포함하여 「관광진흥법」에 따른 관련 지원을 받을 수 있도록 하려는 것이다.

Ⅱ. 관광사업의 등록·허가 등

관광사업을 경영하려는 자는 행정관청에 등록(여행업, 관광숙박업, 관광객이용시설업, 국제회의업) 또는 신고(기타유원시설업)를 하거나 행정관청으로부터 허가(카지노업, 종합유원시설업, 일반유원시설업)나 지정(관광편의시설업)을 받아야 한다(관광진흥법 제4조 내지 제6조). 다만, '제주자치도'에서는 관광사업의 등록 및 변경등록, 허가 및 변경허가, 신고 및 변경신고, 지정 및 변경지정 등에 관하여 대통령령 또는 문화체육관광부령으로 정하도록 한 사항들은 모두 '도조례'로 정할 수 있다(제주특별법 제244조).

1. 관광사업의 등록

1) 등록의 의의 및 성질

원래 등록(登錄)이란 어떤 법률사실이나 법률관계를 행정기관의 공부(公簿)에 등재하여 그 존부(存否) 또는 진위(眞僞)를 공적(公的)으로 표시 또는 증명하는 것을 말하는데, 강학상 공증(公證)의 의미로 사용된 것(예: 광업권설정 등록, 변호사 등록 등)이나, 영업허가와 관련해서는 영업·사업 및 업무 등에 대한 허가의 의미로 사용되고 있다.

「관광진흥법」상의 등록은 행정법상의 허가(許可)와 유사하나, 허가보다는 재량의 여지가 거의 없고 등록요건에 맞으면 특별한 사정이 없는 한 등록을 해주어야 하는 기속행위이며, 상대방에게 이익을 주는 수익적 행정행위(授益的 行政行爲)로 이해되고 있다.

2) 등록대상업종 및 등록관청

여행업, 관광숙박업, 관광객이용시설업 및 국제회의업을 경영하려는 자는 특별자치시장·특별자치도지사·시장·군수·구청장(자치구의 구청장을 말한다)에게 등록하여야 한다(관광진흥법 제4조 1항, 세종시법 제8조).[10] 따라서 등록대상 관광사업

---

10) 세종특별자치시의 설치에 따른 법령 적용상의 특례를 살펴보면, 다른 법령에서 지방자치단체, 시·도 또는 시·군·구를 인용하고 있는 경우에는 각각 세종특별자치시(장)를 포함하는 것으로 보아 해당 법령을 적용하도록 한 것이다(세종시법 제8조). 따라서 법령의 규정 속에 비록 세종특별자치시(장)란 표현이 명시되어 있지 않더라도 이를 포함시켜 해석하여야 한다는 것이다.

의 등록관청은 특별자치시장·특별자치도지사·시장·군수·구청장(자치구의 구청장을 말한다)이다.

종전에는 여행업 중 일반여행업만 특별시장·광역시장·도지사·특별자치도지사("시·도지사"라 함)에게 등록하고, 일반여행업 외의 여행업(국외여행업·국내여행업)·관광숙박업·관광객이용시설업 및 국제회의업은 모두 특별자치도지사·시장·군수·구청장(자치구의 구청장을 말함)에게 등록하도록 되어 있던 것을, 2009년 3월 25일 「관광진흥법」을 개정하면서 등록관청을 모두 특별자치시장·특별자치도지사·시장·군수·구청장(자치구의 구청장을 말함)으로 일원화하였다.

그런데 관광사업의 등록은 관광사업의 허가나 지정과는 달리 등록에 앞서 선행행정절차를 거쳐야 하는 업종이 많다. 즉 관광숙박업(호텔업 및 휴양콘도미니엄업)을 경영하려는 자는 관광숙박업의 등록을 하기 전에 그 사업에 대한 사업계획을 작성하여 특별자치시장·특별자치도지사·시장·군수·구청장의 승인을 받아야 하고(동법 제15조 1항), 또 관광숙박업 및 관광객이용시설업 등록심의위원회(이하 "위원회"라 한다)의 심의를 거쳐야 등록을 할 수가 있다(동법 제17조 1항).

또한 관광객이용시설업(전문휴양업·종합휴양업·관광유람선업의 경우)이나 국제회의업(국제회의시설업의 경우)을 경영하려는 자(동법 시행령 제12조)는 등록을 하기 전에 그 사업에 대한 사업계획을 작성하여 특별자치시장·특별자치도지사·시장·군수·구청장의 승인을 받을 수 있고(동법 제15조 2항), 또 '등록심의위원회'의 심의를 거쳐야 등록을 할 수 있게 하고 있다(동법 제17조 1항).

그 이외의 등록대상업종은 이러한 선행절차를 거칠 필요 없이 바로 등록관청에 등록하면 된다.

3) 관광사업의 등록기준 (개정 2019.6.11.,2020.4.28., 2021.3.23., 2021.8.10.)

「관광진흥법」은 관광사업의 등록이나 변경등록의 기준·절차 등에 필요한 사항은 대통령령으로 정하도록 하고 있다(제4조 3항, 동법 시행령 제5조 관련 <별표 1>). 다만, 관광사업의 사업종류별 등록기준 중 중요한 내용은 해당 관광사업을 설명할 때 언급하였으므로 여기서는 생략하기로 한다.

4) 관광사업의 등록절차

(1) 관광사업의 신규등록의 경우

(가) 등록신청

① 관광사업의 등록을 하려는 자는 별지 제1호서식의 관광사업등록신청서에 사업계획서 등 공통의 구비서류(시행규칙 제2조제1항 1호부터 5호의 공통서류)와 사업별 필요서류를 첨부하여 특별자치시장·특별자치도지사·시장·군수·구청장(자치구의 구청장을 말한다)에게 제출해야 한다(동법시행령 제3조 1항, 동법시행규칙 제2조 1항 **〈개정 2019.4.9.,2021.4.19.〉**).

이때 신청서를 제출받은 특별자치시장·특별자치도지사·시장·군수·구청장은 「전자정부법」(제36조 제1항)에 따른 행정정보의 공동이용을 통하여 다음 각 호의 서류를 확인하여야 한다. 다만, 제3호 및 제4호의 경우 신청인이 확인에 동의하지 않는 경우에는 그 서류(제4호의 경우에는 「액화석유가스의 안전관리 및 사업법시행규칙」 제71조제10항 단서에 따른 완성검사 합격확인서로 대신할 수 있다)를 첨부하도록 해야 한다(동법시행규칙 제2조제2항 **〈개정 2019.3.4.,2019.4.25., 2021.4.19.〉**).

1. 법인 등기사항증명서(법인만 해당한다)
2. 부동산의 등기사항증명서
3. 전기안전점검확인서(호텔업 또는 국제회의시설업의 등록만 해당한다. 「전기사업법 시행규칙」 제38조제3항)
4. 액화석유가스 사용시설완성검사증명서(야영장업의 등록만 해당한다. 「액화석유가스의 안전관리 및 사업법시행규칙」 제71조제10항 제1호)

② 여행업 및 국제회의기획업의 등록을 하려는 자는 공통의 구비서류 외에 공인회계사 또는 세무사가 확인한 등록신청 당시의 대차대조표(개인의 경우에는 영업용 자산명세서 및 그 증명서류)를 첨부하여야 한다(동법시행규칙 제2조 3항).

③ 관광숙박업, 관광객이용시설업 및 국제회의시설업의 등록을 하려는 자는 공통의 구비서류 외에 「동법 시행규칙」 제2조 제4항 1호 내지 5호의 서류를 첨부하여야 하며, 사업계획승인된 내용에 변경이 없는 사항의 경우에는 공통의 구비서류 중 그와 관련된 서류를 제출하지 아니한다(동법 시행규칙 제2조 4항 **〈개정 2019.3.4., 2020.4.28., 2021.12.31., 2021.12.31.〉**).

④ 「체육시설의 설치·이용에 관한 법률 시행령」 제20조에 따라 등록한 등록체육시설업(예를 들면 골프장업 등)의 경우에는 등록증사본을 제출하면 첨부서류

를 갈음할 수 있다(동법 시행규칙 제2조 5항).

한편, 등록관청은 신청인이 「전기사업법」(제66조의2 제1항)에 따른 전기안전점검 또는 「액화석유가스의 안전관리 및 사업법」 제44조제2항에 따른 액화석유가스 사용시설완성검사를 받지 아니한 경우에는 관계기관 및 신청인에게 그 내용을 통지해야 한다(동법 시행규칙 제2조 6항 **〈개정 2019.3.4.,2019.4.25.〉**).

(나) 등록심의위원회의 심의

사업계획승인을 받은 관광숙박업, 관광객이용시설업(전문휴양업, 종합휴양업, 관광유람선업) 및 국제회의시설업의 등록은 '광숙박업 및 관광객이용시설업 등록심의위원회'의 심의를 거쳐 등록 여부를 결정한다(동법 제17조제1항 및 시행령 제3조제2항 **〈개정 2019.4.9.〉**).

(다) 관광사업등록증의 발급

등록신청을 받은 '등록관청'은 신청한 사항이 등록기준에 맞으면('등록심의위원회'의 심의를 거쳐야 할 관광사업의 경우에는 심의결과 적합하다고 인정되는 때) 관광사업등록증을 신청인에게 발급하여야 한다(동법시행령 제4조 1항, 동법시행규칙 제2조 7항 **〈개정 2019.4.9.,2019.4.25.〉**). 이때 '등록관청'은 관계법령에 따라 의제되는 인·허가증(동법 제18조 1항)을 한꺼번에 발급할 수 있도록 해당 인·허가기관의 장에게 인·허가증의 송부를 요청할 수 있다(동법 시행령 제4조 2항 **〈개정 2019.4.9.〉**).

(2) 관광사업의 변경등록의 경우

(가) 변경등록신청

관광사업을 등록한 자가 중요한 등록사항을 변경하려는 경우에는 그 변경사유가 발생한 날부터 30일 이내에 관광사업변경등록신청서(시행규칙 제3조 관련 별지 제6호서식)에 변경사실을 증명하는 서류를 첨부하여 특별자치시장·특별자치도지사·시장·군수·구청장(이하 "등록관청"이라 함)에게 제출하여야 한다. 다만, 여행업의 변경등록사항 중 사무실 소재지를 변경한 경우에는 변경등록신청서를 새로운 소재지의 관할 '등록관청'에 제출할 수 있다(동법시행령 제6조 제2항 및 동법시행규칙 제3조 제1항 **〈개정 2019.4.9.,2019.4.25.〉**).

이때 변경등록신청서를 제출받은 '등록관청'은 「전자정부법」(제36조제1항)에 따른 행정정보의 공동이용을 통하여 다음 각 호의 서류를 확인해야 한다. 다만, 신청인이 확인에 동의하지 않는 경우에는 그 서류(제2호의 경우에는 「액화석유가스의 안전관리 및 사업법 시행규칙」 제71조제10항 단서에 따른 완성검사 합격확인서로 대신할 수 있다)를 첨부하도록 해야 한다(동법시행규칙 제3조제2항 **〈개정 2019.3.4.,2019.4.25.〉**). 이때

'등록관청'이 전기안전점검(「전기사업법」 제66조의2 제1항) 또는 액화석유가스 사용시설완성검사(「액화석유가스의 안전관리 및 사업법」 제44조제2항)를 받지 아니하였음을 확인한 경우에는 관계기관 및 신청인에게 그 내용을 통지하여야 한다(동법시행규칙 제3조 3항 **〈개정 2019.3.4.,2019.4.25.〉**).

1. 「전기사업법 시행규칙」 제38조제3항에 따른 전기안전점검확인서 (호텔업 또는 국제회의시설업 변경등록을 신청한 경우만 해당한다)
2. 「액화석유가스의 안전관리 및 사업법 시행규칙」 제71조제10항 제1호에 따른 액화석유가스 시용시설완성검사증명서(야영장업의 변경등록을 신청한 경우만 해당한다)

(나) 변경등록사항

관광사업의 등록사항 중 변경등록사항은 다음 각 호와 같다(동법 시행령 제6조 1항 **〈개정 2020.4.28.〉**).

1. 사업계획의 변경승인을 받은 사항(사업계획의 승인을 받은 관광사업만 해당한다)
2. 상호 또는 대표자의 변경
3. 휴양콘도미니엄업을 제외한 관광숙박업의 객실수 및 형태의 변경
4. 부대시설의 위치·면적 및 종류의 변경(관광숙박업만 해당한다)
5. 여행업의 경우에는 사무실 소재지의 변경 및 영업소의 신설, 국제회의기획업의 경우에는 사무실 소재지의 변경
6. 부지면적의 변경, 시설의 설치 또는 폐지(야영장업만 해당한다)
7. 객실 수 및 면적의 변경, 편의시설 면적의 변경, 체험시설 종류의 변경(한옥체험업만 해당한다)

(다) 등록심의위원회의 심의

변경등록의 경우에도 신규등록의 경우와 같이 '등록심의위원회'의 심의를 거쳐 변경등록 여부를 결정한다(동법 시행령 제3조 2항).

5) 등록대장의 작성 및 관리·보존

등록관청은 등록증을 발급하면 관광사업자등록대장을 작성하고 관리·보존하여야 하는데, 관광사업자등록대장에는 관광사업자의 상호 또는 명칭, 대표자의 성명·주소 및 사업장의 소재지와 사업별로 「관광진흥법 시행규칙」 제4조 제1호 내지 제10호의 사항이 기재되어야 한다(동법시행규칙 제4조 **〈개정 2019.8.1.,2020.4.28.〉**).

6) 등록증의 재발급

등록관청은 등록한 관광사업자가 발급받은 등록증을 잃어버리거나 그 등록증이 헐어 못쓰게 되어버린 경우에는 다시 발급하여야 한다(동법시행령 제4조 4항). 이때 등록증의 재발급을 받으려는 자는 등록증등 재발급신청서(별지 제7호서식: 등록증이 헐어 못쓰게 된 경우에는 등록증을 첨부하여야 한다)를 등록관청에 제출하여야 한다(동법 시행규칙 제5조 **〈개정 2019.4.25.〉**).

2. 관광사업의 허가

1) 허가의 의의 및 성질

허가(許可)[11]란 법규에 의한 일반적·상대적 금지를 특정한 경우에 해제하여 적법하게 일정한 사실행위 또는 법률행위를 할 수 있도록 자연적 자유를 회복시켜 주는 행정행위를 말한다. 허가는 특허(特許)와 달리 특별히 권리를 설정하여 주는 것이 아니라 공익목적을 위해서 제한되었던 자유를 회복시켜 주는 것에 그치는 것으로, 실정법에서는 허가라는 용어 이외에도 면허·특허·인가·승인·등록·지정 등 여러 가지 용어로 혼용하고 있다.

2) 허가대상업종 및 허가관청

허가를 받아야 영업을 할 수 있는 관광사업은 카지노업과 유원시설업이다. 먼저 카지노업을 경영하려는 자는 전용영업장 등 문화체육관광부령(제주자치도는 도조례)으로 정하는 시설과 기구를 갖추어 문화체육관광부장관(제주자치도는 도지사)의 허가를 받아야 하고, 다음으로 유원시설업 중 종합유원시설업 및 일반유원시설업을 경영하려는 자는 문화체육관광부령으로 정하는 시설과 설비를 갖추어 특별자치시장·특별자치도지사·시장·군수·구청장의 허가를 받아야 한다. 이 경우 6개월 미만의 단기로 유원시설업의 허가를 받으려는 자는 허가신청서에 해당 기간을 표시하여 제출하여야 한다(동법시행령 제6조 및 동법시행규칙 제7조 **〈개**

---

11) 허가란 법규에 의한 일반적인 상대적 금지를 특정한 경우에 해제하여 적법하게 일정한 행위를 할 수 있게 하여주는 행위를 말한다. 이와 같은 허가는 학문상의 개념에 지나지 않고, 실정법상으로는 면허·인가·특허·승인·등록·지정 등의 용어로 사용되고 있다. 본래 인간은 자연적 자유를 가지고 있는데, 그 자유를 행사하였을 때 공익(公益)에 지장을 주는 경우에 이를 금지시키고, 일정한 기준을 정하여 이를 충족하는 경우에는 금지를 해제하여 자연적 자유를 회복시킨다. 이것이 허가이다. 음식점의 영업허가 또는 운전면허 등이 그 예이다.

정 2019.4.25.,2019.10.16.〉).

또 카지노업과 유원시설업의 허가를 받은 사항 중 중요 사항을 변경하려면 변경허가를 받아야 한다. 다만, 경미한 사항을 변경하려면 변경신고를 하여야 한다(동법 제5조 3항, 동법 시행규칙 제8조).

3) 허가요건 및 허가절차

카지노업 및 유원시설업의 허가요건 및 허가절차 등에 관해서는 각각 해당 절(제4절 카지노업, 제5절 유원시설업)에서 구체적으로 살펴보기로 한다.

3. 관광사업의 신고

1) 신고의 의의

신고(申告)란 어떤 법률사실이나 법률관계에 관하여 관계행정청에 일방적으로 통고하는 행위를 말하는데, 법에 별도의 규정이 있거나 다른 특별한 사정이 없는 한 행정청에 대한 통고로서 그치는 것이고, 행정청에 의한 별도의 실질적 심사가 요구되지 아니하는 행위를 말한다.

2) 신고대상업종 및 신고관청

관광사업 중 신고를 해야 하는 사업은 기타유원시설업이다. 즉 허가대상 유원시설업(종합유원시설업 및 일반유원시설업) 외의 기타유원시설업을 경영하려는 자는 기타유원시설업 신고서에 법이 정하는 구비서류를 첨부하여 특별자치시장·특별자치도지사·시장·군수·구청장에게 신고하여야 한다. 이 경우 6개월 미만의 단기로 기타유원시설업의 신고를 하려는 자는 신고서에 해당 기간을 표시하여 제출하여야 한다(동법 제5조 4항, 동법시행규칙 제11조 2항 **〈개정 2019.4.25.,2019.10.16.〉**).

신고한 사항 중 영업소의 소재지 변경, 유기시설·유기기구 수 또는 영업장면적의 변경, 대표자 또는 상호의 변경과 같은 중요 사항을 변경하려는 경우에도 역시 신고하여야 한다(동법 제5조 4항, 동법 시행규칙 제12조).

종합유원시설업 및 일반유원시설업의 허가사항 중 경미한 사항을 변경하려는 경우에도 신고하여야 한다(동법 제5조 3항 단서).

또한 카지노업의 허가를 받은 사항 중 경미한 사항을 변경하려면 문화체육관광부장관(제주자치도는 도지사)에게 변경신고를 하여야 한다(동법 제5조 제3항 단서).

4. 관광사업의 지정

관광편의시설업을 경영하려는 자는 문화체육관광부령으로 정하는 바에 따라 특별시장·광역시장·특별자치시장·도지사·특별자치도지사(이하 "시·도지사"라 한다) 또는 시장·군수·구청장의 지정(변경지정 및 지정취소를 포함한다)을 받아야 한다(동법 제6조, 제80조 제3항 1호 및 2의2호, 동법시행령 제65조 1항 1호 및 1의2호, 동법시행규칙 제14조 **〈개정 2019.7.10.〉**).

1) 관광편의시설업의 지정대상업종 및 지정관청

관광편의시설업의 지정대상업종 및 지정관청은 다음의 구분에 따른다(동법 제6조, 동법시행규칙 제14조 1항 **〈개정 2019.4.25.,2019.7.10.,2020.4.28.〉**).

(1) 관광유흥음식점업, 관광극장유흥업, 외국인전용 유흥음식점업, 관광순환버스업, 관광펜션업, 관광궤도업, 관광면세업 및 관광지원서비스업의 경우 — 특별자치시장·특별자치도시사·시장·군수·구청장

(2) 관광식당업, 관광사진업 및 여객자동차터미널시설업의 경우 — 지역별관광협회

2) 관광편의시설업의 지정기준 〈개정 2019.7.10.,2020.9.2.〉

관광편의시설업의 지정기준은 「관광진흥법 시행규칙」 제15조 관련 [별표 2] 관광편의시설업의 지정기준을 참조하기 바란다.

3) 관광편의시설업의 지정절차

(1) 지정신청 — 관광편의시설업의 지정을 받으려는 자는 관광편의시설업지정신청서에 각종의 구비서류를 첨부하여 특별자치시장·특별자치도지사·시장·군수·구청장 또는 지역별 관광협회에 제출하여야 한다(동법 시행규칙 제14조 2항).

(2) 지정사항 변경신청 — 관광편의시설업을 지정받은 자가 지정사항을 변경하려는 경우에는 그 변경사유가 발생한 날부터 30일 이내에 관광편의시설업지정변경신청서(시행규칙 제14조 2항 관련 별지 제21호서식)에 변경사실을 증명할 수 있는 서류를 첨부하여 지정기관(특별자치시장·특별자치도지사·시장·군수·구청장 또는 지역별 관광협회)에 제출하여야 한다(동법 시행규칙 제14조 제5항).

(3) 지정증발급 — 지정기관은 관광편의시설업의 지정신청(지정사항 변경신청 포함) 내용이 지정기준에 적합하다고 인정하여 관광편의시설업을 지정한 때

에는 관광편의시설업지정증(시행규칙 제14조 4항 관련 별지 제22호서식)을 신청인에게 발급하여야 한다(동법시행규칙 제14조 4항).

4) 관광편의시설업자 지정대장 비치·관리

지정기관은 관광편의시설업의 지정을 한 때에는 관광편의시설업자 지정대장에 ① 상호 또는 명칭, ② 대표자 및 임원의 성명·주소, ③ 사업장의 소재지를 기재하여 비치·관리하여야 한다(동법시행령 제4조 3항, 동법시행규칙 제14조 4항 **〈개정 2019.4.9.〉**).

5) 관광편의시설업지정증의 재발급

지정증을 잃어버리거나 그 지정증이 헐어 못쓰게 된 경우에는 지정증재발급신청서(시행규칙 제5조관련 별지 제7호서식)를 작성하여 지정기관(특별자치시장·특별자치도지사·시장·군수·구청장)에 제출하면(헐어 못 쓰게 된 경우에는 지정증을 첨부하여야 함) 지정증을 다시 발급받을 수 있다(동법 시행규칙 제14조제5항 및 제5조**〈개정 2019.4.25.〉**).

6) 관광편의시설업의 지정취소

지정기관은 관광편의시설업의 지정을 받은 자가 관광사업자의 결격사유에 해당될 때에는 반드시 지정을 취소하여야 하고, 또 그 밖의 등록취소 등 사유(관광진흥법 제35조)에 해당하는 때에는 그 지정을 취소할 수 있다.

7) 지역별 관광협회 임·직원의 공무원 간주

시 · 도지사로부터 관광편의시설업의 지정권을 위탁받아 지정업무를 수행하는 지역별 관광협회의 임·직원은 위법행위로 인하여 「형법」 제129조(수뢰·사전수뢰), 제130조(제3자뇌물공여), 제131조(수뢰후부정처사·사후수뢰)의 규정을 적용하는 경우 공무원으로 본다(관광진흥법 제80조 제4항).

◆ 관광사업별 등록 등 행정처분 및 처분관청 ◆

<table>
<tr><th colspan="2">관광사업의 종류</th><th>행정처분관청</th></tr>
<tr><td>① 여행업</td><td>• 종합여행업 • 국내외여행업
• 국내여행업</td><td rowspan="4">특별자치시장·특별자치도지사·시장·군수·구청장(자치구의 구청장을 말함)에게 〈등록〉
[2009.3.25.개정된 「관광진흥법」은 등록대상 관광사업 즉 여행업·관광숙박업·관광객이용시설업·국제회의업의 등록관청을 모두 특별자치시장·특별자치도지사·시장·군수·구청장(자치구의 구청장을 말함)으로 일원화하였다]</td></tr>
<tr><td>② 관광숙박업</td><td>• 호텔업(관광호텔업, 수상관광호텔업, 한국전통호텔업, 가족호텔업, 호스텔업, 소형호텔업, 의료관광호텔업)
• 휴양콘도미니엄업</td></tr>
<tr><td>③관광객이용시설업</td><td>• 전문휴양업
• 종합휴양업(제1종·제2종)
• 야영장업(일반야영장업, 자동차야영장업)
• 관광유람선업(일반관광유람선업 및 크루즈업)
• 관광공연장업
• 외국인관광 도시민박업
• 한옥체험업</td></tr>
<tr><td>④ 국제회의업</td><td>• 국제회의시설업
• 국제회의기획업</td></tr>
<tr><td>⑤ 카지노업</td><td></td><td>문화체육관광부장관의 〈허가〉
(제주특별자치도의 경우에는 제주도지사의 〈허가〉)</td></tr>
<tr><td rowspan="2">⑥ 유원시설업</td><td>• 종합유원시설업
• 일반유원시설업</td><td>특별자치시장·특별자치도지사·시장·군수·구청장(자치구의 구청장을 말함)의 〈허가〉</td></tr>
<tr><td>• 기타유원시설업</td><td>특별자치시장·특별자치도지사·시장·군수·구청장(자치구의 구청장을 말함)에게 〈신고〉</td></tr>
<tr><td rowspan="2">⑦ 관광편의시설업</td><td>• 관광유흥음식점업
• 관광극장유흥업
• 외국인전용 유흥음식점업
• 관광순환버스업
• 관광펜션업
• 관광궤도업
• 관광면세업
• 관광지원서비스업</td><td>특별자치시장·특별자치도지사·시장·군수·구청장의 〈지정〉</td></tr>
<tr><td>• 관광식당업,
• 관광사진업,
• 여객자동차터미널시설업</td><td>지역별 관광협회 〈지정〉</td></tr>
</table>

Ⅲ. 관광사업자의 결격사유

1. 의 의

결격사유라 함은 일정한 법정 자격을 취득하는데 필요한 자격이 결여되어 있는 사유를 말한다. 다시 말해서 관광사업자의 결격사유는 관광사업자가 될 수 없는 인격상의 흠을 의미한다.

현행 「관광진흥법」은 모든 관광사업자에게 일률적으로 적용하는 결격사유(제7조 1항)와 카지노업자에 한해 특별히 추가 적용하는 결격사유(제22조 1항)로 구분하여 규정하고 있다. 카지노업자에 대해 이중적으로 결격사유를 적용케 한 것은 카지노업의 특수성을 감안하여 다른 관광사업자보다 이를 강화하려는 데 그 입법취지가 있다고 본다(이에 대하여는 '제1절 5.카지노업'에서 상술하고 있음).

관광사업자는 관광사업을 통하여 영리를 추구하는 사기업자(私企業者)로서의 성격을 가지고 있지만, 관광사업을 경영함에 있어서 일반적 형평규범 또는 행동원리로 이해되는 신의성실의 원칙("信義則"이라고도 함)[12]에 따라 행위하여야 한다고 본다. 더욱이 관광사업자는 관광객이라는 사람 특히 외국인을 상대로 영업을 하는 경우가 많기 때문에 정상적인 판단능력을 가져야 하고, 경제적인 지위 또한 확고하여야 하며, 관광관계 법령을 준수하여 국제친선과 관광진흥에 이바지할 수 있는 자라야 한다.

이와 같이 관광사업의 특수성과 공공성 때문에 관광사업자의 자격을 법규로 제한할 필요가 있게 되는 것이다.

2. 관광사업자의 일반적 결격사유

「관광진흥법」 제7조 제1항은 "다음 각 호의 어느 하나에 해당하는 자는 관광사업의 등록등을 받거나 신고를 할 수 없고, 사업계획의 승인을 받을 수 없다.

---

12) 우리 「민법」은 제2조 1항에서 "권리의 행사와 의무의 이행은 신의(信義)에 좇아 성실(誠實)히 하여야 한다"고 규정하여 이른바 신의성실의 원칙('信義則'이라고도 함)을 선언하고 있다. 이는 모든 법률관계에 참여한 자는 계약당사자 상대방의 신뢰를 배반하지 않고 성의있게 행위할 것을 요구하는 원칙이다. 그래서 권리의 행사가 신의칙(信義則)에 반하는 경우에는 권리남용이 되기 쉽고, 의무의 이행이 신의칙에 반하는 경우에는 의무불이행의 책임을 지게 되는 것이다. 오늘날 신의성실의 원칙 즉 신의칙은 민법·상법 등 사법(私法)의 전 영역에서뿐만 아니라 사회법·헌법·행정법 등 공법영역에서도 확장 적용되는 공공복리의 실천원리이며 행동원리로 인식되고 있다.

법인의 경우 그 임원 중에 다음 각 호의 어느 하나에 해당하는 자가 있는 경우에도 또한 같다"고 규정하고 있다(**개정 2017.3.21.**). 이에 따르면 관광사업자가 될 수 없는 자 또는 사업계획의 승인을 받을 수 없는 결격자는 다음과 같다.

여기서 참고로 부언하고자 하는 것은, 우리 「민법」(**개정: 2011.3.7.**)은 2013년 7월 1일부터 '금치산·한정치산' 제도를 '성년후견·한정후견' 제도로 개정하여 결격사유 중 "금치산자를 **피성년후견인**"으로, "한정치산자를 **피한정후견인**"으로 대체(代替)하였음에도 불구하고, 현행 「관광진흥법」은 「민법」이 개정된 지 6년이 지나도록 제7조(결격사유)의 규정을 개정하지 않고 있다가 늦게나마 개정(2017.3.21.)되었음을 밝혀 둔다.

1) 피성년후견인·피한정후견인

(1) 피성년후견인(민법 제9조 내지 제11조)

피성년후견인은 질병, 장애, 노령, 그 밖의 사유로 인한 정신적 제약으로 사무를 처리할 능력이 지속적으로 결여된 사람에 대하여 본인, 4촌 이내의 친족, 미성년후견인, 미성년후견감독인, 한정후견인, 한정후견감독인, 특정후견인, 특정후견감독인, 검사 또는 지방자치단체의 장의 청구에 의하여 가정법원으로부터 성년후견개시의 심판을 받은 사람을 말한다(**민법 제9조제1항 〈전문개정 2011.3.7.〉**). 여기서 '사무'에는 법률행위, 소송행위 등의 법적인 사무 외에 신상감호에 관한 사무도 포함된다고 해석된다.

현행 「관광진흥법」은 이와 같은 피성년후견인은 관광사업자가 될 수 없도록 하였다(**제7조 〈개정 2017.3.21.〉**).

(2) 피한정후견인(민법 제12조 내지 제14조)

피한정후견인은 질병, 장애, 노령, 그 밖의 사유로 인한 정신적 제약으로 사무를 처리할 능력이 부족한 사람에 대하여 본인, 배우자, 4촌 이내의 친족, 미성년후견인, 미성년후견감독인, 성년후견인, 성년후견감독인, 특정후견인, 특정후견감독인, 검사 또는 지방자치단체의 장의 청구에 의하여 가정법원으로부터 한정후견개시의 심판을 받은 사람을 말한다(민법 제12조제1항 **〈개정 2011.3.7.〉**).

현행 「관광진흥법」은 이와 같은 피한정후견인은 관광사업자가 될 수 없도록 하였다(**제7조 〈개정 2017.3.21.〉**).

2) 파산선고를 받고 복권되지 아니한 자

채무자가 경제적 파탄(破綻)으로 그의 전재산으로 총채권자의 채무 전부를 완전히 변제할 수 없는 상태에 도달하였으면 강제적으로 그의 전재산을 관리·환가하여 전체 채권자에게 공평하게 금전적 만족을 주기 위한 재판상의 절차가 파산(破産)이다. 이 경우 채권자나 채무자는 법원에 파산선고(破産宣告)를 신청할 수 있으며, 법원의 파산선고를 받고 현재 파산절차가 진행되고 있는 자를 파산자(破産者)라 부른다.

「관광진흥법」은 파산선고를 받고 아직 「채무자 회생 및 파산에 관한 법률」의 복권(復權)규정(동법 제574조~제578조)에 의하여 복권되지 아니한 자는 관광사업자가 될 수 없도록 하고 있다.

3) 「관광진흥법」에 따라 등록·허가·지정 및 신고 또는 사업계획의 승인이 취소되거나 영업소가 폐쇄된 후 2년이 지나지 아니한 자

이러한 자는 「관광진흥법」을 위반한 자로서 그 전력(前歷)에 비추어 볼 때 또다시 법을 위반할 개연성(蓋然性)이 충분하다고 보기 때문에, 재발방지의 차원에서 행정처벌이 있은 후 2년이 지난 후에라야 다시 관광사업자가 될 수 있게 한 것이다.

4) 「관광진흥법」을 위반하여 징역 이상의 실형을 선고받고 그 집행이 끝나거나 집행을 받지 아니하기로 확정된 후 2년이 지나지 아니한 자 또는 형의 집행유예기간[13] 중에 있는 자

이들은 「관광진흥법」을 위반한 전과자(前科者)라고 할 수 있는데, 「관광진흥법」 위반의 악순환을 예방하는 차원에서 보아 이러한 자는 관광사업자가 될 자격이 없다는 것이다.

13) 형의 집행유예(執行猶豫)라 함은 유죄를 인정한 후 형을 선고(3년 이하의 징역 또는 금고의 형을 선고할 경우일 것)함에 있어서 정상(情狀)을 참작하여 일정한 기간(1년 이상 5년 이내의 기간) 그 형의 집행을 유예하고, 그 유예기간을 특정한 사고 없이 경과하면 형의 선고의 효력을 상실하게 하여 형의 선고가 없었던 것과 동일한 효력을 발생하게 하는 제도이다.

3. 결격사유 해당자에 대한 행정조치

관광사업의 등록등을 받거나 신고를 한 자 또는 사업계획의 승인을 받은 자가 위의 결격사유의 어느 하나에 해당하면 문화체육관광부장관, 시·도지사 또는 시장·군수·구청장(이하 "등록기관등의 장"이라 한다)은 3개월 이내에 그 등록등 또는 사업계획의 승인을 취소하거나 영업소를 폐쇄하여야 한다. 카지노업의 허가를 받은 자가 카지노업의 결격사유에 해당하게 된 때에는 문화체육관광부장관(제주자치도에서는 도지사)은 허가를 취소하여야 한다. 다만, 법인의 임원 중 그 사유에 해당하는 자가 있는 경우 3개월 이내에 그 임원을 바꾸어 임명한 때에는 그러하지 아니하다(관광진흥법 제7조 2항).

Ⅳ. 관광사업의 경영

1. 관광사업의 양수, 지위승계

1) 관광사업의 양수 등

(1) **양수·합병에 의한 권리·의무의 승계** — 「관광진흥법」은 제8조제1항에서 "관광사업을 양수(讓受)한 자 또는 관광사업을 경영하는 법인이 합병한 때에는 합병 후 존속하거나 설립되는 법인은 그 관광사업의 등록·허가·지정(이하 "등록등"이라 한다) 또는 신고에 따른 관광사업자의 권리·의무(관광진흥법 제20조 제1항에 따라 분양이나 회원모집을 한 경우에는 그 관광사업자와 소유자등 또는 회원 간에 약정한 사항을 포함한다)를 승계한다**〈개정 2023.8.8.〉**"고 규정하고 있다. 이는 관광사업자가 교체되더라도 사업에 관련된 모든 권리·의무를 그대로 승계되게 함으로써 관광사업 자체에는 아무른 영향을 미치지 않게 하고, 소유자등이나 회원의 권리 등은 철저히 보호하려는 것이다.

(2) **경매 등을 통한 관광사업시설의 인수에 의한 지위승계** — 「관광진흥법」은 제8조제2항에서 "「민사집행법」에 따른 경매, 「채무자 회생 및 파산에 관한 법률」에 따른 환가(換價), 「국세징수법」·「관세법」 또는 「지방세기본법」에 따른 압류재산의 매각, 그 밖에 이에 준하는 절차에 따라 '문화체육관광부령으로 정하는 주요한 관광사업시설'의 전부(관광진흥법 제20조제1항에 따라 분양한 경우에는 분양한 부분을 제외한 나머지 시설을 말한다)를 인수한 자는 그 관광사업자의 지위

(관광진흥법 제20조제1항에 따라 분양이나 회원모집을 한 경우에는 그 관광사업자와 공유자 또는 회원 간에 약정한 권리 및 의무사항을 포함한다)를 승계한다"고 규정하고 있다(**개정** 2019.12.3.). 이는 주요한 관광사업시설의 전부를 인수하는 것은 분양된 객실을 제외한 나머지 시설을 인수하는 것을 의미한다는 것을 명확히 하려는 것이다.

여기서 "문화체육관광부령으로 정하는 주요한 관광사업시설"이란 다음 각 호의 시설을 말한다(동법 시행규칙 제16조 1항).

1. 관광사업에 사용되는 토지와 건물
2. 관광사업의 등록기준에서 정한 시설(등록대상 관광사업만 해당한다; 동법 시행령 제5조관련 별표 1)
3. 관광편의시설업의 지정기준에서 정한 시설(지정대상 관광사업만 해당한다; 동법 시행규칙 제15조관련 별표 2)
4. 카지노업 전용영업장(카지노업만 해당한다; 동법 시행규칙 제29조 제1항 1호)
5. 유원시설업의 시설 및 설비기준에서 정한 시설(유원시설업만 해당한다; 동법 시행규칙 제7조 1항관련 별표 1)

(3) 등록취소 등의 사유로 인한 처분·명령의 승계 — 「관광진흥법」은 제8조 제3항에서 "관광사업자가 등록취소 등의 사유(관광진흥법 제35조 1항 및 2항)에 해당되어 관광사업의 취소·정지처분 또는 개선명령을 받은 경우 그 처분 또는 명령의 효과는 그 관광사업자의 지위를 승계한 자에게 승계되며, 그 절차가 진행 중인 때에는 새로운 관광사업자에게 그 절차를 계속 진행할 수 있다. 다만, 그 승계한 관광사업자가 양수나 합병 당시 그 처분·명령이나 위반사실을 알지 못하였음을 증명하면 그러하지 아니하다"고 규정하여, 관광사업의 지위를 승계받은 선의의 승계자에게 피해가 없도록 하였다.

2) 사업계획승인의 양도·양수

관광숙박업과 관광객이용시설업(전문휴양업·종합휴양업·관광유람선업) 및 국제회의업(국제회의시설업)에 대한 사업계획승인을 받은 자(동법 제15조 제1항·제2항)의 지위승계에 관하여는 「관광진흥법」 제8조 제1항부터 제4항까지의 규정을 준용한다(동법 제8조 5항). 즉 사업계획승인을 양수한 자에게도 '양수·합병에 의한 권리·의무의 승계'(동법 제8조 1항), '경매 등을 통한 관광사업시설의 인수에 의한 지위승계'(동법 제8조 2항), '등록취소 등의 사유로 인한 처분·명령의 승계'(동법 제8조 3항) 때의 권리·의무와 동일한 권리·의무를 승계하게 하였다.

3) 관광사업자의 지위승계시 신고의무

관광사업의 '양수·합병으로 인한 권리·의무의 승계자' 및 '경매 등을 통한 관광사업시설의 인수에 의한 지위승계자' 또는 '사업계획승인을 받은 자의 지위를 승계한 자'는 그 사유가 발생한 날부터 1개월 이내에 관광사업 양수(지위승계) 신고서(동법 시행규칙 제16조 2항관련 별지 제23호서식)를 문화체육관광부장관, 특별자치시장·특별자치도지사·시장·군수·구청장 또는 지역별 관광협회장(이하 "등록기관등의 장"이라 한다)에게 제출하여야 한다(동법 제8조 4항, 5항 및 동법 시행규칙 제16조 2항 〈**개정** 2019.4.25.〉).

4) 관광사업양수자의 결격사유

관광사업의 '양수·합병으로 인한 권리·의무의 승계(동법 제8조 1항)' 및 '경매 등을 통한 관광사업시설의 인수에 의한 지위승계(동법 제8조 2항)'에 따라 관광사업자의 지위를 승계하는 자 또는 '사업계획승인을 받은 자의 지위를 승계하는 자'는 관광사업자로서의 결격사유(동법 제7조 및 제22조)가 없어야 하는데, 만일 관광사업이나 사업계획승인을 양수한 후 결격사유에 해당하게 된 때에는 지위승계가 취소된다(동법 제7조, 제22조 및 제8조 5항·6항).

2. 관광사업자의 휴업 또는 폐업 때 알릴 의무

① 관광사업자가 관광사업의 전부 또는 일부를 휴업하거나 폐업한 때에는 휴업 또는 폐업을 한 날부터 30일 이내에 별지 제24호서식의 관광사업 휴업 또는 폐업 통보서를 등록기관등의 장에게 제출해야 한다. 다만, 6개월 미만의 유원시설업 허가 또는 신고일 경우에는 폐업통보서를 제출하지 않아도 해당 기간이 끝나는 때에 폐업한 것으로 본다(동법시행규칙 제17조 1항 〈**개정 2019.4.25., 2019.6.12.,2020.12.10.**〉).

② 카지노업을 휴업 또는 폐업하려는 자는 휴업 또는 폐업 예정일 10일 전까지 별지 제24호서식의 관광사업 휴업 또는 폐업통보서에 카지노기구의 관리계획에 관한 서류를 첨부하여 문화체육관광부장관에게 제출해야 한다. 다만, 천재지변이나 그 밖의 부득이한 사유가 있는 경우에는 휴업 또는 폐업 예정일까지 제출할 수 있다(동법 시행규칙 제17조제2항 〈**신설 2019.6.12.**〉).

3. 관광사업자의 보험 가입 등

관광사업자는 해당 사업과 관련하여 사고가 발생하거나 관광객에게 손해가 발생하면 문화체육관광부령으로 정하는 바에 따라 피해자에게 보험금을 지급할 것을 내용으로 하는 보험 또는 공제에 가입하거나 영업보증금을 예치(이하 "보험 가입 등"이라 한다)하여야 한다(관광진흥법 제9조).

현행 「관광진흥법」에서는 '여행업자'에 한해서만 '보증보험등'에 가입하거나 영업보증금의 예치의무를 부여하고 있다(동법 시행규칙 제18조). 따라서 여행업자의 '보증보험등'에 관해서는 다음 '제2절 여행업'에서 상세히 설명하고자 한다.

4. 관광표지의 부착 등

1) 관광사업장의 표지

① 관광사업자는 사업장에 문화체육관광부령으로 정하는 관광표지를 붙일 수 있다. 여기서 관광표지란 다음의 표지(標識)를 말한다(관광진흥법 제10조 1항 및 동법시행규칙 제19조).

1. 관광사업장 표지(동법 시행규칙 제19조 1호관련 별표 4)
2. 관광사업 등록증(동법 시행규칙 제19조 2호관련 별지 제5호서식) 또는 관광편의시설업 지정증(동법 시행규칙 제19조 2호관련 별지 제22호서식)
3. 등급에 따라 별「星」 모양의 개수를 달리하는 방식으로 문화체육관광부장관이 정하여 고시하는 호텔등급 표지(호텔업의 경우에만 한한다)
4. 관광식당 표지(관광식당업만 해당한다. 동법 시행규칙 제19조 4호관련 〈별표 6〉)

② 관광사업자는 사실과 다르게 위의 관광표지를 붙이거나 관광표지에 기재되는 내용을 사실과 다르게 표시 또는 광고하는 행위를 하여서는 아니된다(동법 제10조 제2항).

2) 관광사업자가 아닌 자에 대한 상호의 사용제한

① 관광사업자가 아닌 자는 문화체육관광부령으로 정하는 관광표지(동법 시행규칙 제19조)를 사업장에 붙이지 못하며, 관광사업자로 잘못 알아 볼 우려가 있는 경우에는 관광사업의 명칭 중 전부 또는 일부가 포함되는 상호를 사용할 수 없다(동법 제10조 제3항).

② 이에 따라 관광사업자가 아닌 자는 다음 각 호의 업종구분에 따른 명칭을

포함하는 상호를 사용할 수 없다(동법 시행령 제8조 **〈개정 2016.3.22.〉**).

1. 관광숙박업과 유사한 영업의 경우 관광호텔과 휴양 콘도미니엄
2. 관광유람선업과 유사한 영업의 경우 관광유람
3. 관광공연장업과 유사한 영업의 경우 관광공연
4. 관광유흥음식점업, 외국인전용 유흥음식점업 또는 관광식당업과 유사한 영업의 경우 관광식당
5. 관광극장유흥업과 유사한 영업의 경우 관광극장
6. 관광펜션업과 유사한 영업의 경우 관광펜션
7. 관광면세업과 유사한 영업의 경우 관광면세

5. 관광시설의 타인 경영 및 처분과 위탁 경영

1) 관광사업자는 관광사업의 시설 중 다음 각 호의 시설 및 기구 이외의 부대시설을 타인에게 경영하도록 하거나, 그 용도로 계속하여 사용하는 것을 조건으로 타인에게 처분할 수 있다(관광진흥법 제11조제1항). 다만, '제주자치도'에서는 타인경영이 금지되거나 처분이 금지된 부대시설을 '도조례'로 정할 수 있게 하였다(제주특별법 제244조 제2항). 이것은 관광사업자의 자율성 및 수익성을 확보하여 경영난을 해소한다는 차원에서 인정된 조처인 것이다.

1. 관광숙박업의 등록에 필요한 객실
2. 전문휴양업 종합휴양업의 경우 등록기준으로 정한 시설 중 전문휴양업의 개별기준에 포함된 시설(수영장 및 등록체육시설업시설의 경우에는 체육시설업시설기준 중 필수시설만 해당함)
3. 카지노업의 허가를 받는데 필요한 시설과 기구
4. 유원시설업의 경우 안전성검사를 받아야 하는 유기시설 및 유기기구

2) 관광사업자는 관광사업의 효율적 경영을 위하여 위의 금지규정에도 불구하고 관광숙박업의 객실을 타인에게 위탁하여 경영하게 할 수 있다. 이 경우 해당시설의 경영은 관광사업자의 명의로 하여야 하고, 이용자 또는 제3자와의 거래행위에 따른 대외적 책임은 관광사업자가 부담하여야 한다(동법 제11조 제2항).

제2절 여 행 업

Ⅰ. 여행업의 의의와 종류

현행 「관광진흥법」에서의 여행업이란 “여행자 또는 운송시설·숙박시설, 그 밖에 여행에 딸리는 시설의 경영자 등을 위하여 그 시설이용 알선이나 계약체결의 대리, 여행에 관한 안내, 그 밖의 여행 편의를 제공하는 업”을 말한다(관광진흥법 제3조 1항 1호).

여행업은 사업의 범위와 취급대상에 따라 종합여행업, 국내외여행업 및 국내여행업으로 분류된다(동법 시행령 제2조 1항 1호 **〈개정 2021.3.23.〉**) 함은 제1절 관광사업의 종류에서 이미 설명한 바 있다.

Ⅱ. 여행업자의 보험의 가입 등

1. 보증보험등 가입의무

① 여행업의 등록을 한 자(이하 “여행업자”라 한다)는 그 사업을 시작하기 전에 여행계약의 이행과 관련한 사고로 인하여 관광객에게 피해를 준 경우 그 손해를 배상할 것을 내용으로 하는 보증보험 또는 한국관광협회중앙회의 공제(共濟)(이하 “보증보험등”이라 한다)에 가입하거나 업종별 관광협회(업종별 관광협회가 구성되지 않은 경우에는 지역별 관광협회, 지역별 관광협회가 구성되지 않은 경우에는 광역단위의 지역관광협의회)에 영업보증금을 예치하고 그 사업을 하는 동안(휴업기간을 포함한다) 계속하여 이를 유지해야 한다(관광진흥법 제48조의9 제1항, 동법시행규칙 제18조 1항 **〈개정 2017.2.28., 2021.4.19.〉**). 다만, 제주자치도에서는 ‘보증보험등’에 관하여 「관광진흥법 시행규칙」 대신 도조례(道條例)로 정하도록 하였다(제주특별법 제244조 제2항).

② 여행업자 중에서 기획여행을 실시하려는 자는 그 기획여행 사업을 시작하기 전에 보증보험등에 가입하거나 영업보증금을 예치하고 유지하는 것 외에 추가로 기획여행과 관련한 사고로 인하여 관광객에게 피해를 준 경우 그 손해를 배상할 것을 내용으로 하는 보증보험등에 가입하거나 업종별 관광협회(업종별 관광협회가 구성되지 않은 경우에는 지역별 관광협회, 지역별 관광협회가 구성되지 않은 경우에는 광역단위의 지역관광협의회)에 영업보증금을 예치하고 그 기획여행 사업을 하는 동안(기획여행 휴업기간을 포함한다) 계속하여 이를 유지하여야 한다(관광

진흥법 제48조의9 제1항, 동법시행규칙 제18조 2항 〈**개정** 2017.2.28.〉).

2. 보증보험등 가입금액 및 영업보증금 예치금액의 기준

여행업자가 가입하거나 예치하고 유지하여야 할 보증보험등의 가입금액 또는 영업보증금의 예치금액은 직전 사업연도의 매출액(손익계산서에 표시된 매출액을 말한다) 규모에 따라 〈별표 3〉과 같이한다(관광진흥법 시행규칙 제18조 3항).

◆ 보증보험등 가입금액(영업보증금 예치금액) 기준 ◆

(시행규칙 제18조 제3항 관련 〈별표 3〉)

(단위: 천원)

<table>
<tr><th>여행업의 종류(기획여행 포함) / 직전 사업연도의 매출액</th><th>국내여행업</th><th>국내외 여행업</th><th>종합여행업</th><th>국내외 여행업의 기획여행</th><th>종합여행업의 기획여행</th></tr>
<tr><td>1억원 미만</td><td>20,000</td><td>30,000</td><td>50,000</td><td rowspan="4">200,000</td><td rowspan="4">200,000</td></tr>
<tr><td>1억원 이상 5억원 미만</td><td>30,000</td><td>40,000</td><td>65,000</td></tr>
<tr><td>5억원 이상 10억원 미만</td><td>45,000</td><td>55,000</td><td>85,000</td></tr>
<tr><td>10억원 이상 50억원 미만</td><td>85,000</td><td>100,000</td><td>150,000</td></tr>
<tr><td>50억원 이상 100억원 미만</td><td>140,000</td><td>180,000</td><td>250,000</td><td>300,000</td><td>300,000</td></tr>
<tr><td>100억원 이상 1,000억원 미만</td><td>450,000</td><td>750,000</td><td>1,000,000</td><td>500,000</td><td>500,000</td></tr>
<tr><td>1,000억원 이상</td><td>750,000</td><td>1,250,000</td><td>1,510,000</td><td>700,000</td><td>700,000</td></tr>
</table>

3. 보증보험등 가입증명서류 제출

보증보험등에 가입하거나 영업보증금을 예치한 여행업자는 그 사실을 증명하는 서류를 지체 없이 등록관청인 특별자치시장·특별자치도지사·시장·군수·구청장에게 제출하여야 한다(동법 시행규칙 제18조 4항 〈**개정 2019.4.25.**〉).

4. 보증보험등의 가입 및 배상금의 지급절차 등 고시

보증보험등의 가입, 영업보증금의 예치 및 그 배상금의 지급에 관한 절차 등은 문화체육관광부장관이 정하여 고시한다(동법 시행규칙 제18조 제5항).

5. 야영장업자의 책임보험등 가입의무

(1) 야영장업의 등록을 한 자는 그 사업을 시작하기 전에 야영장시설에서 발생하는 재난 또는 안전사고로 인하여 야영장 이용자에게 피해를 준 경우 그 손해를 배상할 것을 내용으로 하는 책임보험 또는 공제에 가입해야 한다(동법시행규칙 제18조제6항 **〈신설 2019.3.4.〉**).

(2) 야영장업의 등록을 한 자가 가입해야 하는 책임보험 또는 공제는 다음 각 호의 기준을 충족하는 것이어야 한다(동법시행규칙 제18조제2항 **〈신설 2019.3.4.〉**).

1. **사망의 경우**: 피해자 1명당 1억원의 범위에서 피해자에게 발생한 손해액을 지급할 것. 다만, 그 손해액이 2천만원 미만인 경우에는 2천만원으로 한다.
2. **부상의 경우**: 피해자 1명당 별표 3의2에서 정하는 금액의 범위에서 피해자에게 발생한 손해액을 지급할 것
3. **부상에 대한 치료를 마친 후 더 이상의 치료효과를 기대할 수 없고 그 증상이 고정된 상태에서 그 부상이 원인이 되어 신체에 장애(이하 "후유장애"라 한다)가 생긴 경우**: 피해자 1명당 별표 3의3에서 정하는 금액의 범위에서 피해자에게 발생한 손해액을 지급할 것
4. **재산상 손해의 경우**: 사고 1건당 1억원의 범위에서 피해자에게 발생한 손해액을 지급할 것

Ⅲ. 기획여행의 실시

1. 기획여행의 의의

기획여행이란 여행업을 경영하는 자가 국외여행을 하려는 여행자를 위하여 여행의 목적지·일정, 여행자가 제공받을 운송 또는 숙박 등의 서비스 내용과 그 요금 등에 관한 사항을 미리 정하고 이에 참가하는 여행자를 모집하여 실시하는 여행을 말한다(관광진흥법 제2조 3호).

그동안 기획여행이 무분별하게 판매되어 왔으며, 여행업자 간의 과당경쟁으로 인하여 관광업계의 질서를 파괴하는 경우가 허다하였으므로, 국외여행의 질적 향상을 도모하고 여행자의 권익보호 및 과당경쟁 방지를 위해 기획여행을 규제할 필요성이 제기됨으로써, 여행업자는 법정요건을 갖추어 일정한 절차에 따라서만 기획여행을 실시할 수 있도록 한 것이다(동법 제12조).

2. 기획여행의 실시요건

「관광진흥법」은 기획여행을 국내외여행에 국한하고 있으므로 기획여행을 할 수 있는 여행업자는 종합여행업자와 국내외여행업자이고 국내여행업자는 대상에서 제외된다. 또 '제주자치도'에서는 기획여행의 실시요건이나 광고 등의 표시에 관하여는 도조례로 정할 수 있도록 하였다(제주특별법 제244조 2항).

따라서 국내외여행업 또는 종합여행업을 하는 여행업자 중에서 기획여행을 실시하려는 자는 국내외여행업 또는 종합여행업에 따른 보증보험등에 가입하거나 영업보증금을 예치하고 유지하는 것 외에 추가로 기획여행에 따른 보증보험등에 가입하거나 영업보증금을 예치하고 유지하여야 한다.

3. 기획여행실시 광고등 표시의무

기획여행을 실시하는 자가 광고를 하려는 경우에는 다음 각 호의 사항을 표시하여야 한다. 다만, 2 이상의 기획여행을 동시에 광고하는 경우에는 다음 각 호의 사항 중 내용이 동일한 것은 공통으로 표시할 수 있다(동법 시행규칙 제21조).

1. 여행업의 등록번호, 상호, 소재지 및 등록관청
2. 기획여행명·여행일정 및 주요 여행지
3. 여행경비
4. 교통·숙박 및 식사 등 여행자가 제공받을 서비스의 내용
5. 최저 여행인원
6. 보증보험등의 가입 또는 영업보증금의 예치 내용
7. 여행일정 변경 시 여행자의 사전 동의 규정
8. 여행목적지(국가 및 지역)의 여행경보단계

Ⅳ. 외국인 의료관광의 활성화

1. 의료관광의 의의

의료관광은 의료서비스와 관광이 결합된 융·복합 관광산업이라 할 수 있다. 그런데 「관광진흥법」에서 정의하고 있는 의료관광이란 국내 의료기관의 진료·치료·수술 등 의료서비스를 받는 외국인 환자와 그 동반자가 의료서비스와 병행하여 관광하는 것을 말한다. 다시 말하면 의료서비스를 받는 환자와 그 동반자가 의료서비스를 받음과 동시에 주변 관광지와 연계하여 여행, 휴양, 문화체

험 등 건강과 삶의 보람을 찾는 새로운 관광형태를 말한다.

이와 같이 치료와 관광을 겸하는 의료관광산업은 고용창출효과가 높을 뿐만 아니라, 일반관광객에 비해 체류기간은 2배 이상 길고 지출하는 비용 또한 수백만원에서 수천만원에 이르고 있기 때문에, 성장잠재력을 가진 미래산업으로 주목받고 있다.

2. 외국인 의료관광 활성화 대책

이와 같이 성장잠재력을 가진 의료관광산업을 활성화하기 위해서는 무엇보다도 ① 국제수준의 병원 설립과 의료서비스의 개선 및 의료관광 인프라 구축, ② 우수 전문인력 확보, ③ 의료사고·분쟁 대비 법적·제도적 장치 마련, ④ 의료관광 시장 선점, ⑤ 한국형 의료관광 모델 및 고급화·특성화전략 마련, ⑥ 저가의 의료비용으로 의료관광 마케팅, ⑦ 병의원 간 과도한 경쟁지양 등이 강조되고 있다.

우리나라는 최근 한국의료서비스에 대한 인식의 변화로 피부성형, 미용, 치료 목적의 외국인 의료관광객 입국이 날로 증가함에 따라 2009년 3월 25일 「관광진흥법」 개정 때 의료관광에 대한 관광진흥개발기금의 지원근거를 마련함으로써 해외 의료관광객의 국내 유치 활성화를 도모하고 있다(동법 제12조의2).

1) 외국인 의료관광 유치·지원 관련 기관

(1) 문화체육관광부장관은 외국인 의료관광의 활성화를 위하여 다음의 기준을 충족하는 외국인 의료관광 유치·지원 관련 기관에 관광진흥개발기금을 대여하거나 보조할 수 있다(관광진흥법 제12조의2 제1항 및 동법시행령 제8조의2 제1항 **〈개정 2016.6.21.〉**).

1. 「의료 해외진출 및 외국인환자 유치 지원에 관한 법률」(제6조제1항)에 따라 등록한 외국인환자 유치 의료기관(이하 "외국인환자 유치 의료기관"이라 한다) 또는 같은 법(제6조제2항)에 따라 등록한 외국인환자 유치업자(이하 "유치업자"라 한다)
2. 「한국관광공사법」에 따른 한국관광공사
3. 그 밖에 '의료관광'의 활성화를 위한 사업의 추진실적이 있는 보건·의료·관광 관련 기관 중 문화체육관광부장관이 고시하는 기관

(2) 이상의 외국인 의료관광 유치·지원 관련 기관에 대한 관광진흥개발기금의 대여나 보조의 기준 및 절차는 「관광진흥개발기금법」에서 정하는 바에 따른다(관광진흥법 시행령 제8조의2 제2항).

2) 외국인 의료관광 지원

(1) 외국인 의료관광 우수전문교육기관·우수교육과정 선정

문화체육관광부장관은 외국인 의료관광을 지원하기 위하여 외국인 의료관광 전문인력을 양성하는 전문교육기관 중에서 우수 전문교육기관이나 우수 교육과정을 선정하여 지원할 수 있다(동법 제12조의2 제2항 및 시행령 제8조의3 제1항).

(2) 외국인 의료관광 유치 안내센터 설치·운영

문화체육관광부장관은 외국인 의료관광 안내에 대한 편의를 제공하기 위하여 국내외에 외국인 의료관광 유치 안내센터를 설치·운영할 수 있다(동법시행령 제8조의3 제2항).

(3) 외국인 의료관광 유치 공동 해외마케팅사업 추진

문화체육관광부장관은 의료관광의 활성화를 위하여 지방자치단체의 장이나 의료기관 또는 유치업자와 공동으로 해외마케팅사업을 추진할 수 있다(동법시행령 제8조의3 제3항). 한편, 제주자치도에서는 '제주특별법'에 따라 도지사가 제주자치도에 적합한 의료관광 모델 개발을 위한 연구 및 마케팅·홍보 등에 관한 지원을 할 수 있으며, 그 지원범위 및 방법 등에 관하여 필요한 사항은 도조례로 정하도록 하고 있다(제주특별법 제200조).

3) 국제의료관광 코디네이터

국제의료관광 코디네이터는 국제화되는 의료시장에서 외국인환자를 유치하고 관리하기 위한 구체적인 ① 진료서비스 지원, ② 관광지원, 국내외 의료기관의 국가간 진출 등을 지원할 수 있는 ③ 의료관광 마케팅, ④ 리스크관리 및 ⑤ 행정업무 등을 담당함으로써 우리나라의 '글로벌헬스케어산업' 발전 및 대외경쟁력을 향상시키는 데 기여할 수 있는 자격제도이다.

이 자격 역시 컨벤션기획사 자격처럼 「국가기술자격법」으로 규정하여 「관광진흥법」으로 규정한 관광종사원 국가자격(관광통역안내사, 호텔관리사 등)과는 별개의 자격인 국가기술자격으로 제도화한 것으로, 2011년 11월 23일 개정된 「국가기술자격법 시행규칙」 제3조 관련 별표 2에 의하여 보건·의료계통의 서비스 분야자격으로 분류하여 신설된 것이다.

V. 국외여행 인솔자

1. 국외여행 인솔자의 자격요건

여행업자가 내국인의 국외여행을 실시할 경우 여행자의 안전 및 편의 제공을 위하여 그 여행을 인솔하는 자를 둘 때에는 문화체육관광부령으로 정하는 다음 각 호의 어느 하나에 해당하는 자격요건에 맞는 자를 두어야 한다(관광진흥법 제13조 제1항 및 동법 시행규칙 제22조 제1항). 다만, '제주자치도'에서는 이러한 자격요건을 「관광진흥법 시행규칙」이 아닌 도조례로 정할 수 있도록 규정하고 있다(제주특별법 제244조 제2항).

1. 관광통역안내사 자격을 취득할 것
2. 여행업체에서 6개월 이상 근무하고 국외여행 경험이 있는 자로서 문화체육관광부장관이 정하는 소양교육을 이수할 것
3. 문화체육관광부장관이 지정하는 교육기관에서 국외여행인솔에 필요한 양성교육을 이수할 것

2. 국외여행 인솔자의 자격 등록 및 자격증 발급 등

1) 국외여행 인솔자의 자격 등록

국외여행 인솔자의 자격요건을 갖춘 자가 내국인의 국외여행을 인솔하려면 문화체육관광부장관에게 등록하여야 한다(동법 제13조 2항).

국외여행인솔자의 자격요건을 갖춘 자로서 국외여행 인솔자로 등록하려는 사람은 국외여행 인솔자 등록신청서(별지 제24호의2서식)에 다음 각 호의 어느 하나에 해당하는 서류 및 사진(최근 6개월 이내에 모자를 쓰지 않고 촬영한 상반신 반명함판) 2매를 첨부하여 관련 업종별 관광협회에 제출하여야 한다(동법 시행규칙 제22조의2 제1항 **〈개정 2019.10.7.〉**).

1. 관광통역안내사 자격증
2. 문화체육관광부장관이 지정하는 교육기관에서 국외여행 인솔에 필요한 소양교육 또는 양성교육을 이수하였음을 증명하는 서류

2) 국외여행 인솔자의 자격증 발급

국외여행 인솔자등록신청을 받은 업종별 관광협회는 국외여행 인솔자 자격요건에 적합하다고 인정되는 경우에는 국외여행 인솔자 자격증(별지 제23호의3서식)을 발급하여야 한다(동법 시행규칙 제22조의2 제2항).

3) 국외여행 인솔자 자격증의 재발급

발급받은 국외여행 인솔자 자격증을 잃어버리거나 헐어 못 쓰게 되어 자격증을 재발급받으려는 사람은 국외여행 인솔자 자격증 재발급신청서(별지 제24호의2서식)에 자격증(자격증이 헐어 못 쓰게 된 경우만 해당한다) 및 사진(최근 6개월 이내에 모자를 쓰지 않고 촬영한 상반신 반명함판) 2매를 첨부하여 관련 업종별 관광협회에 제출하여야 한다(동법 시행규칙 제22조의3 **〈개정 2019.10.7.〉**).

4) 발급받은 자격증의 대여 등 금지

발급받은 자격증은 다른 사람에게 빌려주거나 빌려서는 아니되며, 이를 알선해서도 아니 된다(동법 제13조 제4항 **〈신설 2019.12.3.〉**).

만일 금지규정을 위반하여 자격증을 빌려주거나 빌린 자 또는 이를 알선한 자는 1년 이하의 징역 또는 1천만원 이하의 벌금에 처한다(동법 제84조 2의2호 **〈개정 2019.12.3.,2020.6.9.〉**).

5) 인솔자 자격의 취소

문화체육관광부장관은 대여등 금지규정(제13조 제4항)을 위반하여 다른 사람에게 국외여행 인솔자 자격증을 빌려준 사람에 대하여 그 자격을 취소하여야 한다(동법 제13조의2 **〈신설 2019.12.3.〉**).

Ⅵ. 여행계약 등

1. 여행지 안전정보 등 제공

여행업자는 여행자와 여행계약을 체결할 때에는 여행자를 보호하기 위하여 다음 각 호의 사항을 포함한 해당 여행지에 대한 안전정보를 서면으로 제공하여야 한다. 해당 여행지에 대한 안전정보가 변경된 경우에도 또한 같다(동법 제14조 제1항 및 동법시행규칙 제22조의4 제1항).

1. 「여권법」(제17조)에 따라 여권의 사용을 제한하거나 방문·체류를 금지하는 국가 목록 및 「여권법」(제26조) 위반시의 벌칙
2. 외교부 해외안전여행 인터넷홈페이지에 게재된 여행목적지(국가 및 지역)의 여행경보단계 및 국가별 안전정보(긴급연락처를 포함한다)
3. 해외여행자 인터넷 등록 제도에 관한 안내

2. 여행자에 대한 여행계약서 교부

여행업자는 여행자와 여행계약을 체결하였을 때에는 그 서비스에 관한 내용을 적은 여행계약서(여행일정표 및 약관을 포함한다) 및 보험 가입 등을 증명할 수 있는 서류를 여행자에게 내주어야 한다(동법 제14조 제2항).

3. 여행일정 변경시 여행자의 동의

여행업자는 여행계약서(여행일정표 및 약관을 포함한다)에 명시된 숙식·항공 등 여행일정(선택관광 일정을 포함한다)을 변경하려면 해당 날짜의 일정을 시작하기 전에 여행자로부터 서면으로 동의를 받아야 한다(동법 제14조 3항 및 동법시행규칙 제22조의4 제2항). 이 서면동의서에는 변경일시, 변경내용, 변경으로 발생하는 비용 및 여행자 또는 단체의 대표자가 일정변경에 동의한다는 의사를 표시하는 자필서명이 포함되어야 한다(동법 시행규칙 제22조의4 제3항).

그러나 여행업자는 천재지변, 사고, 납치 등 긴급한 사유가 발생하여 여행자로부터 사전에 일정변경 동의를 받기 어렵다고 인정되는 경우에는 사전에 일정변경동의서를 받지 아니할 수 있다. 다만, 여행업자는 사후에 서면으로 그 변경내용 등을 설명하여야 한다(동법 시행규칙 제22조의4 제4항).

제3절 관광숙박업 및 관광객이용시설업 등

Ⅰ. 사업계획의 승인

1. 사업계획승인의 필요성

관광사업 중에서 관광숙박업, 관광객이용시설업 또는 국제회의업 등은 막대한 시설투자비가 소요되고, 성격상 여러 행정기관으로부터 수많은 인·허가 등을 받아야 하는 어려움이 있다. 그러므로 사업계획의 승인 없이 사업자가 임의로 시설투자를 한 후 관광사업의 등록을 신청한 경우에 등록관청이 등록을 거부한다면, 등록을 신청한 자는 막대한 재산상의 손실을 당할 우려가 있다. 이러한 위험성을 사전에 방지하기 위하여 사업계획 승인을 받은 후에 관광사업의 등록을 하도록 함으로써 사업시행의 원활을 기하고자 함에 사업계획승인제도의 목적이 있다.

이에 따라 「관광진흥법」은 "관광숙박업(호텔업 및 휴양 콘도미니엄업)을 경영하려는 자는 등록을 하기 전에 그 사업에 대한 사업계획을 작성하여 특별자치시장·특별자치도지사·시장·군수·구청장(이하 "등록관청"이라 한다)의 승인을 받아야 한다(제15조 1항 **〈개정 2018.6.12.〉**)"고 규정하여 '사업계획의 사전승인제도'를 도입하였고, 이와 함께 "관광객이용시설업(전문휴양업·종합휴양업·관광유람선업의 경우)이나 국제회의업(국제회의시설업의 경우)을 경영하려는 자는 등록을 하기 전에 그 사업에 대한 사업계획을 작성하여 특별자치시장·특별자치도지사·시장·군수·구청장의 승인을 받을 수 있다(제15조 2항 **〈개정 2018.6.12.〉**)"고 하여 '임의적인 사업계획승인제도'를 도입하고 있다.

2. 사업계획의 승인관청과 승인대상업종

1) 사업계획의 승인관청

사업계획의 승인(변경승인을 포함한다)관청은 특별자치시장·특별자치도지사·시장·군수·구청장이다(관광진흥법 제15조 1항·2항).

2) 사업계획승인의 대상업종

사업계획승인 대상업종은 관광숙박업(호텔업 및 휴양 콘도미니엄업)과 관광객이용시설업(전문휴양업·종합휴양업·관광유람선업) 및 국제회의업(국제회의시설업)이다.

(1) 사업계획승인을 의무적으로 받아야 하는 업종 — 대상업종은 관광숙박업이다. 즉 관광숙박업(호텔업 및 휴양콘도미니엄업)을 경영하려는 자는 등록을 하기 전에 특별자치시장·특별자치도지사·시장·군수·구청장으로부터 반드시 사업계획승인을 받아야 한다. 또한 승인을 받은 사업계획 중 다음과 같은 경우에는 사업계획변경승인을 받아야 한다(동법 제15조 1항 및 동법시행령 제9조 1항).

1. 부지 및 대지면적을 변경할 때에 그 변경하려는 면적이 당초 승인받은 계획면적의 100분의 10 이상이 되는 경우
2. 건축 연면적을 변경할 때에 그 변경하려는 연면적이 당초 승인받은 계획면적의 100분의 10 이상이 되는 경우
3. 객실 수 또는 객실면적을 변경하려는 경우(휴양콘도미니엄업만 해당한다)
4. 변경하려는 업종의 등록기준에 맞는 경우로서, 호텔업과 휴양콘도미니엄업 간의 업종 변경 또는 호텔업 종류 간의 업종 변경

(2) 반드시 사업계획승인을 받지 아니해도 되는 업종 — 이에 해당하는 업종으로는 관광객이용시설업 중 전문휴양업·종합휴양업·관광유람선업과 국제회의업 중 국제회의시설업이다(동법 시행령 제12조). 이들 업종은 사업자의 재량에 따라 사업계획승인을 받을 수 있는 임의규정이다. 따라서 사업계획승인을 받지 아니하고 등록심의위원회의 심의만을 거쳐 등록을 할 수 있다. 다만, 사업계획승인을 받음으로써 얻게 되는 관계법률상의 인·허가 등의 의제를 받지 못하게 되고, 경우에 따라서는 등록이 거부되는 수도 있다. 또한 승인을 받은 사업계획 중 다음과 같은 경우에는 사업계획변경승인을 받을 수 있다(동법 시행령 제9조 2항).

1. 전문휴양업이나 종합휴양업의 경우 부지, 대지면적 또는 건축 연면적을 변경할 때에 그 변경하려는 면적이 당초 승인받은 계획면적의 100분의 10 이상이 되는 경우
2. 국제회의업의 경우 국제회의시설 중 다음 각 목의 어느 하나에 해당하는 변경을 하려는 경우

가. 「국제회의산업 육성에 관한 법률 시행령」 제3조 제2항에 따른 전문회

의시설의 회의실 수 또는 옥내전시면적을 변경할 때에 그 변경하려는 회의실 수 또는 옥내전시면적이 당초 승인받은 계획의 100분의 10 이상이 되는 경우

나. 「국제회의산업 육성에 관한 법률 시행령」 제3조 제4항에 따른 전시시설의 회의실 수 또는 옥내전시면적을 변경할 때에 그 변경하려는 회의실 수 또는 옥내전시면적이 당초 승인받은 계획의 100분의 10 이상이 되는 경우

3. 사업계획승인 및 변경승인기준

1) 사업계획 승인기준

사업계획의 승인기준(변경승인을 포함한다)은 다음과 같다(관광진흥법 제15조 3항, 동법 시행령 제13조 1항 〈**개정 2018.12.18.,2019.4.9.**〉).

1. 사업계획의 내용이 관계 법령의 규정에 적합할 것
2. 사업계획의 시행에 필요한 자금을 조달할 능력 및 방안이 있을 것
3. 일반 주거지역의 관광숙박시설 및 그 시설 안의 위락시설은 주거환경을 보호하기 위하여 다음 각 목의 기준에 맞아야 하고, 준준거지역의 경우에는 다목의 기준에 맞을 것. 다만, 일반 주거지역에서의 사업계획의 변경승인(신축 또는 기존 건축물 전부를 철거하고 다시 축조하는 개축을 하는 경우는 포함하지 아니함)의 경우에는 가목의 기준을 적용하지 아니하고, 일반주거지역의 호스텔업의 경우에는 라목의 기준을 적용하지 아니 한다.한다.

가. 다음의 구분에 따라 사람 또는 차량의 통행이 가능하도록 대지가 도로에 연접(連接)할 것. 다만, 특별자치시·특별자치도·시·군·구(자치구를 말한다)는 주거환경을 보호하기 위하여 필요하면 지역특성을 고려하여 조례로 이 기준을 강화할 수 있다.

1) 관광호텔업, 수상관광호텔업, 한국전통호텔업, 가족호텔업, 의료관광호텔업 및 휴양 콘도미니엄업: 대지가 폭 12미터 이상의 도로에 4미터 이상 연접할 것

2) 호스텔업 및 소형호텔업: 대지가 폭 8미터(관광객의 수, 관광특구와의 거리 등을 고려하여 특별자치시장·특별자치도지사·시장·군수·구청장이 지정하여 고시하는 지역에서 20실 이하의 객실을 갖추어 경영하는 호스텔업의 경우에는 4미터) 이상의 도로에 4미터 이상 연접할 것

나. 건축물(관광숙박시설이 설치되는 건축물 전부를 말한다) 각 부분의 높이는 그 부분으로부터 인접대지를 조망할 수 있는 창이나 문 등의 개구부가 있는 벽면에서 직각 방향으로 인접된 대지의 경계선[대지와 대지 사이가 공원·광장·도로·하천이나 그 밖의 건축이 허용되지 아니하는 공지(空地)인 경우에는 그 인접된 대지의 반대편 경계선을 말한다]까지의 수평거리의 두 배를 초과하지 아니할 것

다. 소음 공해를 유발하는 시설은 지하층에 설치하거나 그 밖의 방법으로 주변의 주거환경을 해치지 아니하도록 할 것

라. 대지 안의 조경(造景)은 대지면적의 15퍼센트 이상으로 하되, 대지 경계선 주위에는 다 자란 나무를 심어 인접 대지와 차단하는 수림대(樹林帶)를 조성할 것

4. 연간 내국인 투숙객 수가 객실의 연간 수용가능 총인원의 40퍼센트를 초과하지 아니할 것(의료관광호텔업만 해당한다)

2) 휴양콘도미니엄업의 사업계획 변경승인기준

특별자치시장·특별자치도지사·시장·군수·구청장은 휴양 콘도미니엄업의 규모를 축소하는 사업계획에 대한 변경승인신청을 받은 경우에는 다음 각 호의 어느 하나의 감소비율이 당초 승인한 분양 및 회원모집계획상의 피분양자 및 회원(이하 이 항에서 “회원등”이라 함) 총 수에 대한 사업계획 변경승인 예정일 현재 실제로 미분양 및 모집 미달이 되고 있는 잔여 회원등 총 수의 비율(이하 이 항에서 “미분양률”이라 함)을 초과하지 아니하는 한도에서 그 변경승인을 하여야 한다. 다만, 사업자가 이미 분양받거나 회원권을 취득한 회원등에 대하여 그 대지면적 및 객실면적(전용 및 공유면적을 말한다)의 감소분에 비례하여 분양가격 또는 회원모집가격을 인하하여 해당 회원등에게 통보한 경우에는 미분양률을 초과하여 변경승인을 할 수 있다(관광진흥법 시행령 제13조 2항 **〈개정 2019.4.9.〉**).

1. 당초계획(승인한 사업계획을 말한다)상의 대지면적에 대한 변경계획상의 대지면적 감소비율
2. 당초계획상의 객실 수에 대한 변경계획상의 객실 수 감소비율
3. 당초계획상의 전체 객실면적에 대한 변경계획상의 전체 객실면적 감소비율

4. 사업계획승인절차

1) 사업계획승인신청

(1) **사업계획의 신규승인신청** — 사업계획승인을 신규로 받으려는 자는 사업계획승인신청서(시행규칙 제23조 관련 별지 제25호서식)에 구비서류(동법 시행규칙 제23조 각 호의 서류)를 첨부하여 특별자치시장·특별자치도지사·시장·군수·구청장에게 제출하여야 한다. 다만, 등록체육시설의 경우에는 「체육시설의 설치·이용에 관한 법률 시행령」 제10조에 따른 사업계획승인서 사본으로 첨부서류를 갈음한다(동법 제15조, 동법시행령 제10조 1항, 동법시행규칙 제23조 1항 **〈개정 2019.4.25.〉**).

(2) **사업계획의 변경승인신청** — 사업계획의 변경승인을 받으려는 자는 사업계획변경승인신청서(시행규칙 제24조 관련 별지 제26호서식)에 구비서류를 첨부하여 특별자치시장·특별자치도지사·시장·군수·구청장에게 제출하여야 한다(동법 시행령 제10조 2항, 동법 시행규칙 제24조 **〈개정 2019.4.25.〉**).

그런데 전문휴양업 및 종합휴양업의 경우 사업예정지역의 위치도 및 현황도 등에 변경사항이 있는 경우에는 각각 그 변경에 관계되는 서류를 제출하여야 한다(동법시행령 제10조 2항 및 동법시행규칙 제24조 **〈개정 2019.4.25.〉**).

2) 관계 행정기관의 장과의 협의

특별자치시장·특별자치도지사·시장·군수·구청장은 사업계획승인(변경승인 포함)신청서를 접수한 경우에는 해당 관광사업이 사업계획승인으로 인·허가 등이 의제(擬制)되는 사업인 경우에는 그 인·허가 등을 처리하는 소관 행정기관의 장과 협의하여야 한다(동법 제16조 2항, 동법시행령 제10조 3항 **〈개정 2019.4.9.〉**). 이 때 협의요청을 받은 소관 행정기관의 장은 협의요청을 받은 날부터 30일 이내에 그 의견을 제출하여야 한다(동법시행령 제10조 4항).

또한 특별자치시장·특별자치도지사·시장·군수·구청장은 승인을 받은 관광숙박업·관광객이용시설업·국제회의업의 사업계획 중 부지, 대지면적, 건축 연면적의 일정 규모 이상의 변경에 따른 사업계획의 변경승인을 하려는 경우 건축물의 용도변경이 포함되어 있으면 미리 소관 행정기관의 장과 협의하여야 한다(관광진흥법 제16조 3항 **〈개정 2018.6.12.〉**).

3) 사업계획승인의 통보

특별자치시장·특별자치도지사·시장·군수·구청장은 사업계획 또는 사업계획의 변경을 승인하는 경우에는 사업계획승인 또는 변경승인을 신청한 자에게 이를 지체없이 통보하여야 한다(동법 시행령 제11조 **〈개정 2019.4.9.〉**).

5. 사업계획승인 시의 인·허가 의제(擬制) 등

1) 인·허가 의제 등 개요

인·허가 의제란 하나의 사업을 수행하기 위하여 여러 법률에 규정된 인·허가를 여러 행정관청에서 받아야 하는 경우, 이를 하나의 사업의 측면에서 종합적으로 검토하여 인·허가가 이루어지게 하되, 주된 인·허가를 받으면 다른 법률에 의한 관련 인·허가도 함께 받은 것으로 간주함으로써 그 사업을 위한 행정절차를 간소화·효율화하는 제도라고 할 수 있다.

2) 의제대상 인·허가

(1) 관광숙박업 등의 사업계획승인을 받은 경우 — 관광숙박업과 관광객이용시설업 중 전문휴양업·종합휴양업 및 관광유람선업 그리고 국제회의업 중 국제회의시설업(이하 "관광숙박업 등"이라 한다)의 사업계획의 승인을 받은 때에는 다음과 같은 사항에 대하여 허가 또는 해제를 받거나 신고를 한 것으로 본다.

1. 「농지법」(제34조 제1항)에 따른 농지전용(轉用)의 허가
2. 「산지관리법」(제14조·제15조)에 따른 산지전용허가 및 산지전용신고, 같은 법(제15조의2)에 따른 산지일시 사용허가·신고, 「산림자원의 조성 및 관리에 관한 법률」(제36조 제1항·제4항 및 제45조)에 따른 입목벌채 등의 허가·신고
3. 「사방사업법」(제20조)에 따른 사방지(砂防地) 지정의 해제
4. 「초지법」(제23조)에 따른 초지전용(草地轉用)의 허가
5. 「하천법」(제30조)에 따른 하천공사 등의 허가 및 실시계획의 인가, 같은 법 (제33조)에 따른 점용허가(占用許可) 및 실시계획의 인가
6. 「공유수면 관리 및 매립에 관한 법률」(제8조)에 따른 공유수면의 점용·사용허가 및 같은 법(제17조)에 따른 점용·사용 실시계획의 승인 또는 신고
7. 「사도법」(제4조)에 따른 사도개설(私道開設)의 허가

8. 「국토의 계획 및 이용에 관한 법률」(제56조)에 따른 개발행위의 허가
9. 「장사 등에 관한 법률」(제8조제3항)에 따른 분묘의 개장신고(改葬申告) 및 같은 법(제27조)에 따른 분묘의 개장허가(改葬許可)

(2) 관광숙박업의 사업계획변경승인을 받은 경우 — 관광사업자(관광숙박업만 해당한다)가 '등록관청'으로부터 사업계획의 변경승인을 받은 경우에는 「건축법」(제14조 2항)에 따른 용도변경의 허가를 받거나 신고를 한 것으로 본다(관광진흥법 제16조 4항). 따라서 용도변경 신고수리권자인 '등록관청'에 별도로 건물의 용도변경신고를 아니하여도 용도변경을 할 수 있다.

3) 「국토의 계획 및 이용에 관한 법률」의 적용 배제

관광사업을 경영하려는 자가 사업계획의 승인 또는 변경승인을 받은 경우 그 사업계획에 따른 관광숙박시설 및 그 시설 안의 위락시설로서 「국토의 계획 및 이용에 관한 법률」(이하 "국토계획법"이라 한다)에 따라 지정된 용도지역(상업지역·일반주거지역·준주거지역·준공업지역·자연녹지지역) 안의 시설에 대하여는 "국토계획법" 제76조 제1항(용도지역 및 용도지구에서의 건축물의 건축제한)의 적용을 받지 아니한다. 다만, 주거지역에서는 주거환경의 보호를 위하여 대통령령으로 정하는 사업계획승인기준에 맞는 경우에 한한다(관광진흥법 제16조 5항, 동법 시행령 제14조).

다시 말하면 "국토계획법" 제76조 제1항에 의하면 일반주거지역이나 준주거지역에서는 숙박시설 건축이 불가능하지만, 「관광진흥법」 제16조 제5항에 의하여 건축하려는 관광숙박시설이 사업계획승인기준에 맞는 경우에는 건축이 가능하다는 것이다.

6. 사업계획승인시설의 착공 및 준공기간

사업계획승인시설의 착공 및 준공기간은 다음과 같다(동법시행령 제32조).

1) 2011년 6월 30일 이전에 사업계획의 승인(「관광진흥법」 제15조에 따른)을 받은 경우
   가. 착공기간: 사업계획의 승인을 받은 날부터 4년
   나. 준공기간: 착공한 날부터 7년

2) 2011년 7월 1일 이후에 사업계획의 승인(「관광진흥법」 제15조에 따른)을 받은 경우

가. 착공기간: 사업계획의 승인을 받은 날부터 2년

나. 준공기간: 착공한 날부터 5년

7. 사업계획의 승인취소

사업계획의 승인을 받은 자가 관광사업자의 일반적 결격사유(관광진흥법 제7조 1항)의 어느 하나에 해당하면 '등록기관등의 장'(문화체육관광부장관, 시·도지사 또는 시장·군수·구청장)은 3개월 이내에 사업계획의 승인을 취소하여야 한다. 다만, 법인의 임원 중 그 사유에 해당하는 자가 있는 경우 3개월 이내에 그 임원을 바꾸어 임명한 때에는 그러하지 아니하다(동법 제7조 2항).

또 사업계획의 승인을 받은 자가 정당한 사유 없이 대통령령으로 정하는 기간 내에 착공이나 준공을 하지 아니한 때, 사업계획을 추진할 때 거짓이나 그 밖의 부정한 방법을 사용하거나 부당한 금품을 주고받은 때, 「관광진흥법」 또는 이 법에 따른 명령이나 처분을 위반한 경우의 어느 하나에 해당하면 '등록기관등의 장'은 사업계획 승인을 취소하거나 6개월 이내의 기간을 정하여 그 사업의 전부 또는 일부의 정지를 명할 수 있다(동법 제35조 1항).

Ⅱ. 관광숙박업 등의 등록심의위원회

1. 등록심의위원회의 설치

관광사업 중 관광숙박업(호텔업·휴양콘도미니엄업)과 관광객이용시설업 중 전문휴양업·종합휴양업·관광유람선업 및 국제회의업 중 국제회의시설업의 등록(등록사항의 변경을 포함한다)에 관한 사항을 심의하기 위하여 특별자치시장·특별자치도지사·시장·군수·구청장(권한이 위임된 경우에는 그 위임을 받은 기관을 말한다)의 소속으로 '관광숙박업 및 관광객이용시설업 등록심의위원회'(이하 "위원회"라 한다)를 두는데(관광진흥법 제17조 1항 **〈개정 2018.6.12.〉**), 이들 관광사업은 다른 사업에 비하여 규모나 시설이 크고 의제(擬制)되는 법률도 많기 때문에, 등록을 하기 전에 미리 '등록심의위원회'의 심의를 거치도록 하였다.

다만, 대통령령으로 정하는 경미한 사항의 변경에 관하여는 '등록심의위원회'

의 심의를 거치지 아니할 수 있다(동법 제17조 4항 **〈개정 2018.6.12.〉**).

2. 등록심의위원회의 구성

'등록심의위원회'는 위원장과 부위원장 각 1명을 포함한 위원 10명 이내로 구성하되, 위원장은 특별자치시·특별자치도·시·군·구(자치구만 해당한다)의 부지사·부시장·부군수·부구청장이 되고, 부위원장은 위원 중에서 위원장이 지정하는 자가 되며, 위원은 「관광진흥법」 제18조(신고·허가 의제 등) 제1항 각 호에 따른 신고 또는 인·허가 등의 소관기관의 직원이 된다(동법 제17조 2항 **〈개정 2018.6.12.〉**).

3. 등록심의위원회의 심의사항

1) '등록심의위원회'는 다음 각 호의 사항을 심의한다(관광진흥법 제17조 3항).

1. 관광숙박업, 전문휴양업, 종합휴양업, 관광유람선업 및 국제회의시설업의 등록기준 등에 관한 사항
2. 「관광진흥법」 제18조(신고·허가 의제 등) 제1항 각 호에서 정한 사업이 관계 법령상의 신고 또는 인·허가 등의 요건에 해당하는지의 여부에 관한 사항
3. 사업계획 승인(변경승인 포함)을 받고 학교환경위생 상대정화구역에 호텔업 등록을 신청한 경우 호텔시설을 설치할 수 있는 요건(법 제6조 7항 각 호)을 충족하는지에 관한 사항

2) 특별자치시장·특별자치도지사·시장·군수·구청장은 관광숙박업, 관광객 이용시설업, 국제회의업 등의 등록을 하려면 미리 '위원회'의 심의를 거쳐야 하지만, 대통령령으로 정하는 경미한 사항의 변경에 관해서는 '위원회'의 심의를 거치지 아니할 수 있다(관광진흥법 제17조 4항 **〈개정 2018.6.12.〉**). 여기서 경미한 사항의 변경이란 '등록심의위원회' 심의사항의 변경 중 관계되는 기관이 둘 이하인 경우의 심의사항 변경을 말한다(동법 시행령 제20조 2항).

4. 등록심의위원회의 운영

위원장은 위원회를 대표하고, 위원회의 직무를 총괄한다. 부위원장은 위원장을 보좌하고, 위원장이 부득이한 사유로 직무를 수행할 수 없을 때에는 그 직무를 대행한다(동법 시행령 제15조).

위원장은 위원회의 회의를 소집하고 그 의장이 된다. 위원회의 회의는 재적위원 3분의 2 이상의 출석과 출석위원 3분의 2 이상의 찬성으로 의결한다(동법 제17조 5항 **〈신설 2018.12.11.〉**). 그리고 위원장은 위원회의 심의사항과 관련하여 필요하다고 인정하면 관계인 또는 안전·소방 등에 대한 전문가를 출석시켜 그 의견을 들을 수 있다(동법 시행령 제17조).

위원회의 서무를 처리하기 위하여 위원회에 간사 1명을 둔다. 그리고 위원회의 운영에 관하여 필요한 사항을 규정한 운영세칙은 위원회의 의결을 거쳐 위원장이 정한다(동법 시행령 제18조 · 제19조).

5. 관광사업 등록시의 신고·허가 의제 등

1) 신고·허가 의제 등 개요

관광사업을 등록하면 그와 관련된 여타 영업의 인·허가를 동시에 받은 것으로 보는 것이 인·허가 등의 의제이다. 즉 주된 인·허가를 받으면 다른 법률에 의한 관련 사업의 인·허가도 함께 받은 것으로 간주함으로써 그 사업을 위한 행정절차를 간소화·효율화하는 제도라고 할 수 있다.

2) 의제대상

(1) 특별자치시장·특별자치도지사·시장·군수·구청장이 위원회의 심의를 거쳐 등록을 하면 그 관광사업자는 다음 각 호의 신고를 하였거나 인·허가 등을 받은 것으로 본다(관광진흥법 제18조 1항 **〈개정 2018.6.12.,2020.12.29.〉**).

1. 「공중위생관리법」(제3조)에 따른 숙박업·목욕장업·이용업·미용업 또는 세탁업의 신고
2. 「식품위생법」(제36조)에 따른 식품접객업으로서 대통령령으로 정하는 영업의 허가 또는 신고
3. 「주류 면허 등에 관한 법률」 제5조에 따른 주류판매업의 면허 또는 신고
4. 「외국환거래법」(제8조 제3항 1호)에 따른 외국환업무의 등록
5. 「담배사업법」(제16조)에 따른 담배소매인의 지정
6. 「체육시설의 설치·이용에 관한 법률」(제10조)에 따른 신고 체육시설업으로서 같은 법(제20조)에 따른 체육시설업의 신고
7. 「해사안전법」(제34조 제3항)에 따른 해상 레저활동의 허가
8. 「의료법」(제35조)에 따른 부속의료기관의 개설신고 또는 개설허가

(2) 특별자치시장·특별자치도지사·시장·군수·구청장은 관광숙박업, 관광객 이용시설업 및 국제회의업의 등록을 한 때에는 지체없이 신고 또는 인·허가 등의 소관 행정기관의 장에게 그 내용을 통보하여야 한다(동법 제18조제2항 〈**개정 2018.6.12.**〉).

Ⅲ. 관광숙박업 등의 등급

1. 등급결정 개요

문화체육관광부장관(제주자치도는 도지사)은 관광숙박시설 및 야영장 이용자의 편의를 돕고, 관광숙박시설·야영장 및 서비스의 수준을 효율적으로 유지·관리하기 위하여 관광숙박업자 및 야영장업자의 신청을 받아 관광숙박업 및 야영장업에 대한 등급을 정할 수 있는데, 등급결정을 위하여 필요한 경우에는 관계 전문가에게 관광숙박업 및 야영장업의 시설 및 운영 실태에 관한 조사를 의뢰할 수 있다(관광진흥법 제19조 1항·3항). 이러한 등급결정권은 일정한 요건을 갖춘 법인으로서 문화체육관광부장관이 정하여 고시하는 법인에 위탁하도록 하였다(동법 제80조 3항 2호 및 동법시행령 제66조 2항).

한편, 제주자치도에서는 관광숙박업 등의 등급결정에 관하여 문화체육관광부장관의 권한은 제주자치도지사의 권한으로 하고, 「관광진흥법 시행령」이나 「관광진흥법 시행규칙」에서 정하도록 되어 있는 것은 제주자치도 '도조례'로 정할 수 있게 하였다(제주특별법 제240조).

2. 등급결정대상 관광숙박업 및 등급구분

등급을 정할 수 있는 관광숙박업은 호텔업이다. 따라서 관광호텔업, 수상관광호텔업, 한국전통호텔업, 가족호텔업, 호스텔업, 소형호텔업 및 의료관광호텔업은 모두 등급결정대상 호텔업이다.

그런데 호텔업 등록을 한 자 중에서도 대통령령으로 정하는 자 즉 관광호텔업, 수상관광호텔업, 한국전통호텔업, 가족호텔업, 소형호텔업 또는 의료관광호텔업은 반드시 등급신청을 하여야 한다고 규정하고, 호스텔업은 여기서 제외되고 있다(동법 제19조 제1항 단서 및 동법 시행령 제22조제1항 〈**개정 2019.11.19.**〉).

그리고 호텔업의 등급은 5성급, 4성급, 3성급, 2성급 및 1성급으로 구분한다(동법 시행령 제22조 2항 〈**개정 2014.11.28.**〉). 종전의 특1등급, 특2등급, 1등급, 2

등급 및 3등급으로 구분해 왔던 호텔업의 등급을 국제적으로 통용되는 별(星) 등급 체계로 정비함으로써 외국인 관광객들이 호텔을 선택함에 있어서의 편의를 도모하고자 한 것이다.

3. 호텔업 등급결정 권한의 위탁

1) 문화체육관광부장관은 호텔업의 등급결정권을 다음 각 호의 요건을 모두 갖춘 법인으로서 문화체육관광부장관이 정하여 고시하는 법인에 위탁한다(관광진흥법 제80조 제3항 2호, 동법시행령 제66조 제1항 **〈개정 2014.11.28.〉**). 이 때 등급결정권을 위탁받은 법인(이하 "등급결정 수탁기관"이라 한다)은 기존의 한국관광호텔업협회 및 한국관광협회중앙회의 이원화 체계에서 객관성과 신뢰성을 높일 수 있는 한국관광공사로 일원화하였다.

1. 문화체육관광부장관의 허가를 받아 설립된 비영리법인이거나 「공공기관의 운영에 관한 법률」에 따른 공공기관일 것
2. 관광숙박업의 육성과 서비스 개선 등에 관한 연구 및 계몽활동 등을 하는 법인일 것
3. 문화체육관광부령으로 정하는 기준에 맞는 자격을 가진 평가요원을 50명 이상 확보하고 있을 것

2) 문화체육관광부장관은 위탁업무 수행에 필요한 경비의 전부 또는 일부를 호텔업 등급결정권을 위탁받은 법인("등급결정 수탁기관")에 지원할 수 있다(동법시행령 제66조 제2항 **〈개정 2014.11.28.〉**).

3) 호텔업 등급결정권 위탁기준 등 호텔업 등급결정권의 위탁에 필요한 사항은 문화체육관광부장관이 정하여 고시한다(동법시행령 제66조 제3항 **〈신설 2014.11.28.〉**).

4. 호텔업의 등급결정 절차

1) 등급결정 신청

관광호텔업, 수상관광호텔업, 한국전통호텔업, 가족호텔업, 소형호텔업 또는 의료관광호텔업의 등록을 한 자는 다음 각 호의 구분에 따른 기간 이내에 문화체육관광부장관으로부터 등급결정권을 위탁받은 법인(이하 "등급결정 수탁기관"이

라 한다)에 호텔업의 등급 중 희망하는 등급을 정하여 등급결정을 신청하여야 한다(동법 시행규칙 제25조 1항 **〈개정 2017.6.7.,2019.11.20.〉**).

1. 호텔을 신규 등록한 경우: 호텔업 등록을 한 날부터 60일
2. 호텔업 등급결정의 유효기간이 만료되는 경우: 유효기간 만료 전 150일부터 90일까지
3. 시설의 증·개축 또는 서비스 및 운영실태 등의 변경에 따른 등급 조정사유가 발생한 경우: 등급 조정사유가 발생한 날부터 60일

2) 등급평가기준

「관광진흥법 시행규칙」 제25조 제3항의 규정에 의한 호텔업 세부등급평가기준(이하 "등급평가기준"이라 한다)은 별표와 같다(등급결정요령 제7조).

■ 등급결정기준표

<table>
<tr><th colspan="2">구분</th><th>5성</th><th>4성</th><th>3성</th><th>2성</th><th>1성</th></tr>
<tr><td rowspan="3">등급
평가
기준</td><td>현장평가</td><td>700점</td><td>585점</td><td>500점</td><td>400점</td><td>400점</td></tr>
<tr><td>암행평가/
불시평가</td><td>300점</td><td>265점</td><td>200점</td><td>200점</td><td>200점</td></tr>
<tr><td>총배점</td><td>1,000점</td><td>850점</td><td>700점</td><td>600점</td><td>600점</td></tr>
<tr><td rowspan="2">결정
기준</td><td>공통기준</td><td colspan="5">1. 등급별 등급평가기준 상의 필수항목을 충족할 것
2. 제11조 제1항에 따른 점검 또는 검사가 유효할 것</td></tr>
<tr><td>등급별 기준</td><td>평가점수가 총 배점의 90% 이상</td><td>평가점수가 총 배점의 80% 이상</td><td>평가점수가 총 배점의 70% 이상</td><td>평가점수가 총 배점의 60% 이상</td><td>평가점수가 총 배점의 50% 이상</td></tr>
</table>

3) 등급결정을 위한 평가요소

등급결정 수탁기관이 등급결정을 하는 경우에는 다음 각 호의 요소를 평가하여야 하며, 그 세부적인 기준 및 절차는 문화체육관광부장관이 정하여 고시한다(동법 시행규칙 제25조 3항).

1. 서비스 상태
2. 객실 및 부대시설의 상태
3. 안전관리 등에 관한 법령 준수 여부

4) 등급결정

① 등급결정 수탁기관은 등급결정 신청을 받은 경우에는 문화체육관광부장관이 정하여 고시하는 호텔업 등급결정의 기준에 따라 신청일부터 90일 이내에 해당 호텔의 등급을 결정하여 신청인에게 통지하여야 한다. 다만, 다음 각 호의 경우에는 그 기간을 연장할 수 있다(동법 시행규칙 제25조 2항 **〈개정 2020.4.28.〉**).

1. 감염병 확산으로 「재난 및 안전관리 기본법」 제38조제2항에 따른 경계 이상의 위기경보가 발령된 경우: 경계 이상의 위기경보 해제일을 기준으로 1년의 범위에서 문화체육관광부장관이 정하여 고시하는 기간까지 연장
2. 그 밖의 부득이한 사유로 정해진 기간 내에 등급결정을 할 수 없는 경우: 60일의 범위에서 연장

② 등급결정 수탁기관은 평가의 공정성을 위하여 필요하다고 인정하는 경우에는 평가를 마칠 때까지 평가의 일정 등을 신청인에게 알리지 아니할 수 있다(동법 시행규칙 제25조 4항).

③ 등급결정 수탁기관은 평가한 결과 등급결정 기준에 미달하는 경우에는 해당 호텔의 등급결정을 보류하여야 한다. 이 경우 보류사실을 신청인에게 통지하여야 한다(동법 시행규칙 제25조 5항).

5) 등급결정의 재신청 등

(1) 1차보류시의 재신청 — 등급결정 보류의 통지를 받은 신청인은 그 보류의 통지를 받은 날부터 60일 이내에 신청한 등급과 동일한 등급 또는 낮은 등급으로 호텔업 등급결정의 재신청을 하여야 한다(동법 시행규칙 제25조의2 제1항 **〈신설 2014.12.31.〉**). 이 때 재신청을 받은 '등급결정 수탁기관'은 해당 호텔의 등급을 결정하거나 해당 호텔의 등급결정을 보류한 후 그 사실을 신청인에게 통지하여야 한다(동법 시행규칙 제25조의2 제2항).

(2) 2차보류시의 재신청 — 등급결정이 보류되어 당초 신청한 등급과 동일한 등급으로 호텔업 등급결정을 재신청하였으나 다시 등급결정이 보류된 경우에는 등급결정 보류의 통지를 받은 날부터 60일 이내에 신청한 등급보다 낮은 등급으로 등급결정을 신청하거나 '등급결정 수탁기관'에 등급결정의 보류에 대한 이의를 신청하여야 한다(동법 시행규칙 제25조의2 제3항).

(3) 2차보류에 대한 이의제기 — 호텔의 등급결정이 두 차례나 보류되어 이의신청을 한 경우에 이의신청을 받은 '등급결정 수탁기관'은 문화체육관광부장

관이 정하여 고시하는 절차에 따라 신청일부터 90일 이내에 이의신청에 이유가 있는지 여부를 판단하여 처리하여야 한다. 다만, 부득이한 사유가 있는 경우에는 60일의 범위에서 그 기간을 연장할 수 있다.

(4) **이의제기 후의 재신청** — 2차 보류에 대한 불복으로 이의신청을 거친 자가 다시 등급결정을 신청하는 경우에는 당초 신청한 등급보다 낮은 등급으로만 할 수 있다.

(5) **하위등급신청에 대한 보류시의 재신청** — 등급결정보류의 통지를 받은 신청인이 직전에 신청한 등급보다 낮은 등급으로 호텔업 등급결정을 재신청하였으나 다시 등급결정이 보류된 경우에는 최초로 등급결정 보류의 통지를 받은 신청인이 재신청을 하는 경우와 같은 절차에 따라 처리하게 된다.

6) 등급결정의 유효기간 등

(1) **등급결정의 유효기간** — ① 관광숙박업 및 야영장업 등급결정의 유효기간은 등급결정을 받은 날부터 3년으로 한다. 다만, 제25조제2항 각 호에 따라 연장된 기간 중에 등급결정의 유효기간이 만료된 경우에는 새로운 등급결정을 받기 전까지 종전의 등급결정이 유효한 것으로 본다.

② 문화체육관광부장관은 등급결정 결과를 분기별로 문화체육관광부의 인터넷 홈페이지에 공표하여야 하고, 필요한 경우에는 그 밖의 효과적인 방법으로 공표할 수 있다.

③ 그리고 이 규칙에서 규정한 사항 외에 호텔업 등급결정에 필요한 사항은 문화체육관광부장관이 정하여 고시한다(동법 제19조 2항 및 시행규칙 제25조의3 **〈개정 2020.4.28., 2021.12.31.〉**).

(2) **감염병의 확산으로 인한 특별조치** — 문화체육관광부장관은 감염병 확산으로 「재난 및 안전관리 기본법」 제38조제2항에 따른 경계 이상의 위기경보가 발령될 경우 등급결정을 연기하거나 기존의 등급결정의 유효기간을 연장할 수 있다(관진법 제19조 5항, 시행규칙 제25조 2항 **〈개정 2021.4.13., 2021.12.31.〉**).

5. 호텔업의 등급결정권 수탁기관의 임·직원을 공무원으로 간주

문화체육관광부장관(제주자치도에서는 도지사)으로부터 호텔업의 등급결정권을 위탁받아 등급결정업무를 수행하는 등급결정업무 수행기관의 임·직원은 부정이나 위법행위로 인하여 「형법」 제129조부터 제132조까지의 규정을 적용하는 경우 공무원으로 본다(관광진흥법 제80조 4항).

Ⅳ. 관광숙박업 등의 분양 및 회원모집

관광숙박업(호텔업 및 휴양콘도미니엄업)과 관광객이용시설업 중 제2종 종합휴양업을 등록한 자 또는 그 사업계획의 승인을 받은 자는 당해 시설에 대하여 분양(휴양콘도미니엄업에 한한다) 또는 회원을 모집할 수 있는데(관광진흥법 제20조, 동법 시행령 제23조부터 제26조)데, '분양 또는 회원모집'에 관하여 '제주자치도'에서는 「관광진흥법 시행령」이나 「관광진흥법 시행규칙」에서 정하도록 한 사항은 '도조례'로 정할 수 있게 하였다(제주특별법 제244조 2항).

1. 분양 및 회원모집 대상업종

(1) 분양 및 회원모집이 모두 가능한 업종: 휴양콘도미니엄업

(2) 회원모집만 가능한 업종: 호텔업 및 제2종 종합휴양업

한편, 문화체육관광부장관은 회원을 모집할 수 있는 대상업종의 범위가 적절한지를 2014년 1월 1일을 기준으로 3년마다(매 3년이 되는 해의 기준일과 같은 날 전까지를 말한다) 그 타당성을 검토하여 개선 등의 조치를 하여야 한다(동법 시행령 제66조의3 제1항 **〈개정 2015.12.30.〉**).

또한 문화체육관광부장관은 외국인환자 유치 의료기관 및 유치업자가 충족하여야 하는 연간사업실적 기준이 적정한지를 2018년 12월 31일까지 검토하여 적절한 기준을 정하여야 한다(동법시행령 제66조의3 제2항).

2. 분양 및 회원모집의 기준

휴양콘도미니엄업 시설의 분양 및 회원모집 기준과 호텔업 및 제2종 종합휴양업시설의 회원모집 기준은 다음과 같은데, 다만 제2종 종합휴양업 시설 중 등록체육시설업 시설에 대한 회원모집에 관하여는 「체육시설의 설치·이용에 관한 법률」에서 정하는 바에 따른다(관광진흥법 제20조 4항 및 동법시행령 제24조 1항).

1) 대지·부지·건물의 소유권 및 사용권의 확보

가. 휴양콘도미니엄업 및 호텔업(수상관광호텔은 제외한다)의 경우에는 해당 관광숙박시설이 건설되는 대지의 소유권을, 수상관광호텔의 경우에는 구조물 또는 선박의 소유권을 확보할 것

나. 제2종 종합휴양업의 경우에는 회원모집 대상인 해당 제2종 종합휴양업 시설이 건설되는 부지의 소유권 또는 사용권을 확보할 것

다. 분양(휴양콘도미니엄업만 해당한다) 또는 회원모집 당시 해당 휴양콘도미니엄업·호텔업 및 제2종 종합휴양업의 건물이 사용승인된 경우에는 해당 건물의 소유권도 확보하여야 한다.

2) 대지·부지·건물이 저당권의 목적물인 경우

대지·부지 및 건물이 저당권의 목적물로 되어 있는 경우에는 그 저당권을 말소하여야 한다. 다만, 공유제(共有制)일 경우에는 분양받은 자의 명의로 소유권 이전등기를 마칠 때까지, 회원제(會員制)일 경우에는 저당권이 말소될 때까지 분양 또는 회원모집과 관련한 사고로 인하여 분양을 받은 자나 회원에게 피해를 주는 경우 그 손해를 배상할 것을 내용으로 저당권설정금액에 해당하는 보증보험에 가입한 경우에는 저당권을 말소하지 않아도 된다(동법시행령 제24조 1항 2호).

3) 분양 또는 회원모집 인원

한 개의 객실당 분양인원은 5명 이상으로 하되, 가족(부부 및 직계존비속을 말한다)만을 수분양자(受分讓者: 분양받은 자)로 하지 아니할 것. 다만, 소유자등이 법인인 경우에는 그러하지 아니하다(동법시행령 제24조 1항 3호).

4) 연간 이용일수

소유자등 또는 회원의 연간 이용일수는 365일을 객실당 분양 또는 회원모집 계획 인원수로 나눈 범위 이내일 것(동법시행령 제24조 1항 5호).

5) 주거용 모집금지

주거용으로 분양 또는 회원모집을 하지 아니할 것(동법시행령 제24조 1항 6호).

3. 분양 및 회원모집의 시기

휴양콘도미니엄업, 호텔업 및 제2종 종합휴양업의 분양 또는 회원을 모집하는 경우 그 시기 등은 다음과 같다(동법 제20조 4항, 동법시행령 제24조 2항 및 동법시행규칙 제26조).

1) 휴양콘도미니엄업 및 제2종 종합휴양업의 경우

가. 해당 시설공사의 총 공사공정이 20퍼센트 이상 진행된 때부터 분양 또는 회원모집을 하되, 분양 또는 회원을 모집하려는 총 객실 중 공정률에 해당하는 객실을 대상으로 분양 또는 회원을 모집하여야 한다.

나. 공정률에 해당하는 객실 수를 초과하여 분양 또는 회원을 모집하려는 경우에는 분양 또는 회원모집과 관련한 사고로 인하여 분양을 받은 자나 회원에게 피해를 주는 경우 그 손해를 배상할 것을 내용으로 공정률을 초과하여 분양 또는 회원을 모집하려는 금액에 해당하는 보증보험에 관광사업의 등록시까지 가입하여야 한다.

2) 호텔업의 경우

관광사업의 등록후부터 회원을 모집하여야 한다. 호텔업은 분양은 할 수 없고 회원모집만 가능하므로 일단 등록이 되면 바로 회원을 모집할 수 있다. 다만, 제2종 종합휴양업에 포함된 호텔업의 경우에는 휴양콘도미니엄업과 동일한 적용을 받는다.

4. 분양 또는 회원모집 절차

1) 분양 또는 회원모집계획서의 제출

분양 또는 회원을 모집하려는 자는 분양 또는 회원모집계획서에 구비서류(관광진흥법 시행규칙 제27조 1항 각 호의 서류)를 첨부하여 특별자치시장·특별자치도지사·시장·군수·구청장에게 제출하여야 한다. 이 경우 제출한 분양 또는 회원모집계획서의 내용이 사업계획승인 내용과 다른 경우에는 사업계획변경승인신청서를 함께 제출하여야 한다(동법 시행령 제25조 제1항·2항 **〈개정 2019.4.9.〉**).

2) 분양 또는 회원모집계획서 검토결과 통지

분양 또는 회원모집계획서를 제출받은 특별자치시장·특별자치도지사·시장·군수·구청장은 이를 검토한 후 지체 없이 그 결과를 상대방에게 알려야 한다. 그리고 분양 또는 회원모집계획을 변경하는 경우에도 위와 같은 절차를 밟아야 한다(동법 시행령 제25조 제3항·4항 **〈개정 2019.4.9.〉**).

5. 공유자 또는 회원의 권익보호

분양 또는 회원모집을 한 자는 공유자 또는 회원의 권익보호를 위하여 다음 각 호의 사항을 지켜야 한다(관광진흥법 제20조 5항, 동법 시행령 제26조). 뿐만 아니라 분양 또는 회원모집을 하려는 자가 사용하는 약관에도 이러한 내용을 포함시켜야 한다(동법 제20조 3항).

1) 공유지분 또는 회원자격의 양도·양수

공유지분(共有持分) 또는 회원자격의 양도·양수를 제한하지 아니할 것. 즉 공유지분과 회원자격을 매매할 수 있다. 다만, 휴양 콘도미니엄의 객실을 분양받은 자가 해당 객실을 법인이 아닌 내국인에게 양도하려는 경우에는 양수인이 한 개의 객실당 분양인원이 5명 이상이 되는 객실을 분양받아야 하고 가족만이 수분양자가 되지 않아야 한다.

2) 시설의 이용

소유자등 또는 회원이 이용하지 아니하는 객실만을 소유자등 또는 회원이 아닌 자에게 이용하게 할 것. 이 경우 객실이용계획을 수립하여 소유자등·회원의 대표기구와 미리 협의하여야 하며, 객실이용명세서를 작성하여 소유자등·회원의 대표기구에 알려야 한다.

3) 시설의 유지·관리에 필요한 비용의 징수

가. 해당 시설을 선량한 관리자로서의 주의의무를 다하여 관리하되, 시설의 유지·관리에 드는 비용 외의 비용을 징수하지 아니할 것

나. 시설의 유지·관리에 드는 비용의 징수에 관한 사항을 변경하려는 경우에는 소유자등·회원의 대표기구와 협의하고, 그 협의 결과를 소유자등 및 회원에게 공개할 것

다. 시설의 유지·관리에 드는 비용 징수금의 사용명세서를 매년 소유자등·회원의 대표기구에 공개할 것

4) 회원의 입회금의 반환

회원의 입회기간 및 입회금(회원자격을 부여받은 대가로 회원을 모집하는 자에게 지불하는 비용을 말한다)의 반환은 관광사업자 또는 사업계획승인을 받은 자와 회원 간에 체결한 계약에 따르되, 회원의 입회기간이 끝나 입회금을 반환하여야 하는 경우에는 입회금 반환을 요구받은 날부터 10일 이내에 반환해야 한다.

5) 회원증의 발급 및 확인

소유자등이나 회원에게 해당 시설의 소유자등이나 회원임을 증명하는 회원증을 문화체육관광부령으로 정하는 기관으로부터 확인받아 발급하여야 한다.

6) 소유자등·회원의 대표기구의 구성 및 운영

(1) 대표기구의 구성 — 20명 이상의 소유자등·회원으로 대표기구를 구성하되, 이 경우 그 분양 또는 회원모집을 한 자와 그 대표자 및 임직원은 대표기구에 참여할 수 없다.

(2) 대표기구 구성을 위한 사전조치 — 대표기구를 구성하는 경우에는 그 소유자등·회원 모두를 대상으로 전자우편 또는 휴대전화 문자메시지로 통지하거나 해당 사업자의 인터넷 홈페이지에 게시하는 등의 방법으로 그 사실을 알리고 대표기구의 구성원을 추천받거나 신청받도록 하여야 한다.

(3) 소유자등·회원의 권익 관련 사항 — 소유자등·회원의 권익에 관한 사항은 대표기구와 협의하여야 한다.

(4) 휴양콘도미니엄업에 대한 특례 — 대표기구 통합구성 및 통합대표기구와 별개의 대표기구 구성 등이다.

7) 그 밖의 소유자등·회원의 권익보호에 관한 사항

분양 또는 회원모집계약서에 사업계획의 승인번호·일자(관광사업으로 등록된 경우에는 등록번호·일자), 시설물의 현황·소재지, 연간 이용일수 및 회원의 입회기간을 명시하여야 한다.

6. 분양 및 회원모집 관련 금지행위

누구든지 다음 각 호의 어느 하나에 해당하는 행위를 하여서는 아니된다(관광진흥법 제20조 제2항 **〈개정 2023.8.8.〉**).

1. 분양 또는 회원모집을 할 수 없는 자가 휴양콘도미니엄업이나 호텔업 및 제2종종합휴양업 또는 이와 유사한 명칭을 사용하여 분양 또는 회원모집을 하는 행위
2. 관광숙박시설과 관광숙박시설이 아닌 시설을 혼합 또는 연계하여 이를 분양하거나 회원을 모집하는 행위. 다만, 대통령령으로 정하는 종류의 관광숙박업(휴양콘도미니엄업, 호텔업)의 등록을 받은 자 또는 그 사업계획의 승

인을 받은 자가 「체육시설의 설치·이용에 관한 법률」 제12조에 따라 골프장의 사업계획을 승인받은 경우에는 관광숙박시설과 해당 골프장을 연계하여 분양하거나 회원을 모집할 수 있다.

3. 소유자등 또는 회원으로부터 관광숙박업이나 제2종종합휴양업시설에 관한 이용권리를 양도받아 이를 이용할 수 있는 회원을 모집하는 행위

제4절 카지노업

Ⅰ. 카지노업의 허가 등

1. 카지노업의 허가관청

관광사업 중 카지노업은 허가대상업종이다. 즉 카지노업을 경영하려는 자는 전용영업장 등 문화체육관광부령으로 정하는 시설과 기구를 갖추어 문화체육관광부장관의 허가(중요 사항의 변경허가를 포함한다)를 받아야 한다(관광진흥법 제5조 1항). 다만, 제주도는 2006년 7월부터 「제주특별자치도 설치 및 국제자유도시 조성을 위한 특별법」(이하 "제주특별법"이라 한다)이 제정·시행됨에 따라 제주자치도에서 외국인전용 카지노업을 경영하려는 자는 제주도지사의 허가를 받아야 한다(제주특별법 제244조, '관광진흥조례' 제8조).

따라서 제주자치도에서의 카지노업과 관련된 모든 행정사항, 즉 카지노업의 허가와 운영 및 카지노업에 대한 지도·감독 등에 관하여 문화체육관광부장관의 권한은 제주도지사의 권한으로 하고, 「관광진흥법 시행령」이나 「관광진흥법 시행규칙」으로 정하도록 한 사항은 '도조례'로 정할 수 있게 하였다(제주특별법 제244조 제1항 및 제2항).

2. 카지노업의 허가요건 등

1) 허가대상시설

문화체육관광부장관(제주자치도는 도지사)은 카지노업의 허가신청을 받은 때에는 다음 요건의 어느 하나에 해당하는 경우에만 허가할 수 있다(관광진흥법 제21조, 동법시행령 제27조 및 "제주특별법" 제244조 제1항).

① **최상등급의 호텔업시설** — 첫째, 카지노업의 허가신청을 할 수 있는 시설은 관광숙박업 중 호텔업시설이어야 한다. 둘째, 호텔업시설의 위치는 국제공항 또는 국제여객선터미널이 있는 특별시·광역시·특별자치시·도·특별자치도(이하 "시·도"라 한다)에 있거나 관광특구에 있어야 한다. 셋째, 호텔업의 등급은 그 지역에서 최상등급의 호텔 즉 특1등급(5성급)이라야 한다. 다만, '시·도'에 최상등급의 시설이 없는 경우에는 그 다음 등급(특2등급 즉 4성급)의 시설만 허가가 가능하다.

② **국제회의시설업의 부대시설** — 국제회의시설의 부대시설에서 카지노업을 하려면 대통령령으로 정하는 요건(동법시행령 제27조 2항 1호의 요건)에 맞는 경우 허가를 받을 수 있다.

③ **우리나라와 외국을 왕래하는 여객선** — 우리나라와 외국을 왕래하는 2만톤급 이상의 여객선에서 카지노업을 하려면 대통령령으로 정하는 요건(동법시행령 제27조 2항 2호의 요건)에 맞는 경우 허가를 받을 수 있다.

2) 허가요건

① **관광호텔업이나 국제회의시설업의 부대시설에서 카지노업을 하려는 경우의 허가요건** (동법시행령 제27조제2항 1호 〈**개정** 2015.8.4.〉)

가. 삭제 〈2015.8.4.〉

나. 외래관광객 유치계획 및 장기수지전망 등을 포함한 사업계획서가 적정할 것

다. 위의 나.목에 규정된 사업계획의 수행에 필요한 재정능력이 있을 것

라. 현금 및 칩의 관리 등 영업거래에 관한 내부통제방안이 수립되어 있을 것

마. 그 밖에 카지노업의 건전한 운영과 관광산업의 진흥을 위하여 문화체육관광부장관이 공고하는 기준에 맞을 것

② **우리나라와 외국 간을 왕래하는 여객선에서 카지노업을 하려는 경우의 허가요건** (동법시행령 제27조제2항 2호)

가. 여객선이 2만톤급 이상으로 문화체육관광부장관이 공고하는 총톤수 이상일 것(〈**개정 2012.11.20.**〉)

나. 삭제 〈2012.11.20.〉

다. 외래관광객 유치계획 및 장기수지전망 등을 포함한 사업계획서가 적정할 것
라. 위의 다.목에 규정된 사업계획의 수행에 필요한 재정능력이 있을 것
마. 현금 및 칩의 관리 등 영업거래에 관한 내부통제방안이 수립되어 있을 것
바. 그 밖에 카지노업의 건전한 육성을 위하여 문화체육관광부장관이 공고하는 기준에 맞을 것

3) 허가제한

카지노업의 허가관청은 공공의 안녕, 질서유지 또는 카지노업의 건전한 발전을 위하여 필요하다고 인정하면 대통령령으로 정하는 바에 따라 카지노업의 허가를 제한할 수 있다(관광진흥법 제21조 2항).

즉 카지노업에 대한 신규허가는 최근 신규허가를 한 날 이후에 전국 단위의 외래관광객이 60만명 이상 증가한 경우에만 신규허가를 할 수 있되, 신규허가 업체의 수는 외래관광객 증가인원 60만명당 2개 사업 이하의 범위에서만 가능하다. 이때 허가관청(문화체육관광부장관 또는 제주도지사)은 다음 각 호의 사항을 고려하여 결정한다(동법 시행령 제27조 3항 〈**개정** 2015.8.4.〉).

1. 전국 단위의 외래관광객 증가 추세 및 지역의 외래관광객 증가 추세
2. 카지노이용객의 증가 추세
3. 기존 카지노사업자의 총 수용능력
4. 기존 카지노사업자의 총 외화획득실적
5. 그 밖에 카지노업의 건전한 운영과 관광산업의 진흥을 위하여 필요한 사항

4) 세부허가기준 등의 공고

카지노업의 허가관청이 카지노업의 신규허가를 하려면 미리 다음 각 호의 사항을 정하여 공고하여야 한다(동법 시행령 제27조 4항 **〈개정 2015.8.4.〉**).

1. 삭제 **〈2015.8.4.〉**
2. 카지노업의 건전한 육성을 위한 세부허가기준
3. 2만톤급 이상의 여객선에서 카지노업을 하려는 경우의 세부허가기준
4. 허가가능 업체수
5. 허가절차 및 방법

3. 카지노업허가의 특례

1) 폐광지역에서의 카지노업허가의 특례

(1) 개 요

「폐광지역개발 지원에 관한 특별법」(제정 1995.12.29. 최종개정 2014.1.1.; 이하 "폐광지역법"이라 한다)의 규정에 따라 문화체육관광부장관은 폐광지역 중 경제사정이 특히 열악한 지역의 1개소에 한하여 「관광진흥법」 제21조에 따른 허가요건에 불구하고 카지노업의 허가를 할 수 있다. 이 경우 그 허가를 함에 있어서는 관광객을 위한 숙박시설·체육시설·오락시설 및 휴양시설 등(그 시설의 개발추진계획을 포함한다)과의 연계성을 고려하여야 한다(폐광지역법 제11조 1항).

그리고 문화체육관광부장관은 허가기간을 정하여 허가를 할 수 있는데, 허가기간은 3년이다(폐광지역법 제11조제4항, 동법시행령 제15조). 그런데 이 '폐광지역법'은 2005년 12월 31일까지 효력을 가지는 한시법(限時法)으로 되어 있었으나(동법 부칙 제2조), 그 시한을 10년간 연장하여 2015년 12월 31일까지 효력을 갖도록 하였던 것을(동법 부칙 제2조, 개정 2005.3.31), 다시 10년간 연장하여 2025년 12월 31일까지 효력을 갖도록 하였다(동법 부칙 제2조, 개정 2012.1.26).

이는 "폐광지역법"에 따른 카지노업 허가와 관련된 「관광진흥법」 적용의 특례라 할 수 있는데, 이 규정에 따라 2000년 10월 28일에 강원도 정선군 고한읍에 내국인도 출입이 허용되는 우리나라 유일의 내·외국인 겸용 (주)강원랜드 카지노가 개관되었다.

(2) 내국인의 출입허용

"폐광지역법"에 의하여 허가를 받은 카지노사업자에 대하여는 「관광진흥법」 제28조 제1항 제4호(내국인의 출입금지)의 규정을 적용하지 아니함으로써(폐광지역법 제11조 제3항) 폐광지역의 카지노영업소에는 내국인도 출입할 수 있도록 하였다. 다만, 문화체육관광부장관은 과도한 사행행위(射倖行爲) 등을 예방하기 위하여 필요한 경우에는 출입제한 등 카지노업의 영업에 관한 제한을 할 수 있다(폐광지역법 제11조 제3항, 동법시행령 제14조).

(3) 수익금의 사용제한

폐광지역의 카지노업과 그 카지노업을 경영하기 위한 관광호텔업 및 종합유원시설업에서 발생되는 이익금 중 법인세차감전 당기순이익금의 100분의 25를 카지노영업소의 소재지 도(道) 즉 강원도 조례에 따라 설치하는 폐광지역개발기금에 내야 하는데, 이 기금은 폐광지역과 관련된 관광진흥 및 지역개발을 위하여 사용하여야 한다(폐광지역법 제11조 제5항, 동법시행령 제16조 2항).

2) 제주자치도에서의 카지노업허가의 특례

(1) 개 요

「제주특별자치도 설치 및 국제자유도시 조성을 위한 특별법」(이하 "제주특별법"이라 한다)의 규정에 따라 제주도지사는 제주자치도에서 카지노업의 허가를 받고자 하는 외국인투자자가 허가요건을 갖춘 경우에는 「관광진흥법」 제21조(문화체육관광부장관의 카지노업 허가권)의 규정에 불구하고 외국인전용의 카지노업을 허가할 수 있다. 이 경우 제주도지사는 필요한 경우 허가에 조건을 붙이거나 외국인투자의 금액 등을 고려하여 둘 이상의 카지노업 허가를 할 수 있다(제주특별법 제244조 제1항). 이에 따라 카지노업의 허가를 받은 자는 영업을 시작하기 전까지 「관광진흥법」 제23조 제1항의 시설 및 기구를 갖추어야 한다(제주특별법 제244조 제1항). 이 때 카지노업의 허가와 관련하여 영업의 장소 및 개시시기 등에 관하여 필요한 사항은 '도조례'로 정하도록 하고 있다(제주특별법 제244조 제2항).

(2) 외국인투자자에 대한 카지노업허가

(가) 허가요건 — 제주도지사는 제주자치도에 대한 외국인투자(「외국인투자촉진법」 제2조제1항제4호의 규정에 의한 외국인투자를 말한다)를 촉진하기 위하여 카지노업의 허가를 받으려는 자가 외국인투자를 하려는 경우로서 다음 각 호의 요건을 모두 갖추었으면 「관광진흥법」 제21조(허가요건 등)에도 불구하고 카지노업(외국인전용의 카지노업으로 한정한다)의 허가를 할 수 있다(제주특별법 제244조 제1항).

① 관광사업에 투자하려는 외국인투자의 금액이 미합중국화폐 5억달러 이상일 것

② 투자자금이 형의 확정판결에 따라 「범죄수익은닉의 규제 및 처벌 등에 관한 법률」 제2조제4호에 따른 범죄수익 등에 해당하지 아니할 것

③ 투자자의 신용상태 등이 대통령령으로 정하는 사항을 충족할 것
여기서 "대통령령으로 정하는 사항"이란 다음 각 호의 사항을 말한다(제주특별법시행령 제24조 **〈개정 2013.8.27〉**).

ⓐ 「자본시장과 금융투자업에 관한 법률」 제335조의3에 따라 신용평가업인가를 받은 둘 이상의 신용평가회사 또는 국제적으로 공인된 외국의 신용평가기관으로부터 받은 신용평가등급이 투자적격 이상일 것

ⓑ ‘제주특별법’ 제244조 제2항에 따른 투자계획서에 호텔업을 포함하여 「관광진흥법」 제3조에 따른 관광사업을 세 종류 이상 경영하는 내용이 포함되어 있을 것

(나) 허가신청 — 외국인투자를 하려는 자로서 카지노업의 허가를 받으려는 경우 투자계획서 등 도조례로 정하는 서류를 갖추어 도지사에게 허가를 신청하여야 한다(제주특별법 제244조 제2항).

(다) 영업장소 및 영업시기 — 카지노업의 허가와 관련하여 영업의 장소 및 개시시기 등에 관하여 필요한 사항은 도조례로 정한다(제주특별법 제244조 제2항). 한편, 카지노업의 허가를 받은 자는 영업을 시작하기 전까지 「관광진흥법」 제23조 제1항의 시설 및 기구를 갖추어야 한다(제주특별법 제244조 제2항).

(라) 허가취소 — 도지사는 카지노영업허가를 받은 외국인투자자가 다음 각 호의 어느 하나에 해당하는 경우에는 그 허가를 취소하여야 한다(제주특별법 제244조 제2항).

① 미합중국화폐 5억달러 이상의 투자를 이행하지 아니하는 경우
② 투자자금이 형의 확정판결에 따라 「범죄수익은닉의 규제 및 처벌 등에 관한 법률」 제2조제4호에 따른 범죄수익 등에 해당하게 된 경우
③ 허가조건을 위반한 경우

(마) 카지노업운영에 필요한 시설의 타인경영 — 외국인투자자로서 카지노영업 허가를 받은 자는 「관광진흥법」 제11조(관광시설의 타인 경영 및 처분과 위탁경영)에도 불구하고 카지노업의 운영에 필요한 시설을 타인이 경영하게 할 수 있다. 이 경우 수탁경영자는 「관광진흥법」 제22조에 따른 ‘카지노사업자의 결격사유’에 해당되지 아니하여야 한다(제주특별법 제244조 제1항).

(3) 관광진흥개발기금 등에 관한 특례

제주자치도가 관광사업을 효율적으로 발전시키고, 관광외화수입 증대에 기여하기 위하여 ‘제주관광진흥기금’을 설치한 경우, 「관광진흥법」 제30조(관광진흥개발기금의 납부) 제1항에도 불구하고 카지노사업자는 총 매출액의 100분의 10의 범위에서 일정비율에 해당하는 금액을 제주관광진흥기금에 납부하여야 한다(제주특별법 제245조).

3) 관광중심 기업도시에서의 카지노업허가의 특례

(1) 개 요

「기업도시개발특별법」(이하 "기업도시법"이라 한다)의 규정에 따라 문화체육관광부장관은 「관광진흥법」 제21조(카지노업의 허가요건 등)에도 불구하고 '관광중심 기업도시'의 개발사업 실시계획에 반영되어 있고, '기업도시' 내에서 카지노업을 하려는 자가 카지노업 허가요건을 모두 갖춘 경우에는 외국인전용 카지노업의 허가를 하여야 한다('기업도시법' 제30조 1항).

(2) 외국인전용 카지노업의 허가요건

관광중심 기업도시에서 카지노업을 하려는 자는 다음의 요건을 모두 갖추어야 한다(기업도시법 시행령 제38조 1항).

1. 신청인이 관광사업에 투자하는 금액이 총 5천억원 이상으로 카지노업의 허가신청시에 이미 3천억원 이상을 투자한 사업시행자일 것
2. 신청내용이 실시계획에 부합할 것
3. 관광진흥법령에 따른 카지노업에 필요한 시설·기구 및 인력 등을 확보하였을 것

   여기서 "카지노업에 필요한 시설·기구 등"은 관광중심 기업도시 내에 운영되는 호텔업시설(5성급 시설로 한정하며, 5성급이 없는 경우에는 4성급 시설로 한정한다) 또는 국제회의업시설의 부대시설 안에 설치하여야 한다(기업도시법 시행령 제38조 2항).

4) 경제자유구역에서의 카지노업허가의 특례

(1) 개 요

「경제자유구역의 지정 및 운영에 관한 특별법」(이하 "경제자유구역법"이라 한다)의 규정에 따라 문화체육관광부장관은 경제자유구역에서 카지노업의 허가를 받으려는 자가 외국인투자를 하려는 경우로서 외국인투자자에 대한 카지노업의 허가요건을 모두 갖춘 경우에는 「관광진흥법」 제21조(카지노업의 허가요건 등)에도 불구하고 카지노업(외국인전용 카지노업만 해당)의 허가를 할 수 있다(경제자유구역법 제23조의3 제1항).

(2) 외국인투자자에 대한 카지노업의 허가요건

경제자유구역에서 카지노업의 허가를 받으려는 자는 다음의 허가요건을 모두 갖추어야 한다(동법 시행령 제20조의4).

1. 경제자유구역에서의 관광사업에 투자하려는 외국인 투자금액이 미합중국 화폐 5억달러 이상일 것
2. 투자자금이 형의 확정판결에 따라 「범죄수익은닉의 규제 및 처벌 등에 관한 법률」(제2조제4호)에 따른 범죄수익 등에 해당하지 아니 할 것
3. 그 밖에 투자자의 신용상태 등 대통령령으로 정하는 사항을 충족할 것

여기서 "투자자의 신용상태 등 대통령령으로 정하는 사항"이란 다음 각 호의 사항을 말한다(동법 시행령 제20조의4).

가) 신용평가등급이 투자적격일 것

나) 투자계획서에 다음 각 목의 사항이 포함되어 있을 것

ⓐ 호텔업을 포함하여 관광사업을 세 종류 이상 경영하는 내용

ⓑ 카지노업 영업개시 신고시점까지 미합중국화폐 3억달러 이상을 투자하고, 영업개시 후 2년까지 미합중국화폐 총 5억달러 이상을 투자하는 내용

다) 카지노업 허가신청시 영업시설로 이용할 다음 각목의 어느 하나의 시설을 갖추고 있을 것

ⓐ 호텔업: 「관광진흥법 시행령」 제22조에 따라 특1등급(5성급)으로 결정을 받은 시설

ⓑ 국제회의시설업: 「관광진흥법」 제4조에 따라 등록한 시설

4. 카지노업의 시설기준 등

카지노업의 허가를 받으려는 자는 다음과 같은 기준에 적합한 시설 및 기구를 갖추어야 한다(관광진흥법 제23조 1항, 동법시행규칙 제29조 1항).

1. 330제곱미터 이상의 전용 영업장
2. 1개 이상의 외국환 환전소
3. 「관광진흥법 시행규칙」(제35조 제1항)에 따른 카지노업의 영업종류 중 네 종류 이상의 영업을 할 수 있는 게임기구 및 시설
4. 문화체육관광부장관이 정하여 고시하는 기준에 적합한 카지노 전산시설. 이 전산시설기준에는 다음 각 호의 사항이 포함되어야 한다(시행규칙 제29조 2항).

가. 하드웨어의 성능 및 설치방법에 관한 사항

나. 네트워크의 구성에 관한 사항

다. 시스템의 가동 및 장애방지에 관한 사항
라. 시스템의 보안관리에 관한 사항
마. 환전관리 및 현금과 칩의 수불관리를 위한 소프트웨어에 관한 사항

5. 카지노업의 허가절차

1) 카지노업의 신규허가신청

① 카지노업의 허가를 받으려는 자는 카지노업허가신청서(관광진흥법 시행규칙 제6조관련 별지 제8호서식)에 구비서류(시행규칙 제6조 1항 1호 내지 5호의 서류)를 첨부하여 문화체육관광부장관(제주자치도는 도지사)에게 제출하여야 하는데, 여기서 구비서류 중의 하나인 사업계획서에는 ㉮ 카지노영업소 이용객 유치계획, ㉯ 장기수지 전망, ㉰ 인력수급 및 관리계획, ㉱ 영업시설의 개요 등이 포함되어야 한다(동법 시행규칙 제6조 3항).

② 신청서를 제출받은 문화체육관광부장관(제주자치도는 도지사)은 「전자정부법」(제36조 제1항)에 따른 행정정보의 공동이용을 통하여 법인등기사항증명서와 건축물대장 및 전기안전점검확인서를 확인하여야 한다. 다만, 전기안전점검확인서의 경우 신청인이 확인에 동의하지 아니하는 경에는 그 서류를 첨부하도록 하여야 한다(관광진흥법 시행규칙 제6조 2항 **〈개정 2012.4.5.,2019.4.25.〉**).

③ 한편, 허가관청은 신청인이 「전기사업법」(제66조의2 제1항 및 동법시행령 제42조의3 제2항 5호)에 따른 전기안전점검을 받지 아니하였음을 확인한 경우에는 관계기관 및 신청인에게 그 내용을 통지하여야 한다(동법 시행규칙 제6조 4항).

2) 카지노업의 변경허가 및 변경신고신청

(1) 변경허가의 대상

카지노업의 허가를 받은 자가 다음 각 호의 어느 하나에 해당하는 사항을 변경하려면 변경허가를 받아야 한다(동법 제5조3항 및 동법 시행규칙 제8조 1항 1호).

1. 대표자의 변경
2. 영업소 소재지의 변경
3. 동일구내(같은 건물 안 또는 같은 울 안의 건물을 말한다)로의 영업장소 위치 변경 또는 영업장소의 면적 변경
4. 카지노시설 또는 기구의 2분의 1 이상의 변경 또는 교체

5. 카지노 검사대상시설의 변경 또는 교체
6. 카지노 영업종류의 변경

(2) 변경신고의 대상

카지노업의 허가를 받은 자가 ① 카지노시설 또는 기구의 2분의 1 미만의 변경 또는 교체, ② 상호 또는 영업소의 명칭 변경을 하려는 경우에는 변경신고를 하여야 한다(동법 시행규칙 제8조 2항 2호 및 5호).

(3) 변경허가 및 변경신고

① 카지노업의 변경허가를 받거나 변경신고를 하려는 자는 별지 제15서식의 카지노업 변경허가신청서 또는 변경신고서에 변경계획서를 첨부하여 허가관청에 제출하여야 한다. 다만, 변경허가를 받거나 변경신고를 한 후 허가관청이 요구하는 경우에는 변경내역을 증명할 수 있는 서류를 추가로 제출하여야 한다(동법 시행규칙 제9조 1항).

② 변경허가신청서 또는 변경신고서를 제출받은 허가관청은 「전자정부법」(제36조제1항)에 따른 행정정보의 공동이용을 통하여 전기안전점검확인서(영업소의 소재지 또는 면적의 변경 등으로 「전기사업법」 제66조의2 제1항에 따른 전기안전점검을 받아야 하는 경우로서 카지노업 변경허가 또는 변경신고를 신청한 경우만 해당한다)를 확인하여야 한다. 다만, 신청인이 전기안전점검확인서의 확인에 동의하지 아니하는 경우에는 그 서류를 첨부하도록 하여야 한다(동법 시행규칙 제9조 2항).

③ 한편, 카지노업 허가관청은 신청인이 「전기사업법」(제66조의2 제1항 및 동법시행령 제42조의3 제2항 5호)에 따른 전기안전점검을 받지 아니하였음을 확인한 경우에는 관계기관 및 신청인에게 그 내용을 통지하여야 한다(동법 시행규칙 제9조 3항).

6. 카지노사업자의 결격사유

1) 결격사유해당자

카지노업의 허가를 받기 위해서는 카지노사업자로서의 결격사유가 없어야 한다. 「관광진흥법」에서는 모든 관광사업자에게 일률적으로 적용되는 결격사유와 카지노사업자에게만 특별히 추가하여 적용하는 결격사유를 규정하고 있다. 이는 카지노업이 사행심(射倖心)을 조장하여 공공의 안녕과 질서를 문란하게 하고 국민정서를 해칠 염려가 있어 카지노사업자에 대한 자격요건을 다른 관광사업자보다 한층 강화할 필요가 있기 때문이다. 이에 따라 「관광진흥법」은 다음 각 호의 어느 하나에 해당하는 자는 카지노업의 허가를 받을 수 없도록 하고 있다(동법 제22조 1항).

1. 19세 미만인 자
2. 「폭력행위 등 처벌에 관한 법률」 제4조에 따른 단체 또는 집단을 구성하거나 그 단체 또는 집단에 자금을 제공하여 금고 이상의 형의 선고를 받고 형이 확정된 자
3. 조세를 포탈(逋脫)하거나 「외국환거래법」을 위반하여 금고 이상의 형을 선고받고 형이 확정된 자
4. 금고 이상의 실형을 선고받고 그 집행이 끝나거나 집행을 받지 아니하기로 확정된 후 2년이 지나지 아니한 자
5. 금고 이상의 형의 집행유예를 선고받고 그 유예기간 중에 있는 자
6. 금고 이상의 형의 선고유예를 받고 그 유예기간 중에 있는 자
7. 임원 중에 제1호부터 제6호까지의 규정 중 어느 하나에 해당하는 자가 있는 법인

2) 결격사유 해당자에 대한 행정조치

카지노업 허가관청은 카지노사업자가 위의 결격사유 중 어느 하나에 해당되면 그 허가를 취소하여야 하는데, 3개월 이내에 그 임원을 바꾸어 임명하면 그러하지 아니하다(동법 제22조 2항 및 제주특별법 제244조 1항).

7. 카지노업의 허가취소 및 영업소 폐쇄

1) 카지노업의 허가취소

① 모든 관광사업자에게 공통적으로 적용되는 결격사유(동법 제7조 1항)에 해당하게 된 때 — 문화체육관광부장관(제주자치도는 도지사)은 3개월 이내에 허가를 취소하여야 한다. 다만, 법인의 임원 중 그 사유에 해당하는 자가 있는 경우 3개월 이내에 그 임원을 바꾸어 임명한 때에는 그러하지 아니하다.

② 카지노업의 허가를 받은 자가 카지노사업자의 결격사유(동법 제22조 1항)에 해당하게 된 때 — 문화체육관광부장관(제주자치도는 도지사)은 3개월 이내에 카지노업 허가를 취소하여야 한다. 다만, 법인의 임원 중 그 사유에 해당하는 자가 있는 경우 3개월 이내에 그 임원을 바꾸어 임명한 때에는 그러하지 아니하다.

③ 카지노사업자가 관광사업등록 등의 취소사유(동법 제35조 1항)에 해당하게 된 때 — 문화체육관광부장관(제주자치도는 도지사)은 허가를 취소하거나 6개월

이내의 기간을 정하여 그 사업의 전부 또는 일부의 정지를 명하거나 시설·운영의 개선을 명할 수 있다.

④ 조건부영업허가를 받고 정당한 사유 없이 그 허가조건을 이행하지 아니한 경우 — 문화체육관광부장관(제주자치도는 도지사)은 그 허가를 취소하여야 한다.

2) 카지노업의 영업소 폐쇄

① 카지노업의 허가를 받은 자가 모든 관광사업자에게 공통적으로 적용되는 결격사유(동법 제7조 1항)의 어느 하나에 해당하면 문화체육관광부장관(제주자치도는 도지사)은 그 영업소를 폐쇄하여야 한다(동법 제7조 2항).

② 허가를 받지 아니하고 카지노업을 경영하거나 허가의 취소 또는 사업의 정지명령을 받고 계속하여 영업을 하는 자에 대하여는 그 영업소를 폐쇄한다(동법 제36조 1항).

Ⅱ. 카지노업의 영업 및 관리

1. 카지노업의 영업종류 및 영업방법

1) 카지노업의 영업종류

카지노업의 영업종류는 다음 [별표 8]과 같다(동법시행규칙 제35조 제1항 관련 별표 8).

2) 카지노업의 영업방법 및 배당금관련 신고

카지노사업자는 카지노업의 영업종류별 영업방법 및 배당금 등에 관하여 문화체육관광부장관(제주자치도는 도지사)에게 미리 신고하여야 한다. 신고한 사항을 변경하려는 경우에도 또한 같다(동법 제26조 2항).

이 경우 카지노사업자는 「관광진흥법 시행규칙」(제35조 2항) 관련 별지 제32호 서식의 카지노 영업종류별 영업방법등 신고서 또는 변경신고서에 ① 영업종류별 영업방법 설명서와 ② 영업종류별 배당금에 관한 설명서를 첨부하여 문화체육관광부장관(제주자치도는 도지사)에게 신고하여야 한다.

[별표 8] 〈개정 2018.1.25., 2023.2.2.〉

카지노업의 영업종류(시행규칙 제35조 제1항 관련)

<table>
<tr><th colspan="2">영업구분</th><th>영업종류</th></tr>
<tr><td colspan="2">1. 테이블게임
(Table Game</td><td>가. 룰렛(Roulette)
나. 블랙잭(Blackjack)
다. 다이스(Dice, Craps)
라. 포커(Poker)
마. 바카라(Baccarat)
바. 다이 사이(Tai Sai)
사. 키노(Keno)
아. 빅 휠(Big Wheel)
자. 빠이 까우(Pai Cow)
차. 판 탄(Fan Tan)
카. 조커 세븐(Joker Seven)
타. 라운드 크랩스(Round Craps)
파. 트란타 콰란타(Trent Et Quarante)
하. 프렌치 볼(French Boule)
거. 차카락(Chuck-A-Luck)
너. 빙고(Bingo)
더. 마작(Mahjong)
러. 카지노 워(Casino War)</td></tr>
<tr><td>2. 전자테이블게임
(Electronic Table Game)</td><td>가. 딜러 운영 전자 테이블게임(Dealer Operated Electronic Table Game)</td><td>1). 룰렛(Roulette)
2). 블랙잭(Blackjack)
3). 다이스(Dice, Craps)
4). 포커(Poker)
5). 바카라(Baccarat)
6). 다이 사이(Tai Sai)
7). 키노(Keno)
8). 빅 휠(Big Wheel)
9). 빠이 까우(Pai Cow)
10). 판 탄(Fan Tan)
11). 조커 세븐(Joker Seven)
12). 라운드 크랩스(Round Craps)
13). 트란타 콰란타(Trent Et Quarante)
14). 프렌치 볼(French Boule)
15). 차카락(Chuck-A-Luck)
16). 빙고(Bingo)
17). 마작(Mahjong)
18). 카지노 워(Casino War)</td></tr>
</table>

	나. 무인 전자 테이블 게임 (Automated Electronic Table Game)	1). 룰렛(Roulette) 2). 블랙잭(Blackjack) 3). 다이스(Dice, Craps) 4). 포커(Poker) 5). 바카라(Baccarat) 6). 다이 사이(Tai Sai) 7). 키노(Keno) 8). 빅 휠(Big Wheel) 9). 빠이 까우(Pai Cow) 10). 판 탄(Fan Tan) 11). 조커 세븐(Joker Seven) 12). 라운드 크랩스(Round Craps) 13). 트란타 콰란타(Trent Et Quarante) 14). 프렌치 볼(French Boule) 15). 차카락(Chuck-A-Luck) 16). 빙고(Bingo) 17). 마작(Mahjong) 18). 카지노 워(Casino War)
3. 머신게임 (Machine Game)		가. 슬롯머신(Slot Machine) 나. 비디오게임(Video Game)

2. 카지노 전산시설의 검사

1) 검사기한

카지노사업자는 카지노전산시설에 대하여 다음 각 호의 구분에 따라 각각 해당 기한 내에 카지노업 허가관청이 지정·고시하는 검사기관(이하 "카지노전산시설 검사기관"이라 한다)의 검사를 받아야 한다(동법 시행규칙 제30조 1항).

1. 신규로 카지노업의 허가를 받은 경우: 허가를 받은 날(조건부 영업허가를 받은 경우에는 조건이행의 신고를 한 날)부터 15일
2. 검사유효기한이 만료된 경우: 유효기한 만료일부터 3개월

2) 검사의 유효기간

카지노전산시설의 검사유효기간은 검사에 합격한 날부터 3년으로 한다. 다만, 검사 유효기간의 만료전이라도 카지노전산시설을 교체한 경우에는 교체한 날부터 15일 이내에 검사를 받아야 하며, 이 경우 검사의 유효기간은 3년으로 한다(동법 시행규칙 제30조 2항).

3) 검사신청

카지노전산시설의 검사를 받으려는 카지노사업자는 카지노전산시설 검사신청서(시행규칙 제30조 제3항 관련 별지 제27호서식)를 카지노전산시설 검사기관에 제출하여야 한다. 이 때 카지노사업자는 「관광진흥법 시행규칙」 제29조 제2항 각 호에 규정된 사항에 대한 검사를 하기 위하여 필요한 자료를 첨부하여야 한다(동법 시행규칙 제30조 3항).

4) 유효기간 연장에 관한 사전통지

카지노전산시설 검사기관은 카지노사업자에게 카지노전산시설 검사의 유효기간 만료일부터 3개월 이내에 검사를 받아야 한다는 사실과 검사절차를 유효기간 만료일 1개월 전까지 알려야 한다(동법 시행규칙 제30조의2 제1항).

유효기간 연장에 관한 사전통지는 휴대폰에 의한 문자전송, 전자메일, 팩스, 전화, 문서 등으로 할 수 있다(동법 시행규칙 제30조의2 제2항).

5) 카지노전산시설 검사기관의 업무규정 등

카지노전산시설 검사기관은 카지노전산시설 검사업무규정을 작성하여 문화체육관광부장관(제주자치도는 도지사)의 승인을 받아야 하는데, 검사업무규정에는

ⓐ 검사의 소요시간, ⓑ 검사의 절차와 방법에 관한 사항, ⓒ 검사의 수수료에 관한 사항, ⓓ 검사의 증명에 관한 사항, ⓔ 검사원이 지켜야 할 사항, ⓕ 그 밖의 검사업무에 필요한 사항이 포함되어야 한다(동법 시행규칙 제31조 1항·2항).

또한 카지노전산시설 검사기관은 카지노시설·기구 검사기록부(동법 시행규칙 제31조 3항관련 별지 제28호서식)를 작성·비치하고, 이를 5년간 보존하여야 한다(동법 시행규칙 제31조 3항).

3. 카지노기구의 검사

1) 카지노기구의 규격 및 기준(공인기준) 등 결정

카지노업의 허가관청은 카지노업에 이용되는 기구(機具: 이하 "카지노기구"라 한다)의 형상(形狀)·구조(構造)·재질(材質) 및 성능(性能) 등에 관한 규격 및 기준(이하 "공인기준등"이라 한다)을 정하여 고시하여야 하는데, 카지노업 허가관청이 지정하는 검사기관의 검정을 받은 카지노기구의 규격 및 기준을 공인기준등으로 인정할 수 있다(동법 제25조 1항·2항, 동법 시행규칙 제33조 1항).

2) 카지노기구의 검사

카지노사업자가 카지노기구를 영업장소(그 부대시설 등을 포함한다)에 반입·사용하는 경우에는 그 카지노기구가 공인기준등에 맞는지에 관하여 허가관청이 지정하는 검사기관("카지노검사기관")의 검사를 받아야 한다(동법 제25조 3항, 동법시행령 제65조 1항 2호).

(1) 검사의 기한 — 카지노사업자는 다음 각 호의 구분에 따라 각각 해당 기한 내에 카지노기구의 검사를 받아야 한다(동법 시행규칙 제33조 2항).

1. 신규로 카지노업의 허가를 받거나 신규로 카지노기구를 반입·사용하려는 경우: 그 기구를 카지노 영업에 사용하는 날
2. 검사유효기한이 만료된 경우: 검사유효기간 만료일부터 15일

(2) 검사신청 — 카지노기구의 검사를 받으려는 카지노사업자는 카지노기구 검사신청서(동법 시행규칙 제33조제3항 관련 별지 제30호서식)에 필요한 서류를 첨부하여 검사기관(이하 "카지노검사기관"이라 한다)에 제출하여야 한다(동법 시행규칙 제33조 3항).

(3) 카지노검사기관의 후속조치 등 — 검사신청을 받은 카지노검사기관은 해당 카지노기구가 '공인기준'에 적합한지의 여부를 검사하고, 검사에 합격한 경우에는 다음의 조치를 하여야 한다(동법 시행규칙 제33조 4항).

1. 카지노기구 제조·수입증명서에 검사합격사항의 확인 및 날인
2. 카지노기구에 카지노기구검사합격필증(별지 제31호서식)의 부착 또는 압날
3. 카지노시설·기구 검사기록부를 작성한 후 그 사본을 문화체육관광부장관(제주자치도는 도지사)에게 제출

(4) 카지노기구의 검사합격증명서에 의한 검사 — 카지노검사기관은 검사를 함에 있어서 카지노사업자가 외국에서 제작된 카지노기구 중 해당 국가에서 인정하는 검사기관의 검사에 합격한 카지노기구를 신규로 반입·사용하려는 경우에는 그 카지노기구의 검사합격증명서에 의해 검사를 하여야 한다(동법시행규칙 제33조 5항).

(5) 검사의 유효기간 — 카지노검사기관의 카지노기구 검사의 유효기간은 검사에 합격한 날부터 3년으로 한다(동법 시행규칙 제33조 6항).

(6) 카지노검사기관의 업무규정의 작성, 검사기록부의 작성·비치·보존: 카지노검사기관은 카지노전산시설검사의 경우와 마찬가지로 업무규정을 작성하여 문화체육관광부장관(제주자치도는 도지사)의 승인을 받아야 한다. 그리고 카지노시설·기구검사기록부를 작성·비치하고, 이를 5년간 보존하여야 한다(동법 시행규칙 제34조·제31조 3항).

4. 수탁검사기관 임·직원의 공무원 간주

카지노업 허가관청이 지정·고시한 카지노전산시설 검사기관 및 카지노업 허가관청으로부터 카지노기구의 검사권을 위탁받아 검사업무를 수행하는 카지노기구검사기관의 임·직원은 위법행위로 인하여 「형법」 제129조부터 제132조까지의 규정을 적용하는 경우 공무원으로 본다(관광진흥법 제80조 4항).

Ⅲ. 카지노사업자 등의 준수사항

1. 카지노사업자 및 종사원의 준수사항

카지노사업자(대통령령으로 정하는 종사원을 포함한다)는 다음 각 호의 어느 하나에 해당하는 행위를 하여서는 아니된다(관광진흥법 제28조 1항). 여기서 카지노업 종사원이란 그 직위와 명칭이 무엇이든 카지노사업자를 대리하거나 그 지시를 받아 상시 또는 일시적으로 카지노영업에 종사하는 자를 말한다(동법 시행령 제29조).

1. 법령에 위반되는 카지노기구를 설치하거나 사용하는 행위
2. 법령을 위반하여 카지노기구 또는 시설을 변조하거나 변조된 카지노기구 또는 시설을 사용하는 행위
3. 허가받은 전용영업장 외에서 영업을 하는 행위
4. 내국인(「해외이주법」 제2조에 따른 해외이주자는 제외함)을 입장하게 하는 행위
5. 지나친 사행심을 유발하는 등 선량한 풍속을 해칠 우려가 있는 광고나 선전을 하는 행위
6. 법으로 규정된 영업 종류에 해당하지 아니하는 영업을 하거나 영업방법 및 배당금 등에 관한 신고를 하지 아니하고 영업하는 행위
7. 총매출액을 누락시켜 관광진흥개발기금 납부금액을 감소시키는 행위
8. 19세 미만인 자를 입장시키는 행위
9. 정당한 사유 없이 그 연도 안에 60일 이상 휴업하는 행위

2. 카지노사업자 및 종사원의 영업준칙 준수

카지노사업자 및 종사원은 카지노업의 건전한 육성·발전을 위하여 필요하다고 인정하여 문화체육관광부령으로 정하는 영업준칙(동법 시행규칙 제36조관련 별표 9)을 준수하여야 하는데, 이 경우 그 영업준칙에는 다음 각 호의 사항이 포함되어야 한다(관광진흥법 제28조 2항).

1. 1일 최소 영업시간
2. 게임테이블의 집전함(集錢函) 부착 및 내기금액 한도액의 표시 의무
3. 슬롯머신 및 비디오게임의 최소배당률
4. 전산시설·환전소·계산실·폐쇄회로의 관리기록 및 회계와 관련된 기록의 유지의무

5. 카지노종사원의 게임참여 불가 등 행위금지사항

다만, 「폐광지역개발 지원에 관한 특별법」 제11조 제3항에 따라 내국인의 출입이 허용되는 카지노사업자에 대하여는 [별표 9]와 같은 영업준칙 이외에 추가로 [별표 10]의 영업준칙도 준수하여야 한다(관광진흥법 시행규칙 제36조).

[별표 9] 카지노업 영업준칙 (개정 2019.10.7.)

(시행규칙 제36조 관련 〈별표 9〉)

1. 카지노사업자는 카지노업의 건전한 발전과 원활한 영업활동, 효율적인 내부 통제를 위하여 이사회·카지노총지배인·영업부서·안전관리부서·환전·전산전문요원 등 필요한 조직과 인력을 갖추어 1일 8시간 이상 영업하여야 한다.
2. 카지노사업자는 전산시설·출납창구·환전소·카운트룸[드롭박스(Drop box:게임테이블에 부착된 현금함)의 내용물을 계산하는 계산실]·폐쇄회로·고객편의시설·통제구역 등 영업시설을 갖추어 영업을 하고, 관리기록을 유지하여야 한다.
3. 카지노영업장에는 게임기구와 칩스(Chips:카지노에서 베팅에 사용되는 도구)·카드 등의 기구를 갖추어 게임 진행의 원활을 기하고, 게임테이블에는 드롭박스를 부착하여야 하며, 베팅금액 한도표를 설치하여야 한다.
4. 카지노사업자는 고객출입관리, 환전, 재환전, 드롭박스의 보관·관리와 계산요원의 복장 및 근무요령을 마련하여 영업의 투명성을 제고하여야 한다.
5. 머신게임을 운영하는 사업자는 투명성 및 내부통제를 위한 기구·시설·조직 및 인원을 갖추어 운영하여야 하며, 머신게임의 이론적 배당률을 75% 이상으로 하고 배당률과 실제 배당률이 5% 이상 차이가 있는 경우 카지노검사기관에 즉시 통보하여 카지노검사기관의 조치에 응하여야 한다.
6. 카지노사업자는 회계기록·콤프(카지노사업자가 고객유치를 위해 고객에게 숙식 등을 무료로 제공하는 서비스) 비용·크레딧(카지노사업자가 고객에게 게임참여를 조건으로 칩스를 신용대여하는 것) 제공·예치금 인출·알선수수료·계약게임 등의 기록을 유지하여야 한다.
7. 카지노사업자는 게임을 할 때 게임 종류별 일반규칙과 개별규칙에 따라 게임을 진행하여야 한다.
8. 카지노종사원은 게임에 참여할 수 없으며, 고객과 결탁한 부정행위 또는 국내외의 불법영업에 관여하거나 그 밖에 관광종사자로서의 품위에 어긋나는 행위를 하여서는 아니 된다.
9. 카지노사업자는 카지노 영업소 출입자의 신분을 확인하여야 하며, 다음 각 목에 해당하는 자는 출입을 제한하여야 한다.

가. 당사자의 배우자 또는 직계혈족이 문서로써 카지노사업자에게 도박 중독 등을 이유로 출입금지를 요청한 경우의 그 당사자. 다만, 배우자·부모 또는 자녀 관계를 확인할 수 있는 증빙서류를 첨부하여 요청한 경우만 해당한다.
나. 그 밖에 카지노 영업소의 질서 유지 및 카지노 이용자의 안전을 위하여 카지노사업자가 정하는 출입금지 대상자

[별표 10] 폐광지역 카지노사업자의 영업준칙 (개정 2019.6.11.)
(시행규칙 제36조 단서 관련 〈별표 10〉)

1. 별표 9의 영업준칙을 지켜야 한다.
2. 카지노 영업소는 회원용 영업장과 일반 영업장으로 구분하여 운영하여야 하며, 일반 영업장에서는 주류를 판매하거나 제공하여서는 아니 된다.
3. 매일 오전 6시부터 오전 10시까지는 영업을 하여서는 아니 된다.
4. 별표 8의 테이블게임에 거는 금액의 최고 한도액은 일반 영업장의 경우에는 테이블별로 정하되, 1인당 1회 10만원 이하로 하여야 한다. 다만, 일반 영업장 전체 테이블의 2분의 1의 범위에서는 1인당 1회 30만원 이하로 정할 수 있다.
5. 별표 8의 머신게임에 거는 금액의 최고 한도는 1회 2천원으로 한다. 다만, 비디오 포커게임기는 2천500원으로 한다.
6. 머신게임의 게임기 전체 수량 중 2분의 1 이상은 그 머신게임기에 거는 금액의 단위가 100원 이하인 기기를 설치하여 운영하여야 한다.
7. 카지노 이용자에게 자금을 대여하여서는 아니 된다.
8. 카지노가 있는 호텔이나 영업소의 내부 또는 출입구 등 주요 지점에 폐쇄회로 텔레비전을 설치하여 운영하여야 한다.
9. 카지노 이용자의 비밀을 보장하여야 하며, 카지노 이용자에 관한 자료를 공개하거나 누출하여서는 아니 된다. 다만, 배우자 또는 직계존비속이 요청하거나 공공기관에서 공익적 목적으로 요청한 경우에는 자료를 제공할 수 있다.
10. 사망·폭력행위 등 사고가 발생한 경우에는 즉시 문화체육관광부장관에게 보고하여야 한다.
11. 회원용 영업장에 대한 운영·영업방법 및 카지노 영업장 출입일수는 내규로 정하되, 미리 문화체육관광부장관의 승인을 받아야 한다.

3. 카지노영업소 이용자의 준수사항

카지노영업소에 입장하는 자는 카지노사업자가 외국인(「해외이주법」 제2조에 따른 해외이주자를 포함한다)임을 확인하기 위하여 신분확인에 필요한 사항을 묻는 때에는 이에 응하여야 한다(관광진흥법 제29조).

Ⅳ. 카지노사업자의 관광진흥개발기금 납부의무

1. 납부금 징수비율 및 납부액

카지노사업자는 연간 총매출액의 100분의 10의 범위에서 일정비율에 해당하는 금액을 「관광진흥개발기금법」에 따른 관광진흥개발기금(이하 "기금"이라 한다)에 내야 한다(관광진흥법 제30조 1항). 여기서 총매출액이란 카지노영업과 관련하여 고객으로부터 받은 총금액에서 고객에게 지불한 총금액을 공제한 금액을 말한다(관광진흥법 시행령 제30조 1항).

관광진흥개발기금 납부금(이하 "납부금"이라 한다)의 징수비율은 다음 각 호의 어느 하나와 같다(관광진흥법 시행령 제30조 2항).

1. 연간 총매출액이 10억원 이하인 경우: 총매출액의 100분의 1
(예: 총매출액이 10억원일 때 납부금은 10억원의 1% 즉 1천만원)
2. 연간 총매출액이 10억원 초과 100억원 이하인 경우: 1천만원+총매출액 중 10억원을 초과하는 금액의 100분의 5
(예: 총매출액이 100억원일 때 납부금은 4억 6천만원)
3. 연간 총매출액이 100억원을 초과하는 경우: 4억6천만원+총매출액 중 100억원을 초과하는 금액의 100분의 10
(예: 총매출액이 200억원일 때 납부금은 14억 6천만원)

2. 납부금의 보고 및 납부절차

1) 재무제표에 의한 매출액 확인

카지노사업자는 매년 3월말까지 공인회계사의 감사보고서가 첨부된 전년도의 재무제표를 문화체육관광부장관에게 제출하여야 한다(관광진흥법 시행령 제30조 3항). 이는 객관성과 신뢰성이 높은 외부감사에 의한 회계감사를 의무화한 것이다.

2) 납부기한 및 분할납부

문화체육관광부장관은 매년 4월 30일까지 카지노사업자가 납부하여야 할 납부금을 서면으로 명시하여 2개월 이내의 기한을 정하여 한국은행에 개설된 관광진흥개발기금의 출납관리를 위한 계정에 납부할 것을 알려야 한다. 이 경우 그 납부금을 2회 나누어 내게 할 수 있되, 납부기한은 다음 각 호와 같다. 종전에는 납부기한을 6월부터 12월까지의 사이에 4회로 나누어 낼 수 있도록 하던 것을 6월과 9월에 2회로 나누어 낼 수 있도록 납부기한을 변경함으로써 관광진흥개발기금을 조기에 사용할 수 있도록 하였다(동법시행령 제30조 4항).

1. 제1회: 해당 연도 6월 30일까지
2. 제2회: 해당 연도 9월 30일까지

3) 납부기한의 연기 신청

카지노사업자는 다음 각 호의 요건을 모두 갖춘 경우 문화체육관광부장관에게 납부기한의 45일 전까지 납부기한의 연기를 신청할 수 있다(동법시행령 제30조 6항 **〈신설 2021.3.23.〉**).

1. 「감염병의 예방 및 관리에 관한 법률」 제2조제2호에 따른 제1급감염병 확산으로 인한 매출액 감소가 문화체육관광부장관이 정하여 고시하는 기준에 해당할 것
2. 제1호에 따른 매출액 감소로 납부금을 납부하는 데 어려움이 있다고 인정될 것

이때 문화체육관광부장관이 연기신청을 받은 때에는 「관광진흥개발기금법」 제6조에 따른 기금운용위원회의 심의를 거쳐 1년 이내의 범위에서 납부기한을 한 차례 연기할 수 있다(동법시행령 제30조 7항 **〈신설 2021.3.23.〉**).

4) 납부기한의 예외

카지노사업자는 천재지변이나 그 밖에 이에 준하는 사유로 납부금을 그 기한까지 납부할 수 없는 경우에는 그 사유가 없어진 날부터 7일 이내에 내야 한다.

5) 납부독촉 및 가산금 부과

카지노사업자가 납부금을 납부기한까지 내지 아니하면 문화체육관광부장관은 10일 이상의 기간을 정하여 이를 독촉하여야 한다. 이 경우 체납된 납부금에 대하여는 100분의 3에 해당하는 가산금을 부과하여야 한다.

6) 미납금 강제징수

문화체육관광부장관은 카지노사업자가 납부독촉을 받고도 그 기간에 납부금을 내지 아니하면 국세체납처분(國稅滯納處分)의 예에 따라 이를 징수한다.

국세체납처분은 「국세징수법」의 규정에 의한 강제징수절차에 따라 ① 독촉,

② 재산의 압류, ③ 압류재산의 매각(환가처분), ④ 청산 등의 4단계로 처리되는데, 이 중 압류·매각·청산을 합하여 체납처분이라 말한다.

7) 부과처분에 대한 이의신청

납부금 또는 가산금을 부과받은 자가 부과된 납부금 또는 가산금에 대하여 이의가 있는 경우에는 부과받은 날부터 30일 이내에 문화체육관광부장관에게 이의를 신청할 수 있다.

문화체육관광부장관은 이의신청을 받았을 때에는 그 신청을 받은 날부터 15일 이내에 이를 심의하여 그 결과를 신청인에게 서면으로 알려야 한다.

제5절 유원시설업

Ⅰ. 유원시설업의 허가 및 신고

1. 유원시설업의 허가(신고)관청 및 대상업종

유원시설업은 유기시설 또는 유기기구를 갖추어 이를 관광객에게 이용하게 하는 업으로서 「관광진흥법」 제33조의 규정에 의한 안전성검사대상 유기시설 또는 유기기구의 설치 여부에 따라 허가와 신고대상으로 구분되고 있다.

즉 위험성이 있는 안전성검사대상 유기시설 또는 유기기구를 설치·운영하는 종합유원시설업과 일반유원시설업은 허가(許可)를 받도록 하고, 위험성이 없는 안전성검사대상이 아닌 유기시설 또는 유기기구를 설치·운영하는 기타유원시설업은 신고(申告)를 하도록 하여 행정편의를 제고토록 하였다.

1) 허가대상업종 및 허가관청

유원시설업 중 종합유원시설업과 일반유원시설업을 경영하려는 자는 특별자치시장·특별자치도지사·시장·군수·구청장(이하 "유원시설업 허가관청"이라 한다)의 허가를 받아야 한다(동법 제5조 2항, 시행령 제7조 〈**개정 2018.6.12.**〉).

2) 신고대상업종 및 신고관청

유원시설업 중 기타유원시설업을 경영하려는 자는 특별자치시장·특별자치도지사·시장·군수·구청장(이하 "유원시설업 신고관청"이라 한다)에게 신고하여야 한다(동법 제5조 4항, 시행령 제7조).

2. 유원시설업 허가의 종류

1) 신규허가

종합유원시설업과 일반유원시설업을 경영하기 위하여 최초로 받는 허가를 말한다.

2) 변경허가

허가를 받은 사항 중 중요사항을 변경하고자 하는 때 받는 허가를 말한다.

3) 조건부 영업허가

① 특별자치시장·특별자치도지사·시장·군수·구청장은 유원시설업의 허가를 할 때 5년의 범위에서 '대통령령으로 정하는 기간'에 문화체육관광부령이 정하는 시설 및 설비(관광진흥법 제5조제2항 및 시행규칙 제7조 1항 관련 별표 1)를 갖출 것을 조건으로 허가할 수 있다. 다만, 천재지변이나 '그 밖의 부득이한 사유'가 있다고 인정하는 경우에는 해당 사업자의 신청에 따라 한 차례에 한하여 1년을 넘지 아니하는 범위에서 그 기간을 연장할 수 있다(관광진흥법 제31조 1항 **〈개정 2018.6.12.〉**).

여기서 "대통령령으로 정하는 기간"이란 조건부 영업허가를 받은 날부터 다음 각 호의 구분에 따른 기간을 말한다(동법시행령 제31조 1항).

1. 종합유원시설업을 하려는 경우: 5년 이내
2. 일반유원시설업을 하려는 경우: 3년 이내

또 "그 밖의 부득이한 사유"란 다음 각 호의 어느 하나에 해당하는 사유를 말한다(동법시행령 제31조 2항).

1. 천재지변에 준하는 불가항력적인 사유가 있는 경우
2. 조건부 영업허가를 받은 자의 귀책사유가 아닌 사정으로 부지의 조성, 시설 및 설비의 설치가 지연되는 경우
3. 그 밖의 기술적인 문제로 시설 및 설비의 설치가 지연되는 경우

② 특별자치시장·특별자치도지사·시장·군수·구청장은 조건부 영업허가를 받

은 자가 정당한 사유 없이 지정된 기간에 허가조건을 이행하지 아니하면 그 허가를 즉시 취소하여야 한다(동법 제31조 제2항 **〈개정 2018.6.12.〉**).

③ 유원시설업의 조건부 영업허가를 받은 자가 조건부 기간 내에 그 조건을 이행한 경우에는 조건이행내역신고서(시행규칙 제38조 1항 관련 별지 제32호의2서식)에 시설 및 설비내역서를 첨부하여 특별자치시장·특별자치도지사·시장·군수·구청장에게 제출하여야 한다(동법 시행규칙 제38조 1항 **〈개정 2019.4.25.〉**).

3. 유원시설업의 시설 및 설비기준

유원시설업을 경영하려는 자가 갖추어야 하는 시설 및 설비의 기준은 「관광진흥법 시행규칙」 제7조제1항 관련 [**별표 1의2**] '**유원시설업의 시설 및 설비기준**'(**개정** 2019.10.16.)을 참고하기 바란다.

4. 유원시설업의 허가(신고) 절차

1) 유원시설업의 신규허가 신청

종합유원시설업 및 일반유원시설업의 허가를 받으려는 자는 유원시설업허가신청서(별지 제11호서식)에 필요한 서류(시행규칙 제7조 2항의 서류)를 첨부하여 특별자치시장·특별자치도지사·시장·군수·구청장(자치구의 구청장을 말한다)에게 제출하여야 한다. 이 경우 6개월 미만의 단기로 유원시설업의 허가를 받으려는 자는 허가신청서에 해당 기간을 표시하여 제출하여야 한다(동법 시행규칙 제7조 2항 〈**개정 2019.4.25.,2019.10.16.**〉).

한편, 신청서를 제출받은 특별자치시장·특별자치도지사·시장·군수·구청장은 「전자정부법」(제36조 제1항)에 따른 행정정보의 공동이용을 통하여 법인 등기사항증명서(법인만 해당한다)를 확인하여야 한다(동법 시행규칙 제7조 3항 **〈개정 2019.4.25.〉**).

2) 유원시설업의 신규신고

기타유원시설업의 신고를 하려는 자는 기타유원시설업신고서(별지 제17호서식)에 구비서류(① 영업시설 및 설비개요서, ② 유기시설 또는 유기기구가 안전성검사 대상이 아님을 증명하는 서류, ③ 보험가입 등을 증명하는 서류)를 첨부하여 특별자치시장·특별자치도지사·시장·군수·구청장에게 제출하여야 한다. 이 경우 6개월 미만의 단기로 기타유원시설업의 신고를 하려는 자는 신고서에 해당 기간을 표시하여 제출하여야 한다(동법 시행규칙 제11조 2항 〈**개정 2019.4.25.,2019.10.16.**〉).

한편, 신고서를 제출받은 특별자치시장·특별자치도지사·시장·군수·구청장은 「전자정부법」(제36조 제1항)에 따른 행정정보의 공동이용을 통하여 법인 등기사항증명서(법인만 해당한다)를 확인하여야 한다(동법 시행규칙 제11조 3항 〈**개정 2019.4.25.**〉).

3) 유원시설업의 변경허가(변경신고 포함) 신청

(1) 변경허가의 대상

종합유원시설업 및 일반유원시설업의 허가를 받은 자가 다음 각 호의 어느 하나에 해당하는 중요사항을 변경하려는 경우에는 변경허가를 받아야 한다(동법 제5조 3항 본문, 동법 시행규칙 제8조 제1항 2호).

1. 영업소의 소재지 변경
2. 안전성검사대상 유기시설 또는 유기기구의 영업장 내에서의 신설·이전·폐기
3. 영업장 면적의 변경

(2) 변경신고의 대상

① 종합유원시설업과 일반유원시설업의 경미한 사항의 변경 — 허가를 받은 사항 중 ⓐ 대표자 또는 상호의 변경, ⓑ 안전성검사 대상이 아닌 유기시설 또는 유기기구 수의 변경, ⓒ 안전관리자의 변경 등과 같은 경미한 사항을 변경하려면 변경신고를 하여야 한다. 이 때 신고서를 제출받은 특별자치시장·특별자치도지사·시장·군수·구청장은 「전자정부법」(제36조 제1항)에 따른 행정정보의 공동이용을 통하여 법인등기사항증명서(법인만 해당한다)를 확인하여야 한다(동법 제5조 3항 단서, 동법 시행규칙 제8조 2항, 제10조 2항 및 3항 〈**개정 2019.4.25.**〉).

② 기타유원시설업의 중요사항의 변경 — 기타유원시설업을 신고한 자가 신고사항 중 ⓐ 영업소의 소재지 변경, ⓑ 유기시설·유기기구 수 또는 영업장 면적의 변경, ⓒ 대표자 또는 상호의 변경 등과 같은 중요사항을 변경하려면 변경신고를 하여야 한다(동법 제5조 4항, 동법 시행규칙 제12조).

(3) 종합유원시설업 및 일반유원시설업 변경허가(변경신고 포함) 신청

유원시설업의 변경허가를 받으려는 자는 유원시설업 허가사항 변경허가신청서(별지 제16호서식)에 구비서류(시행규칙 제10조 1항의 서류)를 첨부하여 특별자치도지사·특별자치시장·시장·군수·구청장에게 제출하여야 한다(동법 제5조 3항 본문, 시행규칙 제10조 1항 〈**개정 2015.3.6.**〉).

유원시설업의 변경신고를 하려는 자는 유원시설업 허가사항 변경신고서(별지 제16호서식)에 구비서류(시행규칙 제10조 2항의 서류)를 첨부하여 특별자치시장·특별자치도지사·시장·군수·구청장에게 제출하여야 한다(동법 제5조 3항 단서, 동법 시행규칙 제10조 2항 **〈개정 2019.4.25.〉**).

(4) 기타유원시설업의 변경신고 신청

신고사항의 변경신고를 하려는 자는 기타유원시설업 신고사항 변경신고서(별지 제19호서식)에 구비서류를 첨부하여 특별자치시장·특별자치도지사·시장·군수·구청장에게 제출하여야 한다(동법 제5조 4항 후단, 동법시행규칙 제13조 **〈개정 2019.4.25.〉**).

4) 유원시설업의 조건부영업허가 신청

유원시설업의 조건부영업허가를 받고 조건이행내역신고서를 제출한 자가 영업을 시작하려는 경우에는 유원시설업 조건부 영업허가신청서(별지 제11호서식)에 유기시설 또는 유기기구의 영업허가 전 검사를 받은 사실을 증명하는 서류, 보험가입 등을 증명하는 서류, 안전관리자 인적사항, 임대차계약서 사본 등의 서류를 첨부하여 특별자치시장·특별자치도지사·시장·군수·구청장에게 제출하여야 한다(동법 시행규칙 제38조 제2항 **〈개정 2019.4.25.〉**).

5) 유원시설업 허가증의 발급 및 관리대장 작성·관리

특별자치시장·특별자치도지사·시장·군수·구청장은 종합유원시설업 및 일반유원시설업을 허가(변경허가를 포함한다)하는 경우에는 유원시설업 허가증(별지 제13호서식)을 발급하고 유원시설업 허가·신고관리대장(별지 제14호서식)을 작성하여 관리하여야 한다(동법 시행규칙 제7조 4항 **〈개정 2019.4.25.〉**).

한편, 특별자치시장·특별자치도지사·시장·군수·구청장은 조건부 영업허가를 받은 사업자가 제출한 유원시설업 허가신청서를 검토한 결과 유원시설업의 허가조건을 충족하는 경우에는 신청인에게 조건부 영업허가증을 유원시설업 허가증(별지 제13호서식)으로 바꾸어 발급하고, 유원시설업 허가·신고관리대장(별지 제14호서식)을 작성하여 관리하여야 한다(동법 시행규칙 제38조 3항 **〈개정 2019.4.25.〉**).

6) 유원시설업 신고증의 발급 및 관리대장 작성·관리

특별자치시장·특별자치도지사·시장·군수·구청장은 기타유원시설업의 신고(변경신고를 포함한다)를 받은 경우에는 유원시설업 신고증(별지 제18호서식)을 발급하고 이에 따른 유원시설업 허가·신고관리대장을 작성하여 관리하여야 한다(동법 시행규칙 제11조 제4항 〈**개정 2019.4.25.**〉).

7) 유원시설업의 허가증 및 신고증의 재발급

유원시설업의 허가증 또는 신고증을 잃어버리거나 헐어 못 쓰게 되어 재발급을 받고자 할 때에는 별지 제7호서식의 등록증등 재발급신청서(허가증이 헐어 못 쓰게 된 경우에는 허가증을 첨부하여야 함)를 특별자치시장·특별자치도지사·시장·군수·구청장에게 제출하면 재발급을 받을 수 있다(동법 시행규칙 제5조, 제7조 5항 〈**개정 2019.4.25.**〉).

5. 유원시설업의 허가 또는 신고취소 및 영업소 폐쇄

1) 허가 또는 신고취소

(1) 허가 등이 반드시 취소되는 경우

특별자치시장·특별자치도지사·시장·군수·구청장은 다음과 같은 경우 유원시설업의 허가 또는 신고를 반드시 취소하여야 한다.

① 유원시설업의 허가를 받은 자가 모든 관광사업자에게 공통적으로 적용되는 결격사유(관광진흥법 제7조 1항 참조)에 해당하게 된 때에는 특별자치시장·특별자치도지사·시장·군수·구청장은 3개월 이내에 허가 또는 신고를 취소하여야 한다. 다만, 법인의 임원 중 그 사유에 해당하는 자가 있는 경우 3개월 이내에 그 임원을 바꾸어 임명한 때에는 그러하지 아니하다(동법 제7조 2항 단서).

② 종합유원시설업자나 일반유원시설업자가 조건부 영업허가를 받고 정당한 사유 없이 허가조건을 이행하지 아니하면 특별자치도지사·특별자치시장·시장·군수·구청장은 그 허가를 즉시 취소하여야 한다(동법 제31조 제2항).

(2) 허가 등이 취소될 수 있는 경우

유원시설업자가 다음과 같은 등록취소 등의 사유에 해당하게 된 때에는 특별자치시장·특별자치도지사·시장·군수·구청장은 허가 등을 취소하거나, 6개월 이내의 기간을 정하여 그 사업의 전부 또는 일부의 정지를 명하거나 시설·운영의 개선을 명할 수 있다(동법 제35조 1항 〈**개정 2018.6.12.,2018.12.11.**〉).

1. 유원시설업을 경영하려는 자가 갖추어야 할 시설과 설비를 갖추지 아니하게 되는 경우(동법 제35조 1항 1의2호)
2. 유원시설업의 양수 또는 합병에 따른 관광사업자의 지위를 승계한 후 1개월 이내에 그 사실을 신고하지 않은 경우(동법 제35조 1항 3호)

3. 유원시설업을 경영함에 있어서 안전성검사 대상기구를 타인에게 처분하거나 타인으로 하여금 경영하게 한 경우(동법 제35조 1항 5호)
4. 물놀이형 유기시설 또는 유기기구를 설치한 자가 지켜야 할 안전·위생기준을 지키지 아니한 경우(동법 제35조 1항 14호)
5. 영업질서유지를 위한 준수사항을 지키지 아니하거나 법령을 위반하여 제조한 유기시설·유기기구 또는 유기기구의 부분품을 설치하거나 사용한 경우(동법 제35조 1항 16호)
6. 안전성검사를 받아야 하는 유기시설 및 유기기구에 대한 안전관리를 위하여 배치된 안전관리자의 안전교육(시행규칙 제56조 참조)과 관련, 협조하지 아니하는 경우(동법 제35조 1항 17호)
7. 유원시설업의 경영 또는 사업계획을 추진함에 있어 뇌물을 주고받은 경우
8. 유원시설관리를 소홀히 한 경우

2) 유원시설업 영업소 폐쇄

특별자치시장·특별자치도지사·시장·군수·구청장은 다음과 같은 경우 유원시설업 영업소를 폐쇄한다(동법 제36조 1항).

1. 유원시설업자가 모든 관광사업자에게 공통적으로 적용되는 결격사유에 해당하게 된 때(동법 제7조)
2. 허가 또는 신고 없이 유원시설업을 경영하는 때(동법 제36조 1항)
3. 허가나 신고의 취소 또는 사업의 정지명령을 받고 계속하여 영업을 한 때(동법 제36조 1항)

Ⅱ. 유원시설 등의 관리

1. 유기시설 및 유기기구의 안전성검사

1) 안전성검사 등

유원시설업자 및 유원시설업의 허가 또는 변경허가를 받으려는 자(조건부 영업허가를 받은 자로서 그 조건을 이행한 후 영업을 시작하려는 경우를 포함한다)는 안전성검사 대상 유기시설 또는 유기기구에 대하여 특별자치시장·특별자치도지사·시장·군수·구청장이 실시하는 안전성검사를 받아야 하고, 안전성검사 대상이

아닌 유기시설 또는 유기기구에 대하여는 안전성검사 대상에 해당되지 아니함을 확인하는 검사를 받아야 한다. 이 경우 특별자치도지사·특별자치시장·시장·군수·구청장은 성수기 등을 고려하여 검사시기를 지정할 수 있다(관광진흥법 제33조 1항 **〈개정 2018.6.12.〉**).

2) 안전성 검사기관(검사권한 수탁기관)

유기시설 또는 유기기구의 안전성검사 및 안전성검사 대상에 해당되지 아니함을 확인하는 검사에 관한 문화체육관광부장관의 권한은 인력과 시설 등의 일정한 요건(시행규칙 별표 24 참조)을 갖추고 문화체육관광부장관에게 등록한 업종별 관광협회 또는 전문 연구·검사기관에 각각 위탁하고 있다. 이 경우 문화체육관광부장관은 업종별 관광협회 또는 전문 연구·검사기관의 명칭·주소 및 대표자 등을 고시하여야 한다(관광진흥법 제80조 3항 4호, 동법시행령 제65조 1항 3호, 동법시행규칙 제70조 관련 별표 24 및 제71조).

3) 유기시설 또는 유기기구의 안전성검사 등

유원시설업의 허가 또는 변경허가를 받으려는 자(조건부 영업허가를 받은 자로서 조건이행내역신고서를 제출한 후 영업을 시작하려는 경우를 포함한다)는 안전성검사 대상 유기시설·유기기구에 대하여 검사항목별로 안전성검사를 받아야 하며, 허가를 받은 다음 연도부터는 연 1회 이상 안전성검사를 받아야 한다. 다만, 최초로 안전성검사를 받은 지 10년이 지난 유기시설·유기기구에 대하여는 반기별로 1회 이상 안전성검사를 받아야 한다(동법 제33조 1항, 동법시행규칙 제40조 2항).

4) 안전성 재검사

안전성검사를 받은 유기시설 또는 유기기구 중 다음 각 호의 어느 하나에 해당하는 유기시설 또는 유기기구는 재검사를 받아야 한다(동법 시행규칙 제40조 3항).

1. 부적합판정을 받은 유기시설 또는 유기기구
2. 사고가 발생한 유기시설 또는 유기기구(유기시설 또는 유기기구의 결함에 의하지 아니한 사고는 제외한다)
3. 3개월 이상 운행을 정지하거나 최근 6개월간의 운행정지기간의 합산일이 3개월 이상인 유기시설 또는 유기기구

5) 안전성검사 대상이 아님을 확인하는 검사

기타유원시설업의 신고를 하려는 자와 종합유원시설업 또는 일반유원시설업을 하는 자가 안전성검사 대상이 아닌 유기시설 또는 유기기구를 설치하여 운영하려는 경우에는 안전성검사 대상이 아님을 확인하는 검사를 받아야 한다(동법 시행규칙 제40조 4항).

6) 안전관리자의 배치

안전성검사를 받아야 하는 유원시설업자(종합유원시설업자와 일반유원시설업자)는 유기시설 및 유기기구에 대한 안전관리를 위하여 사업장에 안전관리자를 항상 배치하여야 한다(동법 제33조 2항).

이에 따라 유원시설업의 사업장에 상시 배치하여야 하는 안전관리자의 자격·배치기준 및 임무는 별표 12와 같다(동법 시행규칙 제41조).

7) 안전관리자의 안전교육 실시

안전관리자는 문화체육관광부장관이 실시하는 유기시설 및 유기기구의 안전관리에 관한 교육(이하 "안전교육"이라 한다)을 정기적으로 받아야 하고, 유원시설업자는 안전관리자가 안전교육을 받도록 하여야 한다(동법 제33조 3항·4항). 이 경우 문화체육관광부장관의 권한은 문화체육관광부장관에게 등록한 업종별 관광협회 또는 전문연구·검사기관에 위탁한다(동법 제80조 제3항 제4호의2).

8) 안전성검사등록기관의 유기시설·기구 검사조서 작성·통지

문화체육관광부장관으로부터 유기시설 등의 안전성검사권한을 위탁받은 업종별 관광협회 또는 전문 연구·검사기관이 안전성검사 또는 안전성검사 대상이 아님을 확인하는 검사를 한 경우에는 문화체육관광부장관이 정하여 고시하는 바에 따라 검사결과서를 작성하여 지체 없이 검사신청인과 해당 유원시설업의 소재지를 관할하는 특별자치시장·특별자치도지사·시장·군수·구청장에게 각각 통지하여야 한다(동법 시행규칙 제40조 5항 **〈개정 2015.3.6.,2019.4.25.〉**). 이 때 유기시설·기구 검사조서를 통지받은 특별자치시장·특별자치도지사·시장·군수·구청장은 그 안전성검사 결과에 따라 해당 사업자에게 유기시설 또는 유기기구에 대한 개선을 권고할 수 있다(동법시행규칙 제40조 7항 **〈개정 2019.4.25.〉**).

2. 사고보고의무 및 사고조사

① 유원시설업자는 그가 관리하는 유기시설 또는 유기기구로 인하여 중대한 사고가 발생한 때에는 즉시 사용중지 등 필요한 조치를 취하고 문화체육관광부령으로 정하는 바에 따라 특별자치시장·특별자치도지사·시장·군수·구청장에게 통보하여야 한다(동법 제33조의2 제1항 〈**개정** 2018.6.12.〉).

② 이에 따라 통보를 받은 특별자치시장·특별자치도지사·시장·군수·구청장은 필요하다고 판단하는 경우에는 유원시설업자에게 자료의 제출을 명하거나 현장조사를 실시할 수 있다(동법 제33조의2 제2항 〈**개정** 2018.6.12.〉).

③ 특별자치시장·특별자치도지사·시장·군수·구청장은 자료 및 현장조사 결과에 따라 해당 유기시설 또는 유기기구가 안전에 중대한 침해를 줄 수 있다고 판단하는 경우에는 그 유원시설업자에게 사용중지·개선 또는 철거를 명할 수 있다(동법 제33조의2 제3항 〈**개정** 2018.6.12.〉).

3. 유원시설안전정보시스템의 구축·운영 (신설 2020.12.22.)

① 문화체육관광부장관은 유원시설의 안전과 관련된 정보를 종합적으로 관리하고 해당 정보를 유원시설업자 및 관광객에게 제공하기 위하여 유원시설안전정보시스템을 구축·운영할 수 있다(동법 제34조의2 제1항).

② 제1항에 따른 유원시설안전정보시스템에는 다음 각 호의 정보가 포함되어야 한다(동법 제34조의2 제2항).

1. 제5조제2항에 따른 유원시설업의 허가(변경허가를 포함한다) 또는 같은 조 제4항에 따른 유원시설업의 신고(변경신고를 포함한다)에 관한 정보
2. 제9조에 따른 유원시설업자의 보험 가입 등에 관한 정보
3. 제32조에 따른 물놀이형 유원시설업자의 안전·위생에 관한 정보
4. 제33조제1항에 따른 안전성검사 또는 안전성검사 대상에 해당하지 아니함을 확인하는 검사에 관한 정보
5. 제33조제3항에 따른 안전관리자의 안전교육에 관한 정보
6. 제33조의2제1항에 따라 통보한 사고 및 그 조치에 관한 정보
7. 유원시설업자가 이 법을 위반하여 받은 행정처분에 관한 정보
8. 그 밖에 유원시설의 안전관리를 위하여 대통령령으로 정하는 정보

③ 문화체육관광부장관은 특별자치시장·특별자치도지사·시장·군수·구청장, 제80조제3항에 따라 업무를 위탁받은 기관의 장 및 유원시설업자에게 유원시설안전정보시스템의 구축·운영에 필요한 자료를 제출 또는 등록하도록 요청할 수 있다. 이 경우 요청을 받은 자는 정당한 사유가 없으면 이에 따라야 한다(동법 제34조의2 제3항).

④ 문화체육관광부장관은 제2항제3호 및 제4호에 따른 정보 등을 유원시설안전정보시스템을 통하여 공개할 수 있다(동법 제34조의2 제4항).

⑤ 제4항에 따른 공개의 대상, 범위, 방법 및 그 밖에 유원시설안전정보시스템의 구축·운영에 필요한 사항은 문화체육관광부령으로 정한다(동법 제34조의2 제5항).

4. 장애인의 유원시설 이용을 위한 편의 제공 등 (신설 2023.8.8.)

① 유원시설업을 경영하는 자는 장애인이 유원시설을 편리하고 안전하게 이용할 수 있도록 제작된 유기시설 및 유기기구(이하 “장애인 이용가능 유기시설등”이라 한다)의 설치를 위하여 노력하여야 한다. 이 경우 국가 및 지방자치단체는 해당 장애인 이용가능 유기시설등의 설치에 필요한 비용을 지원할 수 있다(동법 제34조의3 제1항).

② 제1항에 따라 장애인 이용가능 유기시설등을 설치하는 자는 대통령령으로 정하는 편의시설을 갖추고 장애인이 해당 장애인 이용가능 유기시설등을 편리하게 이용할 수 있도록 하여야 한다(동법 제34조의3 제2항).

5. 보험가입 등

종합유원시설업 및 일반유원시설업의 허가를 받은 자는 해당 사업과 관련하여 사고가 발생하거나 관광객에게 손해가 발생하면 피해자에게 보험금을 지급할 것을 내용으로 하는 보험 등에 가입하여야 한다(동법 제9조 및 시행규칙 제7조 2항 5호 및 제11조 2항 3호).

6. 유원시설업자의 준수사항

유원시설업자는 영업질서의 유지를 위하여 유원시설업자의 준수사항을 지켜야 하며, 법령을 위반하여 제조한 유기시설·유기기구 또는 유기기구의 부분품

(部分品)을 설치하거나 사용하여서는 아니 된다(동법 제34조). 유원시설업자의 준수사항은 「관광진흥법 시행규칙」 제42조 관련 **[별표 13] '유원시설업자의 준수사항'**(개정 2016.12.30.)을 참고하기 바란다.

7. 물놀이형 유원시설업자의 준수사항

1) 안전·위생기준 준수의무

유원시설업의 허가를 받거나 신고를 한 자(이하 "유원시설업자"라 한다) 중 물놀이형 유기시설 또는 유기기구를 설치한 자는 문화체육관광부령으로 정하는 안전·위생기준을 지켜야 한다(동법 제32조).

2) 안전·위생기준의 마련

물놀이형 유기시설·유기기구를 설치한 자는 각종 시설이 안전하고 정상적으로 이용할 수 있도록 하고, 기구별 정원 또는 동시수용 가능인원을 산정하여 그에 맞게 이용하도록 하며, 이용자가 쉽게 볼 수 있는 곳에 수심표시를 하는 등 안전·위생기준을 마련하여 지키도록 하였다. 이때 물놀이형 유원시설 또는 유기기구를 설치한 자가 지켜야 하는 안전·위생기준은 「관광진흥법 시행규칙」 제39조의2 관련 **[별표 10의2] '물놀이형 유원시설업자의 안전·위생기준'**(개정 2019.8.1.)을 참고하기 바란다.

3) 위반행위에 대한 벌칙

물놀이형 유기시설·유기기구를 설치한 유원시설업자가 안전·위생기준을 위반하여 관할 등록기관등의 장이 발한 명령을 위반한 때에는 1년 이하의 징역 또는 1천만원 이하의 벌금에 처하도록 하였다(동법 제84조 4의2호).

8. 수탁검사기관 및 교육기관 임·직원의 공무원 간주

유원시설 또는 유기기구의 안전성 검사권한을 위탁받은 검사기관과 안전교육 실시권한을 위탁받은 교육기관의 임·직원은 위법행위로 인하여 「형법」 제129조부터 제132조까지의 규정을 적용하는 경우 공무원으로 본다(관광진흥법 제80조 제4항).

제6절 관광편의시설업

Ⅰ. 관광편의시설업의 의의와 종류

1. 관광편의시설업의 의의

관광편의시설업은 앞에서 설명한 관광사업(여행업, 관광숙박업, 관광객이용시설업, 국제회의업, 카지노업, 유원시설업) 외에 관광진흥에 이바지할 수 있다고 인정되는 사업이나 시설 등을 운영하는 업(관광진흥법 제3조 1항 7호)을 말한다.

2. 관광편의시설업의 종류

「관광진흥법」에서 규정하고 있는 관광편의시설업의 종류는 관광유흥음식점업, 관광극장유흥업, 외국인전용 유흥음식점업, 관광식당업, 관광순환버스업, 관광사진업, 여객자동차터미널시설업, 관광펜션업, 관광궤도업, 관광면세업 및 관광지원서비스업 등으로 구분되고 있다(동법 시행령 제2조 1항 6호 **〈개정 2019.4.9., 2020.4.28.〉**). (이에 대한 상세한 내용은 제2장제1절 관광사업의 종류 중 7. 관광편의시설업을 참조하기 바란다)

Ⅱ. 관광편의시설업의 지정

1. 지정대상업종 및 지정관청

관광편의시설업을 경영하려는 자는 문화체육관광부령으로 정하는 바에 따라 특별시장·광역시장·특별자치시장·도지사·특별자치도지사(이하 "시·도지사"라 함) 또는 시장·군수·구청장의 지정을 받아야 한다(관광진흥법 제6조 제1항 〈개정 2018.6.12.〉).

관광편의시설업의 지정대상업종 및 지정관청은 다음의 구분에 따른다(동법 제6조, 동법시행령 제65조 제1항 제1호, 동법시행규칙 제14조 제1항 **〈개정 2019.4.25., 2019.7.10., 2020.4.28., 2021.6.23.〉**).

(1) 관광유흥음식점업, 관광극장유흥업, 외국인전용 유흥음식점업, 관광순환버스업, 관광펜션업, 관광궤도업, 관광면세업 및 관광지원서비스업 — 특별자치시장·특별자치도지사·시장·군수·구청장

(2) 관광식당업, 관광사진업 및 여객자동차터미널시설업 — 지역별관광협회

2. 관광편의시설업의 지정기준

관광편의시설업의 세부업종별 지정기준은 「관광진흥법 시행규칙」 제15조 관련 [별표 2]와 같다.〈**개정** 2018.11.29., 2020.9.2.〉

[별표 2] 〈**개정** 2019.7.10., 2020.9.2., 2022.10.17.〉

관광편의시설업의 지정기준 (시행규칙 제15조 관련)

업 종	지정기준
1. 관광유흥음식점업	가. 건물은 연면적이 특별시의 경우에는 330제곱미터 이상, 그 밖의 지역은 200제곱미터 이상으로 한국적 분위기를 풍기는 아담하고 우아한 건물일 것 나. 관광객의 수용에 적합한 다양한 규모의 방을 두고 실내는 고유의 한국적 분위기를 풍길 수 있도록 서화·문갑·병풍 및 나전칠기 등으로 장식할 것 다. 영업장 내부의 노랫소리 등이 외부에 들리지 아니하도록 할 것
2. 관광극장유흥업	가. 건물 연면적은 1,000제곱미터 이상으로 하고, 홀면적(무대면적을 포함한다)은 500제곱미터 이상으로 할 것 나. 관광객에게 민속과 가무를 감상하게 할 수 있도록 특수조명장치 및 배경을 설치한 50제곱미터 이상의 무대가 있을 것 다. 영업장 내부의 노랫소리 등이 외부에 들리지 아니하도록 할 것
3. 외국인전용 유흥음식점업	가. 홀면적(무대면적을 포함한다)은 100제곱미터 이상으로 할 것 나. 홀에는 노래와 춤 공연을 할 수 있도록 20제곱미터 이상의 무대를 설치하고, 특수조명 시설을 갖출 것 다. 영업장 내부의 노랫소리 등이 외부에 들리지 아니하도록 할 것 라. 외국인을 대상으로 영업할 것
4. 관광식당업	가. 인적요건 1) 한국 전통음식을 제공하는 경우에는 「국가기술자격법」에 따른 해당 조리사 자격증 소지자를 둘 것 2) 특정 외국의 전문음식을 제공하는 경우에는 다음의 요건 중 1개 이상의 요건을 갖춘 자를 둘 것 가) 해당 외국에서 전문조리사 자격을 취득한 자 나) 「국가기술자격법」에 따른 해당 조리사 자격증 소지자로서 해당 분야에서의 조리경력이 2년 이상인 자 다) 해당 외국에서 6개월 이상의 조리교육을 이수한 자

	나. 삭제 〈2014.9.16.〉 다. 최소 한 개 이상의 외국어로 음식의 이름과 관련 정보가 병기된 메뉴판을 갖추고 있을 것 라. 출입구가 각각 구분된 남·녀 화장실을 갖출 것
5. 관광순환버스업	○ 안내방송등 외국어 안내서비스가 가능한 체제를 갖출 것
6. 관광사진업	○ 사진촬영기술이 풍부한 자 및 외국어 안내서비스가 가능한 체제를 갖출 것
7. 여객자동차터미널업	○ 인근 관광지역 등의 안내서 등을 비치하고, 인근 관광자원 및 명소 등을 소개하는 관광안내판을 설치할 것
8. 관광펜션업	가. 자연 및 주변환경과 조화를 이루는 4층 이하의 건축물일 것 나. 객실이 30실 이하일 것 다. 취사 및 숙박에 필요한 설비를 갖출 것 라. 바비큐장, 캠프파이어장 등 주인의 환대가 가능한 1 종류 이상의 이용시설을 갖추고 있을 것(다만, 관광펜션이 수개의 건물 동으로 이루어진 경우에는 그 시설을 공동으로 설치할 수 있다) 마. 숙박시설 및 이용시설에 대하여 외국어 안내 표기를 할 것
9. 관광궤도업	가. 자연 또는 주변 경관을 관람할 수 있도록 개방되어 있거나 밖이 보이는 창을 가진 구조일 것 나. 안내방송 등 외국어 안내서비스가 가능한 체제를 갖출 것
10. 한옥체험업 〈삭제 2020.4.28.〉	삭제함과 동시에 관광객이용시설업의 일종으로 재분류되었음
11. 관광면세업	가. 외국어 안내 서비스가 가능한 체제를 갖출 것 나. 한 개 이상의 외국어로 상품명 및 가격 등 관련 정보가 명시된 전체 또는 개별 안내판을 갖출 것 다. 주변 교통의 원활한 소통에 지장을 초래하지 않을 것
12. 관광지원서비스업	가. 다음의 어느 하나에 해당할 것 1) 해당 사업의 평균매출액 중 관광객 또는 관광사업자와의 거래로 인한 매출액의 비율이 100분의 50 이상일 것 2) 법 제52조에 따라 관광지 또는 관광단지로 지정된 지역에서 사업장을 운영할 것 3) 법 제48조의10 제1항에 따라 한국관광 품질인증을 받았을 것 4) 중앙행정기관의 장 또는 지방자치단체의 장이 공모 등의 방법을 통해 우수 관광사업으로 선정한 사업일 것 나. 시설 등을 이용하는 관광객의 안전을 확보할 것

3. 관광편의시설업의 지정절차

1) 지정신청

관광편의시설업의 지정을 받으려는 자는 관광편의시설업지정신청서(시행규칙 제14조제2항 관련 별지 제21호서식)에 각종의 구비서류를 첨부하여 특별자치시장·특별자치도지사·시장·군수·구청장 또는 지역별 관광협회에 제출해야 한다(동법시행규칙 제14조 2항 **<개정 2019.4.25., 2019.7.10., 2021.6.23.>**).

2) 지정사항 변경신청

관광편의시설업을 지정받은 자가 지정사항을 변경하려는 경우에는 그 변경사유가 발생한 날부터 30일 이내에 관광편의시설업지정변경신청서(시행규칙 제14조 제2항 관련 별지 제21호서식)에 변경사실을 증명할 수 있는 서류를 첨부하여 특별자치시장·특별자치도지사·시장·군수·구청장에게 제출하여야 한다(동법 시행규칙 제14조 5항 **<개정 2019.4.25.>**).

3) 지정증발급

특별자치시장·특별자치도지사·시장·군수·구청장 또는 지역별 관광협회는 관광편의시설업의 지정신청(지정사항 변경신청 포함) 내용이 지정기준에 적합하다고 인정하여 관광편의시설업을 지정한 때에는 관광편의시설업지정증을 신청인에게 발급하여야 한다(동법시행규칙 제14조 4항 **<개정 2019.4.25.>**).

4. 관광편의시설업자 지정대장 비치·관리

특별자치시장·특별자치도지사·시장·군수·구청장 또는 지역별 관광협회는 관광편의시설업의 지정을 한 때에는 관광편의시설업자 지정대장에 ① 상호 또는 명칭, ② 대표자 및 임원의 성명·주소, ③ 사업장의 소재지를 기재하여 비치·관리하여야 한다(동법 시행규칙 제14조 4항 **<개정 2019.4.25.>**).

5. 관광편의시설업지정증의 재발급

지정증을 잃어버리거나 그 지정증이 헐어 못 쓰게 되어버린 경우에는 지정증재발급신청서(시행규칙 제5조 관련 별지 제7호서식)를 작성하여 지정기관에 제출하면(헐어 못 쓰게 된 경우에는 지정증 첨부) 지정증을 다시 발급받을 수 있다(동법 시행규칙 제14조 5항).

6. 관광편의시설업의 지정취소

지정관청 또는 지정기관은 관광편의시설업의 지정을 받은 자가 관광사업자의 결격사유에 해당될 때에는 반드시 지정을 취소하여야 하고(동법 제7조), 또 그 밖의 등록취소 등 사유(동법 제35조)에 해당하는 때에는 그 지정을 취소할 수 있다.

제7절 관광사업의 영업에 대한 지도·감독

Ⅰ. 등록취소 등의 행정처분

1. 등록취소 등 행정처분의 의의

행정법규상의 의무위반에 대한 제재수단으로는 행정벌(行政罰) 외에도 그 의무위반자가 받은 허가·인가·특허 등을 취소·철회·정지시키는 행정처분(行政處分)이 행정목적을 확보·실현하기 위한 강제수단으로 많이 사용되고 있다.

행정법상 협의(狹義)로 행정행위의 취소(取消)라 함은 일단 유효하게 성립한 행정행위를 그 성립에 하자(흠)가 있음을 이유로 권한있는 기관이 그 효력을 기왕에 소급하여 소멸시키는 독립된 행정행위를 말한다. 그러나 광의(廣義)로 행정행위의 취소라고 할 때에는 협의의 취소 외에 행정행위의 철회(撤回)까지도 포함하는 개념으로 이해되고 있다.

이러한 의미에서 살펴볼 때 「관광진흥법」상의 행정처분에서 사용되고 있는 '등록등의 취소'는 행정행위의 철회(撤回)를 의미한다고 하겠다. 그 이유는 행정행위의 취소와 철회가 구별되는 것은, 취소(取消)가 "성립당시의 하자(흠)를 이유로 행정행위의 효과를 기왕에 소급하여 소멸시키는 행위"인 반면에, 철회(撤回)는 "아무런 하자(흠) 없이 유효하게 성립한 행정행위를 그 효력을 더 존속시킬 수 없는 새로운 사정의 발생을 이유로 장래에 향하여 소멸시키는 행위"라는 점에서 구별되기 때문이다.

2. 등록취소 등 행정처분의 사유

문화체육관광부장관, 시·도지사(특별시장·광역시장·특별자치시장·도지사·특별자치도지사) 또는 시장·군수·구청장(이하 "등록기관등의 장"이라 한다)은 관광사업의 '등록등'(등록·허가·지정)을 받거나 신고를 한 자 또는 사업계획의 승인을 받은 자가 다음 각 호의 어느 하나(등록취소 등의 사유)에 해당하면 그 '등록등' 또는 '사업계획의 승인'을 취소하거나 6개월 이내의 기간을 정하여 그 사업의 전부 또는 일부의 정지를 명하거나, 시설·운영의 개선을 명할 수 있다(동법 제35조 1항 **〈개정 2018.6.12., 2018.12.11., 2023.8.8.〉**).

1. 여행업, 관광숙박업, 관광객이용시설업 및 국제회의업을 등록한 사항 중 대통령령으로 정하는 중요한 사항을 변경하려면 변경등록을 하여야 하는데, 변경등록기간 내에 변경등록을 하지 아니하거나 등록한 영업범위를 벗어난 경우(동법 제4조 위반)
2. 유원시설업의 허가를 받거나 신고하려는 자는 문화체육관광부령으로 정하는 시설과 설비를 갖추어야 하는데, 이들 시설과 설비를 갖추지 아니하게 되는 경우(동법 제5조 2항 및 4항 위반)
3. 카지노업이나 유원시설업의 허가 또는 신고사항 중 문화체육관광부령으로 정하는 중요 사항을 변경하려면 변경허가나 변경신고를 하여야 하는데, 변경허가를 받지 아니하거나 변경신고를 하지 아니한 경우(동법 제5조 3항 및 4항 후단 위반)
4. 관광사업자의 지위를 승계한 자 또는 사업계획승인을 받은 자의 지위를 승계한 자가 1개월 이내에 신고를 하지 아니한 경우(동법 제8조 4항 및 5항 위반)
5. 관광사업자가 그 사업의 전부 또는 일부를 휴업하거나 폐업한 때에는 10일 이내에 관할 등록기관등의 장에게 알려야 하는데, 이를 알리지 아니하는 경우(동법 제8조 7항 위반)
6. 관광사업자(여행업자)가 보험 또는 공제에 가입하지 아니하거나 영업보증금을 예치하지 아니한 경우(동법 제9조 위반)
7. 관광사업자가 사실과 다르게 관광표지를 붙이거나 관광표지에 기재되는 내용을 사실과 다르게 표시 또는 광고하는 행위를 한 경우(제10조 2항 위반)
8. 타인경영이나 처분이 금지된 관광사업의 시설을 타인에게 처분하거나 타인에게 경영하도록 한 경우(동법 제11조 위반)
9. 기획여행의 실시요건 또는 실시방법을 위반하여 기획여행을 실시한 경우(동법 제12조 위반)

10. 여행업자는 여행자와 계약을 체결할 때 여행자를 보호하기 위하여 해당 여행지에 대한 안전정보를 제공하여야 하는데, 이를 위반하여 안전정보 또는 안전정보를 제공하지 아니하거나, 여행계약서를 여행자에게 내주지 아니한 경우 또는 여행자의 사전 동의 없이 여행일정(선택관광 일정을 포함한다)을 변경하는 경우(동법 제14조 위반)
11. 사업계획의 승인을 얻은 자가 정당한 사유 없이 「관광진흥법 시행령」 제32조에서 정하는 기간 내에 착공 또는 준공을 하지 아니하거나, 또 변경승인을 얻지 아니하고 사업계획을 임의로 변경한 경우(동법 제15조 위반)
12. 호텔업의 등록을 한 자 중 대통령령으로 정하는 자가 등급결정을 신청하지 아니한 경우(동법 제19조 제1항 위반)
13. 분양 또는 회원모집을 할 수 있는 관광사업자가 아니면서, 또 분양·모집의 기준 및 절차를 위반하면서 분양 또는 회원모집을 하거나 소유자등·회원의 권익을 보호하기 위한 사항을 준수하지 아니한 경우(동법 제20조 1항, 4항 및 5항 위반)
14. 야영장업자가 지켜야 할 준수사항을 위반한 경우(동법 제20조의2 위반)
15. 카지노업의 허가요건에 적합하지 아니하게 된 경우(동법 제21조 위반)
16. 카지노 시설 및 기구에 관한 유지·관리를 소홀히 한 경우(동법 제23조 3항 위반)
17. 카지노사업자의 준수사항을 위반한 경우(동법 제28조 1항 및 2항 위반)
18. 카지노사업자가 관광진흥개발기금을 납부하지 아니한 경우(동법 제30조 위반)
19. 물놀이형 유원시설 등의 안전·위생기준을 지키지 아니한 경우(동법 제32조 위반)
20. 유기시설 또는 유기기구에 대한 안전성검사 및 안전성검사 대상에 해당되지 아니함을 확인하는 검사를 받지 아니하거나 안전관리자를 배치하지 아니한 경우(동법 제33조 1항 및 2항 위반)
21. 유원시설업자가 영업질서 유지를 위한 준수사항을 지키지 아니하거나 불법으로 제조한 부분품을 설치하거나 사용한 경우(동법 제34조 1항 및 2항 위반)
22. 외국인관광객을 대상으로 하는 여행업자는 관광통역안내의 자격을 가진 사람을 관광안내에 종사하게 하여야 하는데, 이를 위반하여 해당 자격이 없는 자를 종사하게 한 경우(동법 제38조 1항 단서 위반)

23. 관광사업자나 관광사업자단체가 보고 또는 서류제출명령을 이행하지 아니하거나 관계 공무원의 검사를 방해한 경우(동법 제78조 위반)
24. 관광사업의 경영 또는 사업계획을 추진함에 있어서 뇌물을 주고받은 경우
25. 여행업자가 고의로 여행계약을 위반한 경우(동법 제14조 위반)

3. 관광사업의 정지명령

'관할 등록기관등의 장'은 관광사업의 등록 등을 받은 자가 다음 각 호의 어느 하나에 해당하면 6개월 이내의 기간을 정하여 그 사업의 전부 또는 일부의 정지를 명할 수 있다(동법 제35조 2항).

1. 국외여행인솔자의 자격요건을 갖추지 못한 자로 하여금 국외여행을 인솔하게 한 경우(동법 제13조)
2. 카지노사업자가 지나친 사행심유발방지등 문화체육관광부장관의 지도와 명령을 이행하지 아니한 경우(동법 제27조)

4. 위반행위별 행정처분의 세부기준

「관광진흥법」 은 '관할 등록기관 등의 장'으로 하여금 관광사업의 '등록등'의 취소 또는 사업의 정지를 명하거나 사업계획승인의 취소를 명할 수 있게 하였으나, 이와 같은 행정행위는 관광사업자에게 불이익을 주는 것이기 때문에 '등록기관등의 장'에게 재량권을 부여할 경우 형평성을 해칠 위험이 다분히 있게 된다.

이와 같은 이유로 등록등의 취소·정지처분 및 시설·운영개선명령의 세부적인 기준은 그 사유와 위반 정도를 고려하여 대통령령으로 정하도록 하고 있다. 이에 따라 「관광진흥법 시행령」은 [별표 2]에서 행정처분을 하기 위한 위반행위의 종류와 그 처분기준을 정하고 있다(동법 시행령 제33조 1항).

◆ 행정처분의 기준 <개정 2016.3.22., 2019.6.11.> ◆

(시행령 제33조제1항 관련 별표 2)

1. 일반기준

가. 위반행위가 두 가지 이상일 때에는 그중 중한 처분기준(중한 처분기준이 같을 때에는 그 중 하나의 처분기준을 말한다. 이하 이 목에서 같다)에 따르며, 두 가지 이상의 처분기준이 모두 사업정지일 경우에는 중한 처분기준의 2분의 1까지 가중 처분할 수 있되, 각 처분기준을 합산한 기간을 초과할 수 없다.

나. 위반행위의 횟수에 따른 행정처분의 기준은 최근 1년(카지노업에 대하여 행정처분을 하는 경우에는 최근 3년을 말한다)간 같은 위반행위로 행정처분을 받은 경우에 적용한다. 이 경우 기간의 계산은 위반행위에 대하여 행정처분을 받은 날과 그 처분 후 다시 같은 위반행위를 하여 적발된 날을 기준으로 한다.

다. 나목에 따라 가중된 행정처분을 하는 경우 행정처분의 적용 차수는 그 위반행위 전 행정처분 차수(나목에 따른 기간 내에 행정처분이 둘 이상 있었던 경우에는 높은 차수를 말한다)의 다음 차수로 한다.

라. 처분권자는 위반행위의 동기·내용·횟수 및 위반의 정도 등 1)부터 4)까지의 규정에 해당하는 사유를 고려하여 그 처분을 감경할 수 있다. 이 경우 그 처분이 사업정지인 경우에는 그 처분기준의 2분의 1의 범위에서 감경할 수 있다.

1) 위반행위가 고의나 중대한 과실이 아닌 사소한 부주의나 오류로 인한 것으로 인정되는 경우
2) 위반의 내용·정도가 경미하여 소비자에게 미치는 피해가 적다고 인정되는 경우
3) 위반 행위자가 처음 해당 위반행위를 한 경우로서, 5년 이상 관광사업을 모범적으로 해 온 사실이 인정되는 경우
4) 위반 행위자가 해당 위반행위로 인하여 검사로부터 기소유예 처분을 받거나 법원으로부터 선고유예의 판결을 받은 경우

2. 개별기준

행정처분의 개별기준은 위반행위에 대하여 1차위반, 2차위반, 3차위반, 4차위반의 경우 각각 시정명령, 사업정지(5일, 10일, 15일, 20일, 1개월, 2개월, 3개월, 6개월 등), 사업취소, 사업계획의 승인취소, 영업소 폐쇄명령 등을 정하고 있다. 개별기준의 내용은 생략한다(동법시행령 제33조 1항 관련 〈별표 2〉 참조).

5. 행정처분내용의 통보 및 협의

관할 등록기관등의 장이 행정처분을 함에 있어서 그것이 다른 기관과 관련이 있을 때에는 이 사실을 통보하거나 또는 사전에 협의하여야 한다.

첫째, 관할 등록기관등의 장은 관광사업에 사용할 것을 조건으로 「관세법」 등에 따라 관세의 감면을 받은 물품을 보유하고 있는 관광사업자로부터 그 물품의 수입면허를 받은 날부터 5년 이내에 그 사업의 양도·폐업의 신고 또는 통보를 받거나 그 사업자의 등록등의 취소를 한 경우에는 관할 세관장에게 그 사실을 즉시 통보하여야 한다(동법 제35조 4항).

둘째, 관할 등록기관등의 장은 관광사업자에 대하여 등록등을 취소하거나 사업의 전부 또는 일부의 정지를 명한 경우에는 「관광진흥법」 제18조 제2항(등록시의 신고·허가 의제 등)에 따라 소관 행정기관의 장(외국인투자기업인 경우에는 기획재정부장관을 포함한다)에게 그 사실을 통보하여야 한다(동법 제35조 5항).

셋째, 관할 등록기관등의 장 외의 소관 행정기관의 장이 관광사업자에 대하여 그 사업의 정지나 취소 또는 시설의 이용을 금지하거나 제한하려면 미리 관할 등록기관등의 장과 협의하여야 한다(동법 제35조 6항). 이는 감독관청이라 할지라도 관광사업자에 대한 불이익처분을 하려는 때에는 독단적으로 처리할 수 없고, 반드시 관광사업을 총괄하는 '관할 등록기관등의 장'과 사전 협의를 하도록 함으로써 관광사업을 보호하기 위한 것이다.

6. 관광숙박업자의 위반행위에 대한 「공중위생관리법」 적용 배제

「관광진흥법」 제35조 제1항 각 호의 어느 하나에 해당하는 행정처분의 대상행위 중 관광숙박업자의 위반행위가 「공중위생관리법」(제11조 제1항)에 따른 위반행위에 해당하면 「공중위생관리법」의 규정에도 불구하고 「관광진흥법」을 적용한다(동법 제35조 7항).

이는 관광숙박업자의 행위가 「관광진흥법」과 「공중위생관리법」의 규정에 모두 위반되는 경우에는 특별법적 성격을 갖는 「관광진흥법」을 우선하여 적용함으로써 관광사업을 보호·육성하려는 것이다.

Ⅱ. 폐쇄조치 등

1. 폐쇄조치사유

1) 폐쇄조치의 의의

폐쇄조치(閉鎖措置)란 관광행정법상의 의무를 이행하지 아니한 경우 의무자의 영업소를 직접 강제로 폐쇄하는 것으로서 행정상 강제집행의 일종인 직접강제(直接强制)의 수단이다.

2) 폐쇄조치사유

관할 등록기관등의 장(문화체육관광부장관, 시·도지사 및 시장·군수·구청장)은 다음과 같은 경우에 관계공무원으로 하여금 해당 영업소를 폐쇄하게 할 수 있다(관광진흥법 제36조 1항).

1. 카지노업이나 종합유원시설업 및 일반유원시설업이 허가를 받지 않고, 또는 기타유원시설업이 신고를 하지 않고 영업을 하는 때
2. 조건부 영업허가를 받은 카지노업자(동법 제24조)나 유원시설업자(동법 제31조)가 정당한 사유 없이 허가조건을 이행하지 않아 허가가 취소되었는데도 계속 영업을 하는 때
3. 관광사업의 등록 및 허가 등을 받거나 신고를 한 자 또는 사업계획의 승인을 받은 자가 일정한 사유로(동법 제35조의 규정) 인해 그 등록 및 허가 또는 사업계획승인이 취소되거나 그 사업의 전부 또는 일부의 정지 및 시설·운영의 개선명령을 받고 계속하여 영업을 하는 때

2. 폐쇄조치방법

관할 등록기관등의 장은 관계공무원으로 하여금 그 영업소를 폐쇄하기 위해서는 다음의 조치를 하게 할 수 있다(동법 제36조 1항).

1. 해당 영업소의 간판이나 그 밖의 영업표지물(營業標識物)의 제거 또는 삭제
2. 해당 영업소가 적법한 영업소가 아니라는 것을 알리는 게시물(揭示物) 등의 부착

3. 영업을 위하여 꼭 필요한 시설물 또는 기구(機具) 등을 사용할 수 없게 하는 봉인(封印)

3. 봉인해제 및 부착게시물의 제거

① 관할 등록기관등의 장은 관광사업자가 사실과 다른 관광표지 부착등(동법 제35조제1항 제4호의2)으로 행정처분을 한 경우에는 관계 공무원으로 하여금 이를 인터넷 홈페이지 등에 공개하게 하거나 사실과 다른 관광표지를 제거 또는 삭제하는 조치를 하게 할 수 있다(동법 제36조 2항).

② 관할 등록기관등의 장은 시설물 또는 기구 등에 대한 봉인을 한 후 다음 각 호의 어느 하나에 해당하는 사유가 생기면 봉인을 해제할 수 있다. 위법한 것임을 알리는 게시물 등의 부착을 제거하는 경우에도 또한 같다(동법 제36조 3항).

1. 봉인을 계속할 필요가 없다고 인정되는 경우
2. 해당 영업을 하는 자 또는 그 대리인이 정당한 사유를 들어 봉인의 해제를 요청하는 경우

4. 폐쇄조치 등의 경우 유의사항

① 관할 등록기관등의 장은 조치를 하려는 경우에는 미리 그 사실을 그 사업자 또는 그 대리인에게 서면으로 알려주어야 한다. 다만, 급박한 사유가 있으면 그러하지 아니하다(동법 제36조 4항).

② 폐쇄조치는 영업을 할 수 없게 하는 데에 필요한 최소한의 범위에 그쳐야 한다(동법 제36조 5항).

③ 영업소를 폐쇄하거나 관광표지를 제거·삭제하는 관계 공무원은 그 권한을 표시하는 증표(證票)를 지니고 이를 관계인에게 내보여야 한다(동법 제36조 6항).

Ⅲ. 관광사업자에 대한 과징금의 부과

1. 과징금의 의의 및 성질

과징금(課徵金)이란 행정관청이 일정한 행정법상의 의무를 위반한 자에 대하여 부과하는 금전적 제재를 말한다. 이러한 과징금제도는 행정법상의 의무위반

자가 의무위반에 의해 일정한 경제적 이익을 얻는 경우에, 과징금에 의해 그 이익을 징수하여 오히려 경제적 불이익이 생기도록 함으로써 간접적으로 행정법상의 의무이행을 강제하는 제도이다.

원래 과징금제도는 일정한 행정법령, 특히 경제법상 의무위반을 통하여 얻는 불법적인 이익을 박탈하기 위하여 「공정거래법」에서 최초로 도입된 제도이다. 즉 행정법상의 의무위반자에 대하여는 전통적 의무이행확보수단인 사업정지처분을 하는 것이 가장 효과적이나, 그 사업의 정지(예: 관광호텔업의 영업정지)가 그 사업의 이용자(예: 관광호텔의 투숙객) 등에게 심한 불편을 주거나 그밖에 공익을 해칠 우려가 있을 때에는 그 사업정지처분에 갈음하여 과징금을 부과함으로써 간접적으로 행정법상의 의무이행을 강제하는 수단으로 고안된 것이다.

과징금 또는 부과금(賦課金)은 행정법상의 의무에 대한 간접적 강제효과를 수반하고 금전적 부담이라는 점에서 벌금(罰金)·과태료(過怠料)와 다름없으나, 과징금은 형식상 행정벌(行政罰)에 속하지 않으며, 다분히 이득환수적(利得還收的)인 내용의 것인 점에서 벌금·과태료와 다르다.

2. 과징금 부과 및 납부

1) 과징금의 부과대상

관광진흥법상 의무위반행위에 대하여 과할 수 있는 행정상의 제재조치로는 징역·벌금·과태료 및 등록등의 취소와 사업정지 등이 있다. 이 중에서 과징금을 부과할 수 있는 경우는 사업정지를 명하는 경우에 한한다. 그리고 모든 사업정지가 무조건 대상이 되는 것이 아니고, 그 사업의 정지가 그 이용자 등에게 심한 불편을 주거나 그 밖에 공익을 해칠 우려가 있으면 사업정지처분을 갈음하여 2천만원 이하의 과징금을 부과할 수 있다(동법 제37조 1항).

2) 과징금을 부과할 위반행위의 종별과 과징금의 금액

과징금을 부과하는 위반행위의 종류·정도 등에 따른 과징금의 금액과 그 밖에 필요한 사항은 대통령령으로 정한다. 현재 위반행위별 과징금의 부과기준은 위반행위의 종류·정도 등에 따라 과징금의 액수를 「관광진흥법 시행령」에 규정해 놓고 있다(동법 제37조 2항, 동법 시행령 제34조 1항 〈별표 3〉).

그러나 등록기관등의 장은 사업자의 사업규모, 사업지역의 특수성과 위반행위의 정도 및 위반횟수 등을 고려하여 기준으로 정한 과징금 금액의 2분의 1의 범위에서 가중 또는 감경할 수 있다. 다만, 가중하는 경우에도 과징금의 총액은 2천만원을 초과할 수 없다(동법 시행령 제34조 2항).

3) 과징금의 부과 및 납부

등록기관등의 장은 과징금을 부과하려면 그 위반행위의 종류와 과징금의 금액 등을 명시하여 납부할 것을 서면으로 알려야 한다(동법 시행령 제35조 1항).

과징금 납부의 통지를 받은 자는 20일 이내에 과징금을 등록기관등의 장이 정하는 수납기관에 내야 한다. 다만, 천재지변이나 그 밖의 부득이한 사유로 그 기간에 과징금을 낼 수 없는 경우에는 그 사유가 없어진 날부터 7일 이내에 내야 한다(동법 시행령 제35조 2항).

과징금은 이를 분할하여 낼 수 없다(동법 시행령 제35조 5항). 과징금을 받은 수납기관은 영수증을 납부자에게 발급하여야 하며, 지체없이 수납한 사실을 등록기관등의 장에게 통보하여야 한다(동법 시행령 제35조 3항·4항).

3. 미납과징금의 강제징수

관할 등록기관등의 장은 과징금을 내야 하는 자가 납부기한까지 내지 아니하면 국세체납처분의 예 또는 「지방세외수익금의 징수 등에 관한 법률」에 따라 징수한다(동법 제37조 3항).

즉 ① 독촉(督促: 독촉장을 발부하고 10일 이내의 납부기한을 주어야 함), ② 재산의 압류(押留: 체납액을 현저히 초과하는 과잉압류는 위법으로 불가), ③ 압류재산의 환가(換價: 압류재산을 매각하여 금전으로 바꾸는 것), ④ 배분(配分: 환가된 금전을 먼저 체납된 과징금에 충당하고 잔여액은 체납자에게 돌려준다. 이 때 배분계산서를 작성하여 체납자에게 교부하여야 함) 등의 절차에 따라 미납과징금에 대한 강제징수를 실시한다.

제8절 관광종사원

Ⅰ. 관광종사원의 자격

1. 관광종사원 자격의 종류

관광종사원의 자격제도는 여행업과 관광숙박업에 종사하는 자에 한정하여 적용된다. 여행업에는 관광통역안내사·국내여행안내사, 관광숙박업에는 호텔경영사·호텔관리사·호텔서비스사 자격이 있다. 그리고 내국인의 국외여행 실시에 있어 여행자의 안전·편의 제공을 위해 두는 국외여행 인솔자자격이 있다.

한편, '제주자치도'에서는 관광종사원 자격 등과 관련하여 「관광진흥법 시행령」 또는 「관광진흥법 시행규칙」으로 정하도록 한 사항은 '도조례'로 정할 수 있도록 하였다.

2. 관광통역안내사 자격소지자의 의무고용제

관할 등록기관등의 장은 대통령령으로 정하는 관광업무(여행업 및 관광숙박업)에는 관광종사원의 자격을 가진 자가 종사하도록 해당 관광사업자에게 권고할 수 있다. 다만, 외국인 관광객을 대상으로 하는 여행업자는 관광통역안내의 자격을 가진 사람을 관광안내에 종사하게 하여야 한다(동법 제38조 1항).

따라서 관광통역안내의 자격이 없는 사람은 외국인 관광객을 대상으로 하는 관광안내를 하여서는 아니된다(동법 제38조 6항). 그리고 관광통역안내의 자격을 가진 사람이 관광안내를 하는 경우에는 자격증을 반드시 패용(佩用)하여야 한다(동법 제38조 7항).

이와 같이 관광통역안내의 자격을 가진 사람을 관광안내에 종사하게 하도록 의무화한 것은, 종래 무자격 관광종사원이 외국인 관광객들에게 우리나라의 역사와 문화를 왜곡하여 설명하는 등의 부작용이 많았으므로, 관광통역안내 자격자가 관광안내를 함으로써 이러한 부작용을 해소하고, 우리나라의 이미지와 관광의 만족도를 높일 수 있게 하였다.

등록기관등의 장이 관광종사원의 자격을 가진 자가 종사하도록 권고할 수 있거나 종사하게 하여야 하는 관광업무 및 업무별 자격기준은 다음 표와 같다.

◆ 관광업무별 자격기준 〈개정 2014.11.28.〉 ◆

(시행령 제36조 관련 〈별표 4〉)

업 종	업 무	종사하도록 권고할 수 있는 자	종사하게 하여야 하는 자
1. 여행업	가. 외국인관광객의 국내여행을 위한 안내		관광통역안내사 자격을 취득한 자
	나. 내국인의 국내여행을 위한 안내	국내여행안내사 자격을 취득한 자	
2. 관광숙박업	가. 4성급 이상의 관광호텔업의 총괄관리 및 경영업무	호텔경영사 자격을 취득한 자	
	나. 4성급 이상의 관광호텔업의 객실관리 책임자 업무	호텔경영사 또는 호텔관리사 자격을 취득한 자	
	다. 3성급 이하의 관광호텔업과 한국전통호텔업·수상관광호텔업·휴양콘도미니엄업·가족호텔업·호스텔업·소형호텔업 및 의료관광호텔업의 총괄관리 및 경영업무	호텔경영사 또는 호텔관리사 자격을 취득한 자	
	라. 현관·객실·식당의 접객업무	호텔서비스사 자격을 취득한 자	

3. 관광종사원 자격증 대여금지 등

관광종사원은 관광종사원 자격증을 다른 사람에게 빌려주거나 빌려서는 아니 되며, 이를 알선해서도 아니 된다(동법 제38조 8항 〈**개정 2019.12.3.**〉).

이는 관광종사원의 자격증 대여 등을 금지하고, 이를 위반한 경우 제재할 수 있는 근거를 마련한 것으로 본다.

4. 관광종사원의 자격시험

1) 시험실시기관

관광종사원 자격시험에 관한 사항은 문화체육관광부장관의 권한사항이나(관광진흥법 제38조 2항), 다음과 같이 한국관광공사 또는 협회에 위탁하고 있다(동법 제80조 제3항 5호, 동법 시행령 제65조 제1항 4·5호).

(1) 관광통역안내사·호텔경영사 및 호텔관리사의 자격시험, 등록 및 자격증의 발급에 관한 권한은 한국관광공사에 위탁한다. 다만, 자격시험의 출제, 시행, 채점 등 자격시험의 관리에 관한 업무는 「한국산업인력공단법」에 따른 한국산업인력공단에 위탁한다.

(2) 국내여행안내사 및 호텔서비스사의 자격시험, 등록 및 자격증의 발급에 관한 권한은 한국관광협회중앙회에 위탁한다. 다만, 자격시험의 출제, 시행, 채점 등 자격시험의 관리에 관한 업무는 「한국산업인력공단법」에 따른 한국산업인력공단에 위탁한다.

따라서 관광종사원의 자격을 취득하려는 자는 한국산업인력공단이 실시하는 시험에 합격한 후 한국관광공사 또는 한국관광협회중앙회에 등록하여야 한다.

2) 응시자격

관광종사원 중 호텔경영사 또는 호텔관리사 시험에 응시할 수 있는 자격은 다음과 같이 구분한다(동법 시행규칙 제48조 **〈개정 2014.12.31.〉**).

(1) 호텔경영사 시험

가. 호텔관리사 자격을 취득한 후 관광호텔에서 3년 이상 종사한 경력이 있는 자

나. 4성급 이상 호텔의 임원으로 3년 이상 종사한 경력이 있는 자

(2) 호텔관리사 시험

가. 호텔서비스사 또는 조리사 자격을 취득한 후 관광숙박업소에서 3년 이상 종사한 경력이 있는 자

나. 「고등교육법」에 따른 전문대학의 관광분야 학과를 졸업한 자(졸업예정자를 포함한다) 또는 관광분야의 과목을 이수하여 다른 법령에서 이와

동등한 학력이 있다고 인정되는 자
다. 「고등교육법」에 따른 대학을 졸업한 자(졸업예정자를 포함한다) 또는 다른 법령에서 이와 동등 이상의 학력이 있다고 인정되는 자
라. 「초·중등교육법」에 따른 고등기술학교의 관광분야를 전공하는 과의 2년과정 이상을 이수하고 졸업한 자(졸업예정자를 포함한다)

(3) **관광통역안내사, 국내여행안내사, 호텔서비스사 시험의 응시자격은** 별도로 규정하지 않고 있어, 연령·학력·경력·국적 등의 제한 없이 누구나 응시할 수 있도록 하였다.

3) 시험의 실시 및 공고, 응시원서 제출

(1) **시험실시 및 공고** — 시험은 매년 1회 이상 실시한다. 한국산업인력공단은 시험의 응시자격·시험과목·일시·장소·응시절차, 그 밖에 시험에 필요한 사항을 시험시행일 90일 전에 일간신문에 공고하여야 한다(동법 시행규칙 제49조 **〈개정 2019.11.20.〉**).

(2) **응시원서 제출** — 시험에 응시하려는 자는 별지 제36호서식의 응시원서를 한국산업인력공단에 제출하여야 한다(동법 시행규칙 제50조).

4) 시험실시방법

관광종사원의 자격시험은 필기시험(외국어시험을 제외한 필기시험을 말한다), 외국어시험(관광통역안내사·호텔경영사·호텔관리사 및 호텔서비스사 자격시험만 해당한다) 및 면접시험으로 구분하되, 평가의 객관성이 확보될 수 있는 방법으로 시행하여야 한다. 그리고 면접시험은 필기시험 및 외국어시험에 합격한 자에 대하여 시행한다(동법 시행규칙 제44조).

5) 시험과목 및 합격결정기준

(1) 필기시험:

필기시험의 과목과 합격결정의 기준은 다음의 [별표 14]와 같다.

◆ 필기시험의 시험과목 및 합격결정기준 ◆

(시행규칙 제46조 제1항 관련 [별표 14])

1. 시험과목 및 배점비율

구 분	시 험 과 목	배점비율
가. 관광통역안내사	국 사 관광자원해설 관광법규(관광기본법·관광진흥법·관광진흥개발기금법·국제회의산업육성에 관한 법률 등의 관광관련 법규를 말한다) 관광학개론	40% 20% 20% 20%
	계	100%
나. 국내여행안내사	국 사 관광자원해설 관광법규 관광학개론	30% 20% 20% 30%
	계	100%
다. 호텔경영사	관광법규 호텔회계론 호텔인사 및 조직관리론 호텔마케팅론	10% 30% 30% 30%
	계	100%
라. 호텔관리사	관광법규 관광학개론 호텔관리론	30% 30% 40%
	계	100%
마. 호텔서비스사	관광법규 호텔실무(현관·객실·식당중심)	30% 70%
	계	100%

2. 합격결정기준: 필기시험의 합격기준은 매과목 4할 이상, 전과목의 점수가 위의 배점비율로 환산하여 6할 이상이어야 한다.

(2) 외국어시험:

관광종사원별 외국어시험의 종류는 다음과 같다(동법 시행규칙 제47조 1항 〈**개정 2019.6.11.**〉).

① 관광통역안내사 — 영어, 일본어, 중국어, 프랑스어, 독일어, 스페인어, 러시아어, 이탈리아어, 태국어, 베트남어, 말레이·인도네시아어, 아랍어 중 1과목

② 호텔경영사 및 호텔관리사 — 영어
③ 호텔서비스사 — 영어, 일본어, 중국어 중 1과목

그런데 외국어시험은 다른 외국어시험기관에서 실시하는 시험(이하 "다른 외국어시험"이라 한다)으로 대체한다. 이 경우 외국어시험을 대체하는 다른 외국어시험의 점수 및 급수[〈별표 15〉 제1호 중 프랑스어의 델프(DELF) 및 달프(DALF)시험의 점수 및 급수는 제외한다]는 응시원서 접수 마감일부터 2년 이내에 실시한 시험에서 취득한 점수 및 급수여야 한다(동법 시행규칙 제47조 2항 **〈개정 2019.6.11.〉**).

다른 외국어시험의 종류 및 합격에 필요한 점수 및 급수는 다음 [별표 15]와 같다.

◆ 다른 외국어시험의 종류 및 합격에 필요한 점수 또는 급수 ◆

(시행규칙 제47조 관련 [별표 15] 〈**개정** 2019.6.11., 2021.9.24.〉)

1. 다른 외국어시험의 종류

구 분		내 용
영 어	토플(TOEFL)	아메리카합중국 이.티.에스(E.T.S: Education Testing Service)에서 시행하는 시험(Test of English as a Foreign Language)를 말한다.
	토익(TOEIC)	아메리카합중국 이.티.에스(E.T.S: Education Testing Service)에서 시행하는 시험(Test of English for International Communication)을 말한다.
	텝스(TEPS)	서울대학교영어능력검정시험(Test of English Proficiency, Seoul National University)을 말한다.
	지텔프(G-TELP, 레벨 2)	아메리카합중국 샌디에고 주립대(Sandiego State University)에서 시행하는 시험(General Test of English Language Proficiency)을 말한다.
	플렉스(FLEX)	한국외국어대학교와 대한상공회의소가 공동시행하는 어학능력검정시험(Foreign Language Examination)을 말한다.
	아이엘츠(IELTS)	영국의 영국문화원(British Council)에서 시행하는 영어능력검정시험(International English Language Testing System)을 말한다.
일본어	일본어능력시험(JPT)	일본국 순다이(駿台)학원그룹에서 개발한 문제를 재단법인 국제교류진흥회에서 시행하는 시험(Japanese Proficiency Test)을 말한다.
	일본어검정시험(日檢,NIKKEN)	한국시사일본어사와 일본국서간행회(日本國書刊行會)가 공동개발하여 한국시사일본어사에서 시행하는 시험을 말한다.
	플렉스(FLEX)	한국외국어대학교와 대한상공회의소가 공동시행하는 어학능력검정시험(Foreign Language Efficiency Examination)을 말한다.

	일본어능력시험(JLPT)	일본국제교류기금 및 일본국제교육지원협회에서 시행하는 일본어능력시험(Japanese Language Proficiency test)을 말한다.
중국어	한어수평고시(HSK)	중국교육부가 설립한 국가한어수평고시위원회(國家漢語水平考試委員會)에서 시행하는 시험(HanyuShuiping Kaoshi)을 말한다.
	플렉스(FLEX)	한국외국어대학교와 대한상공회의소가 공동시행하는 어학능력검정시험(Foreign Language Examination)을 말한다.
	실용중국어시험(BCT)	중국국가한어국제추광영도소조판공실(中國國家漢語國際推广領導小組辦公室)이 중국 북경대학교에 위탁 개발한 실용중국어시험(Business Chinese Test)을 말한다.
	중국어실용능력시험(CPT)	중국어언연구소 출제 한국CPT관리위원회 주관 (주)시사중국어사가 시행하는 생활실용커뮤니케이션 능력평가(Chinese Proficiency Test)를 말한다.
	대만중국어능력시험(TOCFL)	중화민국 교육부 산하 국가화어측험추동공작위원회에서 시행하는 중국어능력시험(Test of Chinese as a Foreign Language)을 말한다.
프랑스어	플렉스(FLEX)	한국외국어대학교와 대한상공회의소가 공동시행하는 어학능력검정시험(Foreign Language Examination)을 말한다.
	델프/달프(DELF/DALF)	주한 프랑스대사관 문화과에서 시행하는 프랑스어 능력검정시험(Diplome d'Etudes en Langue Francaise)을 말한다.
독일어	플렉스(FLEX)	한국외국어대학교와 대한상공회의소가 공동시행하는 어학능력검정시험(Foreign Language Examination)을 말한다.
	괴테어학검정시험(Goethe Zertifikat	유럽 언어능력시험협회 ALTE(Association of Language Testers in Europe) 회원인 괴테-인스티투트(Goethe Institut)가 시행하는 독일어능력검정시험을 말한다.
스페인어	플렉스(FLEX)	한국외국어대학교와 대한상공회의소가 공동시행하는 어학능력검정시험(Foreign Language Examination)을 말한다.
	델레(DELE)	스페인 문화교육부가 주관하는 스페인어 능력검정시험(Diploma de Espanol como Lengua Extranjera)을 말한다.
러시아어	플렉스(FLEX)	한국외국어대학교와 대한상공회의소가 공동시행하는 어학능력검정시험(Foreign Language Examination)을 말한다.
	토르플(TORFL)	러시아 교육부 산하 시험기관 토르플 한국센터(계명대학교 러시아센터)에서 시행하는 러시아어 능력검정시험(Test of Russian as a Foreign Language)을 말한다.
이탈리아어	칠스(CILS)	이탈리아 시에나 외국인 대학(Universita per Stranieri di Siena)에서 주관하는 이탈리아어 자격증명시험(Certificazione di Italiano come Lingua Language)을 말한다.
	첼리(CELI)	이탈리아 페루지아 국립언어대학(Universita per Stranieri di Perugia)과 주한 이탈리아문화원에서 공동 시행하는 이탈리아어 능력검정시험(Certificato di Conoscenza della Lingua Italiana)을 말한다.

태국어, 베트남어, 말레이·인도네시아어, 아랍어.	플렉스(FLEX)	한국외국어대학교에서 주관하는 어학능력검정시험(Foreign Language Examination)을 말한다. ※ 이 외국어시험은 부정기적으로 시행하는 수시시험임.

2. 합격에 필요한 다른 외국어시험의 점수 또는 급수

시험명 \ 자격구분		관광통역 안내사	호텔 서비스사	호텔 관리사	호텔 경영사	만점/최고 급수
영 어	토플 (TOEFL, CBT)	217점 이상	147점 이상	207점 이상	230점 이상	300점
	토플 (TOEFL, IBT)	81점 이상	51점 이상	76점 이상	88점 이상	120점
	토익 (TOEIC)	760점 이상	490점 이상	700점 이상	800점 이상	990점
	텝스(TEPS)	372점 이상	201점 이상	367점 이상	404점 이상	600점
	지텔프(G-TELP, 레벨2)	74점 이상	39점 이상	66점 이상	79점 이상	100점
	플렉스(FLEX)	776점 이상	381점 이상	670점 이상	728점 이상	1000점
	아이엘츠 (IELTS)	5점	4점	5점	4점	9점
일본어	일본어능력시험 (JPT)	740점 이상	510점 이상	692 점 이상	784점 이상	900점
	일본어검정시험 (日檢,NIKKEN)	750점 이상	500점 이상	701점 이상	795점 이상	1000점
	플렉스(FLEX)	776점 이상	-	-	-	1000점
	일본어능력시험 (JLPT)	N1 이상				N1
중국어	한어수평고시 (HSK)	5급 이상	4급 이상	5급 이상	5급 이상	6급
	플렉스(FLEX)	776점 이상	-	-	-	1000점
	실용중국어시험(BCT) (B)	181점 이상				300점
	실용중국어시험(BCT) (B) L&R	601점 이상				1000점
	중국어실용능력시험(CPT)	750점 이상				1000점
	대만중국어능력시험(TOCFL)	5급(유리) 이상				6급(정통)
프랑스어	플렉스(FLEX)	776점 이상	-	-	-	1000점
	델프/달프 (DELF/DALF)	델프(DELF) B2 이상				달프(DALF) C2

독일어	플렉스(FLEX)	776점 이상				1000점
	괴테어학검정시험(Goethe Zertifikat)	괴테어학검정시험(Goethe-Zertifikat B1(ZD) 이상				괴테어학검정시험(Goethe-Zertifikat C2
스페인어	플렉스(FLEX)	776점 이상				1000점
	델레(DELE)	B2 이상				C2
러시아어	플렉스(FLEX)	776점 이상				1000점
	토르플(TORFL)	1단계 이상				4단계
이탈리아어	칠스(CILS)	레벨 2-B2 (Livello Due-B2) 이상				레벨 4-C2 (Livello) Quattro-C2
	첼리(CELI)	첼리(CELI) 3 이상				첼리(CELI) 5
태국어 베트남어 말레이·인도네시아어 아랍어	플렉스(FLEX)	600점 이상				1000점

3. 청각장애인 응시자의 합격에 필요한 다른 외국어시험의 점수 또는 급수

시험명 \ 자격구분		호텔서비스사	호텔관리사	호텔경영사
영어	토플(TOEFL, PBT)	264점 이상	371점 이상	412점 이상
	토플(TOEFL, IBT)	51점 이상	76점 이상	88점 이상
	토익(TOEIC)	245점 이상	350점 이상	400점 이상
	텝스(TEPS)	121점 이상	221점 이상	243점 이상
	지텔프(G-TELP, 레벨2)	39점 이상	66점 이상	79점 이상
	플렉스(FLEX)	229점 이상	402점 이상	437점 이상
일본어	일본어능력시험(JPT)	255점 이상	346점 이상	392점 이상
	일본어검정시험(日檢, NIKKEN)	250점 이상	351점 이상	398점 이상
중국어	한어수평고시(HSK)	3급 이상	4급 이상	4급 이상

[비고]
1. 위 표의 적용을 받는 "청각장애인"이라 「장애인복지법 시행규칙」 별표 1 제4호에 따른 청각장애인 중 장애의 정도가 심한 장애인을 말한다.
2. 청각장애인 응시자의 합격에 따른 외국어 시험의 기준 점수(이하 "합격기준 점수"라 한다)는 해당 외국어시험에서 듣기부분을 제외한 나머지 부분의 평균 점수(지텔프 시험은 나머지 부분의 평균 점수를 말한다)를 말한다. 다만, 토플(TOEFL, IBT) 시험은 듣기부분을 포함한 합계 점수를 말한다.
3. 청각장애인의 합격 기준 점수를 적용받으려는 사람은 원서접수 마감일까지 청각장애인으로 유효하게 등록되어 있어야 하며, 원서접수 마감일부터 4일 이내에 「장애인복지법」 제32조제1항에 따른 장애인등록증의 사본을 원서접수 기관에 제출해야 한다.

(3) 면접시험

면접시험은 다음 각 호의 사항에 관하여 평가한다(동법 시행규칙 제45조 1항).

① 국가관·사명감 등 정신자세

② 전문지식과 응용능력

③ 예의·품행 및 성실성

④ 의사발표의 정확성과 논리성

면접시험의 합격점수는 면접시험 총점의 6할 이상이어야 한다(동법 시행규칙 제45조 2항).

6) 시험의 면제

시험의 일부를 면제할 수 있는 경우는 다음의 [별표 16]과 같다.

필기시험 및 외국어시험에 합격하고 면접시험에 불합격한 자에 대하여는 다음 회의 시험에만 필기시험 및 외국어시험을 면제한다(동법 시행규칙 제51조 2항).

시험의 면제를 받으려는 자는 별지 제37호서식의 관광종사원 자격시험 면제신청서에 경력증명서·학력증명서 또는 그 밖에 자격을 증명할 수 있는 서류를 첨부하여 한국산업인력공단에 제출하여야 한다(동법 시행규칙 제51조 3항).

◆ 시험의 면제기준 〈개정 2011.10.6., 2019.6.11.〉 ◆

(시행규칙 제51조 제1항 관련 [별표 16])

구 분	면제대상 및 면제과목
1. 관광통역안내사	가. 「고등교육법」에 따른 전문대학 이상의 학교 또는 다른 법령에서 이와 동등 이상의 학력이 인정되는 교육기관에서 해당 외국어를 3년 이상 강의한 자에 대하여 해당 외국어시험을 면제 나. 4년 이상 해당 언어권의 외국에서 근무하거나 유학(해당 언어권의 언어를 사용하는 학교에서 공부한 것을 말한다)을 한 경력이 있는 자 및 「초·중등교육법」에 따른 중·고등학교 또는 고등기술학교에서 해당 외국어를 5년 이상 강의한 자에 대하여 해당 외국어시험을 면제 다. 「고등교육법」에 따른 전문대학 이상의 학교에서 관광분야를 전공(전공과목이 관광법규 및 관광학개론 또는 이에 준하는 과목으로 구성되는 전공과목을 30학점 이상 이수한 경우를 말한다)하고 졸업한 자(졸업예정자 및 관광분야 과목을 이수하여 다른 법령에서 이와 동등한 학력을 취득한 자를 포함한다)에 대하여 필기시험 중 관광법규 및 관광학개론 과목을 면제 라. 관광통역안내사 자격증을 소지한 자가 다른 외국어를 사용하여 관광안내를 하기 위하여 시험에 응시하는 경우 필기시험을 면제 마. 문화체육관광부장관이 정하여 고시하는 교육기관에서 실시하는 60시간 이상의 실무교육과정을 이수한 사람에 대하여 필기시험 중 관광법규 및 관

	광학개론 과목을 면제. 이 경우 실무교육과정의 교육과목 및 그 비중은 다음과 같음 1) 관광법규 및 관광학개론: 30% 2) 관광안내실무: 20% 3) 관광자원안내실습: 50%
2. 국내여행안내사	가. 「고등교육법」에 따른 전문대학 이상의 학교에서 관광분야를 전공(전공과목이 관광법규 및 관광학개론 또는 이에 준하는 과목으로 구성되는 전공과목을 30학점 이상 이수한 경우를 말한다)하고 졸업한 자(졸업예정자 및 관광분야 과목을 이수하여 다른 법령에서 이와 동등한 학력을 취득한 자를 포함한다)에 대하여 필기시험을 면제 나. 여행안내와 관련된 업무에 2년 이상 종사한 경력이 있는 자에 대하여 필기시험을 면제 다. 「초·중등교육법」에 따른 고등학교나 고등기술학교를 졸업한 자 또는 다른 법령에서 이와 동등한 학력이 있다고 인정되는 교육기관에서 관광분야의 학과를 이수하고 졸업한 자(졸업예정자를 포함한다)에 대하여 필기시험을 면제
3. 호텔경영사	가. 호텔관리사 중 종전의 1급지배인 자격을 취득한 자로서 그 자격을 취득한 후 특2등급 이상의 관광호텔에서 부장급 이상으로 3년 이상 종사한 경력이 있는 자에 대하여 필기시험을 면제 나. 호텔관리사 중 종전의 1급지배인 자격을 취득한 자로서 그 자격을 취득한 후 1등급 관광호텔의 총괄 관리 및 경영업무에 3년 이상 종사한 경력이 있는 자에 대하여 필기시험을 면제 다. 국내호텔과 체인호텔 관계에 있는 해외호텔에서 호텔경영 업무에 종사한 경력이 있는 자로서 해당 국내 체인호텔에 파견근무를 하려는 자에 대하여 필기시험 및 외국어시험을 면제
4. 호텔관리사	「고등교육법」에 따른 대학 이상의 학교 또는 다른 법령에서 이와 동등 이상의 학력이 인정되는 교육기관에서 호텔경영 분야를 전공하고 졸업한 자(졸업예정자를 포함한다)에 대하여 필기시험을 면제
5. 호텔서비스사	가. 「초·중등교육법에 따른 고등학교 또는 고등기술학교 이상의 학교를 졸업한 자 또는 다른 법령에서 이와 동등한 학력이 있다고 인정되는 교육기관에서 관광분야의 학과를 이수하고 졸업한 자(졸업예정자를 포함한다)에 대하여 필기시험을 면제 나. 관광숙박업소의 접객업무에 2년 이상 종사한 경력이 있는 자에 대하여 필기시험을 면제

7) 합격자의 공고

한국산업인력공단은 시험종료 후 합격자의 명단을 게시하고 이를 한국관광공사와 한국관광협회중앙회에 각각 통보하여야 한다(동법 시행규칙 제52조).

5. 관광종사원의 등록 및 자격증 발급

1) 관광종사원의 등록

시험에 합격한 자는 시험에 합격한 날부터 60일 이내에 별지 제38호서식의 관광종사원등록신청서에 사진(최근 6월 이내에 모자를 쓰지 않고 촬영한 상반신 반명함판) 2매를 첨부하여 한국관광공사 및 한국관광협회중앙회에 등록을 신청하여야 한다(동법 시행규칙 제53조 1항 **〈개정 2019.6.11.,2019.8.1.〉**).

관광종사원의 등록은 문화체육관광부장관의 권한사항(동법 제38조 2항)이나 이를 한국관광공사 및 한국관광협회중앙회에 위탁하고 있어, 관광통역안내사·호텔경영사 및 호텔관리사는 한국관광공사에, 국내여행안내사 및 호텔서비스사는 한국관광협회중앙회에 각각 등록을 신청하여야 한다(동법 시행령 제65조 제1항 4·5호).

위탁받은 업무를 수행한 한국관광공사, 협회, 업종별 관광협회 및 한국산업인력공단은 국외여행인솔자의 등록 및 자격증 발급, 우수숙박시설의 지정·지정취소, 관광종사원의 자격시험, 등록 및 자격증의 발급, 문화관광해설사 양성교육과정 등의 인증 및 인증의 취소에 관한 업무를 수행한 경우에는 이를 분기별로 종합하여 다음 분기 10일까지 문화체육관광부장관에게 보고하여야 한다(동법 시행령 제65조 6항).

2) 자격증의 발급 및 재발급

한국관광공사 및 한국관광협회중앙회가 관광종사원의 등록신청을 받은 경우에는 결격사유가 없는 자에 한하여 관광종사원으로 등록하고 별지 제39호서식의 관광종사원 자격증을 발급하여야 한다(동법 제38조 3항, 동법 시행규칙 제53조 2항). 또한 발급받은 자격증을 잃어버리거나 그 자격증이 못쓰게 되어 자격증을 재발급받으려는 자는 별지 제38호서식의 관광종사원 자격증 재발급신청서에 사진(최근 6개월 이내에 모자를 쓰지 않고 촬영한 상반신 반명함판) 2매와 관광종사원자격증(자격증이 헐어 못쓰게 된 경우만 해당한다)을 첨부하여 한국관광공사 및 한국관광협회중앙회에 제출하면 자격증을 재발급한다(동법 제38조 4항 및 시행규칙 제54조 **〈개정 2019.8.1.〉**).

3) 국외여행 인솔자의 등록 및 자격증 발급 등

(1) 국외여행 인솔자의 자격 등록

국외여행 인솔자의 자격요건을 갖춘 자가 내국인의 국외여행을 인솔하려면 문화체육관광부장관에게 등록하여야 한다(동법 제13조 2항). 이는 내국인 국외여행인솔자에 대한 등록제도를 도입한 것이다. 따라서 국외여행인솔자 자격은 관광종사원 자격시험에 의하지 않고 취득할 수 있는 유일한 자격이다.

국외여행인솔자의 자격요건을 갖춘 자로서 국외여행 인솔자로 등록하려는 사람은 국외여행 인솔자등록신청서(별지 제24호의2서식)에 다음 각 호의 어느 하나에 해당하는 서류 및 사진(최근 6개월 이내에 모자를 쓰지 않고 촬영한 상반신 반명함판) 2매를 첨부하여 관련 업종별 관광협회에 제출하여야 한다(동법 시행규칙 제22조의2 제1항 **〈개정 2019.10.7.〉**).

1. 관광통역안내사 자격증
2. 문화체육관광부장관이 지정하는 교육기관에서 국외여행 인솔에 필요한 소양교육 또는 양성교육을 이수하였음을 증명하는 서류

(2) 국외여행 인솔자의 자격증 발급 및 재발급

국외여행 인솔자등록신청을 받은 업종별 관광협회(한국여행업협회)는 국외여행 인솔자 자격요건에 적합하다고 인정되는 경우에는 국외여행 인솔자 자격증(별지 제23호의3서식)을 발급하여야 한다(동법 시행규칙 제22조의2 제2항).

또한 발급받은 국외여행 인솔자 자격증을 잃어버리거나 헐어 못 쓰게 되어 자격증을 재발급받으려는 사람은 국외여행 인솔자 자격증 재발급신청서(별지 제24호의2서식)에 자격증(자격증이 헐어 못 쓰게 된 경우만 해당한다) 및 사진(최근 6개월 이내에 모자를 쓰지 않고 촬영한 상반신 반명함판) 2매를 첨부하여 관련 업종별 관광협회에 제출하여야 한다(동법 시행규칙 제22조의3 **〈개정 2019.10.7.〉**).

6. 관광종사원의 결격사유

관광사업자의 결격사유(동법 제7조 1항)에 해당하는 자는 여행업 및 관광숙박업에 종사하지 못한다. 즉 다음 각 호(제3호는 제외한다)의 어느 하나에 해당하는 자는 관광종사원의 자격을 취득하지 못한다(동법 제38조 5항, 제7조 1항 **〈개정 2017.3.21.〉**). (이에 대한 상세한 내용은 제2장 제1절 'Ⅲ.관광사업자의 결격사유'를 참조하기 바란다)

1. 피성년후견인·피한정후견인
2. 파산선고를 받고 복권되지 아니한 자
3. 「관광진흥법」에 따라 등록등 또는 사업계획의 승인이 취소되거나 제36조 제1항에 따라 영업소가 폐쇄된 후 2년이 지나지 아니한 자
4. 「관광진흥법」을 위반하여 징역 이상의 실형을 선고받고 그 집행이 끝나거나 집행을 받지 아니하기로 확정된 후 2년이 지나지 아니한 자 또는 형의 집행유예 기간 중에 있는 자

7. 관광종사원의 자격취소 등

1) 자격취소 및 자격정지 대상

문화체육관광부장관(법 제40조에 따른 관광통역안내사·호텔경영사·호텔관리사의 경우) 또는 '시·도지사'(동법시행령 제37조가 정하는 국내여행안내사·호텔서비스사의 경우)는 관광종사원이 다음 각 호의 어느 하나에 해당하면 그 자격을 취소하거나 6개월 이내의 기간을 정하여 자격의 정지를 명할 수 있다. 다만, 제1호 및 제5호에 해당하면 그 자격을 취소하여야 한다(동법 제40조 **〈개정 2016.2.3.〉**). 만일 관광종사원 자격을 취소하고자 하는 경우에는 당사자에게 해명할 수 있는 기회를 주기 위한 청문(聽聞)을 실시하여야 한다(동법 제77조 2호).

1. 거짓이나 그 밖의 부정한 방법으로 자격을 취득한 경우
2. 관광사업자의 결격사유(관광진흥법 제7조 1항)의 어느 하나에 해당하게 된 경우
3. 관광종사원으로서 직무를 수행하는 데에 부정 또는 비위(非違)사실이 있는 경우
4. 다른 사람에게 관광종사원 국가자격증을 대여한 경우(제38조 제8항 위반자)

2) 관광종사원에 대한 행정처분기준

관광종사원의 자격취소 등에 관한 처분기준은 〈별표 17〉과 같다(동법 시행규칙 제56조).

◆ 관광종사원에 대한 행정처분기준 〈개정 2014.12.31.〉 ◆

(시행규칙 제56조 관련 〈별표 17〉)

1. 일반기준

가. 위반행위가 2 이상일 경우에는 그 중 중한 처분기준(중한 처분기준이 동일할 경우에는 그 중 하나의 처분기준을 말한다)에 따르며, 2 이상의 처분기준이 동일한 자격정지일 경우에는 중한 처분기준의 2분의 1까지 가중 처분할 수 있되, 각 처분기준을 합산한 기간을 초과할 수 없다.

나. 위반행위의 횟수에 따른 행정처분의 기준은 최근 1년간 같은 위반행위로 행정처분을 받은 경우에 적용한다. 이 경우 행정처분 기준의 적용은 같은 위반행위에 대하여 최초로 행정처분을 한 날을 기준으로 한다.

다. 처분권자는 그 처분기준이 자격정지인 경우에는 위반행위의 동기·내용·횟수 및 위

반의 정도 등 다음 1)부터 3)까지의 규정에 해당하는 사유를 고려하여 처분기준의 2분의 1 범위에서 그 처분을 감경할 수 있다.
1) 위반행위가 고의나 중대한 과실이 아닌 사소한 부주의나 오류로 인한 것으로 인정되는 경우
2) 위반의 내용·정도가 경미하여 소비자에게 미치는 피해가 적다고 인정되는 경우
3) 위반행위자가 처음 해당 위반행위를 한 경우로서 3년 이상 관광종사원으로서 모범적으로 일해 온 사실이 인정되는 경우

2. 개별기준

위 반 행 위	근거법령	행 정 처 분 기 준			
		1차위반	2차위반	3차위반	4차위반
가. 거짓이나 그 밖의 부정한 방법으로 자격을 취득한 경우	법 제40조 제1호	자격취소			
나. 법 제7조 제1항 각 호(제3호는 제외한다)의 어느 하나에 해당하게 된 경우	법 제40조 제2호	자격취소			
다. 관광종사원으로서 직무를 수행하는 데에 부정 또는 비위(非違)사실이 있는 경우	법 제40조 제3호	자격정지 1개월	자격정지 3개월	자격정지 5개월	자격취소

Ⅱ. 관광종사원의 교육

문화체육관광부장관 또는 시·도지사는 관광종사원과 그 밖에 관광업무에 종사하는 자의 업무능력 향상 및 지역의 문화와 관광자원 전반에 대한 전문성 향상을 위한 교육에 필요한 지원을 할 수 있다(관광진흥법 제39조 **〈개정 2023.8.8.〉**). 종전에는 관광종사원이 문화체육관광부장관이 실시하는 교육을 의무적으로 받도록 하였으나 그 실효성이 미흡하다고 인정됨으로써 2011년 4월 5일 「관광진흥법」 개정 때 관광종사원의 의무교육제도를 폐지하고 지원제도로 전환한 것이다.

제3장 관광사업자단체

관광사업자단체는 관광사업자가 관광사업의 건전한 발전과 관광사업자들의 권익 및 복리증진을 위하여 설립하는 일종의 동업자단체라 할 수 있다. 관광사업자들은 관광사업을 경영하면서 영리를 추구하고 있지만, 관광의 중요성에 비추어 볼 때 관광사업이 순수한 사적(私的)인 영리사업만은 아니라고 보며, 관광사업자는 국가의 주요 정책사업을 수행하는 공익적(公益的)인 존재라고도 할 수 있다. 따라서 관광사업자단체는 이러한 공공성 때문에 사법(私法)이 아닌 공법(公法)인 「관광진흥법」의 규정에 따라 설립하는 공법인(公法人)으로 하고 있다(동법 제41조 내지 제46조).

제1절 한국관광협회중앙회

Ⅰ. 설 립

1. 설립목적

한국관광협회중앙회(KTA: Korea Tourism Association; 이하 "중앙회"라 한다)는 지역별 관광협회 및 업종별 관광협회가 관광사업의 건전한 발전을 위하여 설립한 임의적인 관광관련단체이며, 우리나라 관광업계를 대표하는 단체이다(관광진흥법 제41조 1항).

한국관광협회중앙회의 전신은 대한관광협회이다. 대한관광협회는 1963년에

「관광사업진흥법」 제48조에 근거를 두고 설립되었는데, 그동안 관광업계의 결속과 우리나라 관광발전에 크게 기여하였다. 이 협회는 1982년 11월 29일 한국관광협회로 명칭이 바뀌었고, 1999년 1월 개정된 「관광진흥법」에서는 그 기능의 활성화와 위상제고를 위하여 이를 한국관광협회중앙회로 개칭하여 오늘에 이르고 있다.

2. 성 격

'중앙회'는 법인(法人)으로 한다(동법 제41조 3항). 여기서 법인이라 함은 자연인(自然人) 이외의 것으로서 법인격(法人格)이 인정되어 권리와 의무의 주체가 될 수 있는 것을 말한다.

'중앙회'는 관광사업의 건전한 발전을 도모함을 목적으로 관광사업자들이 조직한 단체이므로 사단법인(社團法人)에 해당되며, 영리가 아닌 사업을 목적으로 하므로 비영리법인(非營利法人)에 해당한다. 따라서 '중앙회'에 관하여 「관광진흥법」에 규정된 것을 제외하고는 「민법」 중 사단법인에 관한 규정을 준용한다(동법 제44조).

3. 회 원

'중앙회'의 회원은 전국 17개 시·도에 설립된 지역별 관광협회와 6개의 업종별관광협회, 8개의 업종별위원회 및 특별회원으로 구성된다.

Ⅱ. 주요 업무

1. 목적사업

'중앙회'는 그 목적을 달성하기 위하여 다음의 업무를 수행한다(동법 제43조 제1항).

1. 관광사업의 발전을 위한 업무
2. 관광사업 진흥에 필요한 조사·연구 및 홍보
3. 관광통계
4. 관광종사원의 교육과 사후관리
5. 회원의 공제사업
6. 국가나 지방자치단체로부터 위탁받은 업무

7. 관광안내소의 운영
8. 위의 1호부터 7호까지의 규정에 의한 업무에 따르는 수익사업

1) 공제사업(共濟事業)

'중앙회'의 업무 중 공제사업은 문화체육관광부장관의 허가를 받아야 한다(동법 제43조 제2항). 공제사업의 내용 및 운영에 관하여 필요한 사항은 대통령령으로 정하도록 되어 있는데 그 내용은 다음과 같다(동법 제43조 제3항, 동법 시행령 제40조).

가. 관광사업자의 관광사업행위와 관련된 사고로 인한 대물(對物) 및 대인(對人)배상에 대비하는 공제 및 배상업무
나. 관광사업행위에 따른 사고로 인하여 재해를 입은 종사원에 대한 보상업무
다. 그 밖에 회원 상호간의 경제적 이익을 도모하기 위한 업무

2) 수익사업(收益事業)

'중앙회'는 수익사업으로 한국관광명품점과 국민관광상품권 운영 등 수익사업을 추진하고 있는데, 한국관광명품점은 한국의 전통미와 현대미의 체험기회를 내·외국인에게 제공하여 2013년에는 약 27억원의 매출을 기록하며 쇼핑관광 활성화에 기여하고 있으며, 국민관광상품권은 2014년 기준 약 635억원의 판매실적을 기록하며 국내관광 활성화에 기여하고 있다.

2. 정부로부터의 수탁사업

관광종사원 중 국내여행안내사 및 호텔서비스사의 자격시험, 등록 및 자격증의 발급에 관한 업무를 문화체육관광부장관으로부터 위탁받아 수행한다(동법 제38조 및 동법 시행령 제65조 1항 5호). 다만, 자격시험의 출제, 시행, 채점 등 자격시험의 관리에 관한 업무는 「한국산업인력공단법」에 따른 한국산업인력공단에 위탁함에 따라, 이를 위한 기본계획을 수립한다(동법 시행령 제65조 1항 5호 단서).

제2절 관광협회의 종류

관광사업자는 지역별 또는 업종별로 그 분야의 관광사업의 건전한 발전을 위하여 지역별 또는 업종별 관광협회를 설립할 수 있다. 업종별 관광협회의 설립에는 문화체육관광부장관의 설립허가를 받아야 하고, 지역별 관광협회는 시·도지사의 설립허가를 받아야 한다(동법 제45조).

지역별 관광협회 및 업종별 관광협회의 설립·운영 등에 관하여는 한국관광협회중앙회의 규정을 준용한다(동법 제46조).

Ⅰ. 지역별 관광협회

지역별 관광협회는「관광진흥법」제45조 제2항의 규정에 의하여 당해 시·도지사로부터 허가를 받아 설립한 공법상의 사단법인으로서 특별시·광역시·도 및 특별자치도를 단위로 설립하되, 필요하다고 인정되는 지역에는 지부를 둘 수 있다(동법 시행령 제41조).

현재 지역별 관광협회로는 서울특별시관광협회, 부산광역시관광협회, 대구광역시관광협회, 인천광역시관광협회, 광주광역시관광협회, 대전광역시관광협회, 울산광역시관광협회, 세종특별자치시관광협회, 경기도관광협회, 강원도관광협회, 충청북도관광협회, 충청남도관광협회, 전라북도관광협회, 전라남도관광협회, 경상북도관광협회, 경상남도관광협회, 제주특별자치도관광협회가 있다. 이 중 서울특별시관광협회는 한국관광협회중앙회에서 그 업무를 함께 수행하고 있다.

Ⅱ. 업종별 관광협회

1. 한국여행업협회

1) 설립목적

한국여행업협회(KATA: Korea Association of Travel Agents)는 1991년 12월에「관광진흥법」제45조의 규정에 의하여 설립된 업종별 관광협회로서, 내·외국인 여행자에 대한 여행업무의 개선 및 서비스의 향상을 도모하고 회원 상호간의 연대·협조를 공고히 하며, 활발한 조사·연구·홍보활동을 전개함으로써 여행업의 건전한 발전에 기여하고 관광진흥과 회원의 권익증진을 목적으로 한다. 본 협회는 1991년 12월 설립 당시에는 '한국일반여행업협회'의 이름으로 사업을 시작하였으나, 2012년 4월 10일 '한국여행업협회'로 그 명칭이 변경된 것이다.

2) 주요 사업

한국여행업협회는 다음의 사업을 행한다.

1. 관광사업의 건전한 발전과 회원 및 여행업종사원의 권익증진을 위한 사업
2. 여행업무에 필요한 조사·연구·홍보활동 및 통계업무
3. 여행자 및 여행업체로부터 회원이 취급한 여행업무 관련 진정(陳情) 처리
4. 여행업무 종사자에 대한 지도 및 연수
5. 여행업무의 적정한 운영을 위한 지도
6. 여행업에 관한 정보의 수집·제공
7. 관광사업에 관한 국내외 단체 등과의 연계·협조
8. 관련기관에 대한 건의 및 의견 전달
9. 정부 또는 지방자치단체로부터의 수탁업무
10. 장학사업업무
11. 관광진흥을 위한 국제관광기구에의 참여 등 대외활동
12. 관광안내소 운영사업
13. 공제운영사업
14. 기타 협회의 목적을 달성하기 위하여 필요한 사업 및 부수되는 사업

2. 한국호텔업협회

1) 설립목적

한국호텔업협회(KHA: Korea Hotel Association)는 1996년 9월 12일에 관광호텔업의 건전한 발전과 권익을 증진시키기 위하여 「관광진흥법」 제45조의 규정에 의거 업종별 협회로 설립되었다. 이 협회는 관광호텔업을 위한 조사·연구·홍보와 서비스 개선 및 기타 관광호텔업의 육성발전을 위한 업무의 추진과 회원의 권익증진 및 상호친목을 목적으로 하고 있다.

2) 주요 사업

한국호텔업협회는 다음의 사업을 행한다.

1. 관광호텔업의 건전한 발전과 권익증진
2. 관광진흥개발기금의 융자지원업무 중 운용자금에 대한 수용업체의 선정
3. 관광호텔업 발전에 필요한 조사연구 및 출판물간행과 통계업무
4. 국제호텔업협회 및 국제관광기구에의 참여 및 유대강화
5. 관광객유치를 위한 홍보
6. 관광호텔업 발전을 위한 대정부건의
7. 서비스업무 개선
8. 종사원교육 및 사후관리
9. 정부 및 지방자치단체로부터의 수탁업무
10. 지역간 관광호텔업의 균형발전을 위한 업무
11. 위 사업에 관련된 행사 및 수익사업

3. 한국종합유원시설협회

1) 설립목적

한국종합유원시설협회는 1985년 2월에 설립된 유원시설사업자단체로서 「관광진흥법」 제45조의 적용을 받는 일종의 업종별 관광협회이다. 유원시설업체간 친목 및 복리증진을 도모하고 유원시설 안전서비스 향상을 위한 조사·연구·검사 및 홍보활동을 활발히 전개하며, 유원시설업의 건전한 발전을 위한 정부의 시책에 적극 협조하고 회원의 권익을 증진보호함을 목적으로 한다.

2) 주요 사업

이 협회는 다음의 사업을 수행한다.

1. 유원시설업계 전반의 건전한 발전과 권익증진을 위한 진흥사업
2. 정기간행물 홍보자료 편찬 및 유원시설업 발전을 위한 홍보사업
3. 국내외 관련기관 단체와의 제휴 및 유대강화를 위한 교류사업
4. 정부로부터 위탁받은 유원시설의 안전성검사 및 안전교육사업
5. 유원시설에 대한 국내외 자료조사 연구 및 컨설팅사업
6. 신규 유원시설 및 주요 부품의 도입 조정시 검수사업
7. 유원시설업 진흥과 관련된 유원시설 제작 수급 및 자금지원

8. 시설운영 등의 계획 및 시책에 대한 회원의 의견 수렴·건의 사업
9. 기타 정부가 위탁하는 사업

4. 한국카지노업관광협회

1) 설립목적

한국카지노업관광협회는 1995년 3월에 카지노분야의 업종별 관광협회(관광진흥법 제45조)로 허가받아 설립된 사업자단체로서 한국관광산업의 진흥과 회원사의 권익증진을 목적으로 하고 있다.

2) 주요 업무

이 협회의 주요 업무로는 카지노사업의 진흥을 위한 조사·연구 및 홍보활동, 출판물 간행, 관광사업과 관련된 국내외 단체와의 교류·협력, 카지노업무의 개선 및 지도·감독, 카지노종사원의 교육훈련, 정부 또는 지방자치단체로부터 수탁받은 업무 수행 등이다.

2020년 12월 말 기준으로 전국 17개(2005년도에 신규로 3개소 개관)의 카지노사업자와 종사원을 대변하는 한국카지노업관광협회는 이용고객의 편의를 증진시키기 위해 카지노의 환경개선과 시설확충을 실시하는 한편, 카지노사업이 지난 30여년간 국제수지 개선, 고용창출, 세수증대 등에 기여한 고부가가치 관광산업으로의 중요성을 홍보하여 카지노산업의 위상제고와 대국민 인식전환을 추진하고 있다. 또한 회원사 간에 무분별한 인력 스카우트 등 부작용 방지를 위한 협회차원의 대책강구와 함께 경쟁국가의 현황 등 카지노산업에 대한 정보제공 등으로 카지노 홍보활동을 강화하고 있다.

5. 한국휴양콘도미니엄경영협회

1) 설립목적

한국휴양콘도미니엄경영협회는 휴양콘도미니엄사업의 건전한 발전과 콘도의 합리적이고 효율적인 운영을 도모함과 동시에 건전한 국민관광 발전에 기여함을 목적으로 1998년에 설립된 업종별 관광협회(관광진흥법 제45조)이다.

2) 주요 업무

협회의 주요 업무로는 콘도미니엄업의 건전한 발전과 회원사의 권익증진을 위한 사업, 콘도미니엄업의 발전에 필요한 조사·연구와 출판물의 발행 및 통계, 국제콘도미니엄업 및 국제관광기구에의 참여와 유대강화, 관광객유치를 위한 콘도미니엄의 홍보, 콘도미니엄의 발전에 대한 대정부 건의, 관광정책 등 자문, 콘도미니엄업 종사원의 교육훈련 연수, 유관기관 및 단체와의 협력증진, 정부 및 지방자치단체로부터 위탁받은 업무 등이다.

6. 한국외국인관광시설협회

1) 설립목적

한국외국인관광시설협회는 1964년 6월 30일에 설립된 업종별 관광협회(관광진흥법 제45조)로서 주로 미군기지 주변도시 및 항만에 소재한 외국인전용유흥음식점(동법시행령 제2조 6호 다목)을 회원사로 관리하며, 정부의 관광진흥시책에 적극 부응하고 업계의 건전한 발전과 회원의 복지증진 및 상호 친목도모에 기여함을 목적으로 하고 있다.

2) 주요 업무

협회는 회원업소의 진흥을 위한 정책의 품신 및 자문, 회원이 필요로 하는 물자 공동 구입 및 공급, 회원업소의 지도 육성과 종사원의 자질 향상, 주한 미군·외국인 및 외국인 선원과의 친선도모, 외국연예인 공연관련 파견사업 등 외화획득과 국위선양을 위해서 노력하고 있다.

또한 전국 지부소속 회원사에서는 고객서비스 향상, 외국인 및 외국 연예인에 대한 한국소개와 지역 특성에 맞는 문화유적관광 프로그램 제공 등 한국 이미지 제고에 역점을 두고 사업을 시행하고 있다. 협회의 분야별 추진업무는 회원업소 육성사업, 한미친선사업, 외화획득사업, 실천적 선도사업 등이다.

7. 한국MICE협회

한국MICE협회는 「관광진흥법」 제45조의 규정에 따라 2003년 8월에 설립되어 우리나라 MICE업계를 대표하여 컨벤션 기관 및 업계의 의견을 종합조정하고, 유기적으로 국내외 관련기관과 상호 협조·협력활동을 전개함으로써 컨벤션업계의 진흥과 회원의 권익 및 복리증진에 이바지하고, 나아가서 국제회의산업 육성을 도모하여 사회적 공익은 물론 관광업계의 권익과 복리를 증진시키는 것을 목적으로 하고 있다.

한국MICE협회는 2004년 9월에 「국제회의산업 육성에 관한 법률」상의 국제회의 전담조직으로 지정되어 국제회의 전문인력의 교육 및 수급, 국제회의 관련 정보를 수집하여 배포하는 등 국제회의산업 육성과 진흥에 관련된 업무를 진행하고 있다. 2016년에 추진한 업무로는 MICE 전문 인력 양성 및 전문성 제고를 위한 고급자 아카데미, 제10회 한국MICE아카데미, 신입사원 OJT교육, 특성화고 MICE인재양성 아카데미, MICE 네트워크샵 개최 및 소그룹지원, 지역얼라이언스별 맞춤형 컨벤션 특화교육, 선진 컨벤션/박람회 참관지원, 영프로페셔널 육성 및 해외파견 지원, 국제기구가입 활동, 맞춤형 기업교육 지원, MICE 통합 컨시어지 데스크 운영 등의 MICE산업 인력양성을 위한 교육 프로그램을 진행하였으며, 계간 'The MICE' 매거진과 뉴스레터를 발간하여 급변하는 MICE산업 관련 최신 지식의 제공 및 회원사의 소식을 전달하고 있다. 뿐만 아니라 중국, 싱가포르 등 아시아 MICE협회들과 MOU를 체결하는 등 국제적 교류도 넓혀가고 있다.

8. 한국PCO협회

(사)한국PCO협회(KAPCO: Korea Association of Professional Congress Organizer)는 세계 국제회의 산업환경에 적극적으로 대처할 수 있는 공식적인 체제를 마련하고, 한국 컨벤션산업 발전에 기여하기 위해 2007년 1월에 설립되었다. 2016년 현재 48개 회원사를 보유하고 있는 (사)한국PCO협회는 급변하는 세계 국제회의산업 환경에서 컨벤션산업의 발전과 회원의 권익보호를 위하여 회원 간의 정보교류·친목·복리증진 등을 도모함은 물론, 선진회의 기법개발 및 교육 홍보사업 등을 통하여 국내 컨벤션산업의 건전한 발전과 국민경제에 기여할 목적으로 기본적 역할을 수행하고 있다.

9. 한국관광펜션업협회

한국관광펜션업협회는 주5일근무제의 본격적 시행과 더불어 가족단위 관광체험 숙박시설의 확충이 필요함에 따라 관광펜션 지정제도를 만들어 이의 활성화를 위해 「관광진흥법」 제45조의 규정에 의거 2004년 5월에 설립된 업종별 관광협회이다.

관광펜션은 기존 숙박시설과는 차별화된 외형과 함께 자연을 체험할 수 있는 자연친화 숙박시설로 앞으로 많은 관광객들이 이용하게 될 가족단위 중저가 숙박시설로 육성할 계획이다.

한국관광펜션업협회는 관광펜션업의 차별화를 위해 현 관광펜션업의 문제점을 파악하고 관광펜션업의 활성화를 위해 관광펜션 예약망 구축, 경영관리, 교육훈련지원, 홍보마케팅, 관광펜션과 연계된 관광프로그램 개발 등 다양한 대안사업을 적극 추진하고 있다.

Ⅲ. 기타 관광사업체

기타 관광사업자단체로는 「체육시설의 설치·이용에 관한 법률」 제37조에 따라 설립된 한국골프장경영협회 및 한국스키장경영협회가 있으며, 「민법」 제32조에 의거하여 2000년 4월 1일 재단법인으로 설립된 한국공예문화진흥원이 있다.

1. 한국골프장경영협회

한국골프장경영협회는 「체육시설의 설치·이용에 관한 법률」 제37조에 의거 1974년 1월에 설립된 골프장사업자단체로서 한국골프장의 건전한 발전과 회원골프장들의 유대증진, 경영지원, 종사자교육, 조사연구 등을 목적으로 하고 있다.

특히 협회의 부설연구기관으로 한국잔디연구소를 설립하여 친환경적 골프장 조성과 관리운영을 위한 각종 방제기술 연구·지도와 병충해예방·친환경적 골프코스관리기법연구 등을 수행, 친환경경영에 앞장서고 있는 것은 물론, 1990년부터 '그린키퍼학교'를 운영하여 전문성을 갖춘 유자격골프코스관리자를 배출하고 있다. 현재의 골프장은 골프채·골프회원권·골프대회·골프마케팅 등 골프산업의 중심축에 자리하고 있으며, 협회는 스포츠산업, 나아가 레저산업을 선도하는 업종으로 그 기능을 충실히 수행하고 있다.

2. 한국스키장경영협회

한국스키장경영협회는 스키장사업의 건전한 발전과 친목을 도모하며 스키장사업의 합리적이고 효율적인 운영과 스키를 통한 건전한 국민생활체육활동에 기여하는 것을 목표로 하고 있다.

한국스키장경영협회는 스키장경영의 장기적 발전을 위한 사계절 종합레저를 모색하고, 스키장경영의 경영활성화를 위한 개선책을 강구하며, 스키장경영의 정보교환 및 상호발전을 도모하기 위해 노력하고 있다. 또 협회는 스키장사업과 관련되는 법적·제도적 규제완화 또는 철폐를 건의하고, 스키장사업의 각종 금융, 세제 및 환경관리제도 개선을 위한 연구·용역을 시행하는 등 스키장사업의 지속적 발전을 위한 다양한 사업을 추진하고 있다.

3. 한국공예·디자인문화진흥원

한국공예·디자인문화진흥원은 「민법」 제32조에 의거하여 설립되었던 한국공예문화진흥원(2000.4. 설립)과 한국디자인문화재단(2008.3. 설립)이 2010년 4월에 통합해 새롭게 출발한 기관이다.

경영전략본부 및 공예디자인진흥본부 아래 경영기획과, 정책연구·홍보과, 전시운영과, 공공사업과, 교육컨설팅과로 조직된 한국공예·디자인문화진흥원은 공예문화와 디자인문화의 확산과 진흥을 통하여 한국공예와 디자인의 정체성을 확립하고, 경쟁력을 강화하여 국민의 삶과 질 향상에 기여하는 것을 목적으로 활동하고 있다.

한국공예·디자인문화진흥원은 지역에서의 공예·디자인 생산력을 증대시키고, 전통공예의 현대화를 위하여 문화·예술·기술 등 다양한 영역간의 협업을 추진하고, 국제협력을 통해 글로벌 마케팅을 전개하는 3대 실천전략(공예·디자인의 문화적 저변확대전략, 공예·디자인의 착작기반 확충전략, 공예·디자인의 마케팅·유통지원 전략)을 통해 새로운 한국공예·디자인 트랜드를 개발함으로써 세계속에서 한국의 공예·디자인이 세계적인 브랜드로 자리매김할 수 있도록 하기 위해 심혈을 기울이고 있다.

제4장 관광의 진흥과 홍보

제1절 관광정보의 활용

Ⅰ. 관광정보의 활용

관광정보란 관광객이 관광행동을 선택하는데 유용한 지식의 총체라 할 수 있다. 오늘날처럼 급변하고 있는 국제관광환경 속에서 우리나라 관광이 보다 발전하려면 관광에 관한 정확하고 훌륭한 정보의 수집·분석·저장·배포 등이 원활하게 이루어지도록 확고한 체제가 구축되고, '관광사업자등'이 관광관련 국제기구나 행사 등에 적극적으로 참여함으로써 세계관광시장의 변화에 능동적으로 대처해 나가야 할 것이다.

이에 따라 「관광진흥법」은 제47조에서 "문화체육관광부장관은 관광에 관한 정보의 활용과 관광을 통한 국제 친선을 도모하기 위하여 관광과 관련된 국제기구와의 협력 관계를 증진하여야 할 책임이 있으며, 이 업무를 원활히 수행하기 위하여 관광사업자(호텔업자·여행업자 등)·관광사업자단체(한국관광협회중앙회·한국관광호텔업협회 등) 또는 한국관광공사(이하 "관광사업자등"이라 한다)에게 필요한 사항을 권고·조정할 수 있다. 그리고 '관광사업자등'은 특별한 사유가 없으면 문화체육관광부장관의 권고나 조정에 협조하여야 한다"고 규정하고 있다.

Ⅱ. 국제관광기구와의 협력

우리나라는 세계관광의 흐름을 파악하고 이에 능동적으로 대처하고자 각종 국제기구에 가입하여 활발한 활동을 전개해 오고 있는데 그 중에서 대표적인 것이 세계관광기구(UNWTO), 경제협력개발기구(OECD), 아시아·태평양 경제협력체(APEC), 아세안+3(ASEAN+3), 아시아·태평양관광협회(PATA), 미주여행업협회(ASTA) 등이 있으며, 최근에는 세계여행관광협의회(WTTC) 등으로 협력의 지평을 넓히고 있다.[14] 이들 중 관광과 관련된 주요한 국제기구 몇 가지를 소개하면 다음과 같다.

1. UNWTO(세계관광기구)

세계 각국 정부기관이 회원으로 가입되어 있는 정부간 관광기구인 UNWTO(UN World Tourism Organization; 세계관광기구)는 IUOTO(International Union of Official Travel Organization: 국제관광연맹)이 1975년에 정부간 협력기구로 개편되어 설립된 것이다. 2021년 현재 세계 160개국 정부가 정회원으로, 6개국 정부가 준회원으로, 500여 개 관광 유관기관이 찬조회원으로 가입되어 있으며, 격년제로 개최되는 총회와 연 2회 개최되는 집행이사회, 7개 지역위원회를 비롯하여 각종 회의 및 세미나를 개최하고 있다.

UNWTO는 공신력을 가진 각종 통계자료 발간을 비롯하여 교육, 조사, 연구, 관광편의 촉진, 관광지 개발, 관광자료 제공 등에 역점을 두고 활동하고 있으며, 관광분야에서 UN 및 전문기구와 협력하는 중심역할을 수행하고 있다.

원래 세계관광기구(World Tourism Organization: WTO)는 1975년 설립된 이래 줄곧 WTO라는 명칭을 사용하고 있었으나, 1995년 1월 세계무역기구(World Trade Organization: WTO)가 출범함으로써 두 기구 간에 영문약자 명칭 WTO가 동일함으로 인한 혼란이 빈번하게 발생하였다. 이에 유엔총회는 양 기구 간에 혼란을 피하고 UN 전문기구로서 세계관광기구의 위상을 높이기 위하여 2006년 1월 1일부터 WTO라는 명칭을 UNWTO라는 명칭으로 바꿔 사용하게 되었다.

우리나라는 당시 IUOTO(국제관광연맹)의 회원자격으로 1975년 자동적으로 UNWTO 정회원으로 가입되었고, 한국관광공사는 1977년 찬조회원으로 가입하였다. 북한은 1987년 9월 제7차 총회에서 정회원으로 가입하였다. 그동안 우리나라는 1980~1983년 기간 중에는 집행이사국으로 처음 선임된 것을 시작으로 1992~1995년 기간 중 역시 집행이사국을 역임하였으며, 1995~1999년 기간 중에는 사업계획조정위원회(Technical Committee for Program and Coordination)의 위원국이 되었다. 2004년부터 2007년까지 집행위원회 상임이사국으로서 활동하였으며, 2005년에는 처음으로 집행이사회 의장국으로 선임되는 등 국제 관광분야의 새로운 리더로서 역할을 수행하였다.

2007년 11월 콜롬비아에서 개최된 제17차 총회에서 2008~2011 상임이사국으

---

14) 문화체육관광부, 2021년 기준 관광동향에 관한 연차보고서, pp.101~104.

로 연임이 확정되었으며, 2008년 6월 제주도에서 제83차 집행이사회를 개최함으로써 관광외교역량을 강화하고 우리나라 관광의 국제적 인지도를 드높이는데 기여하였으며, 2011년 10.8~14일에는 제19차 UNWTO 총회를 경주에서 개최하였다.

최근에는 2014년 6월부터 UNWTO 공적개발원조(ODA) 실무그룹회의 회원국으로써 UNWTO의 ODA 활동인 '개발을 위한 관광기금(TDF)' 조성 관련 논의에 참가하였으며, 2015년 4.22~23 양일간 서울에서 UNWTO 실크로드 TF 회의를 개최하고, 2015년 9월부터 '관광과 경쟁력위원회(CTC)' 회원국으로도 참가하는 등 동 기구 내 다양한 논의에 적극적으로 참여하고 있다. 2016년에는 서울특별시 지방공기업인 서울관광마케팅이 UNWTO 찬조회원으로 가입하는 등 지방자치단체에서도 UNWTO를 활용한 국제협력 확대에 관심을 기울이고 있다.

그 밖에도 2014년 6월부터 UNWTO 공적개발원조(ODA) 실무그룹회의 회원국으로서 UNWTO의 ODA활동인 '개발을 위한 관광기금(TDF)'조성 관련 논의에 참가하였으며, 2015년 4.22~23 양일간 서울에서 UNWTO 실크로드 TF회의를 개최하였다.

또한 **2017년**부터 아시아태평양 지역 회원국의 동향 및 세계 관광시장 이슈 등 트렌드 공유를 위하여 연 2회 UNWTO 아태지역 뉴스레터를 제작 배포하고 있으며, **2019년에는** 제13회 UNWTO 아태지역 중견공무원 연수(13th UNWTO Asia/Pacific Executive Training Program on Tourism Policy and Strategy)를 한국에서 개최하였고, 2020년에는 UNWTO 협력회원 뉴스레터에 공사주요 사업을 게재하고 UNWYO 열린관광지 우수사례 발표에 참석하여 사업을 홍보하는 등 UNWTO와의 협력관계를 강화하고 아태지역에서의 관광선진국으로서의 면모를 보여주었다.

2021년에는 제11회 UNWTO 최우수관광마을 공모사업에서 75개국 170개 마을 중 우리나라 고인돌·운곡습지마을, 신안파돌섬이 최우수관광마을로 선정되는 성과를 지양했다.

한편, 한국관광공사는 2012년부터 찬조회원 부회장사로 활동하고 있으며, 2013년에는 찬조회원을 대상으로 제1차 아태지역 미래관광 지역콘퍼런스(1st UNWTO Regional Conference on Future Tourism for Asia and the Pacific) 및 중견공무원 연수프로그램(7th UNWTO Asia/Pacific Executive Training Program on Tourism Policy and Strategy)을 한국에서 개최한 바 있다.

2. OECD(경제협력개발기구)

OECD(Organization for Economic Cooperation and Development; 경제협력개발기구)는 유럽경제협력기구를 모체로 하여 1961년 선진 20개국을 회원

국으로 설립되었다. 회원국의 경제성장 도모, 자유무역 확대, 개발도상국 원조 등을 주요 임무로 하고 있으며, **2021년 5월 25일** 코스타리카가 신규 가입함으로써 38개 정회원국으로 구성되어 있고, 프랑스 파리에 본부를 두고 있다. 조직구성은 의사결정기구인 이사회, 보좌기구인 집행위원회 및 특별집행위원회를 두고 있으며, 실질적 활동을 수행하는 25개의 분야별 위원회가 있다.

이 중에서 관광위원회는 관광분야에 대한 각국의 정책연구 및 관광진흥 정책연구 등을 주요 기능으로 하고 있으며 위원회 산하에 통계작업반을 두고 있다. 주요 사업은 관광객 보호정책 개발, 관광산업에 대한 국가지원 사업 등이며, 매년 총회, 통계작업회의, 전문가 특별회의 등을 개최하고 있다. 현재 문화체육관광부 소속 공무원을 파견하여 OECD 관광 프로젝트 등 관광분야에서 협력사업을 수행하고 있다.

우리나라는 1994년 6월 관광위원회에 대한 옵서버 참가자격이 부여되어 1995년부터 관광위원회 회의 및 통계실무 작업반회의에 참가하여 주요 선진국의 관광정책 및 통계기법 등을 습득하고 있다. 1996년 12월 가입 후부터는 정회원으로 활동 중이며, 1998년에는 OECD 관광회의를 서울에서 개최한 바 있고, OECD 권고사업의 하나인 관광위성계정(TSA) 개발을 세계 5번째로 완료하였다. 2005년 9월에는 광주에서 'OECD-Korea 국제관광회의'를 개최하여, '세계관광의 성장: 중소기업의 기회'라는 주제로 급변하는 산업구조 속에서 관광중소기업들의 새로운 역할 및 협력방안을 모색한 바 있다.

그후 많은 활동을 해 왔는데, 주목할 만한 것으로는 2009년 4월에 발표된 '한식 세계화 추진계획'의 전략 중 '우리 식문화 홍보'를 통해 관광자원으로서의 한식의 중요성을 인식시킨다는 목표를 세우고, 우리 관광의 견인차 역할을 한식에 부여하기 위한 한식 세계화(Globalization of Korean Cuisine) 사업을 OECD 차원에서 진행시킨 것이다. 특히 2012년에는 제90차 OECD 관광위원회(2012.9.24~26)를 한국이 유치하여 전라북도 무주에서 개최하였으며, OECD 관광위원회 공식사업의 일환으로 포함된 '창조경제와 관광(creative economy and tourism)' 프로젝트를 지원하여 출판물을 발행하였다.

2015년에는 밀라노엑스포 기간 중 6.24 한국의 날을 맞아 밀라노 엑스포장 내 콘퍼런스홀에서 OECD와 공동으로 '한식문화와 미식관광'이라는 주제의 포럼을 개최하였다. 2016년에 한국은 제97차 및 제98차 OECD 관광위원회 및 OECD 관광통계 포럼에 모두 참석하여 OECD 회원국의 관광정책 동향을 파악하고, 관광선진국과의 정책교류 채널로서 적극 활용하였다. 더불어 2019년에는 OECD

내 관광리더국으로서 2020 OECD 글로벌 관광포럼을 한국에서 개최할 수 있도록 유치하였다. 다만, 2020년 초 발생한 코로나19 전 세계적ㅇ니 확산세가 지속됨에 따라 OECD 사무국과 협의하여 개최시기를 2021년 11월로 연기하고, 회의명을 제1차 OECD 국제관광포럼(Ist Global Farum on Tourism Statistios, Knawledge and Polies)으로 변경하였다. 이는 1994년부터 15차례 개초돈 관광통계 전문포럼을 관광정책 전반으로 확대한 첫 번째 회의라는 의미를 가진다. 2021년 11월에 서울에서 개최된 OECD 국제관광포럼에는 코스타리카 관광부장관, 포르투갈 경제부 관광차관, 그리스 관광부차관보 등 40여개국의 고위급 및 관광전문가가 온·오프라인으로 참여하여 미래관광준비, 빅데이터 등 실효성 있는 주제에 관한 논의를 하였으며, 우리나라 미래 관광경쟁력을 제고하는 계기를 만들었다.

3. APEC(아시아·태평양경제협력체)

APEC(Asia Pacific Economic Cooperation; 아시아·태평양경제협력체)은 1989년 호주의 캔버라에서 제1차 각료회의를 개최하면서 발족하였으며, 역내 경제협력관계 강화의 구심점이 되고 있다. APEC은 11개 실무그룹(Working Group)을 두고 있는데, 관광실무그룹회의는 1991년 하와이에서 회의를 가진 이후 역내 관광발전을 저해하는 각종 제한조치 완화, 환경적으로 지속가능한 관광개발 등의 현안에 대해서 협의하고 있다.

우리나라는 1998년 제주도에서 제12차 APEC 관광실무그룹회의를, 2004년 5월 경남 진주에서 제24차 APEC 관광실무회의를 개최한 바 있으며, 2005년 5월에는 부산에서 제4차 관광포럼 및 제26차 APEC 관광실무그룹회의를 성공적으로 개최하여 한국 관광홍보 및 APEC 내 관광외교 강화에 기여했다. 제26차 회의에서는 2005 APEC 정상회의 국가로서 수임하게 된 TWG 의장직을 성공적으로 수행했으며, 정상회의 개최국으로서 주도적으로 추진 중인 '재난관리대응(Emergency Preparedness) 관련' 이슈를 회원국에 주지시키고 APEC 차원의 결속과 협력방안을 도출해내는 등 역내 관광분야 리더십을 발휘하는 계기가 되었다.

2018년 10월에는 러시아와의 경합 끝에 제55차 APEC관광실무 그룹회의를 유치하였으며, 2019년 11월 여수에서 개최하여 여수를 글로벌관광지로 발돋움시키는 성과를 내었다. 이후 전세계적인 코로나 확산상황에서, 2021년 9월 관광의 디지털 전환 및 혁신기술 우수사례 확산을 주제로 한 APEC 관광실무그룹(TWG) 화상워크숍을 성공적으로 개최하여, APEC 관광전략계획 2020~2024 효과적 이행을 도모하였다.

4. PATA(아시아·태평양관광협회)

PATA(Pacific Asia Travel Association; 아시아·태평양관광협회)는 아시아·태평양지역의 관광진흥활동, 지역발전 도모 및 구미관광객 유치를 위한 마케팅활동을 목적으로 1951년에 설립되었다. 태국 방콕에 본부를 두고 있으며 북미, 태평양, 유럽, 중국, 중동에 각각 지역본부가 있다. 주요 활동으로는 연차총회 및 관광교역전 개최, 관광자원 보호활동, 회원을 위한 마케팅 개발 및 교육사업, 각종 정보자료 발간사업 등이 있다. 현재 95개 목적지(Destination), 70여 개국, 항공크루즈사, 교육기관을 포함한 약 800여 개 관광기관 및 업체가 회원으로 가입되어 있으며, 전 세계에 43개 지부가 결성되어 있다.

우리나라에서는 한국관광공사 등 총 13개 관광관련 기관 및 업체가 PATA 본부회원으로 가입되어 있으며, 매년 연차총회 및 교역전에 참가하여 세계여행업계 동향을 파악하고 한국관광 홍보 및 판촉상담활동을 전개하고 있다. PATA 한국지부에는 총 114개 기관 및 업체가 회원으로 가입되어 있으며, 지부총회 개최, 관광전 참여, 관광정보 제공 등의 활동을 하고 있다.

우리나라는 PATA 관련 국제행사로 1965년, 1979년, 1994년, 2004년 PATA 총회 및 이사회, 1979년, 1987년 PATA 관광교역전, 1998년 PATA 이사회를 개최한 바 있다. 특히 2004년 제주 PATA총회에서는 제주도를 세계적인 관광지로 부각시키고자 적극적으로 국내외 홍보를 추진하였으며, 그 결과 PATA 총회 사상 최대인 48개국 2,145명이 참가한 성공적인 행사로 평가받았다. 또한 2013년에는 PATA Hub City Forum Seoul을 개최하여 PATA본부 CEO Martin Craigs 및 주요 국내 인사들이 참석하여 한국관광산업의 현안사항을 논의하였다. 한국은 2018 동계올림픽 이후 강원도의 글로벌 관광목적지로서 이미지를 공고화하기 위해 PATA 연차총회 유치활동을 벌여, 2015년 9월 PATA 이사회에서 2018년 PATA 연차총회의 한국 개최를 확정지었다.

5. ASEAN(동남아연합)

아세안은 1966년 8월 제3차 ASA(Association of Southeast Asia: 동남아연합) 외무장관회의에서 ASA의 재편 필요성이 제기되어, 1967년 말리크 인도네시아 외무장관이 태국 측과 아세안 창립선언 초안을 마련하였다. 1967년 8월 인도네시아, 태국, 말레이시아, 필리핀, 싱가포르 5개국 외무장관회담을 개최, 아세안 창립선언을 통하여 결성되었다.

아세안은 창립 당시 5개국으로 구성되었으나, 1975년 월남전 종결을 계기로 동남아 평화 및 자유·중립지대 구상과 '동남아 우호협력조약'의 대상범위를 인도차이나반도 3개국(베트남, 캄보디아, 라오스) 및 미얀마를 포함한 지역으로 확대하는 구상이 대두되었고, 이후 브루나이(1984년), 베트남(1995년), 라오스와 미얀마(1997년), 캄보디아(1998년)가 차례로 가입하여 현재는 총 10개국의 회원국으로 구성되어 있다.

아세안은 1993년 아세안 자유무역지대(AFTA: ASEAN Free Trade Area)를 결성함으로써 국제적인 교섭력이 한층 강화되기 시작했으며, 또한 21세기 세계 관광목적지로 아시아·태평양 지역의 중요성이 커지면서 한·중·일과 아세안의 관광협력을 논의하는 '한·중·일+아세안' 회의가 개최되었다. 특히 2005년 5월 26일에는 강원도 속초에서 제7차 ASEAN+3NTO(한·중·일+아세안)회의가 개최되어, 우리나라와 아세안 국가와의 관광협력 체계를 한층 더 공고히 하였고, 아세안에서 한국의 위상을 제고한 것으로 평가받았다. 문화체육관광부와 한국관광공사는 연 2회 정기적으로 관광장관회의 및 NTO회의에 참가하여 아세안 및 한·중·일 간 관광부문 공동마케팅 방안모색 및 각국의 관광현안과 관련한 의견교류 등 활발한 교류·협력을 구축해 가고 있다.

한편, 2016년 1월 필리핀 마닐라에서 개최된 제15차 ASEAN+3 관광장관회의에는 ASEAN 10개국 및 한중일 간 관광교류 활성화 및 협력강화, 협력사업의 원활한 추진 등의 제도적 기반 마련을 위해 ASEAN+3 관광협력 양해각서(MOC)를 체결하였다. 이에 한국관광공사는 ASEAN+3 NTO회의의 적극적 참여를 통해 아시아 태평양 인근 국가와의 관광부문 협력강화를 위해 노력하고 있다.

6. ASTA(미주여행업협회)

미주지역 여행업자의 권익보호와 전문성 제고를 목적으로 1931년에 설립된 ASTA (American Society of Travel Agents; 미주여행업협회)는 미주지역이라는 거대한 시장을 배경으로 세계 140개국 2만여 회원을 거느린 세계 최대의 여행업협회이다.

1973년 한국관광공사가 준회원으로 가입되었으며, 1979년 ASTA 한국지부가 설립되어 운영되고 있다. 우리나라는 미주시장 개척의 기반을 다지기 위하여 동 기구 내 홍보활동을 지속적으로 추진해 오고 있으며, 매년 연차총회 및 트레이드쇼에 업계와 공동으로 한국대표단을 파견하여 판촉 및 정보수집활동을 전개하고 있다. 1983년에는 총회 및 교역전을 서울에 유치하여 대형 국제회의 개최능력을 전 세계에 홍보한 바 있다. 또한 2007년 ASTA 제주 총회(3.25~29, ICC제주)를 성공적으로 개최하면서 미주 관광시장에 대한 동북아 관광거점 확보 기틀을 마련하였고, 회의 개최지인 제주도의 국제관광 이미지가 제고되었다는 평가를 받고 있다.

7. WTTC(세계여행관광협의회)

WTTC(World Travel and Tourism Council)은 전 세계관광 관련 가장 유명한 100여 개 업계 리더들이 회원으로 가입되어 있는 대표적인 관광 관련 민간기구이다. 1990년에 설립되었으며 영국 런던에 본부를 두고 있다. 주요 활동은 관광 잠재력이 큰 지역에 대한 관광자문 제공 및 협력사업 전개, "Tourism For Tomorrow Awards" 주관, 세계관광정상회의(Global Travel and Tourism Council) 개최 등이다. 특히 매년 5월 개최되는 관광정상회의는 개최국의 대통령, 국무총리를 비롯 각국의 관광장관, 호텔 및 항공사 CEO 등이 대거 참석하여 관광현안을 논의하는 권위 있는 회의로 정평이 나 있다. 한국관광공사는 지난 2006년부터 정상회의에 참가하여 세계관광 인사와의 네트워킹 및 최신 관광 트렌드 습득에 힘쓰고 있다. 한편, 2013년 WTTC 아시아지역 총회가 9월 10일부터 12일까지 서울에서 개최되었다.

Ⅲ. 관광통계의 작성

1. 통계작성의 개요

문화체육관광부장관과 지방자치단체의 장은 관광개발기본계획 및 권역별 관광개발계획을 효과적으로 수립·시행하고 관광산업에 활용하도록 하기 위하여 국내외의 관광통계를 작성할 수 있는데, 이 때 문화체육관광부장관과 지방자치단체의 장은 관광통계 작성을 위한 실태조사를 할 수 있으며, 필요하면 공공기관·연구소 및 민간기업 등에 협조를 요청할 수 있다(관광진흥법 제47조의2).

2. 통계작성의 범위

관광통계의 작성범위는 다음과 같다(동법 제47조의2 제1항 및 동법 시행령 제41조의2).

1. 외국인 방한(訪韓) 관광객의 관광행태에 관한 사항
2. 국민의 관광행태에 관한 사항
3. 관광사업자의 경영에 관한 사항
4. 관광지와 관광단지의 현황 및 관리에 관한 사항
5. 그 밖에 문화체육관광부장관 또는 지방자치단체의 장이 관광사업의 발전을 위하여 필요하다고 인정하는 사항

제2절 관광홍보 및 관광자원개발

Ⅰ. 관광홍보

현재 우리나라는 정부투자기관인 한국관광공사가 홍보업무를 전담하고 있으며, 이와는 별도로 한국관광협회중앙회와 민간업체 등이 각각 독자적으로 홍보업무를 실시하고 있다. 그리고 관광홍보의 방법으로서 해외선전사무소의 운영, 선전물의 제작 및 배포, 언론매체를 통한 광고, 관광유치단 파견, 관광전시회의 개최, 건전관광캠페인 등을 전개하고 있다.

1. 관광홍보활동의 조정 및 관광선전물의 심사

문화체육관광부장관 또는 '시·도지사'(특별시장·광역시장·특별자치시장·도지사·특별자치도지사를 말함)는 국제관광의 촉진과 국민관광의 건전한 발전을 위하여 국내외 관광홍보활동을 조정하거나 관광선전물을 심사하거나 그 밖에 필요한 사항을 지원할 수 있다(관광진흥법 제48조 1항).

2. 해외관광시장 조사 등에 관한 권고·지도

문화체육관광부장관 또는 시·도지사는 관광홍보를 원활히 추진하기 위하여 필요한 때에는 문화체육관광부령으로 정하는 바에 따라 관광사업자등에게 해외관광시장에 대한 정기적인 조사, 관광홍보물의 제작, 관광안내소의 운영 등에 관하여 필요한 사항을 권고·지도할 수 있다(동법 제48조 2항).

3. 관광자원의 안내·홍보용 옥외광고물의 설치

지방자치단체의 장, 관광사업자 또는 관광지 및 관광단지의 조성계획승인을 받은 자는 관광지·관광단지·관광특구·관광시설 등 관광자원을 안내하거나 홍보하는 내용의 옥외광고물(屋外廣告物)을 「옥외광고물 등 관리법」의 금지 또는 제한규정(제4조)에도 불구하고 이를 설치할 수 있다(동법 제48조 3항).

Ⅱ. 관광자원개발

문화체육관광부장관과 지방자치단체의 장은 관광객의 유치, 관광복지의 증진 및 관광진흥을 위하여 대통령령으로 정하는 바에 따라 다음의 사업을 추진할 수 있다(동법 제48조 4항).

1. 문화, 체육, 레저 및 산업시설 등의 관광자원화사업

유형문화재, 무형문화재, 기념물, 민속자료, 박물관, 미술관 등 문화관광자원들을 개발하여 관광상품화하는 사업이나, 스포츠행사와 레저를 비롯하여 산업시설등을 관광자원화하는 사업을 추진할 수 있다.

2. 해양관광의 개발사업 및 자연생태의 관광자원화사업

해양레저, 해양스포츠, 유람선, 크루즈업 등의 관광자원화 및 자연생태계를 양호한 상태로 잘 보전하고 자연파괴행위로부터 보호하면서 적절히 활용하는 것을 내용으로 하는 생태관광(eco-tourism)을 개발하여 관광자원화하는 사업을 추진하고 있다.

3. 관광상품의 개발에 관한 사업

문화관광축제 상품화, 전통가옥(고택) 관광상품화, 각종 문화재의 관광상품화, 공예문화 관광상품화 등 관광상품성이 큰 사업들을 개발하여 관광자원화하도록 지속적으로 지원한다.

Ⅲ. 국민의 관광복지 증진사업

오늘날의 관광형태는 국민대중이 다 함께 참여하는 국민관광이라 말할 수 있다. 「관광기본법」 제1조는 건전한 국민관광의 발전을 도모하는 것을 목적으로 한다고 규정하고 있음에도 불구하고, 사회적·경제적·신체적 여건으로 인한 제약 때문에 관광의 욕구를 충족하지 못하는 계층이 허다하다. 따라서 이러한 관광에서 소외된 계층인 청소년·저소득층·근로대중·노약자·장애인 등에게 관광기회를 누릴 수 있도록 정책적 지원이 있어야 하는데, 정부나 지방자치단체는 이와 같은 복지관광 실현을 위한 사업을 적극 추진하여야 할 것이다.

이에 따라 개정된 「관광진흥법」(개정 2014.5.28.)은 장애인 및 저소득층 등 관광취약계층의 여행기회 확대 및 관광활동 장려를 위한 시책을 강구하고, 장애인 관광 지원사업 등에 대한 경비지원 및 관광취약계층에 대한 여행이용권 지급근거를 마련하며, 수혜대상자의 자격검증 및 적정성을 확인하기 위한 관계부처 정보 제공·활용의 근거를 마련함으로써 사업의 원활한 수행 및 관광복지 대상자의 편의를 도모하려 하고 있다.

1. 장애인 관광활동의 지원

국가 및 지방자치단체는 장애인의 여행기회를 확대하고 장애인의 관광활동을 장려·지원하기 위하여 관련 시설을 설치하는 등 필요한 시책을 강구하여야 한다. 또한 국가 및 지방자치단체는 장애인의 여행 및 관광활동 권리를 증진하기 위하여 장애인의 관광 지원사업과 장애인 관광지원단체에 대하여 필요한 시책을 강구하여야 한다(동법 제47조의3).

2. 관광취약계층의 관광복지 증진시책 강구

국가 및 지방자치단체는 경제적·사회적 여건 등으로 관광활동에 제약을 받고 있는 관광취약계층의 여행기회를 확대하고 관광활동을 장려하기 위하여 필요한 시책을 강구하여야 한다(동법 제47조의4).

3. 여행이용권의 지급 및 관리

1) 관광취약계층의 범위

국가 및 지방자치단체는 「국민기초생활 보장법」에 따른 수급권자와 그 밖에 소득수준이 낮은 저소득층 등 아래와 같은 관광취약계층(동법 시행령 제41조의3 **〈개정 2015.11.30.〉**)에게 여행이용권을 지급할 수 있다.

1. 「국민기초생활 보장법」 제2조제2호에 따른 수급자
2. 「국민기초생활 보장법」 제2조제10호에 따른 차상위계층에 해당하는 사람 중 다음 각 목의 어느 하나에 해당하는 사람
   가. 「국민기초생활 보장법」 제7조제1항제7호에 따른 자활급여 수급자
   나. 「장애인복지법」 제49조제1항에 따른 장애수당 수급자 또는 같은 법 제50조에 따른 장애아동수당 수급자
   다. 「장애인연금법」 제5조에 따른 장애인연금 수급자
   라. 「국민건강보험법 시행령」 별표 2 제3호 라목의 경우에 해당하는 사람

3. 「한부모가족지원법」 제5조에 따른 지원대상자
4. 그 밖에 경제적·사회적 제약 등으로 인하여 관광활동을 영위하기 위하여 지원이 필요한 사람으로서 문화체육관광부장관이 정하여 고시하는 기준에 해당하는 사람

2) 관광취약계층 확인

국가 및 지방자치단체는 여행이용권의 수급자격 및 자격유지의 적정성을 확인하기 위하여 필요한 관광취약계층(동법시행령 제41조의3에 따른)에 해당함을 확인하기 위한 국세·지방세·토지·건물·건강보험 및 국민연금에 관한 자료와 주민등록등본 및 가족관계증명서 등을 관계 기관의 장에게 요청할 수 있고, 해당 기관의 장은 특별한 사유가 없으면 요청에 따라야 한다. 다만, 「전자정부법」(제36조 제1항)에 따른 행정정보 공동이용을 통하여 확인할 수 있는 사항은 예외로 한다(동법 제47조의5 제2항).

3) 관광취약계층 확인을 위한 정보시스템의 연계사용

국가 및 지방자치단체는 가족관계증명·국세·지방세·토지·건물·건강보험 및 국민연금에 관한 자료 등의 확인을 위하여 보건복지부장관이 사회복지업무에 필요한 각종 자료 또는 정보의 효율적 처리와 기록·관리업무의 전자화를 위하여 구축·운영하는 정보시스템(사회복지사업법 제6조의2 제2항에 따른)을 연계하여 사용할 수 있다(동법 제47조의5 제3항).

4) 여행이용권 업무의 전담기관

국가 및 지방자치단체는 여행이용권의 발급, 정보시스템의 구축·운영 등 여행이용권 업무의 효율적 수행을 위하여 아래와 같이 여행이용권 업무의 전담기관(이하 "전담기관"이라 한다)을 지정할 수 있는데, 문화체육관광부장관이 전담기관을 지정하였을 때에는 그 사실을 문화체육관광부의 인터넷 홈페이지에 게시하여야 한다(동법시행령 제41조의5).

가) 전담기관의 지정요건(동법 시행령 제41조의5 제1항)

1. 전담기관이 수행하는 업무를 수행하기 위한 인적·재정적 능력을 보유할 것
2. 전담기관이 업무를 수행하는 데에 필요한 시설을 갖출 것

3. 여행이용권에 관한 홍보를 효율적으로 수행하기 위한 관련 기관 또는 단체와의 협력체계를 갖출 것

나) 전담기관의 수행업무(동법 시행령 제41조의5 제3항)

1. 여행이용권의 발급에 관한 사항
2. 법 제47조의5 제4항에 따른 정보시스템의 구축·운영
3. 여행이용권 이용활성화를 위한 관광단체 및 관광시설 등과의 협력
4. 여행이용권 이용활성화를 위한 조사·연구·교육 및 홍보
5. 여행이용권 이용자의 편의 제고를 위한 사업
6. 여행이용권 관련 통계의 작성 및 관리
7. 그 밖에 문화체육관광부장관이 여행이용권 업무의 효율적 수행을 위하여 필요하다고 인정하는 사무

5) 여행이용권의 문화이용권 등과의 통합운영

문화체육관광부장관은 여행이용권의 이용기회 확대 및 지원업무의 효율성을 제고하기 위하여 여행이용권을 문화소외계층에게 지급하는 문화이용권(「문화예술진흥법」 제15조의4에 따른) 등 문화체육관광부령으로 정하는 이용권과 통합하여 운영할 수 있다(동법 제47조의5 제6항).

6) 여행이용권의 발급

전담기관 또는 특별자치시장·시장(제주특별자치도의 경우에는 "제주특별법"에 따른 행정시장을 말한다)·군수·구청장은 문화체육관광부령으로 정하는 바에 따라 여행이용권을 발급한다(동법 시행령 제41조의6 **〈개정 2019.4.9.〉**).

7) 고유식별정보의 처리

문화체육관광부장관이나 전담기관 및 지방자치단체의 장은 여행이용권의 지급 및 관리에 관한 사무를 수행하기 위하여 불가피한 경우에는 일반적으로는 개인의 고유식별번호를 처리할 수 없음(「개인정보보호법」 제24조)에도 불구하고 「개인정보보호법 시행령」 제19조에 따른 주민등록번호, 여권번호, 운전면허의 면허번호 또는 외국인등록번호가 포함된 자료를 처리할 수 있다(동법시행령 제66조의2 제3항).

Ⅳ. 관광산업의 국제협력 및 해외시장 진출 지원

문화체육관광부장관은 관광산업의 국제협력 및 해외시장 진출을 촉진하기 위하여 다음 각 호의 사업을 지원할 수 있는데, 이러한 사업을 효율적으로 지원하기 위하여 대통령령으로 정하는 관계 기관 또는 단체에 이를 위탁하거나 대행하게 할 수 있으며, 이에 필요한 비용을 보조할 수 있다(동법 제47조의6 〈**신설 2018.12.11.**〉).

1. 국제전시회의 개최 및 참가지원
2. 외국자본의 투자유치
3. 해외마케팅 및 홍보활동
4. 해외진출에 관한 정보제공
5. 수출 관련 협력체계의 구축
6. 그 밖에 국제협력 및 해외진출을 위하여 필요한 사업

Ⅴ. 관광산업 진흥사업 추진

문화체육관광부장관은 관광산업의 활성화를 위하여 대통령령으로 정하는 바에 따라 다음 각 호의 사업을 추진할 수 있다(동법 제47조의7 〈**신설 2018.12.24.**〉).

1. 관광산업 발전을 위한 정책·제도의 조사·연구 및 기획
2. 관광 관련 창업 촉진 및 창업자의 성장·발전 지원
3. 관광산업 전문인력 수급분석 및 육성
4. 관광산업 관련 기술의 연구개발 및 실용화
5. 지역에 특화된 관광상품 및 서비스 등의 발굴·육성
6. 그 밖에 관광산업 진흥을 위하여 필요한 사항

Ⅵ. 스마트관광산업의 육성

① 국가와 지방자치단체는 기술기반의 관광산업 경쟁력을 강화하고 지역관광을 활성화하기 위하여 스마트관광산업(관광에 정보통신기술을 융합하여 관광객에게 맞춤형 서비스를 제공하고 관광콘텐츠·인프라를 지속적으로 발전시킴으로써 경제적 또는 사회적 부가가치를 창출하는 산업을 말한다. 이하 같다)을 육성하여야 한다(동법 제47조의8 제1항 〈**신설 2021.6.15.**〉).

② 문화체육관광부장관은 스마트관광산업의 육성을 위하여 다음 각 호의 사업을 추진·지원할 수 있다(동법 제47조의8 제2항 **〈신설 2021.6.15.〉**).

1. 스마트관광산업 발전을 위한 정책·제도의 조사·연구 및 기획
2. 스마트관광산업 관련 창업 촉진 및 창업자의 성장·발전 지원
3. 스마트관광산업 관련 기술의 연구개발 및 실용화
4. 스마트관광산업 기반 지역관광 개발

Ⅶ. 지역축제 등

1. 지역축제의 육성

최근 유사한 지역축제가 급증함으로써 이로 인한 예산낭비를 막고 지역축제의 체계적인 정비와 육성을 도모할 필요가 있는데, 이에 따라 문화체육관광부장관은 지역축제의 통폐합을 포함한 발전방향에 대하여 지방자치단체의 장에게 의견을 제시하거나 권고할 수 있고, 다양한 지역관광자원을 개발·육성하기 위하여 우수한 지역축제를 문화관광축제로 지정하여 지원할 수 있도록 하였다. 아울러 선심성·전시성 유사축제가 양산되는 것을 방지하고 각 지역의 관광자원을 활용한 문화관광축제의 특성화에 기여할 것으로 기대하면서, 2009년 3월 25일 「관광진흥법」 개정 때 신설된 제도이다.

2. 문화관광축제의 지정 및 지원

1) 문화관광축제의 지정

문화체육관광부장관은 다양한 지역관광자원을 개발·육성하기 위하여 우수한 지역축제를 문화관광축제로 지정하고 지원할 수 있다. 이에 따라 문화체육관광부장관은 지역축제의 체계적 육성 및 활성화를 위하여 지역축제에 대한 실태조사와 평가를 할 수 있고, 또 지역축제의 통폐합 등을 포함한 그 발전방향에 대하여 지방자치단체의 장에게 의견을 제시하거나 권고도 할 수 있다(동법 제48조의2 제1항·제2항·제3항).

2) 문화관광축제의 지정기준

문화체육관광부장관은 다음의 사항을 고려하여 문화관광축제의 지정기준을 정한다(동법 시행령 제41조의7). 즉 ① 축제의 특성 및 콘텐츠, ② 축제의 운영능

력, ③ 관광객 유치효과 및 경제적 파급효과, ④ 그 밖에 문화체육관광부장관이 정하는 사항 등이다.

3) 문화관광축제의 지원방법

문화관광축제로 지정받으려는 지역축제의 개최자는 관할 특별시·광역시·특별자치시·도·특별자치도를 거쳐 문화체육관광부장관에게 지정신청을 하여야 하는데, 이때 지정신청을 받은 문화체육관광부장관은 시행령 제47조의7에 따른 지정기준에 따라 문화관광축제를 지정하고, 지정받은 문화관광축제를 예산의 범위에서 지원할 수 있다(동법 시행령 제41조의8 〈**개정** **2019.4.9.**〉).

Ⅷ. 지속가능한 관광활성화

1. 정보제공 및 재정지원 등 필요한 조치의 강구

문화체육관광부장관은 에너지·자원의 사용을 최소화하고 기후변화에 대응하며 환경 훼손을 줄이고, 지역주민의 삶과 균형을 이루며 지역경제와 상생발전할 수 있는 지속가능한 관광자원의 개발을 장려하기 위하여 정보제공 및 재정지원 등 필요한 조치를 강구할 수 있다(동법 제48조의3 제1항 〈**개정** **2019.12.3.**〉).

2. 특별관리지역의 지정·변경·해제 등

1) 특별관리지역의 지정

시·도지사나 시장·군수·구청장은 수용 범위를 초과한 관광객의 방문으로 자연환경이 훼손되거나 주민의 평온한 생활환경을 해칠 우려가 있어 관리할 필요가 있다고 인정되는 지역을 조례로 정하는 바에 따라 특별관리지역으로 지정할 수 있다. 이 경우 특별관리지역이 같은 시·도 내에서 둘 이상의 시·군·구에 걸쳐 있는 경우에는 시·도지사가 지정하고, 둘 이상의 시·도에 걸쳐 있는 경우에는 해당 시·도지사가 공동으로 지정한다(동법 제48조의3 제2항 〈**신설** **2019.12.3.,2021.4.13.**〉).

2) 특별관리지역으로의 지정 권고

문화체육관광부장관은 특별관리지역으로 지정할 필요가 있다고 인정하는 경우에는 시·도지사 또는 시장·군수·구청장으로 하여금 해당 지역을 특별관리지역으로 지정하도록 권고할 수 있다(동법 제48조의3 제3항 〈**신설** **2021.4.13.**〉).

3) 특별관리지역 지정·변경·해제시 주민의견 청취 및 공청회 개최

① 시·도지사나 시장·군수·구청장은 특별관리지역을 지정·변경 또는 해제할 때에는 대통령령으로 정하는 바에 따라 미리 주민의 의견을 들어야 하며, 문화체육관광부장관 및 관계 행정기관의 장과 협의하여야 한다. 다만, 대통령령으로 정하는 경미한 사항을 변경하려는 경우에는 예외로 한다(동법 제48조의3 제4항 **〈신설 2019.12.3.,2021.4.13.〉**).

② 시·도지사나 시장·군수·구청장은 법 제48조의3제3항에 따라 특별관리지역을 지정·변경 또는 해제하려는 경우에는 해당 지역의 주민을 대상으로 공청회를 개최해야 한다(**동법시행령 제41조의9 〈신설 2020.6.2.〉**).

4) 특별관리지역 지정·변경·해제시 고시

시·도지사나 시장·군수·구청장은 특별관리지역을 지정·변경 또는 해제할 때에는 특별관리지역의 위치, 면적, 지정일시, 지정·변경·해제 사유, 특별관리지역 내 조치사항, 그 밖에 조례로 정하는 사항을 해당 지방자치단체 공보에 고시하고, 문화체육관광부장관에게 제출하여야 한다(동법 제48조의3 제5항 **〈신설 2019.12.3.,2021.4.13.〉**).

5) 특별관리지역에서의 관광객 방문시간 제한 등

시·도지사나 시장·군수·구청장은 특별관리지역에 대하여 조례로 정하는 바에 따라 관광객 방문시간 제한, 이용료 징수, 차량·관광객 통행 제한 등 필요한 조치를 할 수 있다(동법 제48조의3 제6항 **〈신설 2019.12.3.,2021.4.13.〉**).

6) 특별관리지역에서의 조례 위반자에게 과태료 부과·징수

시·도지사나 시장·군수·구청장은 제6항에 따른 조례를 위반한 사람에게 「지방자치법」 제27조에 따라 1천만원 이하의 과태료를 부과·징수할 수 있다(동법 제48조의3 제7항 **〈신설 2019.12.3.,2021.4.13.〉**).

7) 특별관리지역에 안내판 설치

시·도지사나 시장·군수·구청장은 특별관리지역에 해당 지역의 범위, 조치사항 등을 표시한 안내판을 설치하여야 한다(동법 제48조의3 제8항 **〈신설 2019.12.3.,2021.4.13.〉**).

8) 특별관리지역을 지정·운영하는 자등을 위한 필요한 지원

문화체육관광부장관은 특별관리지역 지정 현황을 관리하고 이와 관련된 정보를 공개하여야 하며, 특별관리지역을 지정·운영하는 지방자치단체와 그 주민 등을 위하여 필요한 지원을 할 수 있다(동법 제48조의3 제9항 **〈신설 2019.12.3.,2021.4.13.〉**).

제3절 문화관광해설사

Ⅰ. 문화관광해설사의 양성 및 활용계획 등

문화관광해설사란 관광객의 이해와 감상, 체험 기회를 제고하기 위하여 역사·문화·예술·자연 등 관광자원 전반에 대한 전문적인 해설을 제공하는 자를 말하는데, 문화체육관광부장관은 문화관광해설사를 효과적이고 체계적으로 양성·활용하기 위하여 해마다 문화관광해설사의 양성 및 활용계획을 수립하고, 이를 지방자치단체의 장에게 알려야 한다(동법 제48조의4 제1항).

한편, 지방자치단체의 장은 문화관광해설사 양성 및 활용계획에 따라 관광객의 규모, 관광자원의 보유 현황, 문화관광해설사에 대한 수요 등을 고려하여 해마다 문화관광해설사 운영계획을 수립·시행하여야 한다. 이 경우 문화관광해설사의 양성·배치·활용 등에 관한 사항을 포함하여야 한다(동법 제48조의4 제2항).

원래 문화관광해설사 제도는 처음에는 문화재나 문화유산을 중심으로 운영되어 왔으나, 최근에는 해설사의 역할과 기능이 기존의 문화유산뿐만 아니라 관광지 및 관광단지, 생태·녹색관광, 농산어촌 체험관광 등 다양한 분야의 관광자원으로 확대됨에 따라, 기존의 문화유산해설사를 2005년 8월 1일부터 문화관광해설사로 명칭을 변경하여 제도화한 것이다.

Ⅱ. 관광체험교육프로그램 개발·보급

문화체육관광부장관 또는 지방자치단체의 장은 관광객에게 역사·문화·예술·자연 등의 관광자원과 연계한 체험기회를 제공하고, 관광을 활성화하기 위하여 관광체험교육프로그램을 개발·보급할 수 있다. 이 경우 장애인을 위한 관광체험프로그램을 개발하여야 한다(동법 제48조의5).

Ⅲ. 문화관광해설사 양성교육과정의 개설·운영

문화체육관광부장관 또는 시·도지사는 문화관광해설사 양성을 위한 교육과정을 개설(開設)하여 운영할 수 있는데, 이에 따른 교육과정의 개설·운영에 필요한 사항(개설·운영기준 등)은 문화체육관광부령으로 정하도록 하였다(동법 제48조의6 〈**전문개정 2018.12.11.**〉). 따라서 종래의 문화관광해설사 양성교육과정 인증(認證)제도는 폐지되었다.

1. 문화관광해설사 양성교육과정의 개설·운영기준

문화체육관광부장관 또는 시·도지사는 문화관광해설사 양성을 위한 교육과정을 개설하여 운영할 수 있는데, 교육과정의 개설·운영기준은 [별표 17의2]와 같다. 그리고 이에 따른 교육과정의 개설·운영 기준에 필요한 세부적인 사항은 문화체육관광부장관이 정하여 고시한다(동법 시행규칙 제57조의3 〈**개정 2019.4.25.**〉).

◆ 문화관광해설사 양성교육과정의 개설·운영 기준 ◆

(시행규칙 제57조의3 제1항 관련 [별표 17의2] 〈**개정 2019.4.25.**〉)

구분	개설·운영 기준		
교육과목 및 교육시간	교육과목(실습을 포함한다)		교육시간
	기본소양	1) 문화관광해설사의 역할과 자세 2) 문화관광자원의 가치 인식 및 보호 3) 관광객의 특성 이해 및 관광약자 배려	20시간
	전문지식	4) 관광정책 및 관광산업의 이해 5) 한국 주요 문화관광자원의 이해 6) 지역 특화 문화관광자원의 이해	40시간
	현장실무	7) 해설 시나리오 작성 및 해설 기법 8) 해설 현장 실습 9) 관광 안전관리 및 응급처치	40시간
	합계		100시간
교육시설	1) 강의실 2) 강사대기실 3) 회의실 4) 그 밖에 교육에 필요한 기자재 및 시스템		

[비고] 1)부터 9)까지의 모든 과목을 교육해야 하며, 이론교육은 정보통신망을 통한 온라인 교육을 포함하여 구성할 수 있다.

2. 문화관광해설사 양성교육과정의 개설·운영에 관한 권한위탁

문화체육관광부장관 또는 시·도지사는 문화관광해설사 양성을 위한 교육과정을 개설·운영할 수 있는데, 개설·운영에 관한 권한을 한국관광공사 또는 문화관광해설사 양성교육에 필요한 교육과정·교육내용, 인력과 조직 및 시설과 장비를 모두 갖춘 교육기관에 위탁한다. 이 경우 문화체육관광부장관 또는 시·도지사는 관련 교육기관의 명칭·주소 및 대표자 등을 고시해야 한다(동법 시행령 제65조제1항 6호 〈**개정** 2018.6.5., 2019.4.9., 2020.6.2.〉).

한편, 문화관광해설사 양성교육과정의 개설·운영에 관한 업무를 위탁받은 한국관광공사 및 관광 관련 교육기관은 수탁업무를 수행한 경우에는 이를 분기별로 종합하여 다음 분기 10일까지 문화체육관광부장관 또는 시·도지사에게 보고하여야 한다(동법 시행령 제65조 제6항 **〈개정 2018.6.5., 2019.4.9.〉**).

Ⅳ. 문화관광해설사의 선발 및 활용 등

1. 문화관광해설사의 선발 및 활용

문화체육관광부장관 또는 지방자치단체의 장은 국민을 대상으로 역사·문화·예술·자연 등 관광자원에 대한 지식을 체계적으로 전달하고 지역문화에 대한 올바른 이해를 돕기 위하여 문화관광해설사 양성을 위한 교육과정을 이수한 자를 문화관광해설사로 선발하여 활용할 수 있다(동법 제48조의8 제1항 **〈개정 2018.12.11.〉**).

문화체육관광부장관 또는 지방자치단체의 장은 문화관광해설사를 선발하려는 경우에는 문화관광해설사의 선발인원, 평가일시 및 장소, 응시원서 접수기간, 그 밖에 선발에 필요한 사항을 포함한 선발계획을 수립하고 이를 공고하여야 한다(동법시행규칙 제57조의5 제1항).

이에 따라 문화관광해설사를 선발하려는 경우에는 위의 평가기준에 따른 평가결과 이론 및 실습평가항목 각각 70점 이상을 득점한 사람 중에서 각각의 평가항목의 비중을 곱한 점수가 고득점자인 사람의 순으로 선발한다(동법시행규칙 제57조의5 3항).

문화체육관광부장관 또는 지방자치단체의 장은 문화관광해설사를 배치·활용하려는 경우에 해당 지역의 관광객 규모와 관광자원의 보유 현황 및 문화관광해설사에 대한 수요, 문화관광해설사의 활동 실적 및 태도 등을 고려하여야 한다(동법시행규칙 제57조의5 제4항).

2. 문화관광해설사 자격부여

문화체육관광부장관 또는 지방자치단체의 장이 문화관광해설사를 선발하는 경우 문화체육관광부령으로 정하는 평가기준(시행규칙 제57조의5 관련 별표 17의4)에 따라 이론 및 실습을 평가하고, 3개월 이상의 실무수습을 마친 자에게 자격을 부여할 수 있다(동법 제48조의8 제2항, 동법 시행규칙 제57조의5 제2항).

3. 문화관광해설사의 활동비 등의 지원

문화체육관광부장관 또는 지방자치단체의 장은 예산의 범위에서 문화관광해설사의 활동에 필요한 비용 등을 지원할 수 있다(동법 제48조의8 제3항).

V. 문화관광해설사 관련업무 수탁기관 임·직원 공무원 간주

문화관광해설사 양성교육과정의 개설·운영에 관한 권한을 위탁받은 한국관광공사나 관광 관련 교육기관의 임·직원은 위법행위로 인하여 「형법」 제129조부터 제132조까지의 규정을 적용하는 경우 공무원으로 본다(관광진흥법 제80조 제3항 7호 및 제4항).

제4절 지역관광협의회

Ⅰ. 설 립

1. 설립목적

관광사업자, 관광관련 사업자, 관광관련 단체 및 주민 등은 공동으로 지역의 관광진흥을 위하여 광역 및 기초 지방자치단체 단위의 지역관광협의회(이하 "협의회"라 한다)를 설립할 수 있다(관광진흥법 제48조의9 제1항).

2. 법적 성격

협의회의 법적 성격을 살펴보면 이는 공법인 「관광진흥법」(제48조의9)과 해당 지방자치단체의 조례가 정하는 바에 따라 해당 지방자치단체의 장의 허가를 받아 설립되므로 공법상의 사단법인에 해당한다. 따라서 협의회에 관하여 「관광진흥법」에 규정된 것을 제외하고는 「민법」 중 사단법인에 관한 규정을 준용한다(동법 제48조의9 제7항).

여기서 광역지방자치단체라 함은 서울특별시·광역시·도·특별자치도·특별자치시 등 17개의 규모가 큰 자치단체를 말하고, 기초자치단체라 함은 규모가 작은 시·군·자치구의 구청을 말한다.

Ⅱ. 주요 업무 및 경비충당

1. 주요 업무

협의회는 다음 각 호의 업무를 수행한다(동법 제48조의9 제4항).

1. 지역의 관광수용태세 개선을 위한 업무
2. 지역관광 홍보 및 마케팅 지원 업무
3. 관광사업자, 관광관련 사업자, 관광관련 단체에 대한 지원
4. 제1호부터 제3호까지의 업무에 따르는 수익사업
5. 지방자치단체로부터 위탁받은 업무

2. 경비의 충당

협의회의 운영 등에 필요한 경비는 회원이 납부하는 회비와 사업 수익금 등으로 충당하며, 지방자치단체의 장은 협의회의 운영 등에 필요한 경비의 일부를 예산의 범위에서 지원할 수 있다.

제5절 한국관광 품질인증제도

Ⅰ. 한국관광 품질인증 및 지원 등

1. 한국관광 품질인증제도 신설

문화체육관광부장관은 관광객의 편의를 돕고 관광서비스의 수준을 향상시키기 위하여 관광사업 및 이와 밀접한 관련이 있는 사업으로서 대통령령으로 정하는 사업을 위한 시설 및 서비스 등(이하 "시설등"이라 한다)을 대상으로 품질인증(이하 "한국관광 품질인증"이라 한다)을 할 수 있다(관광진흥법 제48조의10 **〈신설 2018.3.13.〉**).

문화체육관광부장관은 한국관광 품질인증을 위하여 필요한 경우에는 특별자치시장·특별자치도지사·시장·군수·구청장 및 관계 기관의 장에게 자료제출을 요구할 수 있는데, 이 경우 자료제출을 요청받은 특별자치시장·특별자치도지사·시장·군수·구청장 및 관계 기관의 장은 특별한 사유가 없으면 이에 따라야 한다(동법 제48조의10 제5항 **〈신설 2018.3.13.〉**). 그런데 한국관광 품질인증 및 그 취소에 관한 업무는 한국관광공사에 위탁(동법 제80조 3항 및 동법시행령 제65조제1항 7호)하고 있으므로 이러한 업무의 담당자는 한국관광공사이다.

2. 한국관광 품질인증의 대상

한국관광 품질인증을 위한 대상사업은 다음 중 어느 하나에 해당하는 사업을 말한다(동법 시행령 제41조의10 **〈개정 2019.7.9.,2020.4.28.〉**).

1. 야영장업(동법시행령 제2조제1항제3호 다목)
2. 외국인관광 도시민박업(동법시행령 제2조제1항제3호 바목)
3. 한옥체험업(동법시행령 제2조제1항제3호 사목)

4. 관광식당업(동법시행령 제2조제1항제6호 라목)
5. 관광면세업(동법시행령 제2조제1항제6호 카목)
6. 숙박업(공중위생관리법 제2조제1항제2호에 따른)
7. 외국인관광객면세판매장(「외국인관광객 등에 대한 부가가치세 및 개별소비세 특례규정」 제4조제2항에 따른)
8. 그 밖에 문화체육관광부장관이 정하여 고시하는 사업

3. 한국관광 품질인증의 인증 기준

한국관광 품질인증의 인증기준은 다음과 같다(동법시행령 제41조의11 제1항 〈**신설** 2018.6.5.〉).

1. 관광객 편의를 위한 시설 및 서비스를 갖출 것
2. 관광객 응대를 위한 전문 인력을 확보할 것
3. 재난 및 안전관리 위험으로부터 관광객을 보호할 수 있는 사업장 안전관리방안을 수립할 것
4. 해당 사업의 관련 법령을 준수할 것

4. 한국관광 품질인증의 절차 및 방법 등

① 한국관광 품질인증을 받으려는 자는 문화체육관광부령으로 정하는 품질인증 신청서를 문화체육관광부장관에게 제출하여야 한다(동법시행령 제41조의12 제1항 〈**개정** **2020.6.2.**〉).

② 문화체육관광부장관은 제출된 신청서의 내용을 평가·심사한 결과 인증기준에 적합하면 신청서를 제출한 자에게 소정의 품질인증서를 발급해야 한다(동법시행령 제41조의12 제2항 〈**개정** **2020.6.2.**〉).

③ 문화체육관광부장관은 제출된 신청서의 내용을 평가·심사한 결과 인증 기준에 부적합하면 신청서를 제출한 자에게 그 결과와 사유를 알려주어야 한다(동법시행령 제41조의12 제3항 〈**개정** **2020.6.2.**〉).

④ 한국관광 품질인증의 유효기간은 인증서가 발급된 날부터 3년으로 한다.

⑤ 한국관광 품질인증의 절차 및 방법에 관한 세부사항은 문화체육관광부령으로 정한다(동법시행령 제41조의12 제5항).

5. 한국관광 품질인증 시설 등에 대한 지원

문화체육관광부장관은 한국관광 품질인증을 받은 시설등에 대하여 다음 각 호의 지원을 할 수 있다(동법 제48조의10 제4항 〈**신설 2018.3.13.**〉).

1. 「관광진흥개발기금법」에 따른 관광진흥개발기금의 대여 또는 보조
2. 국내 또는 국외에서의 홍보
3. 그 밖에 시설등의 운영 및 개선을 위하여 필요한 사항

6. 한국관광 품질인증 받은 자의 홍보 등

한국관광 품질인증을 받은 자가 아니면서 인증표지 또는 이와 유사한 표지를 하거나 한국관광 품질인증을 받은 것으로 홍보하여서는 아니 되는데, 이를 위반하면 100만원 이하의 과태료 처분을 받게 된다(동법 제86조제2항 6호).

7. 서류평가에 따른 인증기준 구비 인정

한국관광공사는 서류평가 시 유효한 유사인증을 받은 것으로 인증되는 자에 대하여 인증기준에 따른 인증기준 전부 또는 일부를 갖추었음을 인증할 수 있다(동법시행규칙 제57의7 제3항).

8. 한국관광 품질인증 사업실적 제출요청

한국관광공사는 한국관광 품질인증을 받은 자에게 해당 연도의 사업운영실적을 다음 연도 1월 20일까지 제출할 것을 요청할 수 있다(동법시행규칙 제57의7 제4항).

Ⅱ. 한국관광 품질인증의 취소

문화체육관광부장관은 한국관광 품질인증을 받은 자가 다음 각 호의 어느 하나에 해당하는 경우에는 그 인증을 취소할 수 있다. 다만, 제1호에 해당하는 경우에는 인증을 취소하여야 한다(동법 제48조의11 〈**신설 2018.3.13.**〉).

1. 거짓이나 그 밖의 부정한 방법으로 인증을 받은 경우
2. 제48조의10 제6항에 따른 인증기준에 적합하지 아니하게 된 경우

Ⅲ. 한국관광 품질인증 및 취소에 관한 업무규정

한국관광공사는 다음의 내용을 포함하는 '한국관광 품질인증 및 그 취소에 관한 업무규정'을 정하여 문화체육관광부장관의 승인을 받아야 하는데, 그 내용을 변경하는 경우에도 변경승인을 받아야 한다(동법시행령 제65조제7항 및 동법시행규칙 제71조의2 **〈신설 2018.6.5.〉**).

1. 한국관광 품질인증의 대상별 특성에 따른 세부인증기준
2. 서류평가, 현장평가 및 심의의 절차 및 방법에 관한 세부사항
3. 한국관광 품질인증의 취소 기준·절차 및 방법에 관한 세부사항
4. 그 밖에 문화체육관광부장관이 한국관광 품질인증 및 그 취소에 필요하다고 인정하는 사항

Ⅳ. 일 · 휴양연계관광산업의 육성(신설 제48조의12)

① 국가와 지방자치단체는 관광산업과 지역관광을 활성화하기 위하여 일·휴양연계관광산업(지역관광과 기업의 일·휴양연계제도를 연계하여 관광인프라를 조성하고 맞춤형 서비스를 제공함으로써 경제적 또는 사회적 부가가치를 창출하는 산업을 말한다. 이하 같다)을 육성하여야 한다.

② 문화체육관광부장관은 다양한 지역관광자원을 개발·육성하기 위하여 일·휴양연계관광산업의 관광 상품 및 서비스를 발굴·육성할 수 있다.

③ 지방자치단체는 일·휴양연계관광산업의 활성화를 위하여 기업 또는 근로자에게 조례로 정하는 바에 따라 업무공간, 체류비용의 일부 등을 지원할 수 있다.

[본조신설 2023.8.8.] [시행일: 2024.2.9.] 제48조의12

제5장
관광지등의 개발

제1절 관광지 및 관광단지의 개발

Ⅰ. 관광개발계획

1. 관광개발기본계획의 수립

문화체육관광부장관은 관광자원을 효율적으로 개발하고 관리하기 위하여 전국을 대상으로 하여 관광개발기본계획(이하 "기본계획"이라 한다)을 수립하여야 한다(관광진흥법 제49조 1항).

이 규정에 따른 '기본계획'으로는 1990년 7월에 수립된 제1차 관광개발기본계획(1992~2001년)과 2001년 8월에 수립된 제2차 관광개발기본계획(2002~2011년)은 이미 완료되었고, 현재는 2011년 12월 26일 수립·공고한 제3차 관광개발기본계획(2012~2021년)을 시행하고 있다.

제1차 '기본계획'에서는 전국을 5대 관광권, 24개 소관광권으로 권역화하여 각각의 권역별 개발구상을 제시하였던 것이나, 이 계획을 집행함에 있어서 관광권역과 집행권역(즉 시·도)의 불일치로 인해 '기본계획'과 '권역계획'의 실천성 미흡 등의 문제점이 노출되었다. 이에 따라 제2차 '기본계획'에서는 이를 시정·개선하기 위하여 행정권중심의 관광권역인 17개 광역지방자치단체를 기준으로 관광권역을 단순화하고, 각 시·도별 특성에 맞는 권역별 관광개발기본방향을 설정·제시하였던 것이다.

그러나 이번 제3차 '기본계획(2012~2021년)'은 제2차 '기본계획(2002~2011년)' 수립 이후 급변하는 환경변화에 대응하는 새로운 비전과 전략을 제시하며, 국제경쟁력을 갖춘 관광발전 기반을 구축하고 국민 삶의 질과 지역발전에 기여하기 위해 전국 관광개발의 기본방향을 미래지향적으로 제시하는 계획이라고 하겠다.

따라서 제3차 '기본계획'에서는 향후 관광개발의 기본방향과 추진전략 등을 반영하여 수도관광권(서울·경기·인천), 강원관광권, 충청관광권, 호남관광권, 대구·경북관광권, 부·울·경관광권(부산·울산·경남) 및 제주관광권 등 7개 광역경제권을 계획 관광권역으로 설정하였으며, 또한 해안을 중심으로 한 동·서·남해안 관광벨트 등 6개 초광역 관광벨트도 설정하여 7개 계획권역을 연계·보완하였다. 여기서 초광역 관광벨트란 백두대간 생태문화 관광벨트, 한반도 평화생태 관광벨트, 동해안 관광벨트, 서해안 관광벨트, 남해안 관광벨트, 강변생태문화 관광벨트 등을 말한다.

1) '기본계획'의 수립권자 및 수립시기

① '기본계획'은 문화체육관광부장관이 매 10년마다 수립한다(동법 시행령 제42조 제1항 **〈개정 2020.6.2.,2020.12.8.〉**).

② 문화체육관광부장관은 사회적·경제적 여건 변화 등을 고려하여 5년마다 기본계획을 전반적으로 재검토하고 개선이 필요한 사항을 정비해야 한다(동법 시행령 제42조제2항 **〈신설 2020.6.2.,2020.12.8.〉**

2) '기본계획'에 포함되어야 할 내용

'기본계획'에는 다음과 같은 사항이 포함되어야 한다(동법 제49조 1항).

1. 전국의 관광 여건과 관광 동향(動向)에 관한 사항
2. 전국의 관광수요와 공급에 관한 사항
3. 관광자원의 보호·개발·이용·관리 등에 관한 기본적인 사항
4. 관광권역(觀光圈域)의 설정에 관한 사항
5. 관광권역별 관광개발의 기본방향에 관한 사항
6. 그 밖에 관광개발에 관한 사항

3) '기본계획'의 수립 및 변경절차

기본계획의 수립은 시·도지사가 기본계획의 수립에 필요한 관광 개발사업에 관한 요구서를 문화체육관광부장관에게 제출하면 문화체육관광부장관은 이를 종합·조정하여 기본계획을 수립하고 공고하여야 한다(동법 제50조 1항).

문화체육관광부장관은 수립된 기본계획을 확정하여 공고하려면 관계부처의 장과 협의하여야 한다. 확정된 기본계획을 변경하는 절차도 같다(동법 제50조 2항·3항).

문화체육관광부장관은 관계기관의 장에게 기본계획의 수립에 필요한 자료를 요구하거나 협조를 요청할 수 있고, 그 요구 또는 협조요청을 받은 관계기관의 장은 정당한 사유가 없으면 요청에 따라야 한다(동법 제50조 4항).

◆ 우리나라 7개 광역관광권 ◆

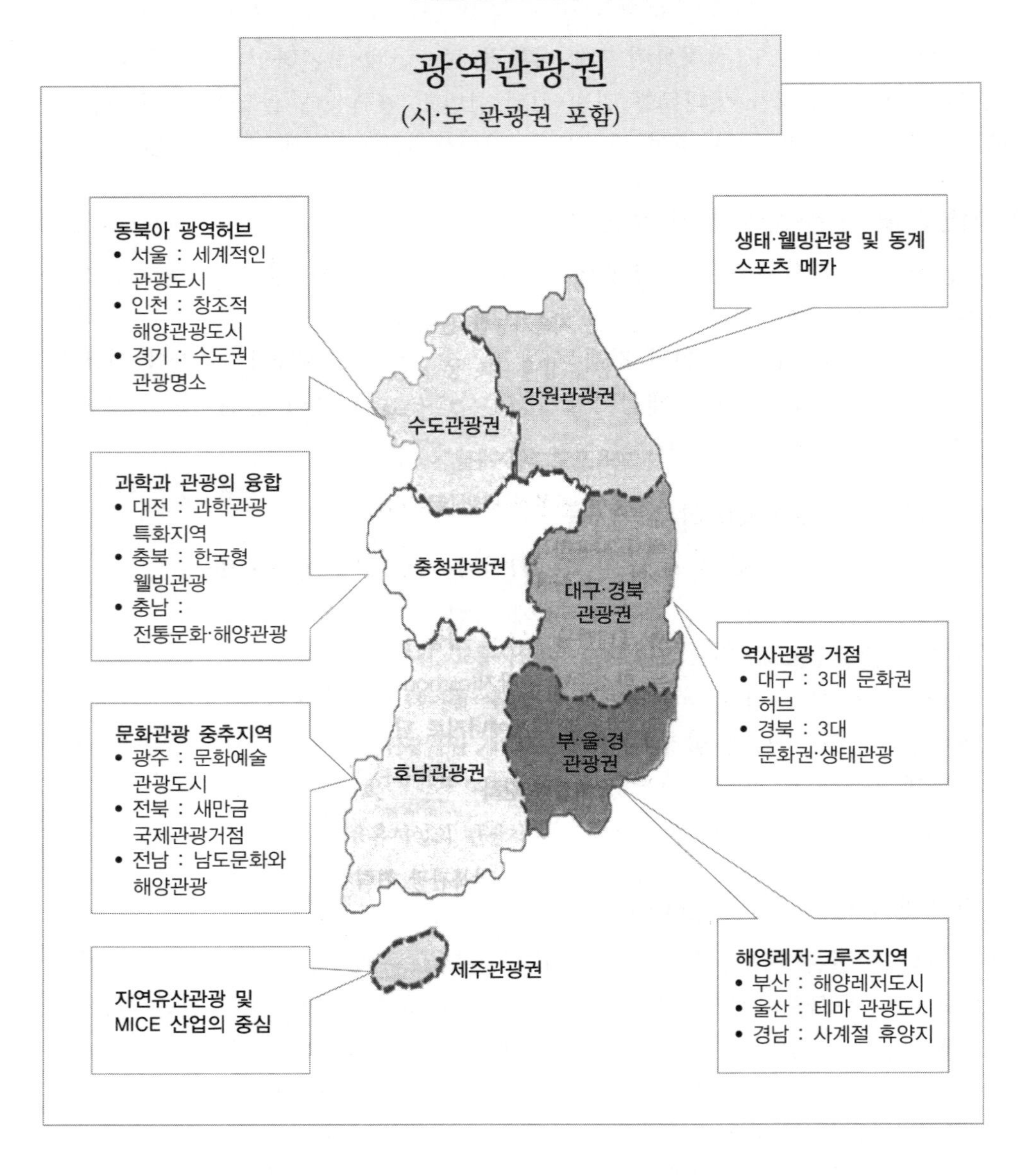

◆ 우리나라 6개 초광역 관광벨트 ◆

초광역관광벨트

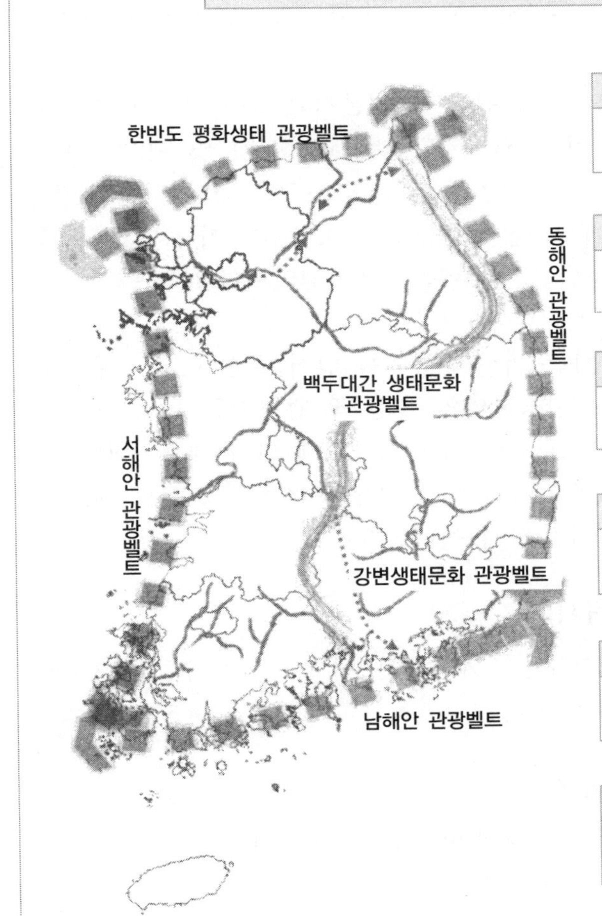

백두대간 생태문화 관광벨트
• 친환경 생태관광 거점 조성 • 산촌 커뮤니티 활성화

한반도 평화생태 관광벨트
• 민통선 마을 체류형 관광 촉진

동해안 관광벨트
• 동해안 국제관광 거점 조성 • 휴양·헬스케어 관광 육성

서해안 관광벨트
• 해양관광 네트워크 구축 • 경인 아래뱃길 연계루트 개발

남해안 관광벨트
• 국제크루즈 항로 개설 • 남중권 지역발전 거점 육성

강변생태문화 관광벨트
• 수변관광 인프라 구축 • 강변생태문화 클러스터 조성

2. 권역별 관광개발계획의 수립

시·도지사(특별자치도지사는 제외함)는 '기본계획'에 따라 구분된 권역을 대상으로 권역별 관광개발계획("권역계획"이라 함)을 수립하여야 한다. 다만, 둘 이상의 시·도에 걸치는 지역이 하나의 권역계획에 포함되는 경우에는 관계되는 시·도지사와의 협의에 따라 수립하되, 협의가 성립되지 아니한 경우에는 문화체육관광부장관이 지정하는 시·도지사가 수립하여야 한다(동법 제49조 제2항 및 제51조 제1항).

이 규정에 의한 '권역계획'으로는 제1차 관광개발기본계획(1992~2001년)에 따른 제1차권역계획(1992~1996년)과 제2차권역계획(1997~2001년) 및 제2차 관광개발기본계획(2002~2011년)에 따른 제3차권역계획(2002~2006년)과 제4차권역계획(2007~2011년) 및 제3차 관광개발기본계획(2012~2021년)에 따른 제5차권역계획(2012~2016년)은 이미 완료되었고, 현재에는 제6차권역계획(2017~2021년)이 시행 중에 있다.

한편, 제주자치도의 경우 도지사가 도의회의 동의를 얻어 수립하는 '국제자유도시의 개발에 관한 종합계획'에는 "관광산업의 육성 및 관광자원의 이용·개발 및 보전에 관한 사항"을 포함시키고 있는데, 이 종합계획에 따라 제주권역의 관광개발사업을 시행하고 있기(제주특별법 제238조 및 제239조 제1항 3호) 때문에, 제주자치도에서는 "권역계획"을 따로 수립하지 아니한다.

1) 권역계획의 수립권자 및 수립시기

권역계획은 시·도지사(특별자치도지사는 제외한다)가 매 5년마다 수립한다(동법 시행령 제42조 3항 **〈신설 2020.6.2., 2020.12.8.〉**).

2) 권역계획에 포함되어야 할 내용

권역계획에는 다음 각 호의 사항이 포함되어야 한다(동법 제49조 2항).

1. 권역의 관광 여건과 관광 동향에 관한 사항
2. 권역의 관광 수요와 공급에 관한 사항
3. 관광자원의 보호·개발·이용·관리 등에 관한 사항
4. 관광지 및 관광단지의 조성·정비·보완 등에 관한 사항
5. 관광지 및 관광단지의 실적 평가에 관한 사항
6. 관광지 연계에 관한 사항

7. 관광사업의 추진에 관한 사항
8. 환경보전에 관한 사항
9. 그 밖에 그 권역의 관광자원의 개발, 관리 및 평가를 위하여 필요한 사항

3) 권역계획의 수립 및 변경절차

① 권역계획은 그 지역을 관할하는 시·도지사(특별자치도지사는 제외한다)가 수립하여야 한다(동법 제51조 1항).

② 시·도지사(특별자치도지사 제외)는 수립한 권역계획을 문화체육관광부장관의 조정과 관계 행정기관의 장과의 협의를 거쳐 확정하여야 한다. 이 경우 협의요청을 받은 관계 행정기관의 장은 특별한 사유가 없는 한 그 요청을 받은 날부터 30일 이내에 의견을 제시하여야 한다. 시·도지사는 권역계획이 확정되면 그 요지를 공고하여야 한다(동법 제51조 2항 · 3항).

③ 이상의 절차는 확정된 권역계획을 변경하는 경우에 준용한다. 다만, 대통령령으로 정하는 경미한 사항의 변경에 대하여는 관계 부처의 장과의 협의를 갈음하여 문화체육관광부장관의 승인을 받아야 한다(동법 제51조 4항).

4) 권역계획의 수립기준 및 방법 등

① 문화체육관광부장관은 권역계획이 기본계획에 부합되도록 권역계획의 수립기준 및 방법 등을 포함하는 권역계획 수립지침을 작성하여 특별시장·광역시장·특별자치시장·도지사에게 보내야 한다(동법시행령 제43조의2 제1항 〈**신설 2020.12.8.**〉).

② 제1항에 따른 권역계획의 수립지침에는 다음 각 호의 사항이 포함되어야 한다(동법시행령 제43조의2 제2항 〈**신설 2020.12.8.**〉).

1. 기본계획과 권역계획의 관계
2. 권역계획의 기본사항과 수립절차
3. 권역계획의 수립 시 고려사항 및 주요 항목
4. 그 밖에 권역계획의 수립에 필요한 사항

3. 조사·측량 및 출입

시·도지사는 기본계획 및 권역계획(특별자치도지사는 제외한다)의 수립을 위하여 필요하면 해당 지역에 대한 조사와 측량을 실시할 수 있다. 또 조사와 측량을 위하여 필요하면 타인이 점유하는 토지에 출입할 수 있는데, 출입 및 조사·측량으로 인하여 손실을 입은 자가 있으면 시·도지사가 그 손실을 보상하여야 한다.

Ⅱ. 관광지등의 지정

1. 관광지등의 지정신청

1) 관광지등의 정의

(1) **관광지** — 관광지란 자연적 또는 문화적 관광자원을 갖추고 관광객을 위한 기본적인 편의시설을 설치하는 지역으로서 「관광진흥법」에 따라 지정된 곳을 말한다. 그러므로 관광객이 이용하는 지역이라고 해서 무조건 관광지가 되는 것은 아니고, 「관광진흥법」에 의하여 관광지로 지정을 받지 않으면 관광지라고 할 수 없고, 개발의 대상이 될 수 없다.

(2) **관광단지** — 관광단지란 관광객의 다양한 관광 및 휴양을 위하여 각종 관광시설을 종합적으로 개발하는 관광거점지역으로서 「관광진흥법」에 따라 지정된 곳을 말한다.

2) 관광지 등의 지정권자

관광지 및 관광단지(이하 "관광지등"이라 한다)는 시장·군수·구청장의 신청에 의하여 시·도지사가 지정한다. 다만, 특별자치시 및 특별자치도의 경우에는 특별자치시장 및 특별자치도지사가 지정한다(동법 제52조 1항 〈**개정 2018.6.12.**〉).

3) 관광지등의 지정절차

(1) 관광지등의 지정신청 등

관광지등의 지정 및 지정취소 또는 그 면적의 변경(이하 "지정등"이라 한다)을 신청하려는 자는 관광지(관광단지) 지정등 신청서(시행규칙 제58조 1항 관련 별지 제40호서식)에 구비서류(시행규칙 제58조 1항 각 호의 서류)를 첨부하여 특별시장·광역시장·도지사에게 제출하여야 한다. 다만, 관광지등의 지정 취소 또는 그 면적 변경의 경우에는 그 취소 또는 변경과 관계 없는 사항에 대한 서류는 첨부하지 아니한다(동법 시행규칙 제58조 1항 〈**개정 2019.4.25.**〉).

(2) 관광지등의 구분신청

관광지등의 신청을 하려는 자는 시행규칙 제58조 관련 [별표 18]의 관광지·관광단지의 구분기준에 따라 그 '지정등'을 신청하여야 한다(동법 시행규칙 제58조 2항). 관광지·관광단지의 구분기준은 다음의 [별표 18]과 같다.

(3) 관광지등의 지정

① 특별시장·광역시장·도지사는 '지정등'의 신청을 받은 경우에는 관광지등의 개발필요성, 타당성, 관광지·관광단지의 구분기준, 그리고 관광개발기본계획 및 권역별 관광개발계획에 적합한지 등을 종합적으로 검토하여야 한다.

◆ 관광지·관광단지의 구분기준 〈개정 2014.12.31.〉 ◆

(시행규칙 제58조 제2항 관련 〈별표 18〉)

1. 관광단지: 가목의 시설을 갖추고, 나목의 시설 중 1종 이상의 필요한 시설과 다목 또는 라목의 시설 중 1종 이상의 필요한 시설을 갖춘 지역으로서 총면적이 50만제곱미터 이상인 지역(다만, 마목 및 바목의 시설은 임의로 갖출 수 있다)

시설구분	시설종류	구비기준
가. 공공편익시설	화장실, 주차장, 전기시설, 통신시설, 상하수도시설 또는 관광안내소	각 시설이 관광객이 이용하기에 충분할 것
나. 숙박시설	관광호텔, 수상관광호텔, 한국전통호텔, 가족호텔 또는 휴양콘도미니엄	관광숙박업의 등록기준에 부합할 것
다. 운동·오락 시설	골프장, 스키장, 요트장, 조정장, 카누장, 빙상장, 자동차경주장, 승마장, 종합체육시설, 경마장, 경륜장 또는 경정장	「체육시설의 설치·이용에 관한 법률」 제10조에 따른 등록체육시설업의 등록기준, 「한국마사회법 시행령」 제5조에 따른 시설·설비기준 또는 「경륜·경정법 시행령」 제5조에 따른 시설·설비기준에 부합할 것
라. 휴양·문화 시설	민속촌, 해수욕장, 수렵장, 동물원, 식물원, 수족관, 온천장, 동굴자원, 수영장, 농어촌휴양시설, 산림휴양시설, 박물관, 미술관, 활공장, 자동차야영장, 관광유람선 및 종합유원시설	관광객이용시설업의 등록기준 또는 유원시설업의 설비기준에 부합할 것
마. 접객시설	관광공연장, 관광유흥음식점, 관광극장유흥업점, 외국인전용 유흥음식점, 관광식당 등	관광객이용시설업의 등록기준 또는 관광편의시설업의 지정기준에 적합할 것
바. 지원시설	관광종사자 전용숙소, 관광종사자 연수시설, 물류·유통 관련 시설	관광단지의 관리·운영 및 기능활성화를 위해서 필요한 시설일 것

비고): 관광단지의 총면적 기준은 시·도지사가 그 지역의 개발목적·개발·계획·설치시설 및 발전 전망 등을 고려여 일부 완화하여 적용할 수 있다.

2. 관광지: 제1호 가목의 시설을 갖춘 지역(다만, 나목부터 바목까지의 시설은 임의로 갖출 수 있다)

② 시·도지사가 관광지등을 지정하려면 사전에 문화체육관광부장관 및 관계 행정기관의 장과 협의하여야 한다. 다만, 「국토의 계획 및 이용에 관한 법률」(제30조 및 제36조 1항 2호 다목)에 따라 계획관리지역(도시·군관리계획으로 결정되지 아니한 지역인 경우에는 종전의 준도시지역으로 결정·고시된 지역)으로 결정·고시된 지역을 관광지등으로 지정하려는 경우에는 협의하지 아니한다(관광진흥법 제52조 2항).

이 경우에 협의요청을 받은 문화체육관광부장관 및 관계 행정기관의 장은 특별한 규정이 있거나 정당한 사유가 있는 경우를 제외하고는 협의를 요청받은 날부터 30일 이내에 의견을 제출하여야 한다(동법 제52조 3항 **〈개정 2018.6.12.〉**).

그런데 문화체육관광부장관 및 관계 행정기관의 장이 30일(「민원처리에 관한 법률」 제20조제2항에 따라 회신기간을 연장한 경우에는 그 연장된 기간을 말한다) 내에 의견을 제출하지 아니하면 협의가 이루어진 것으로 본다(동법 제52조 4항 **〈신설 2018.6.12.〉**).

③ 관광지등의 지정 취소 또는 그 면적의 변경은 관광지등의 지정에 관한 절차에 따라야 한다. 이 경우 대통령령으로 정하는 경미한 면적(관광지등 지정면적의 100분의 30 이내의 면적)의 변경은 관계 행정기관의 장과 협의를 하지 아니할 수 있다(동법 제52조 5항, 동법시행령 제44조 2호 **〈개정 2020.6.2.〉**).

2. 관광지등의 지정·고시 등

① 시·도지사는 관광지등의 지정[15], 지정취소 또는 그 면적변경을 한 경우에는 이를 고시하여야 한다(동법 제52조 6항). 관광지등의 지정·고시에는 ㉮ 고시연월일, ㉯ 관광지등의 위치 및 면적, ㉰ 관광지등의 구역이 표시된 축적 2만 5천분의 1 이상의 지형도가 포함되어야 한다(동법 시행령 제45조 1항 **〈개정 2019.4.9.〉**).

② 시·도지사(특별자치시장·특별자치도지사는 제외한다)는 관광지등을 지정·고시하는 경우에는 그 지정내용을 관계 시장·군수·구청장에게 통지하여야 한다(동법 시행령 제45조 2항 **〈개정 2019.4.9.〉**).

③ 특별자치시장·특별자치도지사와 위의 통지를 받은 시장·군수·구청장은 관광지등의 지번·지목·지적 및 소유자가 표시된 토지조서를 갖추어 두고 일반인이 열람할 수 있도록 하여야 한다(동법 시행령 제45조 3항 **〈개정 2019.4.9.〉**).

---

15) 2022년 12월 말 기준으로 전국에 지정된 관광지는 총 224개소이며, 지정된 관광단지는 47개소이다(문화체육관광부, 전게 2022년 기준 연차보고서, pp.150~155).

3. 조사·측량 및 출입

시·도지사는 기본계획 및 권역계획을 수립하거나 관광지등의 지정을 위하여 필요하면 해당 지역에 대한 조사와 측량을 실시할 수 있다. 또 조사와 측량을 위하여 필요하면 타인이 점유하는 토지에 출입할 수 있는데, 출입 및 조사·측량으로 인하여 손실을 입은 자가 있으면 시·도지사가 그 손실을 보상하여야 한다(관광진흥법 제53조, '국토계획법' 제130조 및 제131조).

Ⅲ. 관광지 및 관광단지의 조성

1. 조성계획의 수립

1) 개 요

조성계획(造成計劃)이란 관광지나 관광단지의 보호 및 이용을 증진하기 위하여 필요한 관광시설의 조성과 관리에 관한 계획을 말한다(관광진흥법 제2조 9호). 이 조성계획은 관광지와 관광단지를 관할하는 시장·군수·구청장이 수립하고, 시·도지사의 승인을 받아, 사업시행자가 시행하게 된다.

조성계획의 수립에 관하여는 「관광진흥법」에 규정되어 있는 것을 제외하고는 「국토의 계획 및 이용에 관한 법률」(이하 "국토계획법"이라 약칭함) 제90조(서류의 열람 등)·제100조(다른 법률과의 관계)·제130조(토지에의 출입 등) 및 제131조(토지에의 출입 등에 따른 손실보상)의 규정을 준용한다(관광진흥법 제60조).

2) 조성계획의 작성

관광지등을 관할하는 시장·군수·구청장은 조성계획을 작성하여 시·도지사의 승인을 받아야 한다. 이를 변경(시행령 제47조에서 규정하는 경미한 사항의 변경은 제외한다)하려는 경우에도 또한 같다(동법 제54조 1항 본문).

다만, 관광단지를 개발하려는 공공기관 등 문화체육관광부령으로 정하는 공공법인 또는 민간개발자(이하 "관광단지개발자"라 한다)는 조성계획을 작성하여 시·도지사의 승인을 받을 수 있다(동법 제54조 1항).

여기서 "문화체육관광부령으로 정하는 공공법인"이란 ㉮ 한국관광공사 또는 한국관광공사가 관광단지 개발을 위하여 출자한 법인, ㉯ 「한국토지주택공사법」에 따른 한국토지주택공사, ㉰ 「지방공기업법」에 따라 설립된 지방공사 및 지방공단, ㉱ "제주특별법"에 따른 제주국제자유도시개발센터 등을 말하고(관광진흥법 시행규칙 제61조 1항 〈**개정 2019.6.12.**〉), 또 "민간개발자"란 관광단지를 개발하려는 개인이나 「상법」 또는 「민법」에 따라 설립된 법인을 말한다(관광진흥법 제2조 8호).

한편, 관광지등을 관할하는 특별자치시장 및 특별자치도지사는 관계 행정기관의 장과 협의하여 조성계획을 수립하고, 조성계획을 수립한 때에는 지체 없이 이를 고시하여야 한다(동법 제54조 5항 〈**개정 2018.6.12.**〉).

2. 조성계획의 승인

1) 조성계획의 승인신청

(1) 시장·군수·구청장의 승인신청

관광지등을 관할하는 시장·군수·구청장은 조성계획을 작성하여 시·도지사의 승인을 받아야 한다. 이와 같이 관광지등의 조성계획 승인을 받으려는 자는 다음의 서류를 첨부하여 조성계획의 승인을 신청하여야 한다(동법시행령 제46조 1항 1호, 동법시행규칙 제60조 1항 〈**개정 2019.6.12.**〉).

1. 관광시설계획서
   관광시설계획에는 공공편익시설, 숙박시설, 상가시설, 관광휴양·오락시설 및 그 밖의 시설지구로 구분된 토지이용계획과 시설물설치계획, 조경계획, 그 밖의 전기·통신·상수도 및 하수도 설치계획이 포함되어야 하는데, 지방자치단체의 장이 조성계획을 수립하는 경우에는 관광시설계획에 대한 관련부서별 의견이 포함되어야 한다.
2. 투자계획서
   투자계획에는 재원조달계획과 연차별 투자계획이 포함되어야 한다.
3. 관광지등의 관리계획서
   관광지등의 관리계획에는 시설물의 관리계획, 인원확보 및 조직에 관한 계획과 그 밖의 관광지등의 효율적 관리방안이 포함되어야 한다.

(2) 관광단지개발자의 승인신청

관광단지개발자가 조성계획의 승인을 신청하는 경우에는 특별자치도지사·시장·군수·구청장에게 조성계획승인신청서를 제출하여야 한다. 신청서에 첨부하는 서류에는 시장·군수·구청장이 신청하는 경우에 필요한 서류에 해당 토지의 소유권 또는 사용권을 증명할 수 있는 서류가 추가된다. 다만, 민간개발자가 개발하는 경우로서 해당 토지 중 사유지의 3분의 2 이상을 취득한 경우에는 취득한 토지에 대한 소유권을 증명할 수 있는 서류와 국·공유지에 대한 소유권 또는 사용권을 증명할 수 있는 서류가 필요하다(동법시행령 제46조 1항 단서).

조성계획의 승인신청서를 제출받은 시장·군수·구청장은 제출받은 날부터 20일 이내에 검토의견서를 첨부하여 시·도지사(특별자치시장·특별자치도지사는 제외한다)에게 제출하여야 한다(동법시행령 제46조 2항 **〈개정 2019.4.9.〉**).

◆ <u>관광지등의 시설지구 안에 설치할 수 있는 시설</u> ◆

(시행규칙 제60조 제2항 관련 [별표 19]**〈개정 2019.6.12.〉**)

시설지구	설치할 수 있는 시설
공공편익 시설지구	도로, 주차장, 관리사무소, 안내시설, 광장, 정류장, 공중화장실, 금융기관, 관공서, 폐기물처리시설, 오수처리시설, 상하수도시설, 그 밖에 공공의 편익시설과 관련되는 시설로서 관광지등의 기반이 되는 시설
숙박시설 지구	「공중위생관리법」 및 이 법에 따른 숙박시설, 그 밖에 관광객의 숙박과 체재에 적합한 시설
상가시설 지구	판매시설, 「식품위생법」에 따른 업소, 「공중위생관리법」에 따른 업소(숙박업은 제외한다), 사진관, 그 밖의 물품이나 음식 등을 판매하기에 적합한 시설
관광휴양·오락시설지구	1. 휴양·문화시설: 공원, 정자, 전망대, 조경휴게소, 의료시설, 노인시설, 삼림욕장, 자연휴양림, 연수원, 야영장, 온천장, 보트장, 유람선터미널, 낚시터, 청소년수련시설, 공연장, 식물원, 동물원, 박물관, 미술관, 수족관, 문화원, 교양관, 도서관, 자연학습장, 과학관, 국제회의장, 농·어촌휴양시설, 그 밖에 휴양과 교육·문화와 관련된 시설 2. 운동·오락시설: 「체육시설의 설치·이용에 관한 법률」에 따른 체육시설, 이 법에 따른 유원시설, 「게임산업진흥에 관한 법률」에 따른 게임제공업소, 케이블카(리프트카), 수렵장, 어린이놀이터, 무도장, 그 밖의 운동과 놀이에 직접 참여하거나 관람하기에 적합한 시설
기타시설 지구	위의 지구에 포함되지 아니하는 시설

(비고) 개별시설에 각종 부대시설이 복합적으로 있는 경우에는 그 시설의 주된 기능을 중심으로 시설지구를 구분한다.

(3) 시설지구 안에 설치할 수 있는 시설

관광시설계획에서 관광지등 각 시설지구 안에 설치할 수 있는 시설은 다음 〈별표 19〉와 같다(동법 시행규칙 제60조 2항).

(4) 관계 행정기관의 장과의 협의

시·도지사는 조성계획을 승인하거나 변경승인을 하고자 하는 때에는 관계 행정기관의 장과 협의하여야 한다. 이 경우 협의요청을 받은 관계 행정기관의 장은 특별한 사유가 없는 한 그 요청을 받은 날부터 30일 이내에 의견을 제시하여야 한다(동법 제54조 2항).

2) 관광지등의 지정신청 및 조성계획의 승인신청 함께 처리

시장·군수·구청장은 관광지등의 지정신청 및 조성계획의 승인신청을 함께 하거나, 관광단지의 지정신청을 할 때 관광단지개발자로 하여금 관광단지의 조성계획을 제출하게 하여 관광단지의 지정신청 및 조성계획의 승인신청을 함께 할 수 있으며, 이 경우 시·도지사(특별시장·광역시장·도지사를 말한다)는 관광지등의 지정 및 조성계획의 승인을 함께 할 수 있다(동법 시행규칙 제59조). 이에 따라 관광지등의 지정 및 조성계획의 승인신청을 함께 할 수 있도록 함으로써 앞으로는 행정절차기간이 단축되어 관광지 개발이 활성화될 것으로 기대된다.

3) 조성계획의 승인 및 고시

관광지등의 조성계획 승인권자인 시·도지사가 조성계획을 승인한 때에는 지체 없이 이를 고시하여야 한다(동법 제54조 3항).

4) 조성계획의 변경승인

승인된 조성계획을 변경하고자 하는 때에도 관광지등을 관할하는 시장·군수·구청장 또는 관광단지개발자는 시·도지사의 승인을 받아야 한다.

관광지등 조성계획의 변경승인을 받고자 하는 자는 변경승인신청서를 시·도지사에게 제출하여야 한다. 다만, 조성계획의 변경과 관계되지 아니하는 사항에 대한 서류는 이를 첨부하지 아니하고, 국·공유지에 대한 소유권 또는 사용권을 증명할 수 있는 서류는 이를 조성계획 승인 후 공사착공 전에 제출할 수 있다(동법시행령 제46조 1항).

시·도지사는 조성계획을 변경승인하고자 하는 때에는 관계 행정기관의 장과 협의하여야 하고, 또 이를 승인한 때에는 지체 없이 고시하여야 한다(동법 제54조 2항·3항).

그러나 대통령령으로 정하는 경미한 사항의 변경에 대하여는 이를 조성계획변경승인대상에서 제외하여 승인을 요하지 아니하고, 관계 행정기관의 장과 조성계획 승인권자에게 이를 통보하면 된다(동법 제54조 1항 후단, 동법시행령 제47조 2항).

여기서 "대통령령으로 정하는 경미한 사항의 변경"이란 다음 각 호의 어느 하나에 해당하는 것을 말한다(동법시행령 제47조 1항 〈**개정 2020.6.2.**〉).

1. 관광시설계획면적의 100분의 20 이내의 변경
2. 관광시설계획 중 시설지구별 토지이용계획면적(조성계획의 변경승인을 받은 경우에는 그 변경승인을 받은 토지이용계획면적을 말한다)의 100분의 30 이내의 변경(시설지구별 토지이용계획면적이 2천200제곱미터 미만인 경우에는 660제곱미터 이내의 변경)
3. 관광시설계획 중 시설지구별 건축 연면적(조성계획의 변경승인을 받은 경우에는 그 변경승인을 받은 건축 연면적을 말한다)의 100분의 30 이내의 변경(시설지구별 건축 연면적이 2천200제곱미터 미만인 경우에는 660제곱미터 이내의 변경)
4. 관광시설계획 중 숙박시설지구에 설치하려는 시설(조성계획의 변경승인을 받은 경우에는 그 변경승인을 받은 시설을 말한다)의 변경(숙박시설지구 안에 설치할 수 있는 시설 간 변경에 한정한다)으로서 숙박시설지구의 건축 연면적의 100분의 30 이내의 변경(숙박시설지구의 건축 연면적이 2천200제곱미터 미만인 경우에는 660제곱미터 이내의 변경)
5. 관광시설계획 중 시설지구에 설치하는 시설의 명칭 변경
6. 법 제54조제1항에 따라 조성계획의 승인을 받은 자(같은 조 제5항에 따라 특별자치시장 및 특별자치도지사가 조성계획을 수립한 경우를 포함한다. 이하 "사업시행자"라 한다)의 성명(법인인 경우에는 그 명칭 및 대표자의 성명을 말한다) 또는 사무소 소재지의 변경. 다만, 양도·양수, 분할, 합병 및 상속 등으로 인해 사업시행자의 지위나 자격에 변경이 있는 경우는 제외한다.

5) 민간개발자의 관광단지 개발시 일부규정의 적용배제

민간개발자가 관광단지를 개발하는 경우에는 「공익사업을 위한 토지 등의 취득 및 보상에 관한 법률」(이하 "토지보상법"이라 한다) 제20조 제1항에 따른 사업인정의 의제(擬制)(관광진흥법 제58조 1항 13호), 토지등의 수용 및 사용(관광진흥법 제61조)에 관한 규정의 적용은 배제된다(관광진흥법 제54조 4항). 따라서 민간개발자가 「관광진흥법」에 의하여 관광단지 조성계획승인을 받더라도 이와는 별도로 '토지취득보상법'에 의하여 사업인정을 받아 토지수용에 따른 업무를 처리하여야 한다.

그러나 조성계획상의 조성대상 토지면적 중 사유지의 3분의 2 이상을 취득한 경우 남은 사유지에 대하여는 '토지취득보상법'에 따른 사업인정 및 토지등의 수용·사용 등이 의제되도록 함으로써(관광진흥법 제54조 제4항 단서) 민간개발자에게도 제한적인 특전을 받도록 하였다.

6) 조성계획승인시 인·허가 등의 의제처리

'관광지등'의 조성사업을 시행하기 위해서는 여러 행정기관으로부터 조성사업과 관련된 '인·허가등'의 행정처분을 받지 않으면 아니된다. 그러나 조성사업시행자가 일일이 그 많은 행정기관에 개별적으로 신청하여 행정처분을 받는다면 시간과 비용의 낭비가 따를 수밖에 없다. 그러므로 조성계획의 승인관청에서 조성계획 승인신청을 받을 때 의제되는 인·허가와 관련되는 서류를 승인신청시 미리 제출받아 관련 행정기관과 사전협의를 거쳐 조성계획을 승인함으로써 승인과 동시에 '인·허가등'을 받은 것으로 간주(의제)하고 있다. 「관광진흥법」은 이러한 의제처리사항을 규정함으로써 관광지등의 개발을 위한 각종 인·허가사항을 일괄하여 처리할 수 있도록 하여 효율적인 관광지등의 개발을 도모하고 있다.

그래서 「관광진흥법」에서는 "시·도지사로부터 조성계획의 승인 또는 변경승인을 받으면 다음 각 호의 인·허가 등을 받거나 신고를 한 것으로 본다(제58조 1항)"고 규정하고 있다.

1. 「국토의 계획 및 이용에 관한 법률」(이하 "국토계획법"이라 한다) 제30조에 따른 도시·군관리계획('국토계획법' 제2조 제4호 다목의 계획 중 국토계획법 시행령 제2조에 따른 유원지 및 제4호 마목의 계획 중 '국토계획법' 제51조에 따른 지구단위계획구역의 지정계획 및 지구단위계획만 해당한다)의 결정, 지형도면의 승인('국토계획법' 제32조 2항), 용도지역 중 도시지역이 아닌 지역의 계획관리지역 지정(동법 제36조), 용도지구 중 개발진흥지구의 지정(동법 제37조), 개발행위의 허가(동법 제56조), 도시·군계획시설사업 시행자의 지정(동법 제86조) 및 도시·군계획시설사업 실시계획의 인가(동법 제88조)
2. 「수도법」에 따른 일반수도사업의 인가(제17조) 및 전용상수도설치의 인가(제52조)
3. 「하수도법」에 따른 공공하수도 공사시행 등의 허가(제16조)
4. 「공유수면 관리 및 매립에 관한 법률」에 따른 공유수면 점용·사용허가(제8조), 점용·사용 실시계획의 승인 또는 신고(제17조), 공유수면의 매립면허(제28조), 국가 등이 시행하는 매립의 협의 또는 승인(제35조) 및 공유수면매립실시계획의 승인(제38조)
5. 「하천법」에 따른 하천공사 등의 허가 및 실시계획의 인가(제30조), 점용허가 및 실시계획의 인가(제33조)
6. 「도로법」에 따른 도로관리청이 아닌 자에 대한 도로공사 시행의 허가(제36조) 및 도로의 점용 허가(제61조)**〈개정 2014.1.14.〉**

7. 「항만법」에 따른 항만공사 시행의 허가(제9조 2항) 및 항만공사 실시계획의 승인(제10조 2항)
8. 「사도법」에 따른 사도개설의 허가(제4조)
9. 「산지관리법」에 따른 산지전용허가 및 산지전용신고(제14조 및 제15조), 산지일시사용허가·신고(제15조의2), 「산림자원의 조성 및 관리에 관한 법률」에 따른 입목벌채 등의 허가와 신고(제36조 1항·4항 및 제45조 1항·2항)
10. 「농지법」에 따른 농지 전용허가(제34조 1항)
11. 「자연공원법」에 따른 공원사업 시행 및 공원시설관리의 허가(제20조)와 행위 허가(제23조)
12. 「공익사업을 위한 토지등의 취득 및 보상에 관한 법률」에 따른 사업인정(제20조 1항)
13. 「초지법」에 따른 초지전용의 허가(제23조)
14. 「사방사업법」에 따른 사방지 지정의 해제(제20조)
15. 「장사등에 관한 법률」에 따른 분묘의 개장신고(제8조 3항) 및 분묘의 개장허가(제27조)
16. 「폐기물관리법」에 따른 폐기물처리시설의 설치승인 또는 신고(제29조)
17. 「온천법」에 따른 온천개발계획의 승인(제10조)
18. 「건축법」에 따른 건축허가(제11조), 건축신고(제14조), 가설건축물 건축의 허가 또는 신고(제20조)
19. 관광숙박업 및 관광객이용시설업·국제회의업의 사업계획 승인(제15조 1항 및 2항). 다만, 제15조에 따른 사업계획의 작성자와 제55조제1항에 따른 조성사업의 사업시행자가 동일한 경우에 한한다.
20. 「체육시설의 설치·이용에 관한 법률」에 따른 등록체육시설업의 사업계획 승인(제12조). 다만, 제15조에 따른 사업계획의 작성자와 제55조제1항에 따른 조성사업의 사업시행자가 동일한 경우에 한한다.
21. 「유통산업발전법」에 따른 대규모점포의 개설등록(제8조)

7) 관광지 지정 및 조성계획승인의 실효 등

(1) 관광지 지정 등의 효력상실

관광지등으로 지정·고시된 관광지등에 대하여 그 고시일부터 2년 이내에 조성계획의 승인신청이 없으면 그 고시일부터 2년이 지난 다음 날에 그 관광지등 지정은 효력을 상실한다. 또 조성계획의 효력이 상실된 관광지등에 대하여 그 조성계획의 효력이 상실된 날부터 2년 이내에 새로운 조성계획의 승인신청이 없는 경우에도 효력을 상실한다(동법 제56조 1항).

그러나 시·도지사는 행정절차의 이행 등 부득이한 사유로 조성계획승인신청 기한의 연장이 불가피하다고 인정되면 1년 이내의 범위에서 한 번만 그 기한을 연장할 수 있다(동법 제56조 제4항).

(2) 조성계획승인의 효력상실

조성계획의 승인을 받은 관광지등 사업시행자(조성사업을 하는 자를 포함한다)가 조성계획의 승인고시일부터 2년 이내에 사업을 착수하지 아니하면 조성계획 승인고시일부터 2년이 지난 다음 날에 그 조성계획의 승인은 효력을 상실한다(동법 제56조 제2항).

그러나 시·도지사는 행정절차의 이행 등 부득이한 사유로 사업착수기한의 연장이 불가피하다고 인정되면 1년 이내의 범위에서 한 번만 그 기한을 연장할 수 있다(동법 제56조 제4항).

(3) 조성계획승인 취소 등

시·도지사는 조성계획의 승인을 받은 민간개발자가 사업중단 등으로 환경·미관을 크게 해칠 경우에는 조성계획의 승인을 취소하거나 이의 개선을 명할 수 있다(동법 제56조 제3항). 이러한 이유로 조성계획의 승인을 취소하려면 청문(聽聞)을 하여야 한다(동법 제77조 제3호).

(4) 조성계획승인의 취소등 고시

시·도지사는 관광지등의 지정 또는 승인의 효력이 상실된 경우 및 민간개발자가 사업 중단 등으로 환경·미관을 크게 해침으로써 승인이 취소된 경우에는 지체 없이 그 사실을 고시하여야 한다(동법 제56조 5항).

3. 조성계획의 시행(조성사업)

1) 조성사업시행자

관광지 또는 관광단지의 조성계획을 시행하기 위한 사업(이하 "조성사업"이라 한다)은 「관광진흥법」 또는 다른 법령에 특별한 규정이 있는 경우를 제외하고는 조성계획의 승인을 받은 자(이하 "사업시행자"라 한다)가 행한다(동법 제55조 제1항).

따라서 조성사업의 시행자는 관광지의 경우는 관할 시장·군수·구청장이 되고,

관광단지의 경우는 관할 시장·군수·구청장 그리고 한국관광공사 및 그 자회사, 한국토지주택공사, 지방공사 및 지방공단, 또는 민간개발자가 될 수 있다.

2) 사업시행자가 아닌 경우의 조성사업시행

① 사업시행자가 아닌 자로서 조성사업을 하려는 자는 일정한 기준과 절차(동법시행령 제48조 참조)에 따라 사업시행자가 특별자치도지사·시장·군수·구청장인 경우에는 특별자치도지사·시장·군수·구청장의 허가를 받아서 조성사업을 할 수 있고, 사업시행자가 관광단지개발자(공공법인 또는 민간개발자)인 경우에는 관광단지개발자와 협의하여 조성사업을 할 수 있다(동법 제55조 3항).

② 사업시행자가 아닌 자로서 조성사업의 시행허가를 받거나 협의를 하려는 자는 조성사업 허가 또는 협의신청서(시행규칙 제62조 관련 별지 제41호서식)에 구비서류를 첨부하여 특별자치도지사·시장·군수·구청장 또는 조성계획 승인을 받은 자("사업시행자")에게 각각 이를 신청하여야 한다(동법 시행령 제48조 1항, 시행규칙 제62조 1항). 이 때 특별자치도지사·시장·군수·구청장 또는 사업시행자가 허가 또는 협의를 하려면 해당 조성사업에 대하여 조성계획에의 저촉 여부, 관광지등의 자연경관 및 특성에 적합 여부를 검토하여야 한다(동법 시행령 제48조 2항).

3) 사업계획승인을 받은 자의 조성사업시행

사업시행자가 아닌 자로서 조성사업(특별자치도지사·특별자치시장·시장·군수·구청장이 조성계획 승인을 받은 사업만 해당됨)을 시행하려는 자가 사업계획승인(동법 제15조 1항 및 2항), 즉 관광숙박업과 관광객이용시설업 및 국제회의업의 사업계획승인을 받은 경우에는 특별자치도지사·특별자치시장·시장·군수·구청장의 허가를 받지 아니하고 그 조성사업을 시행할 수 있다(동법 제55조 4항). 이는 사업계획의 승인권자가 특별자치도지사·특별자치시장·시장·군수·구청장이므로 굳이 중복해서 허가받을 필요가 없기 때문이다.

4) 용지매수 및 보상업무의 위탁

(1) 용지매수-(조성계획승인 전 용지매수에 대한 특례)

관광지등의 조성사업을 시행함에 있어서 가장 중요하고 힘든 일 중의 하나는 용지를 매수하는 업무이다. 관광지등을 개발하기 위해 매입하는 필요한 용지는 전통적으로 일정한 주민들의 생활근거지로서 거기에는 농지, 산지, 주택 등이 포함되어 있어서, 관광지등의 용지로 쓰일 경우 주민들은 일시에 생활근거지를 잃게 되고 지역공동체가 붕괴하게 된다.

따라서 「관광진흥법」에서는 사업시행자가 관광지등의 개발촉진을 위하여 조성계획의 승인 전에 시·도지사의 승인을 받아 조성사업에 필요한 토지를 매입한 경우에는 사업시행자로서 토지를 매입한 것으로 본다(동법 第55조 2항). 이는 조성계획승인을 받은 자와 같은 혜택을 받을 수 있도록 함으로써 토지매입 등을 원활하게 할 수 있게 된다.

(2) 보상업무의 위탁

용지매수와 보상업무는 지역사정에 밝은 관할 지방자치단체가 하는 것이 효과적일 수 있다. 그래서 「관광진흥법」은 이를 위탁할 수 있는 근거를 마련하렸다. 즉 관광단지를 개발하려는 정부투자기관 등 관광단지개발자(공공법인 및 민간개발자를 말한다)는 필요하면 용지의 매수업무와 손실보상업무를 관할 지방자치단체의 장에게 위탁할 수 있다(동법 第55조 5항). 이때 민간개발자인 경우에는 원칙적으로는 불가능하지만, 조성계획상의 조성대상 토지면적 중 사유지의 3분의 2 이상을 취득하고 남은 사유지를 수용하거나 사용하는 경우에는 위탁이 가능하다(동법 第54조 4항 단서).

◆ 용지매수 및 보상업무의 위탁수수료 산정기준표 ◆

(시행규칙 제63조 관련 <별표 20>)

<table>
<tr><th>용지매수의 금액별</th><th>위탁수수료의 기준 (용지매수대금에 대한 백분율)</th><th>비 고</th></tr>
<tr><td>10억원 이하</td><td>2.0퍼센트 이내</td><td rowspan="4">1. “용지매수의 금액”이란 용지매입비, 시설의 매수 및 인건비, 관리보상비 및 지장물 보상비와 이주위자료의 합계액을 말한다.
2. 감정수수료 및 등기수수료 등 법정수수료는 위탁수수료의 기준을 정할 때 고려하지 아니한다.
3. 개발사업의 완공 후 준공 및 관리처분을 위한 측량, 지목변경, 관리이전을 위한 소유권의 변경절차를 위한 관리비는 이 기준수수료의 100분의 30의 범위에서 가산할 수 있다.
4. 지역적인 특수조건이 있는 경우에는 이 위탁료율을 당사자가 상호 협의하여 증감 조정할 수 있다.</td></tr>
<tr><td>10억원 초과 30억원 이하</td><td>1.7퍼센트 이내</td></tr>
<tr><td>30억원 초과 50억원 이하</td><td>1.3퍼센트 이내</td></tr>
<tr><td>50억원 초과</td><td>1.0퍼센트 이내</td></tr>
</table>

관광단지개발자가 조성사업을 위한 용지의 매수업무와 손실보상업무를 지방자치단체의 장에게 위탁하려면 그 위탁내용에 ㉮ 위탁업무의 시행지 및 시행기간, ㉯ 위탁업무의 종류·규모·금액, ㉰ 위탁업무 수행에 필요한 비용과 그 지급방법, ㉱ 그 밖에 위탁업무를 수행하는 데에 필요한 사항(동법 시행령 제49조 1항)을 명시하여야 한다.

이상의 위탁을 받은 지방자치단체의 장은 그 업무를 위탁한 자에게 수수료를 청구할 수 있는데(동법시행령 제49조 2항), 수수료의 산정기준은 '용지매수 및 보상업무의 위탁수수료 산정기준표'(동법시행규칙 제63조 관련 〈별표 20〉)에 따른다(동법시행규칙 제63조).

4. 공용수용 및 사용

1) 수용 및 사용의 정의

(1) 공용수용(公用收用)

국가 또는 지방자치단체 등이 특정의 공익사업을 위하여 법령이 정하는 바에 따라 사인의 재산권을 강제적으로 취득하고 아울러 피수용자에게는 손실보상이 주어지는 것을 말한다. 시행사업을 위하여 특정한 재산권이 필요한 경우, 사업시행자는 일반적인 매매거래의 방법으로 그 재산을 취득하는 것이 원칙이지만, 이것이 불가능한 경우 신속하고 효과적인 공익사업의 수행을 위해 권리자의 의사를 무시하고 그 재산을 법적인 힘으로 강제적으로 취득하는 제도이다.

(2) 공용사용(公用使用)

특정한 공익사업을 위하여 사업주체(국가, 공공단체, 공익적 사기업자)가 사인(私人)의 토지소유권을 포함한 재산권을 강제적으로 사용하는 것을 말한다. 이때 상대방(권리자)은 그 사용을 수인(受忍)할 의무를 진다.

2) 공용수용의 법적 근거

공용수용은 기본권(재산권)에 대한 중대한 침해인 까닭에 법률의 근거를 요한다. 「헌법」 제23조 제3항은 "공공필요에 의한 재산권의 수용·사용 또는 제한 및 그에 대한 보상은 법률로써 하되, 정당한 보상을 지급하여야 한다"고 규정하여 공용수용에 법적 근거가 필요함을 규정하고 있고, 이에 따라 공용수용에 관한 일반법으로는 「공익사업을 위한 토지 등의 취득 및 보상에 관 법률」(이하 "토지보상법"이라 함)이 있고, 그 밖에 「국토의 계획 및 이용에 관한 법률(이하 "국토계획법"이라 함)」, 「도로법」 및 「하천법」 등 여러 종류의 법률이 제정되어 있다.

현행 「관광진흥법」은 제61조 제3항에서 "수용 또는 사용의 절차, 그 보상 및 재결신청에 관하여는 이 법에 규정되어 있는 것 외에는 「공익사업을 위한 토지 등의 취득 및 보상에 관한 법률」을 적용한다"고 규정하고 있다.

3) 수용 및 사용의 목적물

공용수용의 기본적인 목적물은 토지수용의 경우에는 토지소유권이다. 조성사업의 시행자는 조성사업의 시행에 필요한 토지와 다음 각 호의 물건 또는 권리를 수용하거나 사용할 수 있다. 다만, 농업 용수권(用水權)이나 그 밖의 농지개량시설을 수용 또는 사용하려는 경우에는 미리 농림축산식품부장관의 승인을 받아야 한다(관광진흥법 제61조 1항, '토지보상법' 제3조, 제19조 1항).

1. 토지의 소유권: 공용수용의 목적물 중 대표적인 것이다.
2. 토지에 관한 소유권 외의 권리: 여기에는 지상권(地上權), 전세권(傳貰權), 저당권(抵當權), 임차권(賃借權) 등이 있다. 이러한 권리는 토지소유권과 함께 수용되는 것이 원칙이나, 따로 분리하여 수용되는 경우도 있다.
3. 토지에 정착한 입목(立木)이나 건물, 그 밖의 물건과 이에 관한 소유권 외의 권리: 토지에 정착한 입목이나 건물 그 밖의 물건과 이에 관한 소유권은 그 자체로 독립하여 수용의 목적물이 되지 아니하고 토지를 수용할 때 그 정착물의 이전료를 보상하고 이전시키는 것이 원칙이나, 공익사업을 위하여 필요한 경우에는 당해 토지와 함께 수용할 수 있다.

   그러나 토지정착물의 소유권 외의 권리, 즉 물권(物權)이나 채권(債權) 등은 수용의 목적물이 되기 때문에 토지와 함께 수용된다.
4. 물의 사용에 관한 권리: 광업권 · 어업권 또는 물의 사용에 관한 권리 등은 그 자체로서 수용될 수 있다.
5. 토지에 속한 흙·돌·모래 또는 자갈에 관한 권리: 아직 토지로부터 분리되지 아니한 상태의 흙·돌·모래·자갈은 토지의 구성요소로서 토지소유권의 내용을 이루는 것이므로 토지가 수용되는 경우에는 당연히 함께 수용된다. 그러나 토지는 필요 없고 오직 그에 속한 흙·돌·모래·자갈만을 필요로 하는 경우에는 토지와는 별도로 이것들만 수용할 수 있다.

그런데 공용수용의 목적물에 대한 공용수용은 무제한으로 인정되는 것은 아니고, 헌법상 재산권의 보장, 비례의 원칙, 평등의 원칙이 공용수용의 목적물을 결정함에 있어서 제한의 원리로 작용한다고 본다. 그리고 공익사업에 수용되거나 사용되고 있는 토지등은 특별히 필요한 경우가 아니면 이를 다른 공익사업을 위하여 수용하거나 사용할 수 없다('토지보상법' 제19조 2항).

4) 수용 및 사용의 절차

토지 등의 수용 및 사용절차는 먼저 사업시행자가 법률에 따라 사업인정을 받고, 토지의 소유자와 협의를 거쳐야 하는데, 협의가 성립되지 아니하거나 협의를 할 수 없을 때에는 사업시행자는 사업인정고시가 된 날부터 1년 이내에 관할 토지수용위원회에 재결을 신청할 수 있다('토지보상법' 제28조 1항).

그러나 관광지등의 조성사업에 필요한 토지수용을 위한 재결신청의 경우에는 '토지보상법'의 규정(제28조제1항) 즉 '1년 이내에 신청'이라는 기간지정에도 불구하고 1년이 지난 후에라도 조성사업의 시행기간 내에는 재결신청을 할 수 있도록 규정하고 있다(관광진흥법 제61조 2항).

그리고 관광지등의 조성사업을 위한 토지 등의 수용 또는 사용의 절차, 그 보상 및 재결신청에 관하여는 「관광진흥법」에 규정되어 있는 것을 제외하고는 '토지보상법'을 적용한다(관광진흥법 제61조 3항).

공용수용의 절차는 보통절차와 약식절차로 나눌 수 있는데, 보통절차는 ① 사업인정, ② 토지·물건의 조서작성, ③ 협의, ④ 재결 및 화해의 4단계로 이루어지며, 약식절차는 이 절차의 일부가 생략된 경우이다.

(1) 사업인정(事業認定)

특정한 사업이 공용수용을 할 수 있는 공익사업에 해당함을 인정하여 사업시행자에게 일정한 절차의 이행을 조건으로 특정한 재산권의 수용권을 부여하는 형성적 행정행위, 즉 조건부설권행위이다. 사업시행자는 '토지보상법' 제19조의 규정에 따라 토지등을 수용 또는 사용하고자 하는 때에는 대통령령이 정하는 바에 따라 국토교통부장관의 사업인정을 받아야 한다('토지보상법' 제20조 1항).

(2) 토지·물건의 조서작성(調書作成)

사업시행자는 사업인정의 고시가 있은 후 토지조서 및 물건조서를 작성하여야 한다('토지보상법' 제14조). 조서의 작성에는 원칙적으로 토지소유자 및 관계인을 입회시켜 서명·날인을 받아야 한다.

(3) 협의(協議)

조성계획승인 즉 사업인정의 고시가 있은 후 그 토지에 관하여 권리를 취득하거나 소멸시키기 위하여 사업시행자는 토지소유자 및 관계인과 협의하여야 한다. 즉 협의는 기업자와 피수용자 사이에서 수용할 토지의 범위, 수용시기, 손실보상에 관해 교섭하는 행위이다. 협의절차는 의무적인 것으로, 협의를 거치지 아니하고 재결을 신청하는 것은 위법이다. 협의가 성립되면 그것으로 공용수용의 절차는 종결되고 협의의 내용에 따라 수용의 효과가 발생한다.

(4) 토지수용위원회의 재결·화해

재결(裁決)은 협의가 성립되지 아니하거나 협의를 할 수 없는 때에 행해지는 공용수용의 최종절차로서, 사업시행자로 하여금 토지의 소유권 또는 토지의 사용권을 취득하도록 하고 사업시행자가 지급하여야 하는 손실보상액을 정하는 결정을 말한다.

한편, 토지수용위원회는 그 재결이 있기 전에는 언제든지 사업시행자·토지소유자 및 관계인에게 화해(和解)를 권고할 수 있는데, 화해가 성립되어 화해조서에 서명 또는 날인을 한 경우에는 당사자간에 화해조서와 동일한 내용의 합의가 성립된 것으로 본다.

5) 토지수용위원회의 재결에 대한 불복

(1) 이의신청(異議申請)

이의신청이란 재결의 전부 또는 일부의 취소를 청구하거나 손실보상액의 증액 또는 감액을 청구하는 것을 말한다. 중앙토지수용위원회의 재결에 대하여 이의가 있는 자는 재결서 정본을 받은 날부터 30일 이내에 중앙토지수용위원회에 이의를 신청할 수 있으며, 지방토지수용위원회의 재결에 대하여 이의가 있는 자도 같은 기간 내에 당해 지방토지수용위원회를 거쳐 중앙토지수용위원회에 이의신청을 할 수 있다('토지보상법' 제83조).

(2) 행정소송(行政訴訟)의 제기

사업시행자·토지소유자 또는 관계인은 토지수용위원회의 재결에 대하여 불복이 있는 때에는 재결서를 받은 날부터 60일 이내에, 이의신청을 거친 때에는 이의신청에 대한 재결서를 받은 날부터 30일 이내에 각각 행정소송을 제기할 수 있다.

6) 손실보상

(1) 손실보상(損失補償)의 의의

공용수용과 공용사용은 피수용자에게 특별한 희생을 과할 뿐만 아니라, 피수용자가 우연히 해당 공익사업의 수요를 충족할 수 있는 지위에 있기 때문에 그에게 불평등한 희생을 주므로, 그 희생을 방치하는 것은 형평의 원칙에 반한다. 따라서 공용수용으로 깨어진 평등의 이상을 회복시켜, 불평등한 부담을 평등한 부담으로 전환시키기 위하여 「헌법」의 규정에 따른 손실보상이 필요하다.

(2) 손실보상에 관한 원칙

(가) 「헌법」상 원칙 — 「헌법」 제23조제3항은 "공공필요에 의한 재산권의 수용·사용 또는 제한 및 그에 대한 보상은 법률로써 하되, 정당한 보상을 지급하여야 한다"고 규정함으로써 '정당한 보상'이라는 기준을 명시하면서 구체적인 지급기준은 법률에 유보하고 있다.

(나) '토지보상법'상 원칙 — '토지보상법'은 손실보상에 관한 일반원칙으로 사업시행자보상의 원칙(동법 제61조), 사전보상의 원칙(동법 제62조 본문), 현금보상의 원칙 및 예외적 채권보상(동법 제63조 1항), 개인별 보상의 원칙(동법 제64조 본문), 일괄보상의 원칙(동법 제65조) 및 사업시행이익과의 상계금지의 원칙(동법 제66조)을 규정하고 있다.

(3) 시가보상(時價補償)과 공시지가제(公示地價制)

보상액의 산정은 협의성립 당시나 수용의 재결 당시의 가격을 기준으로 하되, 공시기준일부터 협의성립시 또는 재결시까지 지가변동률·생산자물가상승률 등을 참작하여 평가한다(동법 제70조 1항).

(4) 사업시행이익과의 상계(相計) 금지

사업시행자는 동일한 토지소유자에게 속하는 일단의 토지의 일부를 취득 또는 사용하는 경우 당해 공익사업의 시행으로 인하여 잔여지의 가격이 증가하거나 그 밖의 이익이 발생한 때에도 그 이익을 그 취득 또는 사용으로 인한 손실과 상계할 수 없다(동법 제66조).

(5) 손실보상의 내용

'토지보상법'이 규정하고 있는 구체적인 손실보상의 내용으로는 ㉮ 토지의 취득·사용에 대한 보상(동법 제70조·제71조), ㉯ 잔여지보상(동법 제73조), ㉰ 이전료보상(동법 제75조), ㉱ 영업손실 등에 대한 보상(동법 제77조), ㉲ 측량·조사로 인한 손실보상(동법 제9조 3항), ㉳ 사업의 폐지·변경으로 인한 손실보상(동법 제24조 6항), ㉴ 비수용토지에 대한 공사비보상(동법 제79조 1항), ㉵ 이주대책의 수립 또는 이주정착금의 지급(동법 제78조), ㉶ 권리의 보상(동법 제76조) 등이 있다.

7) 이주대책의 수립 등

(1) 이주대책의 수립·실시

사업시행자는 '관광지등'의 조성사업을 시행함에 따라 토지·물건 또는 권리를 제공함으로써 생활의 근거를 잃게 되는 자(이하 "이주대책대상자"라 한다)를 위하여 이주대책(移住對策)을 수립·실시하여야 한다(관광진흥법 제66조 1항).

이주대책의 수립에 관해서는 「공익사업을 위한 토지 등의 취득 및 보상에 관한 법률」("토지보상법"이라 한다) 제78조 제2항·제3항과 제81조를 준용하도록 하였다(관광진흥법 제66조 2항). 즉 사업시행자가 이주대책을 수립하고자 할 때에는 미리 관할 지방자치단체의 장과 협의하여야 하며('토지보상법' 제78조 2항), 국가나 지방자치단체는 이주대책의 실시에 따른 주택지의 조성 및 주택의 건설에 대하여는 「주택법」에 의한 국민주택기금을 우선적으로 지원하여야 한다('토지보상법' 제78조 3항).

(2) 이주대책 내용

사업시행자가 수립하는 이주대책에는 ㉮ 택지·농경지의 매입, ㉯ 택지 조성 및 주택 건설, ㉰ 이주보상금, ㉱ 이주방법 및 이주시기, ㉲ 이주대책에 따른 비용, ㉳ 그 밖에 필요한 사항이 포함되어야 한다(관광진흥법 제66조,동법시행령 제57조).

(3) 보상업무 등의 위탁

사업시행자는 보상 또는 이주대책에 관한 업무를 ㉮ 지방자치단체, ㉯ 보상실적이 있거나 보상업무에 관한 전문성이 있는 정부투자기관 또는 정부출자기관으로서 '토지보상법 시행령'이 정하는 보상전문기관(한국토지주택공사, 한국수자원공사, 한국도로공사, 한국농어촌공사, 한국감정원, 지방공사 등) 등에 위탁할 수 있다('토지보상법 시행령' 제43조, '토지보상법' 제81조 1항).

8) 공공시설 등의 우선설치 및 귀속

(1) 공공시설 등의 우선설치 노력

국가·지방자치단체 또는 사업시행자는 관광지등의 조성사업과 그 운영에 관련되는 도로, 전기, 상·하수도 등 공공시설을 우선하여 설치하도록 노력하여야 한다(관광진흥법 제57조). 이는 관광지 및 관광단지 내의 도로, 전기, 상·하수도,

오수처리시설 등 공공설비를 우선적으로 설치하도록 하여 원활한 관광지 등의 조성을 추진하기 위함이다.

(2) 공공시설 등의 귀속

사업시행자가 관광지 등 조성사업의 시행으로 「국토의 계획 및 이용에 관한 법률」(제2조 13호)에 따른 공공시설(도로·공원·철도·수도 및 광장·녹지·하수도·도랑 등) 등을 새로 설치하거나 기존의 공공시설에 대체되는 시설을 설치한 경우 그 시설 모두는 그 시설을 관리할 관리청에 무상으로 귀속된다('국토계획법' 제65조 2항).

또 이러한 공공시설 등을 등기하는 경우에는 조성계획승인서와 준공검사증명서로써 「부동산등기법」의 등기원인을 증명하는 서면을 갈음할 수 있다(관광진흥법 제58조의3 제2항). 또한 '국토계획법'을 준용할 때 관리청이 불분명한 경우에는 관리청이 불분명한 재산 중 도로·하천·도랑 등에 대하여는 국토교통부장관을, 그 밖의 재산에 대하여는 기획재정부장관을 관리청으로 본다(동법 제58조의3 제3항).

9) 관광단지의 전기시설 설치

(1) 전기간선시설 등의 설치범위

관광단지에 전기를 공급하는 자는 관광단지 조성사업의 시행자가 요청하는 경우 관광단지에 전기를 공급하기 위한 전기간선시설(電氣幹線施設) 및 배전시설(配電施設)을 관광단지 조성사업구역 밖의 기간(基幹)이 되는 시설로부터 조성사업구역 안의 토지이용계획상 6미터 이상의 도시·군계획시설로 결정된 도로에 접하는 개별필지의 경계선까지 설치한다(관광진흥법 제57조의2 제1항, 동법시행령 제49조의2).

(2) 설치비용

관광단지에 전기를 공급하는 전기간설시설 및 배전시설의 설치비용은 전기를 공급하는 자가 부담한다. 다만, 관광단지 조성사업의 시행자·입주기업·지방자치단체 등의 요청에 의하여 전기간선시설 및 배전시설을 땅속에 설치하는 경우에는 전기를 공급하는 자와 땅속에 설치할 것을 요청하는 자가 각각 100분의 50의 비율로 설치비용을 부담한다(동법 제57조의2 제2항).

10) 준공검사

(1) 준공검사 신청

사업시행자가 관광지등 조성사업의 전부 또는 일부를 완료한 때에는 지체 없이 시·도지사에게 준공검사를 받아야 한다. 이 경우 시·도지사는 해당 준공검사 시행에 관하여 관계 행정기관의 장과 미리 협의하여야 한다(동법 제58조의2 제1항).

사업시행자가 조성사업의 준공검사를 받으려는 때에는 ① 사업시행자의 성명(법인인 경우 법인의 명칭 및 대표자의 성명을 말한다)과 주소, ② 조성사업의 명칭, ③ 조성사업을 완료한 지역의 위치 및 면적, ④ 조성사업기간 등을 적은 준공검사신청서에 준공설계도서(착공 전의 사진 및 준공사진을 첨부한다) 등 관련 서류와 도면을 첨부하여 시·도지사에게 제출해야 한다(동법 시행령 제50조의2 제1항 · 제2항).

(2) 국가기관 또는 지방자치단체의 장에게 통보

준공검사 신청을 받은 시·도지사는 검사일정을 정하여 준공검사 신청내용에 포함된 공공시설을 인수하거나 관리하게 될 국가기관 또는 지방자치단체의 장에게 검사일 5일 전까지 통보하여야 하며, 준공검사에 참여하려는 국가기관 또는 지방자치단체의 장은 준공검사일 전날까지 참여를 요청하여야 한다(동법 시행령 제50조의2 제3항).

(3) 준공검사증명서 발급 등

준공검사 신청을 받은 시·도지사는 준공검사를 함에 있어서 해당 조성사업이 사업시행자가 당초에 승인받은 조성계획대로 완료되었다고 인정하는 경우에는 준공검사증명서를 발급하고, ① 조성사업의 명칭, ② 사업시행자의 성명 및 주소, ③ 조성사업을 완료한 지역의 위치 및 면적, ④ 준공년월일, ⑤ 주요 시설물의 관리·처분에 관한 사항, ⑥ 그 밖에 시·도지사가 필요하다고 인정하는 사항을 공보에 고시하여야 한다(동법 시행령 제50조의2 제4항).

(4) 준공검사 등의 의제

관광지등의 조성사업시행자가 준공검사를 받은 경우에는 「관광진흥법」 제58조제1항(인·허가 등의 의제) 각 호에 규정된 인·허가 등에 따른 해당 사업의 준공검사 또는 준공인가 등을 받은 것으로 본다(동법 제58조의2 제2항).

5. 관광지등의 처분

관광지등의 사업시행자가 관광지등을 조성하고 그 안에 각종 관광시설을 직접 설치·운영하려면 많은 재원이 있어야 하기 때문에 현실적으로 곤란한 경우가 많다.

이에 「관광진흥법」에서는 사업시행자는 조성한 토지, 개발된 관광시설 및 지원시설의 전부 또는 일부를 매각·임대하거나 타인에게 위탁하여 경영하게 할 수 있다(동법 제59조 1항)고 하여, 관광지등의 개발에 민간자본 참여의 길을 열어 놓고 있다. 이에 따라 관광지등을 개발함에 있어서 토지의 조성과 이에 수반되는 기반시설(전기, 상·하수도, 주차장 등)과 편의시설(안내시설, 벤치, 야외취사장 등)은 공공사업으로 개발하고, 이를 기초로 숙박시설, 레크리에이션 시설, 상가시설(토산품판매점, 기념품판매점 등), 음식시설 등 영리시설은 민간자본을 유치하여 개발·운영할 수 있게 하였다.

그리고 위와 같은 규정에 의해 토지·관광시설 또는 지원시설을 매수·임차하거나 그 경영을 수탁(受託)한 자는 그 토지나 관광시설 또는 지원시설에 관한 권리·의무를 승계한다(동법 제59조 2항)고 규정하여, 권리·의무의 계속성을 규정함으로써 매수인·임차인·수탁자 등이 새로이 관광지등의 개발절차를 밟지 않아도 관광지등의 개발·운영에 참여할 수 있도록 하였다.

6. 「국토의 계획 및 이용에 관한 법률」의 준용

사업시행자가 조성계획을 수립하고, 조성사업을 시행하여 관광지등을 처분할 때에는 「관광진흥법」에 규정되어 있는 것을 제외하고는 「국토의 계획 및 이용에 관한 법률」(이하 "국토계획법"이라 한다) 제90조(서류의 열람 등)·제100조(다른 법률과의 관계)·제130조(토지에의 출입 등) 및 제131조(토지에의 출입 등에 따른 손실보상)를 준용한다(관광진흥법 제60조).

이와 같이 관광지 및 관광단지를 조성함에 있어서 '국토계획법'을 준용하도록 한 것은 각 개별 법률마다 이와 동일한 내용을 규정한다면 법률체계의 복잡성뿐만 아니라 형평성 유지마저 어렵다고 보기 때문에 개별 법률에서는 사업의 특성에 관해서만 규정하고 나머지 공통사항은 '국토계획법'을 준용하도록 한 것이다. 그 내용은 다음과 같다.

1) 서류의 열람 등('국토계획법' 제90조)

시·도지사는 조성계획을 승인하고자 하는 때에는 미리 시·도의 공보나 해당 시·도를 주된 보급지역으로 하는 일간신문에 ① 승인신청의 요지, ② 열람의 일시 및 장소를 공고하고, 관계서류의 사본을 14일 이상 일반인이 열람할 수 있도록 하여야 한다.

이 경우 조성사업 시행지구 안의 토지·건축물 등의 소유자 및 이해관계인은 이 열람기간 이내에 시·도지사 또는 사업시행자에게 의견서를 제출할 수 있으며, 시·도지사 또는 사업시행자는 제출된 의견이 타당하다고 인정되면 그 의견을 조성계획에 반영하여야 한다.

2) 국·공유재산의 처분(‘국토계획법’ 제100조)

조성사업으로 조성된 대지와 건축물 중 국가 또는 지방자치단체의 소유에 속하는 재산을 처분하려면 「국유재산법」과 「공유재산 및 물품관리법」에도 불구하고 ① 해당 조성사업의 시행으로 수용된 토지 또는 건축물 소유자에의 양도, ② 다른 도시·군계획시설사업에 필요한 토지와의 교환 순위에 의하여 처분할 수 있다.

3) 토지에의 출입 등(‘국토계획법’ 제130조)

시·도지사, 시장 또는 군수나 사업시행자는 조성계획에 관한 기초조사, 개발밀도관리구역·기반시설부담구역 및 기반시설설치계획에 관한 기초조사, 지가의 동향 및 토지거래의 상황에 관한 조사 또는 조성사업에 관한 조사·측량 또는 시행을 위하여 필요한 때에는 타인의 토지에 출입하거나 타인의 토지를 재료적치장 또는 임시통로로 일시 사용할 수 있으며, 특히 필요한 경우에는 나무, 흙, 돌, 그 밖의 장애물을 변경하거나 제거할 수 있다.

그리고 타인의 토지에 출입하고자 하는 때에는 특별시장·광역시장·특별자치시장·시장 또는 군수의 허가를 받아야 하며, 출입하고자 하는 날의 3일 전까지 해당 토지의 소유자·점유자 또는 관리인에게 그 일시와 장소를 통지하여야 한다. 다만, 행정청인 사업시행자는 허가를 받지 아니하고 타인의 토지에 출입할 수 있다.

토지의 점유자는 정당한 사유없이 이러한 행위를 방해하거나 거부하지 못한다. 그리고 이러한 행위를 하려는 자는 그 권한을 표시하는 증표와 허가증을 지니고 이를 관계인에게 내보여야 한다.

4) 토지에의 출입 등에 따른 손실보상(‘국토계획법’ 제131조)

시·도지사, 시장 또는 군수나 사업시행자가 일정한 목적을 위하여 타인의 토지 외의 출입, 타인토지의 재료적치장 또는 임시통로로 일시사용, 나무·흙·돌 그 밖의 장애물 변경·제거 등의 행위로 인하여 손실을 입은 자가 있는 때에는 그 행위자가 속한 행정청 또는 사업시행자가 그 손실을 보상하여야 한다.

이 손실보상에 관하여는 그 손실을 보상할 자와 손실을 입은 자가 협의하여야 한다. 협의가 성립되지 아니하거나 협의를 할 수 없는 때에는 관할 토지수용위원회에 재결을 신청할 수 있다.

7. 사업시행자의 비용징수

1) 서 설

관광지 또는 관광단지의 조성사업에는 막대한 자금이 소요되므로, 사업자가 비록 국가나 공공단체일지라도 그 재원조달에는 제한을 받지 않을 수 없다. 그래서 일정한 경우에 선수금이나 부담금을 징수하여 사업시행의 비용에 충당하고 있다.

2) 선수금의 징수

사업시행자는 그가 개발하는 토지 또는 시설을 분양받거나 시설물을 이용하려는 자로부터 그 대금의 전부 또는 일부를 미리 받을 수 있는데, 이렇게 받는 돈을 선수금이라 한다. 이때 선수금의 금액과 납부방법에 대하여는 토지 또는 시설을 분양받거나 시설물을 이용하려는 자와 협의하여 결정한다(관광진흥법 제63조, 동법 시행령 제52조). 이는 사업시행자가 일방적으로 선수금을 정할 경우 예상되는 부작용을 예방하려는 것이다.

3) 부담금 징수

부담금(負擔金)이란 특정한 공익사업에 대해 특별한 이해관계를 가진 사람에게 그 사업에 필요한 경비의 전부 또는 일부를 분담시키기 위하여 과하는 공법상의 금전급부의무를 말한다. 그리고 특정사업에 소요되는 경비의 일부를 부담시키는 경우에는 이를 분담금(分擔金)이라 부르기도 한다.

(1) **이용자분담금**(利用者分擔金)

특정의 공익사업의 시행으로 인하여 특별한 이익을 받는 자에게 그 이익의 범위 내에서 사업경비의 일부를 부담시키는 것을 말하는데, 수익자부담금(受益者負擔金)이라 부르기도 한다. 「관광진흥법」은 제64조 제1항에서 "사업시행자는 지원시설 건설비용의 전부 또는 일부를 그 이용자에게 분담하게 할 수 있다"고 규정하여 이용자분담금을 인정하고 있다. 여기서 '지원시설'이란 관광지나 관광단지의 관리·운영 및 기능활성화에 필요한 관광지 및 관광단지 안팎의 시설을 말한다(동법 제2조 10호).

(2) **원인자부담금**(原因者負擔金)

이는 특정의 공익사업을 하도록 하는 원인을 제공한 자가 납부하여야 하는 부담금을 말한다. 원인자부담금은 원인자의 행위로 인하여 필요하게 된 공사의 비용을 초과할 수는 없다. 「관광진흥법」 제64조 제2항은 “지원시설 건설의 원인이 되는 공사 또는 행위가 있으면 사업시행자는 그 공사 또는 행위의 비용을 부담하여야 할 자에게 그 비용의 전부 또는 일부를 부담하게 할 수 있다”고 규정하여 원인자부담금을 인정하고 있다.

(3) 이용자분담금과 원인자부담금의 부과(동법 시행령 제53조)

① 사업시행자가 지원시설의 이용자에게 분담금을 부담하게 하려는 경우에는 지원시설의 건설사업명·건설비용·부담금액·납부방법 및 납부기한을 서면에 구체적으로 밝혀 그 이용자에게 분담금의 납부를 요구하여야 한다. 지원시설의 건설비용은 공사비(조사측량비설계비·관리비 제외)와 보상비(감정비 포함)를 합산한 금액이다. 그리고 분담금액은 지원시설의 이용자의 수 및 이용횟수 등을 고려하여 사업시행자가 이용자와 협의하여 산정한다.

② 사업시행자가 원인자부담금을 부담하게 하려는 경우에는 위의 이용자분담금에 관한 규정을 준용한다.

(4) 유지·관리 및 보수 비용의 분담

사업시행자는 관광지등의 안에 있는 공동시설의 유지·관리 및 보수에 드는 비용의 전부 또는 일부를 관광지등에서 사업을 경영하는 자에게 분담하게 할 수 있다(동법 제64조 3항). 이 경우 사업시행자는 유지·관리·보수의 비용의 분담 및 사용현황을 매년 결산하여 비용분담자에게 통보하여야 한다(동법 시행령 제55조).

① 관광사업자에 대한 납부요구 — 사업시행자는 공동시설의 유지·관리 및 보수비용을 분담하게 하려는 경우에는 공동시설의 유지·관리·보수현황, 분담금액, 납부방법, 납부기한 및 산출내용을 적은 서류를 첨부하여 관광지등에서 사업을 경영하는 자에게 그 납부를 요구하여야 한다(동법 시행령 제55조 1항).

② 관광사업자와 비용에 대한 협의 — 사업시행자는 공동시설의 유지·관리 및 보수비용의 분담비율은 시설사용에 따른 수익의 정도에 따라 사업시행자가 사업을 경영하는 자와 협의하여 결정한다(동법 시행령 제55조 2항).

4) 강제징수 및 징수위탁

이용자분담금, 원인자부담금 또는 유지·관리 및 보수에 드는 비용(이하 “분담금등”이라 한다)을 내야 할 의무가 있는 자가 이를 이행하지 아니하면 사업시행자는 그 지역을 관할하는 특별자치도지사·특별자치시장·시장·군수·구청장에게 그 징수를 위탁할 수 있다(동법 제65조 1항).

(1) '분담금등'의 징수위탁

사업시행자가 '분담금등'의 징수를 위탁하려면 그 위탁내용에 ㉮ 분담금등의 납부의무자의 성명·주소, ㉯ 분담금등의 금액, ㉰ 분담금등의 납부사유·납부기간, ㉱ 그 밖에 분담금등의 징수에 필요한 사항을 명시하여야 한다(동법시행령 제56조).

(2) 지방세체납처분의 예에 의한 강제징수

징수를 위탁받은 특별자치도지사·특별자치시장·시장·군수·구청장은 지방세체납처분의 예에 따라 이를 징수할 수 있다. 이 경우 특별자치도지사·시장·군수·구청장에게 징수를 위탁한 자는 특별자치도지사·특별자치시장·시장·군수·구청장이 징수한 금액의 100분의 10에 해당하는 금액을 특별자치도·특별자치시·시·군·구에 내야 한다(동법 제65조 2항).

Ⅳ. 관광지등의 관리

1. 서 설

관광지등은 국가 또는 공공단체가 관광진흥이라는 행정목적을 달성하기 위하여 직접적으로 일반공중의 공동사용에 제공된 물건이므로 행정법에서 말하는 공물(公物) 중에서 공공용물(公共用物)에 해당한다. 이 공공용물은 일반공중의 사용에 제공함을 본래의 목적으로 하는 까닭에 일반공중은 누구나 타인의 공동사용을 방해하지 아니하는 한도 안에서는 이를 자유로이 사용할 수 있다.

그리고 공물주체(公物主體)인 국가 및 공공단체는 공물을 유지하고 행정목적에 계속 제공함으로써 당초의 설치목적을 달성하기 위하여 공물의 관리가 요청되고 있다. 또한 공물의 유지와 그 비용은 공물관리권의 주체인 행정주체가 부담하는 것이 원칙이나, 사인(私人)에게 부담시키는 경우도 있다.

2. 관광지등의 관리·운영

1) 의 의

행정법상 공물의 관리는 공물주체인 국가나 공공단체가 스스로 함이 원칙이나, 때로는 공물주체가 다른 단체나 개인에게 관리를 위임 또는 위탁하여 행하는 경우가 있다.

「관광진흥법」에서도 관광지등의 관리권은 원칙적으로 사업시행자에게 있음을 밝히고 있다. 즉 "사업시행자는 관광지등의 관리·운영에 필요한 조치를 하여야 한다(동법 제69조 1항)"고 규정하고 있다. 따라서 사업시행자인 지방자치단체나 관광단지개발자(공공법인 또는 민간개발자)는 일반관광객이 관광지등을 이용하는데 불편함이 없도록 최선을 다하여야 할 책무가 있는 것이다.

한편, 사업시행자는 필요한 경우 관광사업자 단체 등에 관광지등의 관리·운영을 위탁할 수 있다(동법 제69조 제2항). 여기서의 관광사업자 단체란 「관광진흥법」 제41조 및 제45조에 따른 한국관광협회중앙회, 지역별 관광협회, 업종별 관광협회를 말한다.

2) 내 용

관광지등의 관리·운영작용의 내용에는 다음의 것들이 포함될 수 있다. 즉 ① 관광지등의 관리·운영을 위한 조직·인원 및 예산의 확보, ② 관광지등의 범위결정, ③ 시설사용의 허가와 승인 및 약정, ④ 시설의 설치·개축·유지·보수·보관 및 이를 위한 공용부담의 부과, ⑤ 관람료·이용료·사용료 및 점용료의 징수 또는 강제징수, ⑥ 관리·비용 등의 협의, ⑦ 관광시설의 설치 및 관리상의 흠으로 인한 손해배상, ⑧ 관광지등의 관리 또는 공공사용을 저해하는 장애의 제거 등이다.

3. 입장료 등의 징수 및 사용

「관광진흥법」에서는 "관광지등에서 조성사업을 하거나 건축, 그 밖의 시설을 한 자는 관광지등에 입장하는 자로부터 입장료를 징수할 수 있고, 관광시설을 관람하거나 이용하는 자로부터 관람료나 이용료를 징수할 수 있다(동법 제67조 1항)"고 규정하고 있다.

이 때 입장료·관람료 또는 이용료의 징수대상의 범위와 그 금액은 특별자치도지사·특별자치시장·시장·군수·구청장이 정하며, 지방자치단체가 입장료·관람료 또는 이용료를 징수하면 이를 관광지등의 보존·관리와 그 개발에 필요한 비용에 충당하도록 하여 타용도에 사용할 수 없도록 하고 있다(동법 제67조 2항 · 3항).

제2절 관 광 특 구

Ⅰ. 관광특구의 지정

1. 관광특구의 정의

관광특구는 1993년에 도입된 제도로서, 외국인 관광객의 유치 촉진 등을 위하여 관광활동과 관련된 관계법령의 적용이 배제되거나 완화되고, 관광활동과 관련된 서비스·안내 체계 및 홍보 등 관광여건을 집중적으로 조성할 필요가 있는 지역으로서 시장·군수·구청장의 신청(특별자치시 및 특별자치도의 경우는 제외한다)에 따라 시·도지사가 지정한 곳을 말하는데[16], 지정요건·지정절차·고시 등은 다음과 같다(관광진흥법 제70조 1항 및 동법 시행령 제58조, 시행규칙 제64조).

2. 관광특구의 지정요건

1) 관광특구의 지정신청자 및 지정권자

① 관광특구는 관광지등 또는 외국인 관광객이 주로 이용하는 지역 중에서 시장·군수·구청장의 신청(특별자치시 및 특별자치도의 경우는 제외한다)에 따라 시·도지사가 지정한다. 이 경우 관광특구로 지정하려는 대상지역이 같은 시·도 내에서 둘 이상의 시·군·구에 걸쳐 있는 경우에는 해당 시장·군수·구청장이 공동으로 지정을 신청하여야 하고, 둘 이상의 시·도에 걸쳐 있는 경우에는 해당 시장·군수·구청장이 공동으로 지정을 신청하고 해당 시·도지사가 공동으로 지정하여야 한다(동법 제70조 제1항 **〈개정 2018.12.24.,2019.12.3.〉**).

② 제1항 각 호 외의 부분 전단에도 불구하고 「지방자치법」 제198조 제2항 제1호에 따른 인구 100만 이상 대도시**(이하 "특례시"라 한다)**의 시장은 관할 구역

---

16) 우리나라 관광특구는 제주도, 경주시, 설악산, 유성, 해운대 등 5곳이 1994년 8월 31일 처음으로 지정된 이래, 2005년 12월 30일 충북 단양 · 매포읍 일원(2개읍 5개리)의 '단양관광특구'와 2006년 3월 22일 서울 광화문 빌딩에서 숭인동 네거리 간의 청계천쪽 전역(세종로, 신문로1가, 종로1~6가, 창신동 일부, 서린동, 관철동, 관수동, 장사동, 예지동 전역)의 '종로·청계관광특구'를 지정하였고, 2008년 5월 14일 부산광역시 중구 부평동, 광복동, 남포동 지역의 '용두산·자갈치관광특구'를 새로 지정하였, 2015년 8월에는 경기도 고양시 일산지구 및 동부 일부지역을 관광특구로 새로 지역하였다. 그리고 2016년 1월에는 수원시 팔달구·장안구 일부 지역을 관광특구로 새로 지정하였고, 2019년에는 파주 통일동산 및 포항 영일만을 관광특구로 지정하였으며, 2021년에는 홍대 문화예술관광특구를 새로 지정하여 2022년 12월 말 기준으로 13개 시·도에 34곳이 지정되어 있다(문화체육관광부, 전게 2022년 기준 연차보고서, pp.156~158).

내에서 제1항 각 호의 요건을 모두 갖춘 지역을 관광특구로 지정할 수 있다(동법 제70조 제2항 **〈신설 2022.5.3.〉**).

③ 관광특구의 지정·취소·면적변경 및 고시에 관하여는 제52조 제2항·제3항·제5항 및 제6항을 준용한다. 이 경우 "시·도지사"는 "시·도지사 또는 특례시의 시장"으로 본다(동법 제70조 제3항 **〈개정 2018.6.12., 2022.5.3.〉**).

2) 관광특구의 지정요건

관광특구로 지정될 수 있는 지역은 다음과 같은 요건을 모두 갖춘 지역으로 한다(동법 제70조 제1항 및 동법 시행령 제58조, 동법 시행규칙 제64조 제1항 **〈개정 2019.4.25., 2020.6.2.〉**).

1. 문화체육관광부장관이 고시하는 기준을 갖춘 통계전문기관의 통계결과 해당 지역의 최근 1년간 외국인 관광객 수가 10만명(서울특별시는 50만명) 이상일 것
2. 지정하고자 하는 지역 안에 관광안내시설, 공공편익시설, 숙박시설, 휴양·오락시설, 접객시설 및 상가시설 등이 갖추어져 있어 외국인 관광객의 관광수요를 충족시킬 수 있는 지역일 것
3. 관광활동과 직접적인 관련성이 없는 토지가 관광특구 전체 면적의 10퍼센트를 초과하지 아니할 것
4. 위 1호부터 3호까지의 요건을 갖춘 지역이 서로 분리되어 있지 아니할 것

3) 관광특구의 지정기준

관광특구 지정요건의 세부기준은 다음 [별표 21]과 같다.

◆ **관광특구 지정요건의 세부기준** 〈개정 2016.3.28.〉 ◆

(시행규칙 제64조 제1항 관련 〈별표 21〉)

시설구분	시 설 종 류	구 비 기 준
가. 공공편익시설	화장실, 주차장, 전기시설, 통신시설, 상하수도시설	각 시설이 관광객이 이용하기에 충분할 것
나. 관광안내시설	관광안내소, 외국인통역안내소, 관광지 표지판	각 시설이 관광객이 이용하기에 충분할 것
다. 숙박시설	관광호텔, 수상관광호텔, 한국전통호텔, 가족호텔 및 휴양콘도미니엄	영 별표 1의 등록기준에 부합되는 관광숙박시설이 1종류 이상일 것
라. 휴양·오락시설	민속촌, 해수욕장, 수렵장, 동물원, 식물원, 수족관, 온천장, 동굴자원, 수영장, 농어촌휴양시설, 산림휴양시설, 박물관, 미술관, 활공장, 자동차야영장, 관광유람선 및 종합유원시설	영 별표 1의 등록기준에 부합되는 관광객이용시설 또는 별표 1의2의 시설 및 설비기준에 부합되는 유원시설로서 1종류 이상일 것
마. 접객시설	관광공연장·관광유흥음식점·관광극장유흥업점·외국인전용유흥음식점·관광식당	영 별표 1의 등록기준에 부합되는 관광객이용시설 또는 별표 2의 지정기준에 부합되는 관광편의시설로서 관광객의 이용에 충분할 것
바. 상가시설	관광기념품전문판매점, 백화점, 재래시장, 면세점 등	1개소 이상일 것

3. 관광특구의 지정절차

1) 지정신청

관광특구의 지정·지정취소 또는 그 면적의 변경(이하 "지정등"이라 한다)을 신청하려는 시장·군수·구청장(특별자치시 및 특별자치도의 경우는 제외한다)은 관광특구지정등신청서(시행규칙 제64조 2항 관련 별지 제42호서식)에 소정의 서류(주요 관광자원 등의 내용이 포함된 서류, 해당 지역주민 등의 의견수렴 결과를 기재한 서류, 관광특구의 진흥계획서, 관광특구를 표시한 행정구역도와 지적도면, 관광특구 지정요건에 적합함을 증명할 수 있는 서류 등)를 첨부하여 특별시장·광역시장·도지사에게 제출하여야 한다.

다만, 관광특구의 지정취소 또는 그 면적 변경의 경우에는 그 취소 또는 변경과 관계되지 아니하는 사항에 대한 서류는 이를 첨부하지 아니한다(동법시행규칙 제64조 2항 **〈개정 2019.4.25.〉**).

2) 관광특구 지정을 위한 조사·분석

동법 제70조 제1항 및 제2항에 따라 시·도지사 또는 특례시의 시장이 관광특구를 지정하려는 경우에는 같은 조 제1항 각 호의 요건을 갖추었는지 여부와 그 밖에 관광특구의 지정에 필요한 사항을 검토하기 위하여 대통령령으로 정하는 전문기관에 조사·분석을 의뢰하여야 한다(동법 제70조의2 **〈신설 2019.12.3., 2022.5.3.〉**).

3) 적합성 여부 등 검토

특별시장·광역시장·특별자치시장·도지사는 관광특구 지정등의 신청을 받은 경우에는 관광특구로서의 개발필요성, 타당성, 관광특구의 지정요건 및 관광개발계획에 적합한지 등을 종합적으로 검토하여야 한다(동법 시행규칙 제64조 3항, 제58조 3항).

4) 관계행정기관의 장과의 협의

관광지나 관광단지의 지정에서처럼 시·도지사가 관광특구를 지정하려는 경우에는 관계 행정기관의 장과 협의를 하여야 한다(동법 제70조 2항, 제52조 2항~4항).

4. 관광특구의 지정고시

특별시장·광역시장·특별자치시장·도지사는 관광특구의 지정절차를 거쳐 지정, 지정의 취소 또는 그 면적의 변경을 한 때에는 이를 고시하고, 그 지정내용을 관계 시장·군수·구청장에게 통지하여야 한다(동법 제70조 2항, 제52조 6항).

Ⅱ. 관광특구진흥계획

1. 관광특구진흥계획의 수립·시행

1) 관광특구진흥계획의 수립

특별자치시장·특별자치도지사·시장·군수·구청장은 관할구역 내 관광특구를 방문하는 외국인관광객의 유치 촉진 등을 위하여 관광특구진흥계획(이하 "진흥계획"이라 한다)을 수립하고 시행하여야 한다. 그리고 "진흥계획"을 수립하기 위하여 필요한 경우에는 해당 특별자치시·특별자치도·시·군·구 주민의 의견을 들을 수 있다(동법 제71조 1항, 동법 시행령 제59조 1항 **〈개정 2019.4.9.〉**).

2) '진흥계획'에 포함되어야 할 사항

특별자치시장·특별자치도지사·시장·군수·구청장은 다음 각 호의 사항이 포함된 "진흥계획"을 수립·시행한다(동법 시행령 제59조 2항 **〈개정 2019.4.9.〉**).

1. 외국인 관광객을 위한 관광편의시설의 개선에 관한 사항
2. 특색 있고 다양한 축제, 행사 그 밖에 홍보에 관한 사항
3. 관광객 유치를 위한 제도개선에 관한 사항
4. 관광특구를 중심으로 주변지역과 연계한 관광코스의 개발에 관한 사항
5. 그 밖에 관광질서 확립 및 관광서비스 개선 등 관광객 유치를 위하여 필요한 다음과 같은 사항(동법 시행규칙 제65조)
   가. 범죄예방 계획 및 바가지 요금, 퇴폐행위, 호객행위 근절대책
   나. 관광불편신고센터의 운영계획
   다. 관광특구 안의 접객시설 등 관련시설 종사원에 대한 교육계획
   라. 외국인 관광객을 위한 토산품 등 관광상품 개발·육성계획

3) '진흥계획'의 타당성 검토

특별자치시장·특별자치도지사·시장·군수·구청장은 수립된 진흥계획에 대하여 5년마다 그 타당성을 검토하고 진흥계획의 변경 등 필요한 조치를 하여야 한다(동법 시행령 제59조 3항 **〈개정 2019.4.9.〉**).

2. 관광특구진흥계획의 집행상황 평가

1) 관광특구에 대한 평가 등 (동법 제73조)

① 시·도지사 또는 특례시의 시장은 대통령령으로 정하는 바에 따라 제71조에 따른 관광특구진흥계획의 집행상황을 평가하고, 우수한 관광특구에 대하여는 필요한 지원을 할 수 있다(동법 제73조 1항 **〈개정 2019.12.3., 2022.5.3.〉**).

② 시·도지사 또는 특례시의 시장은 제1항에 따른 평가 결과 제70조에 따른 관광특구 지정요건에 맞지 아니하거나 추진실적이 미흡한 관광특구에 대하여는 대통령령으로 정하는 바에 따라 관광특구의 지정취소·면적조정·개선권고 등 필요한 조치를 하여야 한다(동법 제73조 2항 **〈개정 2021.4.13., 2022.5.3.〉**).

③ 문화체육관광부장관은 관광특구의 활성화를 위하여 관광특구에 대한 평가를 3년마다 실시하여야 한다(동법 제73조 3항 **〈신설 2019.12.3.〉**).

④ 문화체육관광부장관은 제3항에 따른 평가 결과 우수한 관광특구에 대하여는 필요한 지원을 할 수 있다(동법 제73조 4항 **〈신설 2019.12.3.〉**).

⑤ 문화체육관광부장관은 제3항에 따른 평가 결과 제70조에 따른 관광특구 지정요건에 맞지 아니하거나 추진실적이 미흡한 관광특구에 대하여는 대통령령으로 정하는 바에 따라 해당 시·도자사 또는 특례시의 시장에게 관광특구의 지정취소·면적조정·개선권고 등 필요한 조치를 할 것을 요구할 수 있다(동법 제73조 5항 **〈신설 2019.12.3., 2022.5.3.〉**).

⑥ 제3항에 따른 평가의 내용, 절차 및 방법 등에 필요한 사항은 대통령령으로 정한다(동법 제73조 6항 **〈신설 2019.12.3.〉**).

2) 진흥계획의 평가 및 조치 (동법시행령 제60조 **〈제목개정 2020.6.2.〉**)

(1) 평가주기 및 평가방법 ― 시·도지사 또는 특례시의 시장은 진흥계획의 집행상황을 연 1회 평가하여야 하며, 평가시에는 관광관련 학계·기관 및 단체의 전문가와 지역주민, 관광관련 업계종사자가 포함된 평가단을 구성하여 평가하여야 한다(동법 시행령 제60조 제1항).

(2) 평가결과 보고 ― 시·도지사 또는 특례시의 시장은 평가결과를 평가가 끝난 날부터 1개월 이내에 문화체육관광부장관에게 보고하여야 하며, 문화체육관광부장관은 시·도지사가 보고한 사항 외에 추가로 평가가 필요하다고 인정되면 진흥계획의 집행상황을 직접 평가할 수 있다(동법 시행령 제60조 제2항).

(3) 평가결과에 따른 지정취소 및 개선권고 — 시·도지사 또는 특례시의 시장은 진흥계획의 집행상황에 대한 평가결과에 따라 다음 각 호의 구분에 따른 조치를 할 수 있다(동법 시행령 제60조 제3항).

1. 관광특구의 지정요건에 3년 연속 미달하여 개선될 여지가 없다고 판단되는 경우에는 관광특구 지정취소
2. 진흥계획의 추진실적이 미흡한 관광특구로서 아래(제3호)의 규정에 따라 개선권고를 3회 이상 이행하지 아니한 경우에는 관광특구 지정취소
3. 진흥계획의 추진실적이 미흡한 관광특구에 대하여는 지정면적의 조정 또는 투자 및 사업계획 등의 개선 권고

3) 관광특구의 평가 및 조치 (동법시행령 제60조의2 〈**신설 2020.6.2.**〉)

① 문화체육관광부장관은 법 제73조제3항에 따라 관광특구에 대하여 다음 각 호의 사항을 평가해야 한다(동법시행령 제60조의2 제1항 〈**신설 2020.6.2.**〉).

1. 법 제70조에 따른 관광특구 지정요건을 충족하는지 여부
2. 최근 3년간의 진흥계획 추진 실적
3. 외국인관광객의 유치 실적
4. 그 밖에 관광특구의 활성화를 위하여 평가가 필요한 사항으로서 문화체육관광부령으로 정하는 사항

② 문화체육관광부장관은 법 제73조제3항에 따른 관광특구의 평가를 위하여 평가 대상지역의 특별자치시장·특별자치도지사·시장·군수·구청장에게 평가 관련 자료의 제출을 요구할 수 있으며, 필요한 경우 현지조사를 할 수 있다(동법시행령 제60조의2 제2항 〈**신설 2020.6.2.**〉).

③ 문화체육관광부장관은 법 제73조제3항에 따라 관광특구에 대한 평가를 하려는 경우에는 세부 평가계획을 수립하여 평가대상지역의 특별자치시장·특별자치도지사·시장·군수·구청장에게 평가실시일 90일 전까지 통보해야 한다(동법시행령 제60조의2 제3항 〈**신설 2020.6.2.**〉).

④ 문화체육관광부장관은 법 제73조제5항에 따라 다음 각 호의 구분에 따른 조치를 해당 시·도지사에게 요구할 수 있다(동법시행령 제60조의2 제4항 〈**신설 2020.6.2.**〉).

1. 법 제70조에 따른 관광특구의 지정요건에 맞지 않아 개선될 여지가 없다고 판단되는 경우: 관광특구 지정취소
2. 진흥계획 추진실적이 미흡한 경우: 면적조정 또는 개선권고

3. 제2호에 따른 면적조정 또는 개선권고를 이행하지 않은 경우: 관광특구 지정취소

⑤ 시·도지사는 제4항 각 호의 구분에 따른 조치 요구를 받은 날부터 1개월 이내에 조치계획을 문화체육관광부장관에게 보고해야 한다(동법시행령 제60조의2 제5항 **〈본조신설 2020.6.2.〉**).

Ⅲ. 관광특구에 대한 지원

1. 관광특구의 진흥을 위한 지원

국가나 지방자치단체는 관광특구를 방문하는 외국인관광객의 관광활동을 위한 편의증진 등 관광특구 진흥을 위하여 필요한 지원을 할 수 있다(동법 제72조 제1항).

2. 관광진흥개발기금의 지원

문화체육관광부장관은 관광특구를 방문하는 관광객의 편리한 관광활동을 위하여 관광특구 안의 문화·체육·숙박·상가·교통·주차시설로서 관광객 유치를 위하여 특히 필요하다고 인정되는 시설에 대하여 「관광진흥개발기금법」에 따라 관광진흥개발기금을 대여하거나 보조할 수 있다(동법 제72조 2항 **〈개정 2019.12.3.〉**).

Ⅳ. 관광특구 안에서의 다른 법률에 대한 특례

1. 영업제한의 해제

관광특구 안에서는 「식품위생법」(제43조)에 따른 영업제한에 관한 규정을 적용하지 아니한다(관광진흥법 제74조 제1항). 즉 「식품위생법」(제43조)에서 '시·도지사'는 영업의 질서 또는 선량한 풍속을 유지하기 위하여 필요하다고 인정하는 경우에는 식품접객업자와 그 종업원에 대하여 영업시간 및 영업행위에 관한 필요한 제한을 할 수 있도록 규정하고 있지만, 관광특구 안에서는 영업시간 및 영업행위에 관한 제한규정을 적용하지 아니하기 때문에 심야영업 등을 자유로이 할 수 있다.

2. 공개 공지(空地:공터) 사용

관광특구 안에서 ①관광숙박업(관광호텔업, 수상관광호텔업, 한국전통호텔업, 가족호텔업, 호스텔업, 소형호텔업, 의료관광호텔업 및 휴양콘도미니엄업), ②국제회의업(국

제회의시설업 및 국제회의기획업), ③종합여행업, ④관광공연장업, ⑤관광식당업, 여객자동차터미널시설업 및 관광면세업을 경영하는 자는 「건축법」의 규정(제43조)에도 불구하고 연간 180일 이내의 기간 동안 해당 지방자치단체의 조례로 정하는 바에 따라 공개 공지(空地:공터)를 사용하여 외국인 관광객을 위한 공연 및 음식을 제공할 수 있다. 다만, 울타리를 설치하는 등 공중(公衆)이 해당 공개 공지를 사용하는 데에 지장을 주는 행위를 하여서는 아니된다(관광진흥법 제74조 제2항).

3. 차마(車馬)의 도로통행 금지 또는 제한

관광특구 관할 지방자치단체의 장은 관광특구의 진흥을 위하여 필요한 경우에는 시·도경찰청장 또는 경찰서장에게 「도로교통법」 제2조에 따른 차마(車馬) 또는 노면전차의 도로통행 금지 또는 제한 등의 조치를 하여줄 것을 요청할 수 있다. 이 경우 요청받은 시·도경찰청장 또는 경찰서장은 「도로교통법」의 규정(제6조)에도 불구하고 특별한 사유가 없으면 지체 없이 필요한 조치를 하여야 한다(관광진흥법 제74조 제3항 **〈개정 2020.12.22.〉**).

이 또한 일반적으로는 차마(車馬)의 도로통행은 이를 금지할 수 없는 것이지만, 도로에서의 위험을 방지하고 교통의 안전과 원활한 소통을 위하여 필요하다고 인정할 때에 보행자나 차마의 통행을 금지하거나 제한할 수도 있다. 그러나 관광특구에서는 관할 지방자치단체의 장의 요청이 있을 때 시·도경찰청장 또는 경찰서장은 지체없이 필요한 조치를 취하도록 의무화한 것이다.

제6장
보칙 및 행정벌칙

제1절 보　칙

Ⅰ. 관광관련 사업에 대한 재정지원

1. 정부의 보조금 지급

문화체육관광부장관은 관광에 관한 사업을 하는 지방자치단체, 관광사업자단체 또는 관광사업자에게 보조금을 지급할 수 있다(관광진흥법 제76조 1항).

1) 국고보조금의 지급절차

(1) 국고보조금의 지급신청

국고보조금을 받으려는 자는 국고보조금 신청서(시행규칙 제66조 1항 관련 별지 제43호서식)에 다음 각 호의 사항을 기재한 서류를 첨부하여 문화체육관광부장관에게 제출하여야 한다(동법시행규칙 제66조 1항).

1. 사업개요(건설공사인 경우 시설내용을 포함한다) 및 효과
2. 사업자의 자산과 부채에 관한 사항
3. 사업공정계획
4. 총사업비 및 보조금액의 산출내역
5. 사업의 경비 중 보조금으로 충당하는 부문 외의 경비 조달방법

(2) 지급신청의 내용 및 조건심사

문화체육관광부장관은 국고보조금의 지급신청을 받은 경우 필요하다고 인정하면 관계공무원의 현지조사 등을 통하여 그 신청의 내용과 조건을 심사할 수 있다(동법 시행령 제61조 2항).

(3) 보조금의 지급결정 및 통지

문화체육관광부장관은 보조금 지급신청이 타당하다고 인정되면 보조금의 지급을 결정하고 그 사실을 신청인에게 알려야 한다(동법 시행령 제62조 1항).

(4) 보조금의 지급

보조금은 원칙적으로 사업완료 전에 지급하되, 필요한 경우 사업완료 후에 지급할 수 있다(동법 시행령 제62조 2항).

2) 보조사업자의 의무

(1) 사업추진실적 보고의무

보조금을 받은 자(이하 "보조사업자"라 함)는 문화체육관광부장관이 정하는 바에 따라 그 사업추진 실적을 문화체육관광부장관에게 보고하여야 한다.

(2) 사업계획 변경사항의 신고 및 승인

① 보조사업자는 사업계획을 변경 또는 폐지하거나 그 사업을 중지하려는 경우에는 미리 문화체육관광부장관의 승인을 받아야 한다(동법 시행령 제63조 1항).

② 보조사업자는 다음 각 호의 어느 하나에 해당하는 사실이 발생한 경우에는 지체 없이 문화체육관광부장관에게 신고하여야 한다. 다만, 사망한 경우에는 그 상속인이, 합병한 경우에는 그 합병으로 존속되거나 새로 설립된 법인의 대표자가, 해산한 경우에는 그 청산인이 신고하여야 한다.

1. 성명(법인인 경우에는 그 명칭 또는 대표자의 성명)이나 주소를 변경한 경우
2. 정관이나 규약을 변경한 경우
3. 해산하거나 파산한 경우
4. 사업을 시작하거나 종료한 경우

3) 보조금의 사용제한 등

(1) 보조금의 목적외 사용금지

보조사업자는 보조금을 지급받은 목적 외의 용도로 사용할 수 없다.

(2) 보조금의 지급결정의 취소 등

문화체육관광부장관은 보조금의 지급결정을 받은 자 또는 보조사업자가 ㉮ 거짓이나 그 밖의 부정한 방법으로 보조금의 지급을 신청하였거나 받은 경우, ㉯ 보조금의 지급조건을 위반한 경우에는 보조금의 지급결정의 취소, 보조금의

지급정지 또는 이미 지급한 보조금의 전부 또는 일부의 반환을 명할 수 있다.

2. 지방자치단체의 보조금 지급

지방자치단체는 그 관할구역 안에서 관광에 관한 사업을 하는 관광사업자단체 또는 관광사업자에게 조례로 정하는 바에 따라 보조금을 지급할 수 있다.

3. 공유재산의 임대료 감면

국가 및 지방자치단체는 「국유재산법」, 「공유재산 및 물품관리법」, 그 밖의 다른 법령에도 불구하고 관광지등의 사업시행자에 대하여 국유·공유 재산의 임대료를 대통령령으로 정하는 바에 따라 감면할 수 있다(관광진흥법 제76조 제3항).

이 경우 공유재산의 감면율은 고용창출, 지역경제 활성화에 미치는 영향 등을 고려하여 공유재산 임대료의 100분의 30의 범위에서 해당 지방자치단체의 조례로 정한다. 이에 따라 공유재산의 임대료를 감면받으려는 관광지등의 사업시행자는 해당 지방자치단체의 장에게 감면신청을 하여야 한다.

Ⅱ. 감염병 확산 등에 따른 관광진흥개발기금의 지원

국가와 지방자치단체는 감염병 확산 등으로 관광사업자(관광진흥법 제2조 제2호)에게 경영상 중대한 위기가 경영상 중대한 위기가 발생한 경우 필요한 지원을 할 수 있다(동법 제76조의 2).

이 규정은 관광사업을 효율적으로 발전시키기 위하여 조성되는 관광진흥개발기금외 용도에 감염병 확산 등으로 관광사업자에게 ㅂ라생한 경영상 중대한 위기극복을 위한 지원사업을 포함하도록 하여(기금법 제5조 3항 제9호의 2 신설) 관광사업의 피해를 최소화 하고 관광업계를 지원할 수 있는 법적 근거를 마련한 것으로서, 2021년 8월 10일 관광진흥법 개정때 신설한 규정이다.

Ⅲ. 청문의 실시

관할 등록기관등의 장은 ① 관광사업의 등록 등이나 사업계획 승인의 취소, ②관광종사원 자격의 취소, ③ 문화관광해설사 양성을 위한 교육프로그램 또는 교육과정 인증의 취소, ④ 조성계획승인의 취소 등의 처분을 하려면 청문(聽聞)을 실시하여야 한다(동법 제77조, 제주특별법 제244조 1항).

이러한 제도를 채택한 것은 관광사업자나 관광종사원에게 행정처분 등 불이익을 주고자 할 때 처분대상자에게 변명의 기회를 주거나 또는 행정관청이 미처 파악하지 못한 사항 등을 발견하여 부당한 처분을 배제하고자 함에 있다고 본다.

Ⅳ. 보고 및 검사

1. 지방자치단체장의 보고의무

지방자치단체의 장은 관광진흥정책의 수립 및 집행에 필요한 사항과 그 밖에 「관광진흥법」의 시행에 필요한 사항을 문화체육관광부장관(특별자치도는 도지사)에게 보고하여야 하는데, 보고사항은 다음과 같다(동법 제78조 1항, 동법 시행규칙 제67조, 제주특별법 제244조 1항).

1. 관광사업의 등록 현황(제4조)
2. 사업계획의 승인 현황(제15조)
3. 삭제〈2009.10.22〉(제20조에 따른 분양 또는 회원모집 현황)
4. 관광지등의 지정 현황(제52조)
5. 조성계획승인 현황(제54조)

이 중에서 1호 및 2호에 따른 보고는 매 연도 말 현재의 상황을 해당 연도가 끝난 후 10일 이내에 제출하여야 하고, 4호 및 5호에 따른 보고는 지정 또는 승인 즉시 하여야 한다.

2. 등록기관등의 장의 권한

관할 등록기관등의 장은 관광진흥시책의 수립·집행 및 이 법의 시행을 위하여 필요하면 관광사업자단체 또는 관광사업자에게 그 사업에 관한 보고를 하게 하거나 서류를 제출하도록 명할 수 있다(동법 제78조 2항, 제주특별법 제244조 1항).

3. 공무원의 사무소 등 출입 및 장부 등 검사

관할 등록기관등의 장은 관광진흥시책의 수립·집행 및 「관광진흥법」의 시행을 위하여 필요하다고 인정하면 소속공무원에게 관광사업자단체 또는 관광사업자의 사무소·사업장 또는 영업소 등에 출입하여 장부·서류나 그 밖의 물건을 검사하게 할 수 있다. 이때 해당 공무원은 그 권한을 표시하는 증표(證票)를 지니고 이를 관계인에게 내보여야 한다(동법 제78조 3항·4항, 동법시행규칙 제68조, 제주특별법 제244조).

V. 수 수 료

1. 수수료의 의의

수수료(手數料)란 국가 또는 공공단체가 공적 역무를 제공해준 데 대한 보상으로 징수하는 요금을 말한다. 「관광진흥법」에서는 관광행정주체가 타인에게 역무를 제공하였을 때에는 수수료를 받을 수 있도록 규정하고 있다. 그러나 특별자치도의 경우는 '도조례'로 수수료를 정한다(제주특별법 제244조 2항).

2. 수수료 납부대상

다음 각 호의 어느 하나에 해당하는 자는 수수료를 내야 한다(동법 제79조).

1. 여행업, 관광숙박업, 관광객이용시설업 및 국제회의업의 등록 또는 변경등록을 신청하는 자
2. 카지노업의 허가 또는 변경허가를 신청하는 자
3. 유원시설업의 허가 또는 변경허가를 신청하거나 유원시설업의 신고 또는 변경신고를 하는 자
4. 관광편의시설업 지정을 신청하는 자
5. 관광사업자의 지위승계를 신고하는 자
6. 관광숙박업, 관광객이용시설업 및 국제회의업에 대한 사업계획의 승인 또는 변경승인을 신청하는 자
7. 관광숙박업의 등급결정을 신청하는 자
8. 카지노시설의 검사를 받으려는 자
9. 카지노기구의 검정을 받으려는 자
10. 카지노기구의 검사를 받으려는 자
11. 유기시설 또는 유기기구의 안전성검사 또는 안전성검사대상에 해당되지 아니함을 확인하는 검사를 받으려는 자
12. 관광종사원자격시험에 응시하려는 자
13. 관광종사원의 등록을 신청하는 자
14. 관광종사원자격증의 재교부를 신청하는 자

15. 문화관광해설사 양성을 위한 교육프로그램 또는 교육과정의 인증을 신청하는 자

3. 수수료 납부방법

수수료 중 문화체육관광부장관에게 납부하는 수수료는 수입인지로, 특별자치도지사·시장·군수·구청장에게 내는 수수료는 해당 지방자치단체의 수입증지로 내야 하며, 카지노시설의 검사에 관한 수수료 및 유기시설·유기기구의 안전성 검사에 관한 수수료와 문화체육관광부장관의 권한이 한국관광공사, 한국관광협회중앙회, 지역별 관광협회, 업종별 관광협회, 카지노전산시설 검사기관, 카지노기구 검사기관, 유기시설·유기기구 안전성검사기관 또는 한국산업인력공단에 위탁된 업무에 대한 수수료는 해당 기관 또는 해당 기관이 지정하는 은행에 내야 한다(동법 시행규칙 제69조 7항, 제주특별법 제244조 2항).

Ⅵ. 권한의 위임 및 위탁

1. 권한의 위임

1) 권한위임의 의의

"위임"이라 함은 각종 법률에 규정된 행정기관의 장의 권한 중 일부를 그 보조기관 또는 하급행정기관의 장이나 지방자치단체의 장에게 맡겨 그의 권한과 책임하에 행사하도록 하는 것을 말한다(행정권한의 위임 및 위탁에 관한 규정 제2조 제1호).

2) 권한위임대상

문화체육관광부장관은 권한의 일부를 대통령령으로 정하는 바에 따라 시·도지사에게 위임할 수 있고, 시·도지사는 문화체육관광부장관으로부터 위임받은 권한의 일부를 문화체육관광부장관의 승인을 받아 시장·군수·구청장에게 재위임할 수 있다. 즉 문화체육관광부장관→시·도지사→ 시장·군수·구청장의 순으로 권한이 위임·재위임된다(동법 제80조 1항·2항, 동법 시행령 제65조).

현행 「관광진흥법」은 관광사업의 등록 등의 업무를 지방자치단체의 장에게 이양하고 있다. 즉 여행업, 관광숙박업, 관광객이용시설업 및 국제회의업에 대한 문화체육관광부장관 또는 시·도지사의 등록권한을 각각 시·도지사 또는 시

장·군수·구청장에게 이양하고 있다.

2. 권한의 위탁

1) 권한위탁의 의의

권한의 위탁(委託)이란 각종 법률에 규정된 행정기관의 장의 권한 중 일부를 다른 행정기관의 장에게 맡겨 그의 권한과 책임하에 권한을 행사하도록 하는 것을 말한다(행정권한의 위임 및 위탁에 관한 규정 제2조 제2호).

2) 권한위탁의 대상

문화체육관광부장관 또는 시·도지사 및 시장·군수·구청장은 다음 각 호의 권한을 한국관광공사, 협회, 지역별·업종별 관광협회 및 대통령령으로 정하는 전문 연구·검사기관이나 자격검정기관에 위탁할 수 있다(동법 제80조 3항).

① 지역별 관광협회에 위탁하는 사항
관광편의시설업 중 관광식당업·관광사진업 및 여객자동차터미널시설업의 지정 및 지정취소에 관한 권한

② 업종별 관광협회에 위탁하는 사항
국외여행 인솔자의 등록 및 자격증 발급에 관한 권한

③ 지정 검사기관에 위탁하는 사항
카지노기구의 검사에 관한 권한

④ 전문 연구·검사기관에 위탁하는 사항
가. 유기시설 또는 유기기구의 안정성검사 및 안전성검사 대상에 해당되지 아니함을 확인하는 검사에 관한 권한(안전성검사를 행할 수 있는 인력과 시설을 갖춘 업종별 관광협회 및 전문 연구·검사기관)
나. 호텔업의 등급결정권(호텔등급결정기관)

⑤ 한국관광공사에 위탁하는 사항
가. 우수숙박시설의 지정 및 지정취소에 관한 권한
나. 관광통역안내사·호텔경영사 및 호텔관리사의 자격시험, 등록 및 자격증의 발급에 관한 권한. 다만, 자격시험의 출제·시행·채점 등 자격시험의 관리에 관한 업무는 「한국산업인력공단법」에 따른 한국산업인력공단에 위탁한다.
다. 문화관광해설사의 양성교육과정 등의 인증 및 인증의 취소에 관한 권한

⑥ 협회(한국관광협회중앙회)에 위탁하는 사항
국내여행안내사 및 호텔서비스사의 자격시험, 등록 및 자격증의 발급에 관한 권한. 다만, 자격시험의 출제·시행·채점 등 자격시험의 관리에 관한 업무는 「한국산업인력공단법」에 따른 한국산업인력공단에 위탁한다(시행령 제65조 1항 5호).

3. 업무수탁자의 업무집행 관련 보고 등

수임·수탁기관은 그 실시내용을 즉 다음과 같은 사항을 즉시 또는 정해진 기간내에 위임·위탁기관에 보고하거나 승인을 받아야 한다(동법 시행령 제65조 2항~6항).

① 위탁받은 업무(관광편의시설업 중 관광식당업·관광사진업 및 여객자동차터미널시설업의 지정 및 지정취소)를 수행한 지역별 관광협회는 이를 시·도지사에게 보고하여야 한다(동법 시행령 제65조 2항).

② 시·도지사는 지역별 관광협회로부터 보고받은 사항을 매월 종합하여 다음달 10일까지 문화체육관광부장관에게 보고하여야 한다(동법 시행령 제65조 3항).

③ 카지노기구의 검사에 관한 권한을 위탁받은 카지노기구 검사기관은 검사에 관한 업무규정을 정하여 문화체육관광부장관의 승인을 받아야 한다. 이를 변경하는 경우에도 또한 같다(동법 시행령 제65조 4항).

④ 위탁받은 업무(유기시설·유기기구의 안정성검사 및 안전성검사 대상에 해당되지 아니함을 확인하는 검사)를 수행한 업종별 관광협회 또는 전문 연구·검사기관은 그 업무를 수행하면서 법령위반 사항을 발견한 경우에는 지체 없이 관할 특별자치도지사·시장·군수·구청장에게 이를 보고하여야 한다(동법 시행령 제65조 5항).

⑤ 한국관광공사, 한국관광협회중앙회, 업종별 관광협회 및 한국산업인력공단은 국외여행인솔자의 등록 및 자격증 발급, 우수숙박시설의 지정·지정취소, 관광종사원의 자격시험, 등록 및 자격증의 발급, 문화관광해설사 양성교육과정 등의 인증 및 인증의 취소에 관한 업무를 수행한 경우에는 이를 분기별로 종합하여 다음 분기 10일까지 문화체육관광부장관에게 보고하여야 한다(동법 시행령 제65조 6항).

제2절 행정벌칙

Ⅰ. 행정벌의 의의

행정벌(行政罰)이란 행정법상의 의무위반행위에 대하여 일반통치권에 기하여 일반사인에게 제재로서 과하는 벌(罰)을 말하며, 행정벌이 과하여질 비행을 행정범(行政犯)이라고 한다. 이는 직접적으로는 과거의 의무위반에 대하여 제재를 과함으로써 행정법규의 실효성 확보를 목적으로 하지만, 간접적으로는 의무자에게 심리적 압박을 가하여 의무이행을 촉진시키는 수단으로서의 기능을 아울러 가진다. 행정벌은 형법전(刑法典)에 형명(刑名)이 있는 형벌을 과하는 행정형벌(行政刑罰)과 형법전에 형명이 없는 벌인 과태료(過怠料)를 과하는 행정질서벌(行政秩序罰)로 구별되는 것이 통례다.

Ⅱ. 행정형벌

1. 행정형벌의 의의

행정형벌은 행정법상의 의무위반에 대한 제재로서 「형법」에 규정된 형벌(사형·징역·금고·자격상실·자격정지·벌금·구류·과료·몰수)이 과하여지는 경우를 말하는데, 행정벌의 중심적 위치를 차지하고 있다.

행정벌에는 총칙규정이 없으므로 행정형벌에 관한 특별규정이 있는 경우를 제외하고는 형법총칙(刑法總則)의 규정이 적용되며(형법 제8조), 그 과형(科刑) 절차에 있어서도 법원에서의 형사소송절차에 의하는 것을 원칙으로 한다.

2. 행정형벌의 사유

「관광진흥법」은 여러 단계의 행정형벌과 그 사유를 정하고 있다.

1) 5년 이하의 징역 또는 5천만원 이하의 벌금

다음 각 호의 어느 하나에 해당하는 자는 5년 이하의 징역 또는 5천만원 이하의 벌금에 처한다. 이 경우 징역과 벌금은 병과(倂科)할 수 있다.

1. 카지노업의 허가를 받지 아니하고 카지노업을 경영한 자(동법 제5조 제1항 위반)
2. 카지노사업자가 법령에 위반되는 카지노기구를 설치하거나 사용하는 행위 또는 법령에 위반하여 카지노기구 또는 시설을 변조하거나 변조된 카지노기구 또는 시설을 사용하는 행위를 한 자(동법 제28조 제1항 1호 또는 2호 위반)

2) 3년 이하의 징역 또는 3천만원 이하의 벌금

다음 각 호의 어느 하나에 해당하는 자는 3년 이하의 징역 또는 3천만원 이하의 벌금에 처하는데, 이 때 징역과 벌금은 병과할 수 있다(동법 제82조).

1. 등록을 하지 아니하고 여행업·관광숙박업(사업계획의 승인을 받은 관광숙박업만 해당한다)·국제회의업 및 「관광진흥법」 제3조 제1항 제3호 나목(대통령령으로 정하는 2종 이상의 시설과 관광숙박업의 시설 등을 함께 갖추어 이를 회원이나 그 밖의 관광객에게 이용하게 하는 업)의 관광객이용시설업을 경영한 자(동법 제4조 1항 위반)
2. 허가를 받지 아니하고 종합유원시설업 및 일반유원시설업을 경영한 자(동법 제5조 2항 위반)
3. 휴양콘도미니엄업 및 가족호텔업 또는 제2종종합휴양업을 적법하게 등록한 자가 아니면서 이러한 시설을 분양(휴양콘도미니엄업에 한함)하거나 회원을 모집한 자(동법 제20조 1항 및 2항 위반)
4. 동법 제33조의2 제3항에 따른 사용중지 등의 명령을 위반한 자

3) 2년 이하의 징역 또는 2천만원 이하의 벌금

다음 각 호의 어느 하나에 해당하는 카지노사업자(종사원을 포함한다)는 2년 이하의 징역 또는 2천만원 이하의 벌금에 처한다. 이 경우 징역과 벌금은 병과할 수 있다(동법 제83조).

1. 카지노업의 중요한 사항에 대한 변경허가를 받지 아니하거나 경미한 사항에 대한 변경신고를 하지 아니하고 영업한 자(동법 제5조 3항 위반)
2. 카지노사업자의 지위를 승계한 후 1개월 이내에 지위승계신고를 하지 아니하고 영업을 한 자(동법 제8조 4항 위반)
3. 타인경영이 금지된 카지노업운영에 필요한 시설 및 기구를 타인으로 하여금 경영하게 한 자(동법 제11조 제1항 위반)

4. 검사기관에 의한 검사를 받아야 하는 카지노시설을 검사를 받지 아니하고 이를 이용하여 영업을 한 자(동법 제23조 2항 위반)
5. 검사를 받지 아니하거나 검사결과 공인기준 등에 맞지 아니한 카지노기구를 이용하여 영업을 한 자(동법 제25조 3항 위반)
6. 카지노기구에 부착하거나 표시한 검사합격증명서를 훼손하거나 제거한 자(동법 제25조 4항 위반)
7. 카지노사업자의 준수사항 중
   ⓐ 허가받은 전용영업장 외에서 영업을 하는 행위
   ⓑ 내국인을 입장하게 하는 행위
   ⓒ 지나친 사행심을 유발하는 등 선량한 풍속을 해할 우려가 있는 광고 또는 선전행위
   ⓓ 카지노업 영업종류에 해당하지 아니하는 영업을 하거나 영업방법·배당금 등에 관한 신고를 하지 아니하고 영업하는 행위
   ⓔ 총매출액을 누락시켜 관광진흥개발기금 납부금액을 감소시키는 행위
   ⓕ 19세 미만의 외국인을 입장하게 하는 행위(동법 제28조 제1항 제3호부터 제8호 위반)
8. 카지노업의 사업정지처분에 위반하여 사업정지기간에 영업을 한 자(동법 제35조 1항 위반)
9. 카지노업의 시설 및 운영의 개선명령에 위반한 자(동법 제35조 1항 위반)
10. 카지노업을 경영함에 있어서 뇌물을 주고받은 자(동법 제35조제1항 19호 위반)
11. 관광진흥시책의 수립·집행 및 법의 시행에 필요한 보고 또는 서류의 제출을 하지 아니하거나 거짓으로 보고를 한 자나 또는 관계공무원의 출입·검사를 거부·방해하거나 기피한 자(동법 제78조 2항 위반)
12. 동법 제4조제1항에 따른 등록을 하지 아니하고 야영장업을 경영한 자

4) 1년 이하의 징역 또는 1천만원 이하의 벌금

다음 각 호의 어느 하나에 해당하는 자는 1년 이하의 징역 또는 1천만원 이하의 벌금에 처한다(동법 제84조).

1. 유원시설업(종합유원시설업 및 일반유원시설업)의 변경허가를 받지 아니하거나 변경신고를 하지 아니하고 영업을 한 자(동법 제5조 3항 위반)

2. 기타유원시설업의 신고를 하지 아니하고 영업을 한 자(동법 제5조 4항 위반)
3. 안전성검사를 받지 아니하고 유기시설 또는 유기기구를 설치한 자(동법 제33조 위반)
4. 법령에 위반하여 제조된 유기시설·유기기구 또는 유기기구의 부분품(部分品)을 설치하거나 사용한 자(동법 제34조 2항 위반)
5. 물놀이형 유원시설 등의 안전·위생기준을 지키지 아니한 경우에 해당되어 관할 등록기관등의 장이 발한 명령을 위반한 자(동법 제35조 제1항 14호 위반)
6. 여행업자로서 고의로 계약 또는 약관을 위반하여 관할 등록기관등의 장이 발한 개선명령을 위반한 자(동법 제35조 제1항 20호 위반)
7. 사업시행자와의 협의 없이 조성사업을 한 자(동법 제55조 3항 위반)

3. 양벌규정

형사벌(刑事罰)에서 법인(法人)은 범죄능력이 없다고 보는 것이 일반적인 견해이나, 행정벌에서는 법인의 범죄능력을 인정하고 있다. 많은 행정법규에서는 법인의 대표자 또는 법인의 대리인·사용인 그 밖의 종업원이 그 법인 또는 개인의 업무에 관하여 법률위반행위를 하였을 경우, 그 행위자를 처벌하는 이외에 업무의 주체인 법인에 대해서도 재산형(벌금·과료·몰수)을 과하는 경우가 있는데 이것을 양벌규정(兩罰規定) 또는 양벌주의(兩罰主義)라 한다.

「관광진흥법」에서도 양벌규정을 두고 있는데, 즉 "법인의 대표자나 법인 또는 개인의 대리인, 사용인, 그 밖의 종업원이 그 법인 또는 개인의 업무에 관하여 행정형벌의 대상이 되는 위반행위를 하면 그 행위자를 벌하는 외에 그 법인 또는 개인에게도 해당 조문의 벌금형을 과(科)한다. 다만, 법인 또는 개인이 그 위반행위를 방지하기 위하여 해당 업무에 관하여 상당한 주의와 감독을 게을리하지 아니한 경우에는 그러하지 아니하다(동법 제85조)"고 규정하고 있다.

Ⅲ. 행정질서벌(과태료)

1. 과태료의 의의

행정질서벌(行政秩序罰)의 일종인 과태료(過怠料)란 행정법상의 의무위반의 비행(非行)이 직접 행정목적을 침해하는 데는 미흡하더라도, 간접적으로 행정목적의 달성에 장해를 미칠 위험성이 있는 단순한 의무위반에 대하여 금전벌(金錢罰)을 과하는 것을 말한다. 즉 법률질서에 대한 위반이기는 하나, 형벌을 과할 정도가 아닌, 단순한 의무위반에 대하여 과하는 벌이다. 과태료는 제재로서 과하는 금전벌인 점에서 벌금(罰金)과 다를 바 없으나, 반윤리적인 악성(惡性)에 대한 처벌이 아니기 때문에 형벌(刑罰)인 벌금과 다르다.

2. 위반행위별 과태료금액

①「관광진흥법」 제33조의2 제1항에 따른 통보를 하지 아니한 자에게는 500만원 이하의 과태료를 부과한다(동법 제86조 제1항 〈신설 2015.5.18.〉). 즉 유원시설업자는 그가 관리하는 유기시설 또는 유기기구로 인하여 중대한 사고가 발생한 때에는 즉시 사용중지 등 필요한 조치를 취하고 특별자치도지사·시장·군수·구청장에게 통보하여야 하는데(동법 제33조의2 제1항), 통보를 하지 아니한 경우에 과태료를 부과한다.

② 다음 각 호의 어느 하나에 해당하는 자에게는 100만원 이하의 과태료를 부과한다(동법 제86조 제2항 **〈개정 2014.3.11.,2015.2.3.,2015.5.18.,2016.2.3.〉**).

1. 관광사업자가 아닌 자로서 관광표지를 사업장에 붙이거나 관광사업의 명칭을 포함하는 상호를 사용하는 경우(동법 제10조 제3항을 위반)
2. 카지노사업자로서 영업준칙을 지키지 아니한 자(동법 제28조제2항 전단 위반)
3. 유원시설업에 종사하는 안전관리자가 안전교육을 받지 아니한 경우(동법 제33조 제3항 위반)
4. 유원시설업자가 안전관리자에게 안전교육을 받도록 하지 아니한 경우(동법 제33조 제4항 위반)
5. 관광통역안내의 자격이 없는 사람이 외국인관광객을 대상으로 관광통역안내를 한 경우(동법 제38조 제6항 위반)

6. 관광통역안내의 자격을 가진 사람이 관광안내를 할 때 자격증을 패용하지 아니한 경우(동법 제38조 제7항 위반)
7. 인증(認證)을 받지 아니한 교육프로그램 또는 교유과정에 인증표시를 하거나 이와 유사한 표시를 한 자(동법 제48조의6 제4항 위반)

③ 위 「관광진흥법」 제86조 제1항 및 제2항에 따른 구체적인 위반행위의 종류와 과태료금액은 다음 〈별표 5〉와 같다(동법 시행령 제67조 **〈개정 2015.11.18.〉**).

3. 과태료의 부과 및 징수

과태료는 관할 등록기관등의 장(제주자치도에 있는 카지노업의 경우 제주도지사)이 부과·징수한다(동법 제86조 제3항, 제주특별법 제244조 1항 **〈개정 2015.5.18.〉**).

과태료의 부과기준은 〈별표 5〉와 같다(동법시행령 제67조).

◆ 과태료의 부과기준 ◆

(시행령 제67조 관련 [별표 5] 〈개정 2016.8.2.,**2019.4.9.**〉)

1. 일반기준

가. 위반행위의 횟수에 따른 과태료의 가중된 부과기준은 최근 2년간 같은 위반행위로 과태료를 부과받은 경우에 적용한다. 이 경우 기간의 계산은 위반행위에 대하여 과태료 부과처분을 받은 날과 그 처분 후 다시 같은 위반행위를 하여 적발된 날을 기준으로 한다.

나. 가목에 따라 가중된 부과처분을 하는 경우 가중처분의 적용 차수는 그 위반행위 전 부과처분 차수(가목에 따른 기간 내에 과태료 부과처분이 둘 이상 있었던 경우에는 높은 차수를 말한다)의 다음 차수로 한다.

다. 부과권자는 다음의 어느 하나에 해당하는 경우에는 제2호의 개별기준에 따른 과태료 금액의 2분의 1의 범위에서 그 금액을 줄일 수 있다. 다만, 과태료를 체납하고 있는 위반행위자에 대해서는 그렇지 않다.

1) 위반행위자가 「질서위반행위규제법 시행령」 제2조의2 제1항 각 호의 어느 하나에 해당하는 경우
2) 위반행위자가 처음 해당 위반행위를 한 경우로서 5년 이상 해당 업종을 모범적으로 영위한 사실이 인정되는 경우
3) 위반행위자가 자연재해·화재 등으로 재산에 현저한 손실이 발생하거나 사업여건의 악화로 사업이 중대한 위기에 처하는 등의 사정이 있는 경우
4) 위반행위가 사소한 부주의나 오류로 인한 것으로 인정되는 경우

5) 위반행위자가 같은 위반행위로 벌금이나 사업정지 등의 처분을 받은 경우
6) 위반행위자가 법 위반상태를 시정하거나 해소하기 위하여 노력한 것으로 인정되는 경우
7) 그 밖에 위반행위의 정도, 위반행위의 동기와 그 결과 등을 고려하여 과태료의 금액을 줄일 필요가 있다고 인정되는 경우

2. 개별기준

(단위: 만원)

위반행위	근거법조문	과태료금액		
		1차위반	2차위반	3차이상 위반
가. 법 제10조제3항을 위반하여 관광표지를 사업장에 붙이거나 관광사업의 명칭을 포함하는 상호를 사용한 경우	법 제86조 제2항 제2호	30	60	100
나. 법 제28조제2항 전단을 위반하여 영업준칙을 지키지 않은 경우	법 제86조 제2항 제4호	100	100	100
다. 법 제33조제3항을 위반하여 안전교육을 받지 않은 경우	법 제86조 제2항 제4호의2	30	60	100
라. 법 제33조제4항을 위반하여 안전관리자에게 안전교육을 받도록 하지 않은 경우	법 제86조 제2항 제4호의3	50	100	100
마. 법 제33조의2 제1항을 위반하여 유기시설 또는 유기기구로 인한 중대한 사고를 통보하지 않은 경우	법 제86조 제1항	100	200	300
바. 법 제38조 제6항을 위반하여 관광통역안내를 한 경우	법 제86조 제2항 제4호의4	50	100	100
사. 법 제38조 제7항을 위반하여 자격증을 패용하지 않은 경우	법 제86조 제2항 제4호의5	3	3	3
아. 법 제48조의6 제4항을 위반하여 인증을 받지 않은 교육프로그램 또는 교육과정에 인증표시를 하거나 이와 유사한 표시를 한 경우	법 제86조 제2항 제5호	30	60	100

제 4 편

국제회의산업의 육성시책

■ 국제회의산업 육성에 관한 법률

국제회의산업 육성에 관한 법률

제1절 총 설

Ⅰ. 국제회의산업 육성에 관한 법률의 제정목적

「국제회의산업 육성에 관한 법률」(이하 "국제회의산업법"이라 한다)은 국제회의의 유치를 촉진하고 그 원활한 개최를 지원하여 국제회의산업을 육성·지원함으로써 관광산업의 발전과 국민경제의 향상 등에 이바지할 목적으로 1996년 12월 30일 법률 제5210호로 제정되었고, 그 후 수차례의 개정을 거쳤으며, 2015년 3월 27일 최종 개정된 후 현재에 이르고 있다.

현대사회에서 대규모 국제회의를 개최할 경우 직접 또는 간접으로 고용이 증대되고, 국제회의와 관련된 산업이 발전되며, 각종 정보의 교류로 인한 산업의 경쟁력이 향상되는 등 국제회의 자체가 하나의 유망한 산업으로 인식됨에 따라 세계 각국은 경쟁적으로 이 분야를 육성하고 있다. 이에 우리나라도 21세기 국가전략산업의 하나로서 국제회의산업에 대한 인식이 증대되면서 이를 발전시키기 위한 국가적 차원의 법적·제도적 지원과 정비를 위하여 많은 노력을 기울이고 있다.

이에 따라 "국제회의산업법"에서는 국제회의산업을 육성하기 위하여 국가시책의 방향과 함께 목표를 제시하고 있는데, 즉 ① 국제회의 유치촉진 및 개최지원을 통하여 국제회의산업을 육성·진흥하고, 이렇게 함으로써 ② 관광산업의 발전과 함께 국민경제의 향상 등에 이바지한다는 것이다. 그러므로 국제회의 유치를 촉진하고 개최를 지원하는 궁극적인 목적은 관광산업의 발전과 국민경제의 향상에 있고, 이를 위하여 "국제회의산업법"에서는 정부가 강구하여야 할 각종 시책을 명시하고 있다.

Ⅱ. 국제회의

1. 국제회의의 정의

국제회의의 정의에 관하여는 이론상의 정의와 실정법상의 정의로 나누어 고찰해 볼 수 있다. 이론상의 정의를 보면, 국제회의란 통상적으로 공인된 단체가 정기적 또는 부정기적으로 주최하며 3개국 이상의 대표가 참가하는 회의를 의미하는데, 회의는 그 성격에 따라 국가 간의 이해조정을 위한 교섭회의, 전문학술회의, 참가자 간의 우호증진이 목적인 친선회의, 국제기구의 사업결정을 위한 총회나 이사회 등 그 종류가 매우 다양하다.

한편, 실정법상의 정의로서 현행 「국제회의산업 육성에 관한 법률」(이하 "국제회의산업법"이라 한다)에 따르면, 국제회의란 상당수의 외국인이 참가하는 회의(세미나·토론회·전시회·기업회의 등을 포함한다)로서 대통령령(동법 시행령 제2조)으로 정하는 종류와 규모에 해당하는 것을 말한다(동법 제2조 1호 〈**개정 2020.12.22.**〉).

2. 국제회의의 종류

일반적으로 국제회의를 회의의 형태에 따라 분류하면 다음과 같다.

1) 회의(meeting)

회의는 모든 종류의 모임을 총칭하는 포괄적인 용어이다. 특히 모든 참가자가 단체에 관한 사항을 토론하기 위해서 단체의 구성원이 되는 형태의 회의를 말한다.

2) 총회(assembly)

한 기구의 회원국들의 대표가 모여 의사결정 및 정책결정 등을 하고 위원회의 선출과 예산협의의 목적으로 모이는 공식적인 회의를 말한다.

3) 컨벤션(convention)

회의분야에서 가장 일반적으로 쓰이는 용어로서 정보전달을 주된 목적으로 하는 정기집회에 많이 사용되며 전시회를 수반하는 경우가 많다. 각 기구나 단체에서 개최하는 연차총회(annual meeting)의 의미로 쓰였으나, 요즘에는 총회, 휴회기간 중에 개최되는 각종 소규모 회의, 위원회회의 등을 포괄적으로 의미하는 용어로 사용된다.

4) 콘퍼런스(conference)

컨벤션과 거의 같은 뜻을 가진 용어이지만, 컨벤션이 주로 불특정다수의 주제를 다루는 조직 및 관련기구의 정기회의인 반면, 콘퍼런스는 주로 과학·기술·학문 등 전문분야의 새로운 정보를 전달하고 습득하거나 특정 문제점 연구를 위한 회의이기 때문에 통상 컨벤션에 비해 토론회가 많이 준비되고 회의참가자들에게 토론의 참여기회가 많이 주어진다.

5) 콩그레스(congress)

컨벤션과 유사한 의미를 가진 용어로서 유럽지역에서 빈번히 사용되며, 주로 국제규모의 회의를 의미한다. 컨벤션이나 콩그레스는 본회의와 사교행사 그리고 관광행사 등의 다양한 프로그램으로 구성되며, 대규모 인원이 참가한다. 대개 연차적으로 개최되며, 주로 상설 국제기구가 주최한다.

6) 포럼(forum)

제시된 한 가지의 주제에 대해 상반된 견해를 가진 동일 분야의 전문가들이 사회자의 주도하에 대중 앞에서 벌이는 공개토론회로서 청중이 자유롭게 질의에 참여할 수 있으며 사회자가 의견을 종합한다.

7) 심포지엄(symposium)

제시된 안건에 대해 전문가들이 연구결과를 중심으로 다수의 청중 앞에서 벌이는 공개토론회로서, 포럼에 비해 회의참가자들이 다소의 형식을 갖추어 회의를 진행하므로 청중의 질의기회는 적게 주어진다.

8) 패널토의(panel discussion)

청중이 모인 가운데 2명에서 8명까지의 연사가 사회자의 주도하에 서로 다른 분야에서의 전문가적 견해를 발표하는 공개토론회로서 청중도 자신의 의견을 발표할 수 있다.

9) 워크숍(workshop)

콘퍼런스, 컨벤션 또는 기타 회의에 보조적으로 개최되는 짧은 교육프로그램으로, 30명 내외의 참가자가 특정문제나 과제에 관한 새로운 지식, 기술, 아이디어 등을 교환하며, 발표자와 참가자가 감정적 동질성을 갖고 새로운 정보와 전문업무를 교육시키는 교육토론회이다.

10) 세미나(seminar)

교육 및 연구목적으로 개최되는 회의로 발표자와 참가자가 단일한 논제에 대해 발표·토론하며, 발표자와 참가자는 교육자와 피교육자의 관계를 전제로 한다.

11) 클리닉(clinic)

클리닉은 특별한 기술을 교육하고 습득하기 위한 목적에 많이 활용되는 회의 형태로 기술과 전문지식 제공이 목적이며, 대부분은 소규모 집단이 참여한다.

12) 전시회(exhibition)

무역, 산업, 교육분야 또는 상품 및 서비스판매업자들의 대규모 전시회로서 회의를 수반하는 경우도 있다. 'exposition' 및 'tradeshow'라고도 하며, 유럽에서는 주로 'trade fair'라는 용어를 사용한다.

13) 원격회의(teleconference)

회의참석자가 회의장소로 이동하지 않고 국가간 또는 대륙간 통신시설을 이용하여 회의를 개최한다. 회의경비를 절감하고 준비 없이도 회의를 개최할 수 있다는 장점이 있으며, 오늘날에는 각종 audio, video, graphics 및 컴퓨터 장비, 멀티미디어를 갖춘 고도의 통신기술을 활용하여 회의를 개최할 수 있으므로 그 발전이 주목되고 있다.

14) 인센티브 관광(incentive travel)

기업에서 주어진 목적이나 목표달성을 위해 종업원(특히 판매원), 거래상(대리점업자), 거액 구매고객들에게 관광이라는 형태로 동기유발을 시키거나 보상함으로써 생산효율성을 증대하고 고객을 대상으로 광고효과를 유발하는 것으로서 포상관광이라고도 말한다.

3. 국제회의의 기준

1) 국제협회연합의 기준

국제회의에 관한 각종 통계를 작성하여 발표하고 있는 권위있는 국제기구인 국제협회연합(UIA: Union of International Associations)에서는 각종 국제회의 통계를 작성할 때 국제회의의 기준을 다음과 같이 제시하고 있다.

① 국제기구가 주최하거나 후원하는 회의

② 국제기구에 소속된 국내지부가 주최하는 국내 회의 가운데 다음 조건을 모두 만족하는 회의:

ⓐ 전체 참가자수가 300명 이상일 것

ⓑ 참가자 중 외국인이 40% 이상일 것

ⓒ 참가국수가 5개국 이상일 것

ⓓ 회의기간이 3일 이상일 것

2) 우리나라의 기준

우리나라의 「국제회의산업 육성에 관한 법률」(이하 "국제회의산업법"이라 한다)에서는 국제회의요건을 다음과 같이 규정하고 있다(동법 제2조 1호, 동법시행령 제2조 1호·2호·3호 〈**개정 2020.11.10.**〉).

① 국제기구나 국제기구에 가입한 기관 또는 법인·단체가 개최하는 회의로서 다음 각 요건을 모두 갖춘 회의

ⓐ 해당 회의에 5개국 이상의 외국인이 참가할 것

ⓑ 회의참가자가 300명 이상이고 그 중 외국인이 100명 이상일 것

ⓒ 3일 이상 진행되는 회의일 것

② 국제기구에 가입하지 아니한 기관 또는 법인·단체가 개최하는 회의로서 다음 각 요건을 모두 갖춘 회의

ⓐ 회의참가자 중 외국인이 150명 이상일 것

ⓑ 2일 이상 진행되는 회의일 것

③ 국제기구, 기관, 법인 또는 단체가 개최하는 회의로서 다음 각 목의 요건을 모두 갖춘 회의

ⓐ 「감염병의 예방 및 관리에 관한 법률」 제2조 제2호에 따른 제1급감염병 확산으로 외국인이 회의장에 직접 참석하기 곤란한 회의로서 개최일이 문화체육관광부장관이 정하여 고시하는 기간 내일 것

ⓑ 회의 참가자 수, 외국인 참가자 수 및 회의일수가 문화체육관광부장관이 정하여 고시하는 기준에 해당할 것

4. 국제회의의 개최효과

금세기 국제회의산업이 고부가가치의 신종산업으로 떠오르자 국제회의를 비롯한 전시회 또는 이벤트 등 국제행사의 개최건수가 해마다 증가추세를 보이고 있다. 이제 관광산업의 꽃으로 불리는 국제회의산업은 국가전략산업으로 각광을 받으면서 정착되어가고 있으며, 특히 그 효과는 다방면에 걸쳐 상승작용을 함으로써 개최국의 위상과 경제적인 부를 동시에 상승시켜 주고 있다. 그 구체적인 효과를 국가홍보, 외화획득, 고용창출, 지역경제 발전 등의 측면에서 살펴보고자 한다.

1) 정치적 효과

국제회의는 통상 수십 개국의 대표들이 대거 참여하므로 국가홍보에 기여하는 바가 크며, 회원자격으로 참가하는 비수교국 대표와 교류기반을 조성할 수도 있어 국가 외교면에서도 커다란 기여를 하며, 또한 국제회의 참가자는 대부분 해당 분야의 영향력 있는 인사들로 해당 국가의 오피니언 리더들이므로 민간외교 차원에서도 그 파급효과가 매우 크다.

2) 사회·문화적 효과

국제회의는 외국과의 직접적인 교류를 통해 지식·정보의 교환, 참가자와 개최국 시민 간의 접촉을 통한 시민의 국제감각 함양 등 국제화의 중요한 수단이 될 수 있다. 또한 국제회의 유치, 기획, 운영의 반복은 개최지의 기반시설 뿐만 아니라 다양한 기능을 향상시키며 개최국의 이미지 향상, 국제사회에서의 위상확립 등 개최국의 지명도 향상에도 큰 기여를 한다. 또한 지방으로의 국제회의 분산 개최는 지방의 국제화와 지역 균형발전에도 큰 몫을 하게 된다.

3) 경제적 효과

국제회의산업은 종합 서비스산업으로 서비스업을 중심으로 사회 각 산업분야에 미치는 승수효과가 매우 크다. 국제회의는 개최국의 소득향상효과(회의참가자의 지출→서비스산업 등 수입증가→시민소득 창출), 고용효과(서비스업 인구 등 광범위한 인력 흡수), 세수 증가효과(관련산업 발전→법인세→시민소득 증가→소득세) 등 경제 전반의 활성화에 기여하게 된다. 그 밖에도 참가들이 직접 대면을 하게 되므로 상호 이해 부족에서 올 수 있는 통상마찰 등을 피할 수 있게 될 뿐만 아니라 선진국의 노하우를 직접 수용함으로써 관련분야의 국제경쟁력을 강화하는 등산업발전에도 중요한 역할을 한다.

4) 관광산업적 효과

국제회의 개최는 관광산업 측면에서 볼 때 관광 비수기 타개, 대량 관광객 유치 및 양질의 관광객 유치효과를 가져다 줄 뿐만 아니라, 국제회의는 계절에 구애받지 않고 개최가 가능하며, 참가자가 보통 100명에서 많게는 1,000명 이상에 이르므로 대량 관광객 유치의 첩경이 된다. 또한 국제회의 참가자는 대부분 개최지를 최종 목적지로 하기 때문에 체재일수가 길며 일반 관광객보다 1인당 소비액이 높아 관광수입 측면에서도 막대한 승수효과를 가져온다.

Ⅲ. 국제회의시설

1. 국제회의시설의 정의

국제회의시설이란 국제회의의 개최에 필요한 회의시설, 전시시설 및 이와 관련된 지원시설·부대시설 등으로서 대통령령(국제회의산업법 시행령)으로 정하는 종류와 규모에 해당하는 것을 말한다(국제회의산업법 제2조 3호 〈**개정 2020.12.22.**〉).

2. 국제회의시설의 종류

국제회의시설은 전문회의시설·준회의시설·전시시설 및 부대시설로 구분하지만, 부대시설은 전문회의시설 및 전시시설에 부속된 시설을 말한다.

1) 전문회의시설

전문회의시설은 다음 각 호의 요건을 모두 갖추어야 한다.

1. 2천명 이상의 인원을 수용할 수 있는 대회의실이 있을 것
2. 30명 이상의 인원을 수용할 수 있는 중·소회의실이 10실 이상 있을 것
3. 옥내와 옥외의 전시면적을 합쳐서 2천제곱미터 이상 확보하고 있을 것

2) 준회의시설

준회의시설은 국제회의의 개최에 필요한 회의실로 활용할 수 있는 호텔연회장·공연장·체육관 등의 시설로서 다음 각 호의 요건을 모두 갖추어야 한다.

1. 200명 이상의 인원을 수용할 수 있는 대회의실이 있을 것
2. 30명 이상의 인원을 수용할 수 있는 중·소회의실이 3실 이상 있을 것

3) 전시시설

전시시설은 다음 각 호의 요건을 모두 갖추어야 한다.

1. 옥내와 옥외의 전시면적을 합쳐서 2천제곱미터 이상 확보하고 있을 것
2. 30명 이상의 인원을 수용할 수 있는 중·소회의실이 5실 이상 있을 것

4) 부대시설

부대시설은 국제회의 개최와 전시의 편의를 위하여 전문회의시설과 전시시설에 부속된 숙박시설·주차시설·음식점시설·휴식시설·판매시설 등으로 한다.

3. 우리나라 국제회의시설 현황

우리나라는 2000년 5월까지 전문회의시설은 전무한 상태였고, 그동안 유치한 국제회의는 거의 모두 준회의시설에서 개최한 것이다. 그러나 2000년 아시아·유럽정상회의(ASEM), 2002년의 월드컵축구대회와 부산아시안게임, 2010년의 G20정상회의 개최 등으로 컨벤션센터가 활발하게 운영되고 있다.

우리나라의 전문 컨벤션센터(국제회의시설)는 2015년 12월 말 현재 서울 코엑스(COEX)컨벤션센터(1988.9. 개관)를 비롯하여 부산 전시컨벤션센터(BEXCO, 2001.9. 개관), 대구 전시컨벤션센터(EXCO, 2001.4. 개관), 제주국제컨벤션센터(ICC JEJU, 2003.3. 개관), 경기도 고양에 한국국제전시장(KINTEX, 2005.4. 개관), 창원에 창원컨벤션센터(CECO, 2005.9. 개관), 광주에 김대중컨벤션센터(KTJ Center, 2005.9. 개관), 대전에 대전컨벤션센터(DCC, 2008.4. 개관), 인천에 송도컨벤시아(Songdo Convensia, 2008.10. 개관), 최근에는 경주 화백컨벤션센터(HICO, 2015.3.2. 개관) 등이 문을 열었다. 그리고 고양 KINTEX(2011.9.), 대구 EXCO(2011.5.), 부산 BEXCO(2012.6.)가 확장을 위한 신축공사를 완료하였다. 이 외에도 몇몇 지방자치단체가 컨벤션시설을 설립하기 위한 타당성 검토가 진행되고 있으며, 기타 호텔 신축이 추진되는 등 시설관련 수용태세는 점차 개선되고 있다.[17]

---

17) 문화체육관광부, 전게 2019년 기준 연차보고서, p.130 참조.

제2절 국제회의산업의 육성

Ⅰ. 국제회의산업의 정의

국제회의산업이라 함은 국제회의의 유치와 개최에 필요한 국제회의시설, 서비스 등과 관련된 산업을 말한다(국제회의산업법 제2조 2호). 즉 「관광진흥법」에서 규정하고 있는 국제회의시설업 및 국제회의기획업(동법시행령 제2조 1항 4호)과 관련된 산업을 말한다.

여기에서 국제회의시설업은 대규모 관광수요를 유발하는 국제회의를 개최할 수 있는 시설을 설치하여 운영하는 업을 말하고, 국제회의기획업은 대규모 관광수요를 유발하는 국제회의의 계획·준비·진행 등의 업무를 위탁받아 대행하는 업을 말한다.

Ⅱ. 국제회의산업 육성을 위한 국가 및 정부의 책무

1. 행정상·재정상의 지원조치 강구

국가는 국제회의산업의 육성·진흥을 위하여 필요한 계획의 수립 등 행정상·재정상의 지원조치를 강구하여야 하는데, 이 지원조치에는 국제회의참가자가 이용할 숙박시설·교통시설 및 관광편의시설 등의 설치·확충 또는 개선을 위하여 필요한 사항이 포함되어야 한다(국제회의산업법 제3조). 여기서 국가라는 표현을 사용한 것은 국제회의산업 육성을 위한 재정상의 지원은 행정부인 문화체육관광부 단독으로 해결할 수 없기 때문이다. 예컨대, 관광예산안을 행정부에서 편성하지만, 이를 심의·의결하여 최종적으로 확정하는 것은 입법부인 국회만이 할 수 있기 때문에 국회까지 포함되는 국가라는 용어로 명시한 것이다.

2. 국제회의 전담조직의 지정 및 설치

국제회의 전담조직이란 국제회의산업의 진흥을 위하여 각종 사업을 수행하는 조직을 말한다(국제회의산업법 제2조 5호).

1) "전담조직"의 지정

① 문화체육관광부장관은 국제회의산업의 육성을 위하여 필요하면 국제회의 전담조직(이하 "전담조직"이라 한다)을 지정할 수 있다(국제회의산업법 제5조 1항).

국제회의 전담조직은 다음 각 호의 업무를 담당한다(동법시행령 제9조).

1. 국제회의의 유치 및 개최 지원
2. 국제회의산업의 국외 홍보
3. 국제회의 관련 정보의 수집 및 배포
4. 국제회의 전문인력의 교육 및 수급(需給)
5. 지방자치단체의 장이 설치한 전담조직에 대한 지원 및 상호 협력
6. 그 밖에 국제회의산업의 육성과 관련된 업무

② 문화체육관광부장관은 "전담조직"을 지정할 때에는 '국제회의산업법 시행령' 제9조 각 호의 업무를 수행할 수 있는 전문인력 및 조직 등을 적절하게 갖추었는지를 고려하여야 한다(동법시행령 제10조).

2) "전담조직"의 설치

국제회의시설을 보유·관할하는 지방자치단체의 장은 국제회의 관련 업무를 효율적으로 추진하기 위하여 필요하다고 인정하면 전담조직을 설치할 수 있다(국제회의산업법 제5조 2항). 이 "전담조직"의 업무는 해당 지방자치단체의 조례로 정하게 된다.

3. 국제회의산업 육성기본계획의 수립 등

1) 기본계획의 내용

문화체육관광부장관은 국제회의산업의 육성·진흥을 위하여 다음 각 호의 사항이 포함되는 국제회의산업육성기본계획(이하 "기본계획"이라 한다)을 5년마다 수립·시행하여야 한다(국제회의산업법 제6조 1항 **〈개정 2020.12.22., 2022.9.27.〉**).

1. 국제회의의 유치와 촉진에 관한 사항
2. 국제회의의 원활한 개최에 관한 사항
3. 국제회의에 필요한 인력의 양성에 관한 사항
4. 국제회의시설의 설치 및 확충에 관한 사항
5. 국제회의시설의 감염병 등에 대한 안전·위생·방역 관리에 관한 사항

6. 국제회의산업 진흥을 위한 제도 및 법령 개선에 관한 사항
7. 그 밖에 국제회의산업의 육성·진흥에 관한 중요 사항

2) 기본계획의 수립 및 변경

문화체육관광부장관이 기본계획을 수립 또는 변경하려는 경우에는 국제회의산업과 관련이 있는 기관 또는 단체 등의 의견을 들어야 한다(동법시행령 제11조).

3) 필요한 협조의 요청

문화체육관광부장관은 국제회의산업 육성과 관련된 기관의 장에게 기본계획의 효율적인 달성을 위하여 필요한 협조를 요청할 수 있다(국제회의산업법 제6조 3항).

'국제회의산업법'에서는 국제회의산업의 육성을 위하여 국제회의 유치·개최 지원, 국제회의산업 육성기반 조성, 국제회의 도시의 지정 및 지원 등을 규정하고 있다.

4. 국제회의 유치·개최 지원

1) 지 원

문화체육관광부장관은 국제회의의 유치를 촉진하고 그 원활한 개최를 위하여 필요하다고 인정하면 국제회의를 유치하거나 개최하는 자(국제회의개최자)에게 지원을 할 수 있다(국제회의산업법 제7조 1항).

2) 권한의 위탁

문화체육관광부장관은 국제회의 유치·개최의 지원에 관한 업무를 대통령령으로 정하는 바에 따라 법인이나 단체에 위탁할 수 있다(국제회의산업법 제18조 1항). 이에 따라 국제회의 유치·개최의 지원에 관한 업무는 국제회의 전담조직에 위탁하도록 되어 있다(동법시행령 제16조).

3) 경비의 보조

문화체육관광부장관은 국제회의 유치·개최의 지원에 관한 업무를 위탁한 경우에는 해당 법인이나 단체에 예산의 범위에서 필요한 경비(經費)를 보조할 수 있다(국제회의산업법 제18조 2항).

4) 지원신청

지원을 받으려는 자는 문화체육관광부장관에게 국제회의의 유치·개최에 관한

지원을 신청하여야 한다(국제회의산업법 제7조 2항). 이 경우 국제회의지원신청서에 다음 각 호의 서류를 첨부하여 국제회의 전담조직의 장에게 제출하여야 한다(동법 시행규칙 제2조).

1. 국제회의 유치·개최 계획서(국제회의의 명칭, 목적, 기간, 장소, 참가자 수, 필요한 비용 등이 포함되어야 한다) 1부
2. 국제회의 유치·개최 실적에 관한 서류(국제회의를 유치·개최한 실적이 있는 경우만 해당한다) 1부
3. 지원을 받고자 하는 세부 내용을 적은 서류 1부

5. 국제회의산업 육성기반의 조성 및 정부지원

1) 국제회의산업 육성기반 조성의 내용

국제회의산업 육성기반이란 국제회의시설, 국제회의 전문인력, 전자국제회의 체제, 국제회의 정보 등 국제회의의 유치·개최를 지원하고 촉진하는 시설, 인력, 체제, 정보 등을 말한다(국제회의산업법 제2조 6호).

문화체육관광부장관은 국제회의산업 육성기반을 조성하기 위하여 관계 중앙행정기관의 장과 협의하여 다음 각 호의 사업을 추진하여야 한다.

1. 국제회의시설의 건립
2. 국제회의 전문인력의 양성
3. 국제회의산업 육성기반의 조성을 위한 국제협력
4. 인터넷 등 정보통신망을 통하여 수행하는 전자국제회의 기반의 구축
5. 국제회의산업에 관한 정보와 통계의 수집·분석 및 유통
6. 그 밖에 국제회의산업 육성기반의 조성을 위하여 필요하다고 인정되는 사업으로서 대통령령으로 정하는 사업. 여기서 “대통령령으로 정하는 사업”이라 함은 국제회의 전담조직의 육성 및 국제회의산업에 관한 국외홍보 사업을 말한다(동법시행령 제12조 1항).

2) “사업시행기관”의 사업실시

문화체육관광부장관은 다음 각 호의 기관·법인 또는 단체(이하 “사업시행기관”이라 한다) 등으로 하여금 국제회의산업 육성기반의 조성을 위한 사업을 실시하게 할 수 있다(국제회의산업법 제8조 2항).

1. 문화체육관광부장관이 지정하거나 지방자치단체의 장이 설치한 국제회의 전담조직
2. 문화체육관광부장관에 의하여 지정된 국제회의도시
3. 「한국관광공사법」에 따라 설립된 한국관광공사
4. 「고등교육법」에 따른 대학·산업대학 및 전문대학
5. 그 밖에 대통령령으로 정하는 법인·단체. 여기서 "대통령령으로 정하는 법인·단체"라 함은 국제회의산업의 육성과 관련된 업무를 수행하는 법인·단체로서 문화체육관광부장관이 지정하는 법인·단체를 말한다.

3) "사업시행기관"의 추진사업에 대한 정부지원 등

(1) 국제회의시설의 건립 및 운영촉진을 위한 사업에 대한 지원

문화체육관광부장관은 국제회의시설의 건립 및 운영 촉진 등을 위하여 사업시행기관이 추진하는 다음의 사업을 지원할 수 있다(국제회의산업법 제9조).

1. 국제회의시설의 건립
2. 국제회의시설의 운영
3. 그 밖에 국제회의시설의 건립 및 운영 촉진을 위하여 필요하다고 인정하는 사업으로서 문화체육관광부령으로 정하는 사업. 여기서의 "사업"은 국제회의시설의 국외 홍보활동을 말한다(동법 시행규칙 제4조).

(2) 국제회의 전문인력의 교육·훈련을 위한 사업에 대한 지원

문화체육관광부장관은 국제회의 전문인력의 양성 등을 위하여 사업시행기관이 추진하는 다음 각 호의 사업을 지원할 수 있다(국제회의산업법 제10조).

1. 국제회의 전문인력의 교육·훈련
2. 국제회의 전문인력 교육과정의 개발·운영
3. 그 밖에 국제회의 전문인력의 교육·훈련과 관련하여 필요한 사업으로서 문화체육관광부령으로 정하는 사업. 여기서의 "사업"은 국제회의의 전문인력 양성을 위한 인턴사원제도 등 현장실습의 기회를 제공하는 사업을 말한다(동법 시행규칙 제5조).

(3) 국제협력의 촉진을 위한 사업에 대한 지원

문화체육관광부장관은 국제회의산업 육성기반의 조성과 관련된 국제협력을 촉진하기 위하여 사업시행기관이 추진하는 다음 각 호의 사업을 지원할 수 있다(국제회의산업법 제11조).

1. 국제회의 관련 국제협력을 위한 조사·연구
2. 국제회의 전문인력 및 정보의 국제교류
3. 외국의 국제회의 관련 기관·단체의 국내 유치
4. 그 밖에 국제회의 육성기반의 조성에 관한 국제협력을 촉진하기 위하여 필요한 사업으로서 문화체육관광부령으로 정하는 사업. 여기서의 "사업"은 국제회의 관련 국제행사에의 참가 및 외국의 국제회의 관련 기관·단체에의 인력 파견을 말한다(동법 시행규칙 제6조).

(4) 전자국제회의 기반의 확충을 위한 사업에 대한 지원 등

① 정부는 전자국제회의 기반을 확충하기 위하여 필요한 시책을 강구하여야 한다(국제회의산업법 제12조 1항).

② 문화체육관광부장관은 전자국제회의 기반의 구축을 촉진하기 위하여 사업시행기관이 추진하는 다음 각 호의 사업을 지원할 수 있다(동법 제12조 2항).

1. 인터넷 등 정보통신망을 통한 사이버 공간에서의 국제회의 개최
2. 전자국제회의 개최를 위한 관리체제의 개발 및 운영
3. 그 밖에 전자국제회의 기반의 구축을 위하여 필요하다고 인정하는 사업으로서 문화체육관광부령으로 정하는 사업. 여기서의 "사업"은 전자국제회의 개최를 위한 국내외 기관 간의 협력사업을 말한다(동법 시행규칙 제7조).

(5) 국제회의 정보의 유통촉진을 위한 사업에 대한 지원 등

① 정부는 국제회의 정보의 원활한 공급·활용 및 유통을 촉진하기 위하여 필요한 시책을 강구하여야 한다(국제회의산업법 제13조 1항).

② 문화체육관광부장관은 국제회의 정보의 공급·활용 및 유통을 촉진하기 위하여 사업시행기관이 추진하는 다음의 사업을 지원할 수 있다(동법 제13조 2항).

1. 국제회의 정보 및 통계의 수집·분석
2. 국제회의 정보의 가공 및 유통
3. 국제회의 정보망의 구축 및 운영
4. 그 밖에 국제회의 정보의 유통 촉진을 위하여 필요한 사업으로 문화체육관광부령으로 정하는 사업. 여기서의 "사업"은 국제회의 정보의 활용을 위한 자료의 발간 및 배포를 말한다(동법 시행규칙 제8조 1항).

③ 문화체육관광부장관은 국제회의 정보의 공급·활용 및 유통을 촉진하기 위하여 필요하면 문화체육관광부령으로 정하는 바에 따라 관계 행정기관과 국제

회의 관련 기관·단체 또는 기업에 대하여 국제회의 정보의 제출을 요청하거나 국제회의 정보를 제공할 수 있다(국제회의산업법 제13조 3항 **〈개정 2022.9.27.〉**). 이에 따라 문화체육관광부장관이 국제회의 정보의 제출을 요청하거나, 국제회의 정보를 제공할 때에는 그 요청하려는 정보의 구체적인 내용 등을 적은 문서로 하여야 한다(동법 시행규칙 제8조 2항).

6. 국제회의도시의 지정 및 지원

1) 국제회의도시의 지정

문화체육관광부장관은 국제회의산업의 육성·진흥을 위하여 국제회의도시 지정기준에 맞는 특별시·광역시·특별자치시 또는 시를 국제회의도시로 지정할 수 있는데, 이 경우 지역 간의 균형적 발전을 고려하여야 한다(국제회의산업법 제14조 1항 및 2항). 그러나 「제주특별자치도 설치 및 국제자유도시 조성을 위한 특별법」(이하 "제주특별법"이라 약칭함)은 이러한 '국제회의산업법'(제14조)의 규정에도 불구하고 제주자치도를 국제회의도시로 지정·고시할 수 있다(동법 제254조)고 규정하고 있다. 이에 따라 문화관광부(당시)는 2006년 9월 14일 제주특별자치도를 국제회의도시로 지정·고시한 바 있으며, 종전의 국제회의도시였던 '서귀포시'는 국제회의도시에서 제외되었다.

이로써 우리나라는 2005년 서울특별시, 부산광역시, 대구광역시, 제주특별자치도를 국제회의도시로 지정한데 이어 2007년에는 광주광역시, 2009년에는 대전광역시와 경남 창원시, 2011년에는 인천광역시, 2014년에는 강원도 평창군, 경기도 고양시, 경상북도 경주시를 추가로 지정함으로써 2021년 12월 말 기준으로 11개가 지정되어 있다.[18]

(1) 국제회의도시의 지정기준

문화체육관광부장관은 국제회의도시 지정기준에 맞는 특별시·광역시 및 시를 국제회의도시로 지정할 수 있는데, 그 지정기준은 다음과 같다(동법 시행령 제13조).

1. 지정대상 도시에 국제회의시설이 있고, 해당 특별시·광역시 또는 시에서 이를 활용한 국제회의산업 육성에 관한 계획을 수립하고 있을 것

---

18) 문화체육관광부, 전게 2021년 기준 연차보고서, p.116 참조.

2. 지정대상도시에 숙박시설·교통시설·교통안내체계 등 국제회의 참가자를 위한 편의시설이 갖추어져 있을 것
3. 지정대상 도시 또는 그 주변에 풍부한 관광자원이 있을 것

(2) 국제회의도시의 지정절차

국제회의도시의 지정을 신청하려는 특별시장·광역시장·특별자치시장 또는 시장 그리고 특별자치도지사는 다음 각 호의 내용을 적은 서류를 문화체육관광부장관에게 제출하여야 한다(동법 시행규칙 제9조).

1. 국제회의시설의 보유 현황 및 이를 활용한 국제회의산업 육성에 관한 계획
2. 숙박시설·교통시설·교통안내체계 등 국제회의 참가자를 위한 편의시설의 현황 및 확충계획
3. 지정대상 도시 또는 그 주변의 관광자원의 현황 및 개발계획
4. 국제회의 유치·개최 실적 및 계획

(3) 국제회의도시의 지정취소 및 고시

문화체육관광부장관은 지정된 국제회의도시가 지정기준에 맞지 아니하게 된 경우에는 그 지정을 취소할 수 있다(국제회의산업법 제14조 3항).

문화체육관광부장관이 국제회의도시의 지정 또는 지정취소를 한 경우에는 그 내용을 고시하여야 한다(동법 제14조 4항).

2) 국제회의도시의 지원

문화체육관광부장관은 지정된 국제회의도시에 대하여는 다음 각 호의 사업에 우선 지원할 수 있다(동법 제15조).

1. 국제회의도시에서의 관광진흥개발기금('기금법' 제5조)의 용도에 해당하는 사업
2. '국제회의산업법'의 규정(제16조 제2항 각 호)에 의한 재정지원에 해당하는 사업

7. 국제회의복합지구의 지정 등

1) 국제회의복합지구의 지정

특별시장·광역시장·특별자치시장·도지사·특별자치도지사(이하 "시·도지사"라 한다)는 국제회의 산업의 진흥을 위하여 필요한 경우에는 관할구역의 일정지역을

국제회의복합지구로 지정할 수 있다(국제회산업법 제15조의 2 제1항).

2) 국제회의복합지구의 지정조건

국제회의복합지구의 지정요건은 다음 각 호와 같다(동법 시행령 제13조의 2 제1항 **〈개정 2022.8.2.〉**).

1. 국제회의복합지구 지정 대상 지역 내에 제3조 제2항에 따른 전문회의시설이 있을 것
2. 국제회의복합지구 지정 대상 지역내에서 개최된 회의에 참가한 외국인이 국제회의복합지구 지정일이 속한 연도의 전년도 기준 5천명 이상이거나 국제회의복합지구 지정일이 속한 연도의 직전 3년간 평균 5천명 이상일 것 이 경우 「감염병의 예방 및 관리에 관한 법률」에 따른 감염병의 확산으로 「재난 및 안전관리 기본법」 제38조 제2항에 따른 경계 이상의 위기 경보가 발령될 기간에 개최될 회의에 참가한 외국인의 수는 회의에 참가한 외국인의 수에 문화체육관광부장관이 정하여 고시하는 가중치를 곱하여 계산할 수 있다.
3. 국제회의복합지구 지정 대상 지역에 제4조 각 호의 어느 하나에 해당하는 시설이 1개 이상 있을 것
4. 국제회의복합지구 지정 대상 지역이나 그 인근 지역에 교통시설·교통안내체계 등 편의시설이 갖추어져 있을 것

3) 국제회의복합지구의 규모

국제회의복합지구의 지정면적은 400만 제곱미터 이내로 한다(동법 시행령 제13조의 2 제2항).

4) 국제회의복합지구 육성·진흥계획으 수립 시행

시·도지사는 국제회의복합지구를 지정할 때에는 국제회의복합지구 육성·진흥계획(동법 시행령 제13조의 3 제1항 각 호의 사항이 포함되어야 한다)을 수립하여 문화체육관광부장관의 승인을 받아야 한다. 대통령령으로 정하는 중요한 사항을 변경할 때에도 또한 같다(동법 제15조의 2 제2항).

시·도지사는 수립된 국제회의복합지구 육성·진흥계획을 시행하여야 하는데, 이 육성·진흥계획에 대하여는 5년마다 그 타당성을 검토하고 국제회의복합지구 육성·진흥계획의 변경 등 필요한 조치를 하여야 한다(동법 시행령 제13조의 3 제3항).

5) 국제회의복합지구의 지정변경시 고려사항

시·도지사는 국제회의복합지구의 지정을 변경하려는 경우에는 ① 국제회의복합지구의 운영선택, ② 국제회의복합지구의 토지이용 현황, ③ 국제회의복합지구의 시설 설치 현황, ④ 국제회의복합지구 및 인근 지역의 개발계획 현황 등을 고려하여야 한다(동법 시행령 제13조의 3 제3항).

6) 국제회의복합지구의 지정해제

시·도지사는 사업의 지연 및 관리부실 등의 사유로 지정목적을 달성할 수 없는 경우에는 문화체육관광부장관의 승인을 받아 국제회의복합지구 지정을 해제할 수 있다. 이때 시·도지사는 미리 해당 국제회의복합지구의 명칭, 위치, 지정해제 예정일 등을 20일 이상 해당 지방자치단체의 인터넷 홈페이지에 공고하여야 한다(동법 제15조의 2 제4항 및 동법 시행령 제13조의 2 제4항).

7) 시·도지사의 국제회의복합지구 지정 등의 공고

시·도지사는 국제회의복합지구를 지정하거나 지정을 변경한 경우 또는 지정을 해제한 경우에는 다음 각 호의 사항을 관보, 「신문 등의 진흥에 관한 법률」 제2조 제1호 가목에 따른 일반일간신문 또는 해당 지방자치단체의 인터넷 홈페이지에 공고하고, 문화체육관광부장관에게 국제회의복합지구의 지정, 지정 변경 또는 지정 해제의 사실을 통보하여야 한다(국제회의산업법 제15조의 2 제5항 및 동법 시행령 제13조의 2 제5항).

1. 국제회의복합지구의 명칭
2. 국제회의복합지구를 표시한 행정구역도와 지적도면
3. 국제회의복합지구 육성·진흥계획의 개요(지정의 경우만 해당한다)
4. 국제회의복합지구 지정 변경 내용의 개요(지정 변경의 경우만 해당한다)
5. 국제회의복합지구 지정 해제 내용의 개요(지정 해제의 경우만 해당한다)

8) 국국제회의복합지구에 대한 관광특구의 관련 조항 준용

시·도지사가 수립한 국제회의복합지구는 「관광진흥법」 제70조의 규정에 따라 관광특구로 보도록 하였으므로, ㉮ 관광특구 안에서의 영업제한 해제, ㉯ 공개공지의 사용, ㉰ 차마(車馬)·노면전차의 도로통행 금지 또는 제한 등(관광진흥법 제74조)의 다른 법률에 대한 특례조항을 적용할 수 있다.

8. 국제회의집적시설의 지정·해제 등

1) 국제회의집적시설의 지정

문문화체육관광부장관은 국제회의복합지구에서 국제회의시설의집적화 및 운영 활성화를 위하여 필요한 경우 시·도지사와 협의를 거쳐 국제회의집적시설을 지정할 수 있는데 국제회의집적시설로 지정을 받으려는 자(지방자치단체 포함)는 소정의 지정신청서(국제회의산업법 제15조의 3 제2항에 따른 별지 제2호 서식)에 다음과 같은 서류를 첨부하여 문화체육관광부장관에게 지정을 신청하여야 한다(동법 시행규칙 제9조 2).

(1) 지정신청 다시 설치가 완료된 시설인 경우 — 숙박시설·판매시설·공연장 등의 시설로서 다음 중 어느 하나(동법 시행령 제4조 각 호)에 해당하고, 국제회의집적시설의 지정요건(동법 시행령 제13조의 4 제1항 각 호)을 모두 갖추고 있음을 증명할 수 있는 서류

㉮ 관광숙박업의 시설로서 100실 이상의 객실을 보유한 시설
㉯ 판매시설로서 대규모 점포(「유통산업발전법 제2조 3호」)
㉰ 300석 이상의 객실을 보유한 공연장
㉱ 그 밖에 국제회의산업의 진흥 및 발전은 위하여 국제회의집적시설로 지정될 필요가 있는 시설로서 문화체육관광부장관이 정하여 고시하는 시설

(2) 지정신청 당시 설치가 완료되지 아니한 시설의 경우 — 설치가 완료되는 시점에는 위의 ㉮, ㉯, ㉰에 해당하는 숙박시설·판매시설·공연장시설 중 어느 하나(동법 시행령 제4호 각 호)에 해당하고, 국제회의집적시설의 지정요건을 충족하고 있음을 확인할 수 있는 서류·이 경우 국제회의집적시설을 지정받은 자는 그 설치가 완료된 후 해당 시설이 지정요건을 맞추었음을 증명할 수 있는 서류를 문화체육관광부장관에게 제출하여야 한다.

2) 국제회의집적시설의 지정요건

① 해당 시설(설치예정인 시설을 포함한다)이 국제회의복합지구 내에 있을 것
② 해당 시설 내에 외국인 이용자를 위한 국내체계와 편의시설을 갖출 것
③ 해당 시설과 국제회의복합지구 내 전문회의시설 간의 업무제휴 협약이 체결되어 있을 것

3) 국제회의집적시설의 지정해제

문화체육관광부장관은 국제회의집적시설이 지정요건에 미달하는 때에는 미리 관할 시·도지사의 의견을 들어 그 지정을 해제할 수 있다.

4) 문화체육관광부장관의 국제회의집적시설 지정 등의 공고

문화체육관광부장관은 국제회의집적시설을 지정하거나 지정을 해제한 경우에는 관보, 「신문 등의 진흥에 관한 법률」 제2조 1호 가목에 따른 일반일간신문 또는 문화체육관광부의 인터넷 홈페이지에 그 사실을 공고하여야 한다.

5) 문화체육관광부장관의 고시

국제회의집적시설의 지정 등에 관하여 법령으로 규정한 것 외에 설치예정인 국제회의집적시설의 인정범위 등 국제회의집적시설의 지정 및 해제에 필요한 사항은 문화체육관광부장관이 정하여 고시하도록 하였다.

9. 부담금의 감면 등

1) 부담금의 감면

국가 및 지방자치단체는 국제회의복합지구 육성·진흥사업을 원활하게 시행하기 위하여 필요한 경우에는 국제회의복합지구의 국제회의시설 및 국제회의집적시설에 대하여 관련 법률에서 정하는 바에 따라 다음 각 호의 부담금을 감면할 수 있다(국제회의산업법 제15조의 4 제1항).

1. 개발부담금(「개발이익환수에 관한 법률」 제3조)
2. 대체산림자원조성법(「산지관리법」 제19조)
3. 농지보전부담금(「농지법」 제38조)
4. 대체초지조성비(「초지법」 제23조)
5. 교통유발부담금(「도시교통정비촉진법 제36조」)

2) 지구단위계획구역 지정 및 용적률 완화

지방자치단체의 장은 국제회의복합지구의 육성·진흥을 위하여 필요한 경우 국제회의복합지구를 「국토의 계획 및 이용에 관한 법률」 제51조에 따른 지구단위계획구역으로 지정하고 같은법 제52조 제3항에 따라 용적률을 완화하여 적용할 수 있다(국제회의산업법 제15조의 4 제2항).

10. 재정지원

1) 지원대상

문화체육관광부장관은 국제회의산업의 육성재원 중에서 ① 국제회의복합지구의 육성·진흥을 위한 사업, ② 국제회의집적시설에 대한 지원사업에 필요한 비용의 전부 또는 일부를 지원할 수 있다.

2) 지급방법

지원금은 해당 사업의 추진상황 등을 고려하여 나누어 지급한다. 다만, 사업의 규모·착수시기 등을 고려하여 필요하다고 인정할 때에는 한꺼번에 지급할 수 있다.

3) 지원금의 관리 및 회수

지원금을 받은 자는 그 지원금에 대하여 별도의 계정(計定)을 설치하여 관리해야 하고, 그 사용실적을 사업이 끝난 후 1개월 이내에 문화체육관광부장관에게 보고해야 한다. 만일 용도외에 지원금을 사용하였을 때에는 그 지원금을 회수할 수 있다.

11. 국제회의산업 육성재원의 지원 및 운영

1) 재정의 지원

문화체육관광부장관은 국제회의산업의 발전과 국민경제의 향상 등에 이바지하기 위하여 관광진흥개발기금의 재원 중 국외여행자의 출국납부금 총액의 100분의 10에 해당하는 금액의 범위에서 국제회의산업의 육성재원을 지원할 수 있다(국제회의산업법 제16조 1항).

2) 재정지원 대상사업

문화체육관광부장관은 국제회의산업 육성재원의 범위 안에서 다음 각 호에 해당되는 사업에 소요되는 비용의 전부 또는 일부를 지원할 수 있다(국제회의산업법 제16조 2항).

1. 국제회의 전담조직의 운영
2. 국제회의 유치 또는 그 개최자에 대한 지원

3. '국제회의산업법' 제8조 제2항의 "사업시행기관"에서 실시하는 국제회의산업 육성기반 조성사업, 즉 ⓐ 국제회의도시, ⓑ 한국관광공사, ⓒ 대학·산업대학 및 전문대학, ⓓ 국제회의산업의 육성과 관련된 업무를 수행하는 법인·단체로서 문화체육관광부장관이 지정하는 법인·단체(동법시행령 제12조 2항)
4. '국제회의산업법' 제10조부터 제13조까지의 각 호에 해당하는 사업, 즉 ⓐ 국제회의 전문인력의 교육·훈련, ⓑ 국제협력의 촉진, ⓒ 전자국제회의 기반의 확충, ⓓ 국제회의 정보의 유통 촉진
5. 그 밖에 국제회의산업의 육성을 위하여 필요한 사항으로서 대통령령으로 정하는 사업

3) 지원신청

지원대상사업(국제회의산업법 제16조 2항 각 호)을 추진하는 자가 비용의 지원을 받으려는 때에는 문화체육관광부장관 또는 국제회의의 유치·개최의 지원에 관한 업무를 위탁받은 국제회의 전담조직의 장에게 신청하여야 한다(국제회의산업법 제16조 4항).

4) 지원금의 교부

지원금의 교부는 해당 사업의 추진 상항 등을 고려하여 나누어 지급한다. 다만, 사업의 규모·착수시기 등을 고려하여 필요하다고 인정할 때에는 한꺼번에 지급할 수 있다(동법 시행령 제14조).

5) 지원금의 관리 및 회수

지원금을 받은 자는 그 지원금에 대하여 별도의 계정(計定)을 설치하여 관리하여야 하고, 그 사용 실적을 사업이 끝난 후 1개월 이내에 문화체육관광부장관에게 보고하여야 한다(동법 시행령 제15조 1항).

그리고 지원금을 받은 자가 법률에서 정한 용도 외에 지원금을 사용하였을 때에는 그 지원금을 회수할 수 있다(동법 시행령 제15조 2항).

부록 [핵심예상문제]

관광법규 실전문제

Ⅰ. 관광법규론 서설

Ⅱ. 관광기본법

Ⅲ. 관광진흥개발기금법

Ⅳ. 관광진흥법(1)

Ⅴ. 관광진흥법(2)

Ⅵ. 관광진흥법(3)

Ⅶ. 국제회의산업법

핵심 예상문제

Ⅰ. 관광법규론 서설

[1] 법의 개념에 관한 다음의 설명 중 타당하지 않은 것은?

① 법은 사회규범이다.
② 법은 행위규범이다.
③ 법은 강제규범이다.
④ 도덕규범이나 종교규범은 전부가 법규범이다.

[해설] 법은 사회생활을 규율하는 규범 중의 하나이지 모든 사회규범이 곧 법은 아니다. 이를테면 "사람을 죽여서는 안 된다"는 규범은 법규범인 동시에 도덕규범이며, "강간하지 말라"는 규범은 종교규범인 동시에 법규범인 것이다. 그러나 도덕규범이나 종교규범의 전부가 법규범인 것은 아니다. 즉 "부모님을 자기 이상으로 잘 모셔라", "원수를 사랑하라"는 규범과 같이 대부분의 도덕·종교규범은 법규범이 아니다. 일반적으로 법의 개념에 관하여는 "법이란 사람이 사회생활을 함에 있어서 스스로 준수해야 할 행위준칙(行爲準則)으로서 국가권력에 의하여 강제되는 사회규범"이라고 정의하고 있다.

[2] 사회규범에 관한 내용으로 옳지 않은 것은 어느 것인가?

① 사회가 있는 곳에 법이 있다.
② 사회의 질서를 유지하기 위해서는 반드시 사회규범이 필요하다.
③ 법실증주의자들은 법과 도덕을 구별하는 것을 부인한다.
④ 사회규범에는 관습, 법, 도덕, 종교 등이 있다.

[해설] 자연법론자들은 법과 도덕을 일원적(一元的)으로 보고 있지만, 법실증주의자들은 법의 내용이 도덕에 반하더라도 법은 법이라고 보아 법과 도덕을 이원적(二元的)으로 구별하고 있다.

[3] 법과 도덕의 구별에 관한 설명으로 옳지 않은 것은?

① 법은 주로 인간의 외부적 행위를 규율하고, 도덕은 주로 인간의 내면적 의사를 규율한다.
② 법은 권리·의무의 양 측면을 규율하고, 도덕은 의무적 측면만을 규율하므로, 권리가 없거나 의무가 없는 법은 존재하지 않는다.

③ 법은 때에 따라서는 '선의' 또는 '악의'와 같은 인간의 내부적 의사를 중요시한다.
④ 법은 국가에 의하여 강제되는 타율적(他律的)인 규범이라면, 도덕은 양심이 명하는 자율적(自律的)인 규범이라고 할 수 있다.

[해설] 권리만 있고 의무가 없는 경우와 의무만 있고 권리가 없는 경우가 있다. 법인의 등기나 무능력자의 영업의 등기를 해야 할 의무, 공고의무, 감독의무 등은 전자의 예이고, 민법상의 취소권·동의권·해제권 등의 형성권은 후자의 예이다.

[4] "사회 있는 곳에 법이 있다(ubi societas ibi ius)"고 할 때의 법이란 다음 중 어느 것으로 해석할 것인가?

① 사회규범 ② 사회보장법
③ 국제법 ④ 국내법

[해설] 사회공동생활에 있어서 행위의 준칙(準則)인 사회규범에는 법·도덕·종교·관습 등 무수히 많다. "사회 있는 곳에 법이 있다"고 할 때의 법이란 사회규범 전체를 의미한다.

[5] "악법도 역시 법이다"라는 말이 표현하는 의미는 무엇인가?

① 법의 강제성 ② 법의 안정성
③ 법의 타당성 ④ 법의 효율성

[해설] "악법도 법이다"라는 말은, 법이 일단 제정되면 그 내용이 비록 악법(惡法)일지라도 합법적인 수단에 의하여 개정되기 전에는 사회의 평화와 질서유지를 위하여 지켜져야 한다는 것으로, 법의 안정성(安定性)을 의미한다.

[6] 다음 중 라드부르흐(G. Radbruch)가 주장한 법의 이념이 아닌 것은?

① 정 의
② 법집행과정의 투명성
③ 합목적성
④ 법적 안정성

[해설] 법의 이념론을 가장 총체적이고 다면적으로 서술한 학자는 독일의 라드부르흐(G. Radbruch)라고 할 수 있는데, 그에 의하면 법의 이념은 3개의 기본가치(基本價値) 즉 정의(正義), 합목적성(合目的性), 법적안정성(法的安定性)이 집중된 형태로 나타난다고 한다.

[7] 관습법의 성립요건으로 볼 수 없는 것은?

① 관습이 오랫동안 관행으로 존재할 것
② 관행이 법적 가치를 가진다는 법적 확신이 있을 것

③ 관행이 선량한 풍속 기타 사회질서에 반하지 않을 것
④ 관행이 법원의 판결에 의하여 인정될 것

[해설] 관습법이 성립하기 위해서는 사회구성원 사이에 일정한 행위가 장기간 반복하여 행하여지는 관행 혹은 관습이 존재하고, 관행을 법규범이라고 인식하는 사회구성원의 법적 확신이 있어야 하고, 관행이 공서양속(公序良俗)에 반하지 않아야 한다. 관습법의 성립요건으로 법원의 판결을 요하지 않는다.

[8] 조리(條理)에 관한 설명으로 맞지 않는 것은?

① 조리는 법률행위해석의 기준이 된다.
② 우리 민법은 조리의 법원성을 인정하고 있다.
③ 조리는 형법분야에서도 중요한 법원이 되고 있다.
④ 법의 흠결시 재판의 준거가 된다.

[해설] 조리는 사물의 합리적·본질적 법칙으로 실정법의 존립근거 또는 평가척도가 된다. 또 실정법 및 계약의 내용을 해석·결정하는 기본원리로써 법의 흠결(欠缺)시 재판의 준거가 된다. 우리 민법(民法) 제1조는 "민사에 관하여 법률에 규정이 없으면 관습법에 의하고, 관습법이 없으면 조리에 의한다"고 규정함으로써 조리의 법원성을 명문으로 인정하고 있다. 그러나 죄형법정주의가 기본원리로 되어 있는 형법(刑法)에 있어서는 구체적 사건에 적용할 법이 없을 때에도 관습법이나 조리는 재판의 준거가 될 수 없고, 이 경우 형사피고인에게는 무죄를 선고해야 한다.

[9] 다음 중 공법(公法)과 사법(私法)의 어느 것에도 속하지 않는 것은?

① 국제법 ② 관광진흥법
③ 노동법 ④ 상 법

[해설] 20세기에 들면서 국가는 사회복지국가의 측면에서 경제적 약자를 보호하고 강자를 제한하며, 노사간의 대립을 완화하고, 자본주의의 폐단을 시정하기 위하여 사권(私權) 특히 소유권과 계약의 자유에 공법적 제한을 가하는 법률이 출현하게 되었다. 즉 공법과 사법의 어느 영역에도 속하지 않는 독자적인 법영역이 등장하였는데, 이러한 사회적 법질서를 '사회법(社會法)'이라 한다. 사회법의 출현으로 종래 전적으로 사법(私法)의 지배에 맡겼던 사적(私的) 당사자 간의 경제적 관계에 대하여 국가가 간섭·개입하게 되었다. 사회법에는 노동법, 경제법, 사회보장법 등이 있다.

[10] 법의 형식적 효력에 관한 다음 기술 중 타당하지 않은 것은?

① 법률은 특별한 규정이 없는 한 그 공포일부터 20일이 경과하면 효력을 발생한다.
② 한시법(限時法)에 있어서 시행기간이 경과하여 적용되지 않게 된 경우, 이는 명시적(明示的) 폐지에 해당한다.

③ 구법(舊法)에 의하여 취득한 기득권은 신법(新法)의 시행으로 소급하여 박탈하지 못한다는 원칙은 절대적인 것이어서 입법으로도 제한할 수 없다.
④ 범죄행위가 있은 후 법률의 변경에 의하여 그 행위가 범죄를 구성하지 아니하거나 형이 구법보다 가벼운 때에는 신법에 의한다.

[해설] 「민법」 부칙 제2조, 「상법시행법」 제2조 등에서는 신법의 소급효(遡及效)를 인정하고 있으며, 법률불소급의 원칙이 가장 엄격히 적용되는 「형법」에 있어서도, 신법이 구법보다 형사피고인에게 유리한 경우에는 예외적으로 신법이 소급하여 적용된다고 규정하고 있다(형법 제1조 2항).

[11] 다음 중 설명이 잘못된 것은?

① 법의 대인적 효력에 관하여 속인주의(屬人主義)가 원칙이고, 속지주의(屬地主義)는 보충적 역할을 함에 그친다.
② 타국의 영역 내에 있는 선박·항공기에 대하여는 자국법이 적용된다.
③ 국가원수 및 외교사절 등에게는 타국의 법은 적용되지 않는다.
④ 법률의 변경으로 구법보다 신법의 형벌이 가벼울 때에는 신법을 적용한다.

[해설] 속인주의와 속지주의가 상충할 때 어느 법을 적용할 것인가에 관하여, 국제사회에서는 원칙적으로 속지주의를 적용하고, 이로써 충분하지 못할 때 속인주의를 병용한다.

[12] 다음 기술 중 적절하지 못한 것은?

① 대통령은 재직중 민사상·형사상의 소추(訴追)를 받지 아니한다.
② 국회의원에게는 불체포특권이 인정된다.
③ 외국원수에게는 치외법권이 인정된다.
④ 우리나라는 속지주의를 원칙으로 하고, 속인주의를 예외적으로 인정하고 있다.

[해설] 대통령은 '내란 또는 외환의 죄를 범한 경우'를 제외하고는 재직 중 형사상의 소추를 받지 아니한다(헌법 제84조). 그리고 탄핵심판에 의하지 아니하고는 임기중 정치적 책임을 지지 않는 특권을 누린다(헌법 제64조 4항).

[13] 유추해석(類推解釋)에 관한 다음 설명 중 바르지 못한 것은?

① 민법에서는 유추해석을 금하고 있다.
② 형법에서는 죄형법정주의를 기본원리로 하므로 유추해석이 금지된다.
③ 죄형법정주의의 파생원칙 중에 유추해석 금지가 포함된다.
④ 의심스러울 때에는 피고인에게 유리하게 해석하여야 한다.

[해설] 유추해석이란 어떤 사항에 대하여 직접적인 명문규정이 없는 경우에 이와 유사한 사항에 대하여 규정한 다른 법규정이 있으면 이 법규정을 적용하여 같은 법적 효

과를 인정하는 해석방법을 말한다. 죄형법정주의가 지배하는 「형법」에 있어서는 유추해석이 원칙적으로 금지되지만, 사적 자치를 원칙으로 하는 「민법」에서는 논리해석의 한 방법으로 유추해석이 허용된다.

[14] 법원(法源)에 관한 다음 설명 중 옳지 않은 것은?

① 우리 「민법」은 조리(條理)의 법원성(法源性)을 인정하지 않고 있다.
② 영미법계 국가에서는 판례법을 제1차적 법원으로 삼고 있다.
③ 관습법은 성문법에 대해 보충적 효력을 가진다.
④ 상사(商事)에 관하여는 상법 — 상관습법 — 민법의 규정순으로 적용된다.

[해설] 우리 「민법」은 제1조에서 "민사에 관하여 법률에 규정이 없으면 관습법에 의하고 관습법이 없으면 조리에 의한다"고 규정함으로써 조리의 법원성을 명문으로 인정하고 있다.

[15] 법의 분류기준에 대한 설명 중 옳지 않은 것은?

① 실체법(實體法)과 절차법(節次法)은 법이 규율하는 내용에 따른 분류이다.
② 강행법(强行法)과 임의법(任意法)은 당사자의 의사에 의하여 법의 적용을 배제할 수 있느냐의 여부를 표준으로 한 분류이다.
③ 일반법(一般法)과 특별법(特別法)은 효력이 미치는 지역적 범위를 기준으로 한 분류이다.
④ 공법(公法)과 사법(私法)은 공익을 위한 것인가 사익을 위한 것인가에 따른 분류이다.

[해설] 법의 효력이 사람·장소·사항에 의하여 특별한 제한 없이 널리 일반적으로 미치는 법이 일반법(헌법·민법·형법·관광기본법 등)이고, 그 효력이 사람·장소·사항의 일부에 대하여 미치는 법이 특별법(소년법·군형법·국가공무원법·조례·규칙 등)이다.

[16] 국내법질서에 대한 다음 설명 중 바르지 못한 것은?

① 법률을 집행하기 위하여 세부적인 내용을 정한 명령을 집행명령이라 한다.
② 법률의 위임을 받아 제정된 명령을 위임명령이라 말한다.
③ 조례는 지방자치단체가 지방의회의 의결을 거쳐 법령의 범위 내에서 제정한 것이다.
④ 명령과 조례는 법질서상 동일한 위치에 있으며 우열상의 차이는 없다.

[해설] 명령은 국회의 의결을 거치지 않고 대통령 이하의 행정기관에 의하여 제정된 성문법규를 말하며, 대통령령(헌법 제75조), 총리령 또는 부령(헌법 제95조) 등이 있는

데, 이는 집행명령(법률을 집행하기 위한 세부적인 내용을 정한 명령)과 위임명령(법률의 위임을 받아 제정된 명령) 등으로 분류되기도 한다. 한편, 조례는 지방자치단체가 지방의회의 의결을 거쳐 법령의 범위 내에서 제정한 것을 말한다. 따라서 조례는 명령보다 하위(下位)에 있다.

[17] 추정(推定)과 간주(看做)에 대한 설명 중 틀린 것은?

① 추정과 간주는 증거에 의하지 아니하고 사실을 확정하는 한 방법이다.
② 추정이란 법문에 " … 한 것으로 추정한다"라고 규정하고 있는 경우이다.
③ 실종선고(失踪宣告)의 경우 실종자가 생존하고 있다는 사실을 입증하더라도 실종선고 자체가 취소되지 않는 한 사망의 효과를 다툴 수 없다.
④ 간주는 반증(反證)만 있으면 의제(간주)된 사실을 뒤집을 수 있다.

[해설] 간주란 법률의 규정에 의하여 일정한 사실의 존부(存否)를 확정하는 방법인데 일명 의제(擬制)라고도 하며, 법문에서는 "…로 본다" 또는 "….로 간주한다"로 표현되고 있다. 추정(推定)의 경우에는 반증(反證)만 있으면 별도의 절차가 필요 없이 추정된 사실은 당연히 깨뜨려지지만, 간주의 경우는 추정과 달리 반증(反證)만으로는 의제(擬制)된 사실을 뒤집을 수 없고, 이에 대한 취소의 확정판결이 있어야 비로소 간주사실이 깨뜨려지게 되는 것이다.

[18] 어느 공원에 "차마(車馬)통행금지"라고 푯말이 붙어 있는 경우에 탱크는 더욱 다녀서는 안된다고 하는 해석방법은 다음 중 어디에 속하는가?

① 확장(대)해석　　② 반대해석
③ 물론해석　　④ 문리해석

[해설] 물론해석이란 법조문의 규정으로서 명시되어 있지 않은 사항이라 할지라도 사물의 성질상 또는 입법정신에 비추어 보아 이것은 당연히 그 규정에 포함되는 것이라고 해석하는 것을 말한다. 예컨대, "마차(馬車)통행금지"의 푯말이 붙어 있는 경우에, 마차(馬車)의 통행을 금할 정도이니 자동차나 탱크의 통행은 물론 허용되지 않는다고 보는 것이 물론해석이다.

[19] 다음 중 이익의 향유(享有)를 침해 당하더라도 법적 보호를 받을 수 없는 것은?

① 임차권　　② 지상권
③ 소유권　　④ 반사적 이익

[해설] 반사적 이익이란 법규가 사회일반을 대상으로 하여 정한 반사적 효과로서 받는 간접적인 이익을 말하는데, 이는 어떤 개인이 반사작용으로서 일정한 이익을 누릴 뿐 적극적으로 어떤 힘을 부여하는 것이 아니기 때문에, 타인이 그 이익의 향유(享有)를 침해하더라도 권리를 주장하여 법적 보호를 청구할 수 없다.

[20] 입법기술상 규정의 중복과 번잡을 피하고 법조문의 간략화를 위하여 동일 한 사항에 대하여 다른 법규의 적용을 명문으로 규정한 경우는?

① 해석적용　　② 유추적용
③ 준 용　　④ 원 용

[해설] 준용(準用)이란 입법기술상 규정의 중복과 번잡을 피하고 법조문을 간략화하기 위하여 동일한 사항에 대해서 다른 법규의 적용을 명문으로 규정한 것을 말한다. 이 점에서 유사한 사항을 확장하여 적용하는 유추와 다르다. 유추는 명문의 준용규정을 전제로 하지 않는데 반하여, 준용은 명문의 규정이 있는 경우에 하는 것이다. 따라서 유추는 법해석상의 방법이나, 준용은 입법기술상의 방법이라고 할 수 있다.

[21] 권리와 의무에 관한 설명으로 틀린 것은?

① 권리자의 일방적 의사표시로 법률관계의 변동(권리의 발생·변경·소멸) 기타 법률상의 효과를 발생시키는 권리를 형성권(形成權)이라 한다.
② 일정한 물건을 직접 배타적으로 지배하여 재산적 이익을 향수하는 권리를 물권(物權)이라 한다.
③ 공법관계에 의해서 발생하는 권리를 공권(公權), 사법관계에 의해서 발생하는 권리를 사권(私權)이라 한다.
④ 의무는 책임을 수반하는 것이므로 의무 없이는 책임이 없고, 책임 없는 의무도 없다.

[해설] 의무와 책임은 구별되는 개념이다. 의무는 자기의 의사와 관계없이 일정한 작위 또는 부작위를 해야 할 법률상의 구속이지만, 책임은 의무의 위반에 의하여 형벌·손해배상 등 제재를 받게 되는 지위를 말한다. 의무는 책임을 수반함이 보통이지만, 책임이 따르지 아니하는 의무도 있다. 소멸시효완성 후의 채무 즉 자연채무(自然債務)에 있어서는 의무는 있으나 책임은 없다고 할 수 있다. 또 의무 없는 책임에는 보증채무(保證債務)를 들 수 있다.

[22] 다음 중 법의 적용 및 해석에 관하여 올바르게 기술한 것은?

① 문리해석은 유권해석의 한 유형이다.
② 법률용어로 사용되는 선의, 악의는 일정한 사항에 대해 아는 것과 모르는 것을 의미한다.
③ 유사한 두 가지 사항 중 하나에 대해 규정이 있으면 명문규정이 없는 다른 쪽에 대해서도 같은 취지의 규정이 있는 것으로 해석하는 것을 준용(準用)이라 한다.
④ 간주란 사실의 존재, 부존재를 법정책적으로 확정하되, 반대사실의 입증(반증)이 있으면 번복되는 것이다.

[해설] ① 문리해석은 학리해석의 한 유형이다. ③ 준용은 명문의 규정이 있는 경우에 하는 것이며, 명문의 준용규정을 전제로 하지 않는 것은 유추이다. ④ 반증(反證)이

있으면 번복되는 것은 추정(推定)이고, 간주의 경우는 반증만으로는 의제된 사실을 뒤집을 수 없고 의제사실에 대한 취소의 확정판결이 있어야 번복되는 것이다.

[23] 관광법규의 의의에 관한 설명으로 옳지 않은 것은?

① 관광법규는 관광행정에 관한 법이다.
② 관광법규는 공법이다.
③ 관광법규는 국내법이다.
④ 국제법규는 국내관광행정을 규율하는 준칙이 될 수 없다.

[해설] 우리나라 「헌법」 제6조 제1항에는 "헌법에 의하여 체결·공포된 조약과 일반적으로 승인된 국제법규는 국내법과 같은 효력을 가진다"고 규정되어 있다. 즉 우리 헌법은 일반적으로 승인된 국제법규는 국내법과 같은 효력을 가진다고 선언하고 있으므로, 국제법규라 할지라도 국내관광행정을 규율하는 준칙이 될 수 있는 것이다.

[24] 우리나라 최초의 관광법규는?

① 관광사업진흥법　　② 관광기본법
③ 관광사업법　　④ 관광진흥법

[해설] 관광사업진흥법은 우리나라 관광의 획기적인 발전을 위해 1961년 8월 22일 법률 제689호로 제정·공포된 우리나라 최초의 관광법규이다. 이 법은 1975년 12월 31일 폐지됨과 동시에 「관광기본법」과 「관광사업법」으로 분리 제정되었다.

[25] 다음 중 관광고유의 법규로 볼 수 없는 것은?

① 관광진흥개발기금법　　② 국제회의산업법
③ 관광진흥법　　④ 한국관광공사법

[해설] 관광고유의 법규로는 관광기본법, 관광진흥법, 관광진흥개발기금법, 국제회의산업육성에 관한 법률(이하 "국제회의산업법"이라 한다)이 있다. 한국관광공사법은 일반적인 관광행정의 근거법으로서 제정된 것이 아니라 한국관광공사라는 특수법인으로서의 정부투자기관을 설립·운영하기 위하여 제정된 특별법이다.

[26] 대통령의 관광행정입법권에 속하지 않는 것은?

① 관광진흥법 시행규칙
② 한국관광공사법 시행령
③ 관광진흥개발기금법 시행령
④ 문화체육관광부와 그 소속기관 직제

[해설] 대통령은 관광관계법에서 범위를 정하여 위임받은 사항과 그 법률을 집행하기 위하여 필요한 사항에 관하여 대통령령을 제정할 수 있는 행정입법권을 가진다. ②③④는 대통령의 행정입법권에 속하지만, ①관광진흥법 시행규칙은 문화체육관광

부령으로 제정된 부령의 일종이다.

[27] 문화체육관광부장관의 법적 지위에 관한 설명 중 옳지 않은 것은?

① 중앙행정기관의 장으로서 각종 관광법률 시행규칙을 제정한다.
② 국무위원의 자격으로 국무회의에서 다른 부처의 사무까지도 심의할 수 있고, 심의과정에서 관련부처의 이해와 협조를 얻을 수 있다.
③ 관광행정사무에 대하여 시·도지사의 명령 또는 행정처분이 위법·부당하여 공익을 해한다고 인정할 때에는 취소·정지시킬 수 있다.
④ 대통령과 국무총리는 관광행정에 관하여 문화체육관광부장관을 지휘·감독하기 때문에, 문화체육관광부장관에게는 관광행정에 관한 실질적인 책임과 권한은 없다.

[해설] 대통령과 국무총리는 관광행정에 관하여 문화체육관광부장관을 지휘·감독하고 상급관청으로서의 권한을 갖는 것이기는 하나, 관광행정에 관한 실질적인 책임과 권한은 문화체육관광부장관에게 있다. 문화체육관광부장관은 관광행정사무를 통할하고 소속공무원을 지휘·감독하며 관광행정사무에 관하여 지방행정기관의 장을 지휘·감독한다.

[28] 문화체육관광부장관의 보조기관으로 볼 수 없는 것은?

① 시·도지사
② 문화체육관광부 제2차관
③ 관광정책국장
④ 관광산업정책관

[해설] 시·도지사는 지방행정기관으로서 관광행정사무를 집행함에 있어서 명령 또는 행정처분이 위법하고 현저히 부당하여 공익(公益)을 해한다고 인정할 때에는 문화체육관광부장관이 그것을 취소하거나 정지시킬 수는 있지만, 보조기관은 아니다. 문화체육관광부장관의 보조기관으로는 문화체육관광부 제2차관, 관광정책국장, 관광산업정책관 등이 있다(「문화체육관광부와 그 소속기관직제」 제18조 및 「직제시행규칙」 제15조〈개정 **2018.8.21.,2020.12.22.**〉).

[29] 현행법상 지방자치단체로 볼 수 없는 것은?

① 특별시·광역시·특별자치시
② 도·특별자치도
③ 경기관광공사
④ 시·군·구(자치구)

[해설] 현행 「지방자치법」에 규정된 지방자치단체로는 ① 특별시·광역시·특별자치시, ② 도·특별자치도, ③ 시 · 군 · 구(자치구)가 있다(동법 제2조). 경기관광공사는 「지

방공기업법」과 '경기도조례'로 설립된 지방공사로서 공법상의 재단법인이다. 이 공사는 지방화시대에 부응하여 우리나라에서는 최초로 지방자치단체인 경기도가 설립한 지방관광공사이다.

[30] 한국문화관광연구원에 관한 설명 중 틀린 것은?

① 연구원은 관광, 문화예술 및 문화산업분야를 포괄하는 문화체육관광부 산하 연구기관이다.

② 연구원은 문화예술의 창달, 문화산업 및 관광진흥을 위한 연구·조사·평가를 추진하기 위하여 「문화기본법」에 근거하여 설립된 법정(法定) 연구기관이다.

③ 연구원은 종래의 '재단법인(財團法人)' 한국문화관광연구원에서 '법정법인(法定法人)' 한국문화관광연구원으로 전환됨으로써 그 위상이 높아졌다.

④ 연구원은 명실상부 국가의 대표적인 문화·예술·관광 연구기관이다.

[해설] 2016년 5월 19일 개정된 「문화기본법」은 제11조의2에서 "문화예술의 창달, 문화산업 및 관광진흥을 위한 연구·조사·평가를 추진하기 위하여 한국문화관광연구원을 설립한다"고 규정하여, 한국문화관광연구원의 설립근거를 법에 명시함으로써 법정법인(法定法人)으로 전환되었으며, 명실상부 국가의 대표적인 문화·예술·관광 연구기관으로 그 위상이 높아졌다.

◆ 예상문제 정답 ◆

[01] ④	[02] ③	[03] ②	[04] ①	[05] ②	[06] ②	[07] ④	[08] ③
[09] ③	[10] ③	[11] ①	[12] ①	[13] ①	[14] ①	[15] ③	[16] ④
[17] ④	[18] ③	[19] ④	[20] ③	[21] ④	[22] ②	[23] ④	[24] ①
[25] ④	[26] ①	[27] ④	[28] ①	[29] ③	[30] ①		

핵심 예상문제

Ⅱ. 관광기본법

[1] 「관광기본법」의 구성으로서 맞는 것은?

① 전문 15개조와 부칙
② 전문 16개조와 부칙
③ 전문 14개조와 부칙
④ 전문 20개조와 부칙

[해설] 1975년 12월 31일 법률 제2877호로 제정·공포된 「관광기본법」은 제정당시에는 전문(全文) 15개조와 부칙으로 구성되었던 것이나, 2000년 1월 12일 1차 개정시 '관광정책심의위원회'의 설치근거규정인 제15조를 삭제하였다가 2017년 11월 28일 제16조(국가관광전략회의)를 신설규정함으로써 현재는 전문(全文) 16개조와 부칙으로 구성되어 있다.

[2] 「관광기본법」의 목적을 달성하기 위하여 국가가 강구해야 할 것은?

① 관광진흥계획의 수립
② 법제상·재정상의 조치
③ 외국 관광객의 유치
④ 관광종사자의 자질 향상

[해설] 「관광기본법」은 제3조(관광진흥계획의 수립), 제7조(외국 관광객의 유치) 및 제11조(관광종사자의 자질 향상)에서 의무의 주체를 정부(좁은 의미의)로 하고 있는데 반하여, 제5조(법제상의 조치)에서만은 의무의 주체를 유독 국가로 정하고 있다. 이는 법제상의 조치나 재정상의 조치는 행정부(좁은 의미의 정부)만이 단독으로 처리할 수 있는 것이 아니고, 국회에서 입법을 하거나 예산을 의결하여야 하는 등 넓은 의미의 정부인 국가(입법부, 사법부, 행정부가 모두 포함되는)가 조치하여야 할 사항이기 때문이다.

[3] 다음 중 「관광기본법」의 목적과 관계없는 것은?

① 국민경제의 향상
② 건전한 국민관광의 발전 도모
③ 국제친선의 증진

④ 국제수지의 개선

[해설] 「관광기본법」은 제1조(목적)에서 "관광진흥의 방향과 시책에 관한 사항을 규정함으로써 국제친선을 증진하고 국민경제와 국민복지를 향상시키며 건전한 국민관광의 발전을 도모하는 것을 목적으로 한다"고 규정하고 있다.

[4] 「관광기본법」에 관한 설명으로 옳지 않은 것은?

① 국제친선의 증진, 국민경제와 국민복지의 향상, 건전한 국민관광의 발전을 도모하는 것을 목적으로 하고 있다.
② 1975년 12월 31일에 제정·공포되었다.
③ 국무총리 소속하에 '관광정책심의위원회'를 두고 있다.
④ 우리나라 관광진흥의 방향과 시책에 관한 사항을 규정하고 있다.

[해설] 본래 「관광기본법」(제15조)은 주요 관광정책을 심의·의결하기 위해 국무총리 소속하에 '관광정책심의위원회'를 두었던 것이나, 2000년 1월 12일 「관광기본법」 1차 개정 때 이를 폐지하였다.

[5] 「관광기본법」에서 정하고 있는 우리나라 관광행정의 기본방향이라고 볼 수 없는 것은?

① 국제친선의 증진
② 국민경제의 향상
③ 국제관광의 발전
④ 건전한 국민관광의 발전

[해설] 우리나라 관광행정의 기본방향은 「관광기본법」에서 정하고 있다. 동법은 제1조(목적)에서 "이 법은 관광진흥의 방향과 시책에 관한 사항을 규정함으로써 '국제친선의 증진'과 '국민경제 및 국민복지의 향상'을 기하고 '건전한 국민관광의 발전'을 도모하는 것을 목적으로 한다"고 규정하고 있다.

[6] '국민관광'이라는 용어가 처음으로 명시된 법률은?

① 관광사업법
② 관광진흥법
③ 관광사업진흥법
④ 관광기본법

[해설] '국민관광'이라는 용어가 처음으로 명시된 것은 「관광기본법」에서이다. 동법은 제1조에서 "이 법은 …· 건전한 국민관광의 발전을 도모함을 목적으로 한다"고 규정하고, 또 제13조에서는 "정부는 …· 건전한 국민관광을 발전시키는데 필요한 시책을 강구하여야 한다"고 명시하여 국민관광 발전을 위한 정부의 의지와 책임을 최초로 규정하고 있다.

[7] 「관광기본법」 제3조에서의 '관광진흥에 관한 기본계획'에 포함되어야 할 사항이 아닌 것은?

① 관광진흥을 위한 정책의 기본방향
② 국내외 관광여건과 관광동향에 관한 사항
③ 관광진흥을 위한 제도 개선에 관한 사항
④ 국민경제 및 국민복지의 향상에 관한 사항

[해설] 「관광기본법」은 제3조제2항에서 ①·②·③은 '기본계획'에 포함되어야 할 사항으로 규정하고 있어나, ④는 이에 해당되지 않고 「관광기본법」의 제정목적 중의 하나이다.

[8] 관광진흥에 관한 기본적이고 종합적인 시책을 강구해야 할 의무가 있는 곳은?

① 정부
② 지방자치단체
③ 한국관광협회중앙회
④ 한국관광공사

[해설] 「관광기본법」 제2조에서는 "정부는 이 법의 목적을 달성하기 위하여 관광진흥에 관한 기본적이고 종합적인 시책을 강구하여야 한다"고 규정하고 있다.

[9] 관광진흥에 관한 연차보고서에 관한 설명으로 틀린 것은?

① 정부가 작성하여 국민에게 발표하는 행정백서의 일종이라 할 수 있다.
② 관광진흥에 관한 시책과 동향을 그 내용으로 한다.
③ 연차보고서의 국회 제출은 관광진흥에 관한 주요 시책이 행정권자의 자의에 의하여 이루어지는 것을 방지하기 위해서이다.
④ 연차보고서의 제출은 정기국회 개시일 전후를 불문한다.

[해설] 「관광기본법」은 제4조에서 "정부는 매년 관광진흥에 관한 시책과 동향에 대한 보고서를 정기국회가 시작하기 전까지 국회에 제출하여야 한다"고 규정하고 있다. 즉 정부는 연차보고서를 정기국회가 개회되는 매년 9월 1일(국회법 제4조) 이전까지 국회에 보고하도록 의무화하고 있다.

[10] 지방자치단체는 관광에 관한 국가시책에 필요한 시책을 강구하여야 한다. 다음 중 지방자치단체의 국가시책 협조의무와 배치되는 것은?

① 지방자치단체가 강구하여야 할 사항은 '관광에 관한 국가시책에 필요한 시책'이다.

② 지방자치단체는 주민의 복리증진에 관한 자치사무를 처리함에 있어서도 국가의 시책에 협조하여야 한다.
③ 지방자치단체는 국가의 위임사무에 한하여 협조의무가 있고, 고유자치사무에 관하여는 협조하지 않아도 무방하다.
④ 지방자치단체의 장은 국가의 기본적·종합적인 관광시책에 관하여 협조할 의무가 있다.

[해설] 지방자치단체가 강구할 시책이라고 할 때에는 우리나라 관광진흥에 관한 기본적·종합적인 시책을 실시함에 있어 국가로부터 위임받은 사무를 집행하는데 필요한 시책은 물론, 주민의 복리증진을 위하여 지방자치단체 자체에서 수립한 지역내 관광진흥시책 등이 모두 포함된다고 할 것이다.

[11] 정부가 관광을 위하여 강구해야 할 시책과 거리가 먼 것은?

① 숙박시설의 개선
② 교통시설의 개선
③ 휴식시설의 개선
④ 주거시설의 개선

[해설] 「관광기본법」은 제8조에서 "정부는 관광객이 이용할 숙박·교통·휴식시설 등의 개선 및 확충을 위하여 필요한 시책을 강구하여야 한다"고 규정하고 있다. 따라서 주거시설의 개선은 정부가 강구해야 할 필요한 시책과는 거리가 있다고 하겠다.

[12] 관광진흥에 관한 정부의 시책을 실시하기 위해서 국가가 조처하여야 할 의무사항이 못되는 것은?

① 법제상의 조치
② 재정상의 조치
③ 정치적 조치
④ 행정상의 조치

[해설] 「관광기본법」은 제5조에서 "국가는 제2조(기본법의 목적달성)에 따른 시책을 실시하기 위하여 법제상·재정상의 조치와 그 밖에 필요한 행정상의 조치를 강구하여야 한다"고 규정하고 있다. 따라서 정치적 조치는 국가의 의무사항이라고는 할 수 없다.

[13] 「관광기본법」에 의하면 정부는 관광진흥을 위한 시책을 강구해야 한다. 여기에 해당하지 않는 것은?

① 법제상·재정상 그 밖에 필요한 행정상의 조치 강구
② 해외선전의 강화 및 출입국절차의 개선 기타 외국관광객의 유치 촉진을 위하여 필요한 시책의 강구

③ 숙박·교통·휴식시설 등의 개선 및 확충을 위하여 필요한 시책의 강구
④ 한국관광공사 등 관광기구의 발전을 위하여 필요한 시책의 강구

[해설] ①은 「관광기본법」 제5조의 시책, ②는 동법 제7조의 시책, ③은 동법 제8조의 시책을 말하는데, ④는 정부의 관광진흥을 위한 시책과는 거리가 먼 내용이다.

[14] 정부가 외국 관광객을 유치하기 위하여 강구해야 할 시책과 거리가 먼 것은?

① 해외홍보의 강화
② 출입국절차의 개선
③ 기타 필요한 관광인프라의 확충
④ 외국어교육의 확대

[해설] 「관광기본법」은 제7조에서 "정부는 외국 관광객의 유치를 촉진하기 위하여 해외홍보를 강화하고 출입국 절차를 개선하며 그 밖에 필요한 시책을 강구하여야 한다"고 규정하고 있다. 따라서 외국어교육의 확대는 정부의 외국 관광객 유치시책과는 거리가 있다고 본다.

[15] 정부는 관광진흥에 관한 시책과 동향에 관한 보고서를 언제까지 제출해야 하는가?

① 매년 3월 말까지
② 정기국회 종료 후
③ 정기국회가 시작하기 전까지
④ 정기국회 회기 내

[해설] 「관광기본법」은 제4조에서 "정부는 매년 관광진흥에 관한 시책과 동향에 대한 보고서를 정기국회가 시작하기 전까지 국회에 제출하여야 한다"고 규정하고 있다. 따라서 이 연차보고서(年次報告書)는 정기국회가 개회되는 매년 9월 1일(국회법 제4조) 이전까지 국회에 제출하도록 의무화시키고 있다.

[16] 「관광기본법」의 제정 연월일로 맞는 것은?

① 1972년 12월 31일
② 1975년 12월 31일
③ 1976년 7월 20일
④ 1962년 4월 24일

[해설] 「관광기본법」은 1975년 12월 31일 법률 제2877호로 제정되었다.

[17] 「관광기본법」의 내용에 맞지 않는 것은?

① 관광계획수립의 의무
② 관광지의 지정과 개발
③ 외국관광객의 유치 노력
④ 해외여행의 권장

[해설] ①·②·③은 '기본법'의 내용에 합당하나(동법 제3조, 제7조, 제12조 참조), ④는 '기본법'의 내용과는 맞지 않는다고 본다.

[18] 우리나라 최초의 관광 관련 법규는?

① 관광기본법
② 관광진흥법
③ 관광사업진흥법
④ 관광사업법

[해설] 우리나라 최초의 관광 관련 법규는 1961년 8월 22일 법률 제689호로 제정·공포된 「관광사업진흥법」이다.

◆ 예상문제 정답 ◆

[01] ②	[02] ②	[03] ④	[04] ③	[05] ③	[06] ④	[07] ④	[08] ①
[09] ④	[10] ③	[11] ④	[12] ③	[13] ④	[14] ④	[15] ③	[16] ②
[17] ④	[18] ③						

핵심 예상문제

Ⅲ. 관광진흥개발기금법

[1] 관광진흥개발기금의 설치근거가 되는 법은?

① 관광진흥법
② 관광진흥개발기금법
③ 관광기본법
④ 한국관광공사법

[해설] 「관광기본법」은 제14조에서 "정부는 관광진흥을 위하여 관광진흥개발기금을 설치하여야 한다"고 규정함으로써 '기금'의 설치근거를 마련하고 있는데, 이에 따라 관광진흥개발기금을 설치·운용하기 위하여 제정된 법률이 「관광진흥개발기금법」이다.

[2] 국외에 출국하는 내·외국인으로서 관광진흥개발기금에 납부하는 출국납부금에 관한 설명으로 틀린 것은?

① 외교관여권이 있는 자에게는 부과하지 아니한다.
② 2세(선박을 이용하는 경우에는 6세) 미만인 어린이에게는 부과하지 아니한다.
③ 대한민국에 주둔하는 외국의 군인 및 군무원에게는 부과하지 아니한다.
④ 출국납부금은 2만원으로 한다. 다만, 선박을 이용하는 경우에는 1천원으로 한다.

[해설] 국내 공항 및 항만을 통하여 출국하는 자의 출국납부금은 1만원이고, 선박을 이용하는 경우에는 1천원이다(기금법 시행령 제1조의2 제2항).

[3] 관광진흥개발기금을 관리·운용하는 자는?

① 문화체육관광부장관
② 국무총리
③ 기획재정부장관
④ 한국은행총재

[해설] 기금은 문화체육관광부장관이 관리한다(기금법 제3조 1항). 기금의 운용에 관한 종합적인 사항을 심의하기 위하여 문화체육관광부장관 소속으로 기금운용위원회를 둔다(기금법 제6조).

[4] 다음 중 관광진흥개발기금을 대여할 수 없는 용도는?

① 호텔을 비롯한 각종 관광시설의 건설 또는 개수(改修)
② 관광을 위한 교통수단의 확보 또는 개수
③ 관광사업의 발전을 위한 기반시설의 건설 또는 개수
④ 관광사업의 발전을 위한 국제회의의 유치

[해설] 「관광진흥개발기금법」 제5조의 규정에 따르면 기금을 대여할 수 있는 용도는 ①②③이 해당되고, ④의 용도에는 기금을 대여할 수 없다.

[5] 관광진흥개발기금에서 대여 또는 보조할 수 있는 사업이 아닌 것은?

① 국외 여행자의 건전한 관광을 위한 교육 및 관광정보의 제공사업
② 외국 관광업체와의 제휴사업
③ 국내외 관광안내체계의 개선 및 관광홍보사업
④ 관광상품 개발 및 지원사업

[해설] 「관광진흥개발기금법」 제5조제3항의 규정에 따르면 외국 관광업체와의 제휴사업에는 기금을 대여 또는 보조할 수 없다고 본다.

[6] 관광진흥개발기금 운용위원회에 관한 설명으로 틀린 것은?

① 위원장 1명을 포함한 10명 이내의 위원으로 구성한다.
② 기금운용위원회는 문화체육관광부장관 소속하에 설치되고, 위원장은 문화체육관광부장관이 된다.
③ 관광진흥개발기금의 운용에 관한 종합적인 사항을 심의한다.
④ 위원장은 위원회를 대표하고, 위원장이 부득이한 사유로 직무를 수행할 수 없을 때에는 위원장이 지정한 위원이 그 직무를 대행한다.

[해설] 기금의 운용에 관한 종합적인 사항을 심의하기 위하여 문화체육관광부장관 소속으로 기금운용위원회를 두는데, 위원장은 문화체육관광부 제2차관이 된다(기금법 시행령 제4조 2항).

[7] 문화체육관광부장관은 출국납부금의 부과·징수업무를 법률이 지정하는 자에게 위탁할 수 있는데, 다음 중 부과·징수업무의 수탁자로 볼 수 없는 것은?

① 지방해양수산청장
② 항만공사
③ 「항공법」에 따른 공항운영자
④ 출입국관리사무소

[해설] 문화체육관광부장관은 납부금의 부과·징수 업무를 지방해양수산청장, 「항만공사법」에 따른 항만공사 및 「항공법」에 따른 공항운영자에게 각각 위탁하고 있다(기금법 시행령 제22조). 따라서 출입국관리사무소는 수탁자로 볼 수 없다.

[8] 관광진흥개발기금의 결산보고서에 관한 설명으로 틀린 것은?

① 문화체육관광부장관이 작성한다.
② 회계연도마다 작성한다.
③ 한국은행총재에게 제출한다.
④ 다음 연도 2월 말일까지 제출하여야 한다.

[해설] 문화체육관광부장관은 회계연도마다 기금의 결산보고서를 작성하여 다음 연도 2월 말일까지 기획재정부장관에게 제출하여야 한다(기금법시행령 제21조).

[9] 관광진흥개발기금의 설치목적과 배치되는 것은?

① 정부에게 관광진흥을 위한 자금조달방법의 하나로 기금의 설치·운용을 촉구하고 있다.
② 관광사업을 효율적으로 발전시키기 위하여 기금을 설치·운용한다.
③ 정부투자기관인 한국관광공사의 자본금 충당을 위하여 기금을 설치·운용한다.
④ 관광외화수입의 증대에 기여하기 위하여 기금을 설치·운용한다.

[해설] 한국관광공사의 자본금은 500억원으로 하고, 그 2분의 1이상을 정부가 출자하도록 되어 있지만(공사법 제4조), 관광진흥개발기금으로는 충당하지 않는다. 정부는 관광사업을 효율적으로 발전시키고 외화수입의 증대에 기여하기 위하여 「관광진흥개발기금법」을 제정하여 제도금융으로 관광진흥개발기금을 설치·운용하고 있는 것이다.

[10] 관광진흥개발기금의 재원(財源)이 아닌 것은?

① 카지노사업자의 납부금
② 국내 공항과 항만을 통하여 출국하는 자로부터 받는 출국납부금
③ 관광사업자단체의 특별기부금
④ 정부로부터 받은 출연금

[해설] 「관광진흥개발기금법」 제2조에서 기금은 다음의 재원으로 조성한다고 규정하고 있다. 즉 ㉮ 정부로부터의 출연금, ㉯ 카지노사업자의 납부금, ㉰ 출국납부금, ㉱ 기금의 운용에 따라 생기는 수익금과 그 밖의 재원 등이다. 따라서 관광사업자단체의 특별기부금은 기금의 재원이 될 수 없다.

[11] 국외에 여행하는 내국인으로서 납부금을 내야 할 대상은?

① 외교관여권이 있는 자
② 2세 미만의 어린이
③ 국외로 입양되는 어린이와 그 호송인
④ 선박을 이용하는 6세 이상의 어린이

[해설] 「관광진흥개발기금법 시행령」(제1조의2 제1항 2호)은 2세 미만의 어린이와 선박을 이용하는 6세 미만의 어린이를 기금납부면제대상자로 규정하고 있다. 그러나 선박을 이용하는 경우에도 6세 이상의 어린이는 기금납부면제대상에서 제외되어 납부금을 내야 한다.

[12] 기금운용위원회의 기능으로 볼 수 없는 것은?

① 기금의 운용에 관한 종합적인 사항 심의
② 기금운용계획안 수립 및 계획변경사항 심의
③ 기금의 대하이자율, 대여이자율, 대여기간 및 연체율 심의
④ 기금의 집행, 평가, 결산 및 여유자금의 관리

[해설] ④ 기금의 집행, 평가, 결산 및 여유자금의 관리는 문화체육관광부장관이 한다. 「관광진흥개발기금법」 제3조 참조.

[13] 관광진흥개발기금의 여유자금을 운용하는 방법으로 적절하지 않은 것은?

① 은행예치
② 국채매입
③ 공채매입
④ 회사채매입

[해설] 「관광진흥개발기금법 시행령」은 제3조의2에서 "문화체육관광부장관은 기금의 여유자금을 ① 금융기관 및 체신관서에 예치, ② 국·공채 등 유가증권의 매입, ③그 밖의 금융상품의 매입 등으로 운용할 수 있다"고 규정하고 있다. 따라서 회사채매입은 여유자금 운용방법으로는 적절치 않다고 본다.

[14] 납부금의 부과·징수업무를 위탁받을 수 있는 기관은?

① 항만공사
② 한국관광공사
③ 한국은행
④ 한국산업은행

[해설] 문화체육관광부장관은 납부금의 부과·징수업무를 지방해양수산청장 그리고 「항만공사법」에 따른 항만공사 및 「항공법」에 따른 공항운영자에게 각각 위탁하고 있다(기금법 시행령 제22조). 따라서 납부금의 부과·징수업무를 위탁받을 수 있는 기관은 항만공사뿐이다.

[15] 관광진흥개발기금을 대여받은 자는 그 대여상황을 누구에게 보고하여야 하는가?

① 문화체육관광부장관
② 기금운용위원회위원장
③ 한국산업은행총재
④ 기획재정부장관

[해설] 기금의 대여업무를 취급하는 한국산업은행은 문화체육관광부령으로 정하는 바에 따라 기금의 대여상황을 문화체육관광부장관에게 보고하여야 한다(기금법 시행령 제18조).

[16] 관광진흥개발기금의 운용계획에 관하여 틀린 것은?

① 기금운용계획안은 기획재정부장관이 수립하거나 변경한다.
② 기금의 회계연도는 정부의 회계연도에 따른다.
③ 문화체육관광부장관은 기금의 수입과 지출에 관한 사무를 하게 하기 위해서 소속 공무원 중에서 기금수입징수관, 기금출납공무원 등을 임명한다.
④ 문화체육관광부장관은 기금의 여유자금을 유가증권의 매입이나 금융상품의 매입에 사용할 수 있다.

[해설] 문화체육관광부장관은 매년 「국가재정법」에 따라 기금운용계획안을 수립하거나 변경할 수 있는데, 이 경우에는 기금운용위원회의 심의를 거쳐야 한다(기금법 제7조).

[17] 관광진흥개발기금의 관리는 누가 하는가?

① 기획재정부장관
② 문화체육관광부 제2차관
③ 문화체육관광부장관
④ 국무총리

[해설] 관광진흥개발기금은 문화체육관광부장관이 관리한다. 문화체육관광부장관은 기금의 집행·평가·결산 및 여유자금의 관리 등을 효율적으로 수행하기 위하여 10명 이내의 민간전문가를 고용하며, 이에 필요한 경비는 기금에서 사용할 수 있다(기금법 제3조).

[18] 관광진흥개발기금의 운용에 관한 설명으로 옳지 않은 것은?

① 문화체육관광부장관은 매년 「국가재정법」에 따라 기금운용계획안을 수립하여야 한다.

② 기금의 회계연도는 정부의 회계연도에 따른다.

③ 문화체육관광부장관은 기금지출관으로 하여금 한국은행에 관광진흥개발기금의 계정(計定)을 설치하도록 하여야 한다.

④ 문화체육관광부장관이 기금지출관 및 기금출납공무원을 임명할 때에는 반드시 감사원장, 기획재정부장관 및 한국은행총재와 협의하여야 한다.

[해설] 문화체육관광부장관은 기금의 수입과 지출에 관한 사무를 하게 하기 위하여 기금지출관 및 기금출납공무원을 임명하는데, 이 때에는 감사원장, 기획재정부장관 및 한국은행총재에게 통지함으로써 족하고 협의는 필요하지 않다(기금법시행령 제11조 참조).

[19] 회계연도마다 기금의 결산보고서는 언제까지 제출하여야 하는가?

① 다음 연도 1월 1일까지

② 다음 연도 12월 31일까지

③ 다음 연도 2월 말일까지

④ 다음 연도 1월 20일까지

[해설] 문화체육관광부장관은 회계연도마다 기금의 결산보고서를 작성하여 다음 연도 2월 말일까지 기획재정부장관에게 제출하여야 한다(기금법 시행령 제21조).

[20] 문화체육관광부장관이 임명 또는 위촉하는 기금운용위원회의 위원이 될 수 있는 자는?

① 공인회계사

② 한국관광협회중앙회의 임원

③ 한국관광공사의 임원

④ 한국산업은행의 임원

[해설] 기금운용위원회의 위원장은 문화체육관광부 제1차관이 되고, 위원은 다음 사람 중에서 문화체육관광부장관이 임명하거나 위촉한다(기금법시행령 제4조 2항〈**개정** 2017.9.4.〉). 즉

㉮ 기획재정부 및 문화체육관광부의 고위공무원단에 속하는 공무원

㉯ 관광 관련 단체 또는 연구기관의 임원

㉰ 공인회계사의 자격이 있는 사람

㉱ 그 밖에 기금의 관리·운용에 관한 전문지식과 경험이 풍부하다고 인정되는 사람

[21] 관광진흥개발기금의 계정(計定)이 설치되는 금융기관은?

① 한국은행
② 한국산업은행
③ 중소기업은행
④ 국민은행

[해설] 문화체육관광부장관은 기금지출관으로 하여금 한국은행에 관광진흥개발기금의 계정(計定)을 설치하도록 하여야 한다(기금법 제10조).

[22] 관광진흥개발법령상 관광진흥개발기금의 관리에 관한 설명으로 옳지 않은 것은?

① 기금의 관리자는 문화체육관광부장관이다.
② 민간전문가는 계약직으로 하며, 계약기간은 2년을 원칙으로 한다.
③ 민간전문가 고용시 필요한 경비는 기금에서 사용할 수 있다.
④ 기금의 집행·평가·결산 및 여유자금 관리 등을 효율적으로 수행하기 위하여 15명 이상의 민간전문가를 고용한다.

[해설] 「관광진흥개발기금법」에 따르면 문화체육관광부장관은 기금의 집행·평가·결산 및 여유자금 관리 등을 효율적으로 수행하기 위하여 10명 이내의 민간전문가를 고용하도록 하고 있다(동법 제3조 제2항 참조).

[23] 관광진흥개발기금법령상 공항통과여객으로서 보세구역을 벗어난 후 출국하는 여객 중 출국납부금의 납부제외대상에 해당하지 않는 경우는?

① 항공기의 고장·납치, 긴급환자 발생 등 부득이한 사유로 항공기가 불시착한 경우
② 기상이 악화되어 항공기의 출발이 지연되는 경우
③ 항공기 탑승이 불가능하여 어쩔 수 없이 당일이나 그 다음 날 출국하는 경우
④ 사업을 목적으로 보세구역을 벗어난 후 24시간 이내에 다시 보세구역으로 들어오는 경우

[해설] ①·②·③은 이에 해당되나, ④는 '관광'이 아닌 '사업'을 목적으로 보세구역을 벗어난 후 24시간 이내에 다시 보세구역으로 들어오는 경우이므로 납부제외대상에 해당하지 않는 경우로 본다(관광진흥개발기금법 시행령 제1조의2제1항 7호 참조).

[24] 「관광진흥개발기금법」상 기금의 용도로서 옳지 않은 것은?

① 해외자본의 유치를 위하여 필요한 경우 문화체육관광부령으로 정하는 사업에 투자할 수 있다.
② 관광을 위한 교통수단의 확보 또는 개수(改修)에 대여할 수 있다.

③ 관광정책에 관하여 조사·연구하는 법인의 기본재산 형성 및 조사·연구사업, 그 밖의 운영에 필요한 경비를 보조할 수 있다.
④ 국내의 관광안내체계의 개선 및 관광홍보사업에 대여하거나 보조할 수 있다.

[해설] ②·③·④는 관광진흥을 위한 기금의 용도에 합당하나, ①은 기금의 용도에는 합당하지 않는다고 본다(관광진흥개발기금법 제5조 참조).

[25] 「관광진흥개발기금법」의 목적으로 옳은 것은?

① 문화관광축제의 활성화
② 관광을 통한 외화수입의 증대
③ 관광개발의 진흥
④ 국제수지의 향상

[해설] 「관광진흥개발기금법」은 관광사업을 효율적으로 발전시키고 관광을 통한 외화수입의 증대에 이바지하기 위하여 관광진흥개발기금을 설치하는 것을 목적으로 한다(동법 제1조 참조).

◆ 예상문제 정답 ◆

[01] ②	[02] ④	[03] ①	[04] ④	[05] ②	[06] ②	[07] ④	[08] ③
[09] ③	[10] ③	[11] ④	[12] ④	[13] ④	[14] ①	[15] ①	[16] ①
[17] ③	[18] ④	[19] ③	[20] ①	[21] ①	[22] ④	[23] ④	[24] ①
[25] ②							

핵심 예상문제

Ⅳ. 관광진흥법(1)

[1] 「관광진흥법」의 목적이 아닌 것은?

① 관광자원의 개발
② 관광사업의 육성
③ 관광여건의 조성
④ 관광사업자 보호

[해설] 「관광진흥법」은 제1조(목적)에서 "관광여건을 조성하고 관광자원을 개발하며 관광사업을 육성하여 관광진흥에 이바지하는 것을 목적으로 한다"고 규정하고 있다.

[2] 다음 중 관광사업의 종류에 해당하지 않는 것은?

① 관광숙박업
② 유원시설업
③ 국제회의용역업
④ 관광객이용시설업

[해설] 국제회의용역업은 1986년 12월 「관광진흥법」 제정시 관광사업의 1종으로 신설되었던 것이나, 1999년 1월 동법 개정 때 '국제회의업'으로 그 명칭을 변경하고, 그 업무범위를 확대하였다.

[3] 관광사업의 종류를 올바르게 분류한 것은?

① 여행업, 관광숙박업, 관광객이용시설업, 국제회의업, 카지노업, 유원시설업, 관광편의시설업
② 여행업, 관광숙박업, 관광객이용시설업, 국제회의용역업, 카지노업, 관광편의시설업
③ 관광호텔업, 관광객이용시설업, 카지노업, 관광편의시설업, 국제회의시설업, 유원시설업
④ 여행업, 관광숙박업, 관광객이용시설업, 카지노업, 관광편의시설업, 국제회의기획업

[해설] 「관광진흥법」은 제3조 1항에서 관광사업의 종류를 ㉮ 여행업, ㉯ 관광숙박업, ㉰ 관광객이용시설업, ㉱ 국제회의업, ㉲ 카지노업, ㉳ 유원시설업, ㉴ 관광편의시설업 등 크게 7종으로 분류하고, 동법 시행령에서는 이를 다시 세분하고 있다.

[4] 다음 설명 중 틀린 것은?

① 가족호텔업은 관광객의 숙박에 적합한 시설 및 취사도구를 갖추어 가족단위로 여행하는 관광객에게 이용하게 하는 것이다.
② 종합휴양업은 제1종종합휴양업과 제2종종합휴양업으로 구분한다.
③ 관광공연장업은 관광객을 위하여 적합한 공연시설을 갖추고 공연물을 공연하면서 식사와 주류를 판매하는 업을 말한다.
④ 외국인전용 관광기념품판매업은 외국인관광객만이 이용할 수 있고 내국인은 이용할 수 없다.

[해설] 외국인전용 관광기념품판매업은 1987년 외화획득 및 외국인 관광객 편의증진을 위하여 도입된 것인데, 그동안 외국인 관광객이 물품을 구매하기 위한 국내 여건이 향상되었으므로, 외국인전용 관광기념품판매업을 관광사업으로 등록하여야 하는 업종에서 제외함으로써, 외국인 관광객을 대상으로 물품을 판매하는 업종 간에 자유경쟁을 유도하려는 뜻에서 2014년 7월 16일 관광객이용시설업에서 이를 삭제한 것이다(관광진흥법 시행령 제2조제1항제3호 바목).

[5] 관광진흥법상 관광사업의 종류와 등록 또는 허가기관을 바르게 연결하지 못한 것은?

① 일반여행업 — 특별시장·광역시장·도지사·특별자치도지사에게 등록
② 관광숙박업 — 특별자치도지사 · 특별자치시장·시장·군수·자치구청장에게 등록
③ 일반유원시설업 — 특별자치도지사·특별자치시장·시장·군수·자치구청장의 허가
④ 카지노업 — 문화체육관광부장관(제주특별자치도는 도지사)의 허가

[해설] 「관광진흥법」이 개정(2009.3.25.)되기 전까지는 여행업 중 일반여행업만 '특별시장·광역시장·도지사·특별자치도지사'에게 등록하고, 그 이외의 등록대상 관광사업은 모두 '특별자치도지사·특별자치시장·시장·군수·구청장'에게 등록하도록 하였던 것을, 개정후 현행법하에서는 등록대상 관광사업의 등록관청을 모두 〈특별자치도지사·특별자치시장·시장·군수·구청장〉으로 일원화하였다. 그리고 일반유원시설업은 특별자치도지사·특별자치시장·시장·군수·구청장의 허가를 받아야 하고, 카지노업은 문화체육관광부장관(제주특별자치도는 도지사)의 허가를 받도록 하고 있다.

[6] 관광사업의 등록을 한 자가 등록사항을 변경하고자 할 때 그 변경사유가 발생한 날부터 며칠 내에 변경등록을 신청하여야 하는가?

① 15일 ② 20일 ③ 30일 ④ 60일

[해설] 관광사업자가 등록사항을 변경하고자 하는 경우에는 그 변경사유가 발생한 날부터 30일 이내에 관광사업변경등록신청서에 변경사실증명서류를 첨부하여 등록관청에 제출하여야 한다(관광진흥법 제4조 3항, 동법 시행령 제6조 2항).

[7] 관광사업의 유효기간은?

① 등록 후 2년
② 등록 후 3년
③ 등록 후 5년
④ 없다.

[해설] 관광사업의 법정 유효기간은 없다.

[8] 다음 중 문화체육관광부장관의 허가를 받아야 경영할 수 있는 관광사업은?

① 관광숙박업
② 관광객이용시설업
③ 카지노업
④ 일반여행업

[해설] 「관광진흥법」상 허가를 받아야 할 관광사업은 카지노업과 유원시설업 중 종합유원시설업 및 일반유원시설업 등 3종류이다. 카지노업은 문화체육관광부장관(제주특별자치도는 도지사)의 허가를 받아야 하고, 종합유원시설업 및 일반유원시설업은 특별자치도지사·특별자치시장·시장·군수·구청장의 허가를 받아야 한다(동법 제5조 및 동법시행령 제7조).

[9] 관광사업의 경영을 위해 필요한 행정관청의 행정행위가 바르지 못한 것은?

① 일반여행업 — 등록
② 종합유원시설업 — 허가
③ 국제회의업 — 신고
④ 관광유흥음식점업 — 지정

[해설] 일반여행업은 〈특별자치도지사·특별자치시장·시장·군수·구청장〉에게 등록하고, 종합유원시설업은 〈특별자치도지사·특별자치시장·시장·군수·구청장〉의 허가를 받아야 하고, 국제회의업은〈특별자치도지사·특별자치시장·시장·군수·구청장〉에게 등록하여야 한다. 그리고 관광유흥음식점업은 〈특별자치도지사·특별자치시장·시장·군수·구청장〉의 지정을 받을 수 있다.

[10] 다음 중 관광진흥법상 행정관청의 허가를 받아야 할 수 있는 것은?

① 관광사업의 양도 · 양수
② 종합유원시설업의 경영
③ 관광편의시설업의 경영
④ 관광사업계획의 시행

[해설] 관광진흥법상 허가를 받아야 경영할 수 있는 관광사업은 카지노업과 유원시설업 중 종합유원시설업 및 일반유원시설업 등 3종류뿐이다.

[11] 다음 관광사업 중 등록을 하기 전에 '등록심의위원회'의 심의를 거쳐야 하는 관광사업은?

① 국제회의기획업
② 관광유람선업
③ 관광편의시설업
④ 여행업

[해설] 관광사업 중 관광숙박업(호텔업·휴양콘도미니엄업)과 관광객이용시설업 중 전문휴양업·종합휴양업·관광유람선업 및 국제회의업 중 국제회의시설업은 등록을 하기 전에 '등록심의위원회'의 심의를 거치도록 하고 있다(관광진흥법 제17조 1항 · 4항 및 동법 시행령 제20조).

[12] 관광숙박업 및 관광객이용시설업 등록심의위원회의 구성은?

① 위원장을 포함한 10명 이내의 위원으로 구성한다.
② 위원장과 부위원장 각 1명을 포함한 위원 10명 이내로 구성한다.
③ 위원장과 부위원장 각 1명을 포함한 11명 이내의 위원으로 구성한다.
④ 위원장 및 부위원장 각 1명을 포함한 10명의 위원으로 구성한다.

[해설] '등록심의위원회'는 위원장과 부위원장 각 1명을 포함한 위원 10명 이내로 구성한다(관광진흥법 제17조 2항).

[13] 관광숙박업 및 관광객이용시설업 등록심의위원회의 위원장은?

① 문화체육관광부 제2차관
② 시·도지사
③ 특별시·광역시의 부시장 또는 도의 부지사
④ 부지사·부시장·부군수·부구청장

[해설] '등록심의위원회'의 위원장은 특별자치도·특별자치시·시·군·구(자치구만 해당한다)의 부지사·부시장·부군수·부구청장이 된다(관광진흥법 제17조 2항).

[14] 등록심의위원회의 심의를 거치지 아니하고 등록할 수 있는 관광사업은?

① 국제회의시설업
② 야영장업(일반야영장업·자동차야영장업)
③ 종합휴양업
④ 관광유람선업

[해설] 관광사업 중 관광숙박업(호텔업·휴양콘도미니엄업)과 관광객이용시설업 중 전문휴양업·종합휴양업·관광유람선업 및 국제회의업 중 국제회의시설업은 등록을 하기 전에 '등록심의위원회'의 심의를 거치도록 하고 있다(관광진흥법 제17조 1항·4항 및 동법 시행령 제20조). 여기서는 ②야영장업이 심의를 거치지 않고 바로 등록관청에 등록하면 되는 사업이다.

[15] 등록심의위원회의 심의를 거쳐 관광숙박업으로 등록한 호텔업자가 호텔 내에서 일반음식점을 경영하고자 할 경우 거쳐야 하는 행정절차는?

① 특별자치도지사·특별자치시장·시장·군수·구청장의 허가를 받아야 한다.
② 특별자치도지사·특별자치시장·시장·군수·구청장에게 신고하여야 한다.
③ 시·도지사의 허가를 받아야 한다.
④ 허가나 신고 없이 영업을 할 수 있다.

[해설] 관광숙박업에는 목욕장업, 이용업, 주류판매업 등 부대사업이 따르기 마련인데, 등록심의위원회의 심의를 거쳐 관광숙박업을 등록한 때에는 그와 관련된 부대사업도 신고를 하였거나 인·허가 등을 받은 것으로 본다(관광진흥법 제16조 1항). 따라서 인·허가 등이 의제(擬制)되는 부대사업에 대하여는 개별적인 인·허가 등을 다시 받을 필요가 없게 된다.

[16] 국내 또는 국외를 여행하는 외국인 또는 내국인을 대상으로 하는 여행업은?

① 일반여행업
② 국내외여행업
③ 국외여행업
④ 국내여행업

[해설] 여행업은 사업의 범위와 취급대상에 따라 일반여행업, 국외여행업 및 국내여행업으로 분류된다(관광진흥법 시행령 제2조 1항 1호).
㉮ 일반여행업 — 국내외를 여행하는 내국인 및 외국인을 대상으로 하는 여행업을 말한다.
㉯ 국외여행업 — 국외를 여행하는 내국인을 대상으로 하는 여행업을 말한다.
㉰ 국내여행업 — 국내를 여행하는 내국인을 대상으로 하는 여행업을 말한다.

[17] 기획여행을 실시하는 자가 광고하려는 경우 표시해야 할 내용이 아닌 것은?

① 여행업의 등록번호, 상호, 소재지 및 등록관청
② 최고 여행인원
③ 여행자가 제공받을 구체적인 서비스의 내용
④ 기획여행명·여행일정 및 주요 여행지

[해설] 기획여행을 실시하는 자가 광고를 하려는 경우에는 ㉮ 여행업의 등록번호·상호·소재지 및 등록관청, ㉯ 기획여행명·여행일정 및 주요 여행지, ㉰ 여행경비, ㉱ 여행자가 제공받을 서비스의 내용, ㉲ 최저 여행인원을 표시하여야 한다(관광진흥법 시행규칙 제21조).

[18] 다음은 기획여행에 관한 설명이다. 틀린 것은?

① 기획여행은 국내 및 국외를 여행하는 모든 여행자를 위하여 실시한다.
② 기획여행을 실시하는 자가 광고를 실시하는 경우에는 기획여행명·여행일정 등을 표시하여야 한다.
③ 기획여행을 실시하려면 여행자가 제공받을 구체적 서비스 내용을 미리 정하여야 한다.
④ 기획여행을 실시하려는 자는 '보증보험등'에 가입하여야 한다.

[해설] 기획여행이란 여행업을 경영하는 자가 국외여행을 하려는 여행자를 위하여 여행의 목적지·일정, 여행자가 제공받을 운송·숙박 등의 서비스 내용과 그 요금 등에 관한 사항을 미리 정하고 이에 참가하는 여행자를 모집하여 실시하는 여행을 말한다(관광진흥법 제2조 3호). 따라서 기획여행은 국외여행에 국한하여 실시된다.

[19] 관광진흥법상 호텔업의 종류에 해당하지 않는 것은?

① 수상관광호텔업
② 한국전통호텔업
③ 휴양콘도미니엄업
④ 의료관광호텔업

[해설] 「관광진흥법」은 관광숙박업을 호텔업과 휴양콘도미니엄업으로 나누고, 호텔업을 다시 관광호텔업, 수상관광호텔업, 한국전통호텔업, 가족호텔업, 호스텔업, 소형호텔업, 의료관광호텔업으로 세분하고 있다(관광진흥법 제3조제1항 2호 및 동법시행령 제2조제1항 2호).

[20] 관광진흥법령상 호텔업의 등록을 한 자가 등급결정을 신청해야 하는 호텔업의 종류에 해당하지 않는 것은?

① 한국전통호텔업
② 수상관광호텔업
③ 가족호텔업
④ 의료관광호텔업

[해설] 문화체육관광부장관(제주자치도는 도지사)은 관광숙박시설 및 야영장 이용자의 편의를 돕고, 관광숙박시설·야영장 및 서비스의 수준을 효율적으로 유지·관리하기 위하여 관광숙박업자 및 야영장업자의 신청을 받아 관광숙박업 및 야영장업에 대한 등급을 정할 수 있다. 다만, 호텔업 등록을 한 자 중 대통령령으로 정하는 자 즉 관광호텔업, 수상관광호텔업, 한국전통호텔업, 소형호텔업 또는 의료관광호텔업은 의무적으로 등급결정을 신청하여야 하고, 가족호텔업과 호스텔업은 여기서 제외된다(관광진흥법 제19조 1항, 동법시행령 제22조 2항).

[21] 가족호텔업의 등록기준으로 틀린 것은?

① 욕실 및 샤워시설을 갖춘 객실이 50실 이상일 것
② 객실별 면적이 19제곱미터 이상일 것
③ 외국인에게 서비스를 제공할 수 있는 체제를 갖추고 있을 것
④ 대지 및 건물의 소유권 또는 사용권을 확보하고 있을 것

[해설] 가족호텔업의 등록기준은 ㉮ 욕실 및 샤워시설을 갖춘 객실이 30실 이상일 것, ㉯ 객실별 면적이 19제곱미터 이상일 것, ㉰ 외국인에게 서비스를 제공할 수 있는 체제를 갖추고 있을 것 ㉱ 대지 및 건물의 소유권 또는 사용권을 확보하고 있을 것 등이다(관광진흥법 시행령 제5조 관련 별표 1).

[22] 호텔업이 등급결정을 신청하여야 하는 경우가 아닌 것은?

① 호텔을 신규 등록한 경우
② 등급결정을 받은 날부터 3년이 지난 경우
③ 등록갱신을 한 때
④ 시설의 증·개축 또는 서비스 및 운영실태 등의 변경에 따른 등급조정사유가 발생한 경우

[해설] 호텔업의 등급결정은 ㉮ 호텔을 신규 등록한 경우, ㉯ 등급결정을 받은 날부터 3년이 지난 경우, ㉰ 시설의 증·개축 또는 서비스 및 운영실태 등의 변경에 따른 등급 조정사유가 발생한 경우에 등급결정을 신청하여야 한다(관광진흥법 시행규칙 제25조 1항).

[23] 다음 중 호텔업의 등급결정에 관한 권한을 가진 자는?

① '시·도지사'
② 문화체육관광부장관
③ 한국관광협회중앙회
④ 한국호텔업협회

[해설] 호텔업의 등급결정권자는 문화체육관광부장관이지만, 일정한 요건을 갖춘 법인으로서 문화체육관광부장관이 정하여 고시하는 법인에 위탁하고 있다(관광진흥법 제80조 제3항 2호, 동법시행령 제66조 제1항 〈개정 2014.11.28.〉). 이 때 등급결정권을 위탁받은 법인("등급결정 수탁기관"이라 함)은 기존의 한국호텔업협회 및 한국관광협회중앙회의 이원화 체계에서 객관성과 신뢰성을 높일 수 있는 한국관광공사로 일원화하였다(문화체육관광부 공고 제2014-276호 참조). 다만, 제주자치도는 도지사가 호텔등급을 결정하고, 등급에 관한 필요사항은 도조례(道條例)로 정할 수 있기 때문에(제주특별법 제240조), 제주자치도에 위치하고 있는 호텔업의 등급결정은 「관광진흥법」 제19조의 적용을 받지 않는다.

[24] 다음의 관광호텔업 등록기준 중 틀린 것은?

① 욕실이나 샤워시설을 갖춘 객실을 30실 이상 갖추고 있을 것
② 외국인에게 서비스를 제공할 수 있는 체제를 갖추고 있을 것
③ 대지 및 건물의 소유권 또는 사용권을 확보하고 있을 것
④ 객실별 면적이 19제곱미터 이상일 것

[해설] 「관광진흥법 시행령」 제5조 관련 별표 1 '관광호텔업의 등록기준'에서 필요로 하는 요건은 ①, ②, ③뿐이고, ④는 가족호텔업의 등록기준이다.

[25] 관광사업자의 결격사유에 해당하지 않는 것은?

① 미성년자
② 파산선고를 받고 복권되지 아니한 자
③ 피한정후견인
④ 피성년후견인

[해설] 우리 「민법」은 미성년자, 피한정후견인 및 피성년후견인을 행위무능력자(行爲無能力者)로 규정하고 있으나, 「관광진흥법」은 결격사유해당자로 피한정후견인과 피성년후견인을 들고 있고, 미성년자는 여기서 제외시키고 있다(동법 제7조 1항〈**개정 2017.3.21.**〉). 따라서 미성년자는 「관광진흥법」에서는 관광사업자가 될 수 있는 것이다.

[26] 관광사업의 지위승계와 행정처분의 효과에 관한 설명으로 틀린 것은?

① 관광사업자에 대한 취소·정지처분 또는 개선명령의 효과는 관광사업자의 지위를 승계한 자에게는 원칙적으로 승계되지 아니한다.
② 그러나 취소·정지처분 또는 개선명령의 절차가 진행 중인 때에는 새로운 관광사업자에게 그 절차를 계속 진행할 수 있다.
③ 승계한 자가 양수 또는 합병 당시 그 처분·명령 또는 위반사실을 알지 못하였음을 증명하면 그 처분등의 효과가 승계되지 않는다.
④ 승계하는 자는 관광사업자의 결격사유에 해당하지 않아야 한다.

[해설] 관광사업자가 등록취소 등의 사유(관광진흥법 제35조 1항 및 2항)에 해당되어 관광사업의 취소·정지처분 또는 개선명령을 받은 경우 그 처분 또는 명령의 효과는 그 관광사업자의 지위를 승계한 자에게 승계되며, 그 절차가 진행중인 때에는 새로운 관광사업자에게 그 절차를 계속 진행할 수 있다. 그러나 그 관광사업을 승계한 자가 양수나 합병 당시 그 처분·명령이나 위반사실을 알지 못하였음을 증명하면 그 처분 또는 명령의 효과가 승계되지 않도록 하였다(관광진흥법 제8조 3항).

[27] 관광사업과 관련된 손해를 배상할 것을 내용으로 하는 보험 또는 공제에 가입하여야 하는 자는?

① 관광숙박업자
② 관광객이용시설업자
③ 여행업자
④ 모든 관광사업자

[해설] 관광사업자는 해당 사업과 관련하여 사고가 발생하거나 관광객에게 손해가 발생하면 문화체육관광부령으로 정하는 바에 따라 피해자에게 보험금을 지급할 것을 내용으로 하는 보험 또는 공제에 가입하거나 영업보증금을 예치하여야 한다(관광진흥법 제9조).

[28] 다음 중 해수욕장의 등록기준으로 틀린 것은?

① 수영을 하기에 적합한 조건을 갖춘 해변이 있을 것
② 수용인원에 적합한 간이목욕시설 · 탈의장이 있을 것
③ 신고체육시설업 중 수영장시설을 갖추고 있을 것
④ 인명구조용 구명보트, 감시탑 및 응급처리시 설비 등의 시설이 있을 것

[해설] ①②④는 해수욕장의 등록기준에 해당하나, ③은 수영장의 등록기준이다(관광진흥법 시행령 제5조 관련 〈별표 1〉 '관광사업의 등록기준' 참조).

[29] 관광편의시설업으로 지정할 수 있는 사업이 아닌 것은?

① 관광사진업
② 관광펜션업
③ 관광유람선업
④ 관광식당업

[해설] 관광편의시설업으로는 ①·②·④ 외에 관광유흥음식점업, 관광극장유흥업, 외국인 전용 유흥음식점업, 관광순환버스업, 여객자동차터미널시설업, 관광궤도업, 한옥체험업, 관광면세업 등이 있다(관광진흥법 시행령 제2조 제1항 6호). ③의 관광유람선업은 관광객이용시설업의 일종이다.

[30] 휴양콘도미니엄업의 등록기준에 대한 설명으로 틀린 것은?

① 관광객의 취사·체류 및 숙박에 필요한 설비를 갖추고 있을 것
② 여러 개의 동으로 단지를 구성할 경우에는 매점이나 간이매장을 공동으로 설치할 수 있다.
③ 매점이나 간이매장이 있을 것
④ 관광지 또는 관광단지 안에 소재한 휴양콘도미니엄의 경우 문화체육공간을 1개소 이상 갖출 것

[해설] 문화체육공간의 설치문제에 관하여, 관광지·관광단지 또는 종합휴양업의 시설 안에 있는 휴양콘도미니엄의 경우에는 이를 설치하지 아니할 수 있다(관광진흥법 시행령 별표 1참조).

◆ 예상문제 정답 ◆

[01] ④	[02] ③	[03] ①	[04] ④	[05] ①	[06] ③	[07] ③	[08] ③
[09] ③	[10] ②	[11] ②	[12] ②	[13] ④	[14] ②	[15] ④	[16] ①
[17] ②	[18] ①	[19] ③	[20] ③	[21] ①	[22] ③	[23] ②	[24] ④
[25] ①	[26] ①	[27] ④	[28] ③	[29] ③	[30] ④		

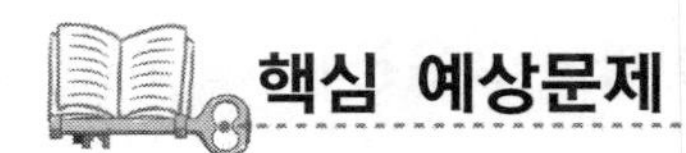

핵심 예상문제

Ⅴ. 관광진흥법(2)

[1] 국제회의기획업의 등록기준 중 자본금은 얼마인가?

① 3천만원 ② 5천만원
③ 1억원 ④ 1억 5천만원

[해설] 「관광진흥법 시행령」 제5조 관련 〈별표 1〉 제5호에 따르면 국제회의기획업의 자본금은 5천만원 이상일 것을 요하고 있다.

[2] 관광숙박업에 관한 설명 중 옳지 않은 것은?

① 수상관광호텔업은 노후된 선박을 개조하여 숙박시설을 갖추고 동력을 이용하여 수상경관을 감상시키는 것을 말한다.
② 가족호텔업은 숙박시설 및 취사도구를 갖추어 이를 가족단위 관광객에게 이용하게 하는 업이다.
③ 한국전통호텔업은 한국전통의 건축물에 관광객의 숙박에 적합한 시설을 갖추거나 부대시설을 함께 갖추어 이를 이용하게 하는 업이다.
④ 관광진흥법은 관광숙박업을 호텔업과 휴양콘도미니엄업으로 구분하고 있다.

[해설] ①수상관광호텔업은 수상에 구조물 또는 선박을 고정하거나 매어 놓고 관광객의 숙박에 적합한 시설을 갖추거나 부대시설을 함께 갖추어 관광객에게 이용하게 하는 업을 말한다(동법시행령 제2조 1항 2호). 따라서 노후된 선박을 개조하여 숙박에 적합한 시설을 갖추고 있더라도, 만일 동력(動力)을 이용하여 선박이 이동할 경우에는 이는 관광호텔이 아니라 선박으로 인정된다.

[3] 관광숙박업 등의 등록심의위원회가 심의하는 사항이 아닌 것은?

① 관광숙박업의 등록기준에 관한 사항
② 관계 법령상 신고 또는 인·허가 등의 요건에 해당하는지에 관한 사항
③ 관광객이용시설업의 등록기준에 관한 사항
④ 국제회의기획업의 등록기준에 관한 사항

[해설] '등록심의위원회'의 심의대상업종으로는 관광숙박업과 관광객이용시설업(전문휴양업·종합휴양업·관광유람선업) 및 국제회의업 중 국제회의시설업에 한한다(관광진흥법 제17조 3항). 따라서 ④의 국제회의기획업은 심의대상이 아니다.

[4] 호텔업의 등급결정을 위하여 평가하여야 할 요소가 아닌 것은?

① 소방·안전상태
② 객실 및 부대시설의 상태
③ 서비스상태
④ 안전관리 등에 관한 법령준수 여부

[해설] 문화체육관광부장관이 호텔업의 등급결정을 할 때 평가하여야 할 요소로는 ㉠ 서비스상태, ㉡ 객실 및 부대시설의 상태, ㉢ 안전관리 등에 관한 법령준수 여부 등이다(동법 시행규칙 제25조 3항 〈개정 2014.12.31.〉). 따라서 ①의 소방·안전상태는 평가요소가 아니다.

[5] 다음 중 분양 및 회원모집을 할 수 있는 관광사업이 아닌 것은?

① 휴양콘도미니엄업
② 가족호텔업
③ 제1종종합휴양업
④ 제2종종합휴양업

[해설] 분양 및 회원모집을 할 수 있는 관광사업으로는 휴양콘도미니엄업 및 호텔업과 관광객이용시설업 중 제2종종합휴양업에 한한다(동법시행령 제23조). 따라서 ③의 제1종종합휴양업은 회원모집을 할 수 없다.

[6] 다음 관광사업 중 사업계획승인과 관계가 없는 것은?

① 카지노업
② 종합휴양업 및 전문휴양업
③ 국제회의업
④ 관광숙박업

[해설] 사업계획승인 대상업종은 관광숙박업과 대통령령으로 정하는 관광객이용시설업 및 국제회의업이다. 이 중에서 사업계획승인을 의무적으로 받아야 하는 업종은 관광숙박업(호텔업과 휴양콘도미니엄업)이고, 반드시 사업계획승인을 받지 아니해도 되는 업종으로는 관광객이용시설업 중 전문휴양업·종합휴양업·관광유람선업과 국제회의업 중 국제회의시설업이다.

[7] 다음 중 관광사업의 등록등을 할 수 있는 자는?

① 피성년후견인
② 피한정후견인
③ 파산선고를 받고 복권되지 아니한 자
④ 미성년자

[해설] 우리 「민법」은 미성년자, 피한정후견인, 피성년후견인을 행위무능력자로 규정하여 독립하여 법률행위를 할 수 없도록 하고 있으나, 「관광진흥법」은 피성년후견인과 피한정후견인을 관광사업의 결격사유해당자에 포함시키면서 미성년자는 제외하고 있다(동법 제7조제1항 참조〈**개정** 2017.3.21.〉). 따라서 미성년자는 관광사업의 등록을 신청할 수 있다.

[8] 관광사업을 등록하기 전에 반드시 사업계획승인을 받아야 되는 사업은?

① 국제회의시설업
② 종합휴양업
③ 관광숙박업
④ 관광유람선업

[해설] 사업계획승인을 의무적으로 받아야 하는 대상업종은 관광숙박업이다. 즉 호텔업(관광호텔업·수상관광호텔업·한국전통호텔업·가족호텔업·호스텔업·소형호텔업·의료관광호텔업)과 휴양콘도미니엄업을 경영하려는 자는 등록을 하기 전에 특별자치도지사·특별자치시장·시장·군수·구청장으로부터 반드시 사업계획승인을 받아야 한다(관광진흥법 제15조 1항). 그러나 국제회의시설업과 종합휴양업 및 관광유람선업은 사업자의 재량에 따라 사업계획승인을 받을 수 있는 업종이다(동법 제15조 2항).

[9] 관광숙박업을 경영하려는 자는 등록을 하기 전에 사업계획을 작성하여 누구의 승인을 받아야 하는가?

① 시·도지사
② 문화체육관광부장관
③ 지역별관광협회
④ 특별자치도지사·특별자치시장·시장·군수·구청장

[해설] 관광숙박업을 경영하려는 자는 등록을 하기 전에 그 사업에 대한 사업계획을 작성하여 특별자치도지사·특별자치시장·시장·군수·구청장(이하 "등록관청"이라 한다)의 승인을 받아야 한다(관광진흥법 제15조 1항). 따라서 특별자치도지사·특별자치시장·시장·군수·구청장은 사업계획을 승인함에 있어서 관광사업의 적정성 여부를 최종적으로 판단할 수 있다.

[10] 관광진흥법상 카지노업에 대한 설명이다. 잘못된 것은?

① 전문 영업장을 갖추고 주사위·트럼프·슬롯머신 등 특정한 기구 등을 이용한다.
② 특정인에게 재산상의 이익을 준다.
③ 다른 참가자에게는 손실을 주는 행위 등을 하는 업이다.
④ 계획된 결과에 따라 손익이 발생한다.

[해설] 카지노업이란 전문 영업장을 갖추고 주사위·트럼프·슬롯머신 등 특정한 기구 등을 이용하여 '우연의 결과'에 따라 특정인에게 재산상의 이익을 주고 다른 참가자에게 손실을 주는 행위 등을 하는 업을 말한다(동법 제3조 1항 5호).

[11] 우리나라와 외국 간을 왕래하는 여객선 안에서 카지노업을 하고자 하는 경우 여객선의 기준은?

① 1만톤급 이상
② 1만 5천톤급 이상
③ 2만톤급 이상
④ 3만톤급 이상

[해설] 여객선이 2만톤급 이상으로 문화체육관광부장관이 공고하는 총톤수 이상일 것(관광진흥법 시행령 제27조 제2항 2호)

[12] 관광진흥법령상 관광펜션업의 지정기준으로 옳지 않은 것은?

① 객실이 30실 이하일 것
② 자연 및 주변환경과 조화를 이루는 3층 이하의 건축물일 것
③ 취사·숙박 및 운동에 필요한 설비를 갖출 것
④ 숙박시설 및 이용시설에 대하여 외국어 안내표기를 할 것

[해설] 「관광진흥법 시행규칙」 제14조 관련 [별표 2] 관광편의시설업의 지정기준을 살펴보면 관광펜션업의 지정기준으로 ①·②·④는 합당하지만, ③은 취사 및 숙박에 필요한 설비만을 갖추면 되고 운동설비는 갖추지 않아도 된다는 점에서 지정기준으로는 합당하지 않다.

[13] 관광진흥법령상 우수숙박시설의 지정기준으로 옳지 않은 것은?

① 안내데스크에 요금표를 게시하고 신용카드 결제가 가능할 것
② 조명, 소방 및 안전관리 등은 관련 법령으로 정한 기준에 적합하게 유지하고, 정기적으로 점검하고 관리할 것
③ 관광객을 맞이하는 프론트 등의 접객공간이 개방형 구조일 것
④ 주차장에 차단막이 있을 것

[해설] 「관광진흥법 시행령」 제22조의2 제1항 관련 [별표 1의2] 우수숙박시설의 지정기준으로 ①·②·③은 이에 합당하지만, ④는 주차장에 차단막 등 폐쇄형 구조물이 없을 것을 요하는 지정요건에 반하므로 합당하지 않다.

[14] 관광진흥법령상 관광통역안내사 자격을 취득한 자를 종사하게 하여야 하는 관광업무는?

① 의료관광호텔업의 총괄관리 및 경영업무
② 국내여행업자의 내국인의 국내여행을 위한 안내업무
③ 외국인 관광객을 대상으로 하는 여행업자의 외국인 관광객의 국내여행을 위한 안내업무
④ 4성급 이상 관광호텔업의 총괄관리 및 경영업무

[해설] "관할 등록기관등의 장은 대통령령으로 정하는 관광업무(여행업 및 관광숙박업)에는 관광종사원의 자격을 가진 자가 종사하도록 해당 관광사업자에게 권고할 수 있다. 다만, 외국인 관광객을 대상으로 하는 여행업자는 관광통역안내의 자격을 가진 사람을 관광안내에 종사하게 하여야 한다"(관광진흥법 제38조 1항)고 규정함으로써, 외국인 관광객을 대상으로 하는 여행업자는 관광통역안내의 자격을 가진 사람을 관광안내에 종사하게 하도록 의무화하고 있다(동법시행령 제36조 관련 [별표 4] 관광업무별 자격기준 참조).

[15] 관광진흥법령상 관광특구의 지정요건으로 옳지 않은 것은?

① 외국인 관광객 수가 20만명(서울특별시는 50만명) 이상일 것
② 관광특구의 지정신청 대상지역이 서로 분리되어 있지 아니할 것
③ 관광특구 전체 면적 중 임야·농지·공업용지 또는 택지 등 관광활동과 직접적인 관련성이 없는 토지의 비율이 10%를 초과하지 아니할 것
④ 문화체육관광부령으로 정하는 바에 따라 관광안내시설, 공공편익시설 및 숙박시설 등이 갖추어져 외국인 관광객의 관광수요를 충족시킬 수 있는 지역일 것

[해설] 「관광진흥법」 제70조 및 동법 시행규칙 제58조에 규정된 관광특구의 지정요건을 살펴보면 ②·③·④는 관광특구 지정요건에 합당하나, ①은 해당 지역의 최근 1년간 외국인 관광객수가 10만명(서울특별시는 50만명)임을 요하는 관광특구의 지정요건에 반하므로 옳지 않다고 본다.

[16] 「관광진흥법」상 장애인의 여행기회를 확대하고 장애인의 관광활동을 장려·지원하기 위하여 관련시설을 설치하는 등 시책을 강구하여야 하는 주체는?

① 공기업 및 사회적 기업
② 국가 및 지방자치단체
③ 국가 및 장애인고용공단
④ 장애인고용공단 및 지방자치단체

[해설] 「관광진흥법」은 제47조의3에서 "국가 및 지방자치단체는 장애인의 여행기회를 확대하고 장애인의 관광활동을 장려·지원하기 위하여 관련시설을 설치하는 등 필요

한 시책을 강구하여야 한다"고 규정하고 있다. 따라서 시책을 강구하여야 하는 주체는 국가 및 지방자치단체이다.

[17] 일반여행업의 기획여행을 실시하려는 자가 예치하여야 할 영업보증금은 얼마인가?(단, 손익계산서에 표시된 직전사업연도의 매출액은 150억원)

① 1억원 이상
② 2억원 이상
③ 3억원 이상
④ 5억원 이상

[해설] 보증보험등 가입금액(영업보증금 예치금액) 기준(관광진흥법 시행규칙 제18조 3항 관련 별표 3)

(단위: 천원)

<table>
<tr><th>여행업의 종류(기획여행 포함) / 직전사업연도의 매출액</th><th>국내여행업</th><th>국외여행업</th><th>일반여행업</th><th>국외여행업의 기획여행</th><th>일반여행업의 기획여행</th></tr>
<tr><td>1억원 미만</td><td>20,000</td><td>30,000</td><td>50,000</td><td rowspan="4">200,000</td><td rowspan="4">200,000</td></tr>
<tr><td>1억원 이상 5억원 미만</td><td>30,000</td><td>40,000</td><td>65,000</td></tr>
<tr><td>5억원 이상 10억원 미만</td><td>45,000</td><td>55,000</td><td>85,000</td></tr>
<tr><td>10억원 이상 50억원 미만</td><td>85,000</td><td>100,000</td><td>150,000</td></tr>
<tr><td>50억원 이상 100억원 미만</td><td>140,000</td><td>180,000</td><td>250,000</td><td>300,000</td><td>300,000</td></tr>
<tr><td>100억원 이상 1,000억원 미만</td><td>450,000</td><td>750,000</td><td>1,000,000</td><td>500,000</td><td>500,000</td></tr>
<tr><td>1,000억원 이상</td><td>750,000</td><td>1,250,000</td><td>1,510,000</td><td>700,000</td><td>700,000</td></tr>
</table>

[18] 다음 중 카지노업을 허가할 수 있는 기관은?

① 시·도지사
② 법무부장관
③ 문화체육관광부장관
④ 한국관광공사

[해설] 카지노업의 허가관청은 문화체육관광부장관이다(관광진흥법 제5조 1항). 다만, 「제주특별자치도 설치 및 국제자유도시 조성을 위한 특별법」의 규정에 의거 제주자치도지사는 제주자치도지역에서 카지노업의 허가를 받고자 하는 외국인투자자가 일정한 요건을 갖춘 경우에는 「관광진흥법」 제21조의 규정에도 불구하고 외국인전용의 카지노업을 허가할 수 있다(제주특별법 제244조).

[19] 다음 중 카지노업을 경영할 수 없는 자는?

① 1억원의 벌금형 선고를 받고 그 벌금을 납부한 자
② 금고이상의 형의 집행유예의 선고를 받고 그 유예기간 중에 있는 자
③ 금고이상의 형의 선고유예를 받고 그 유예기간이 종료된 자
④ 금고이상의 형의 선고를 받고 그 집행이 종료된 후 3년이 경과된 자

[해설] 형의 선고를 받고 그 집행유예기간 중에 있는 자는 그 유예기간이 종료되어야만 카지노업을 경영할 수 있다(관광진흥법 제22조 1항 5호 참조).

[20] 일반관광유람선업의 등록기준이 아닌 것은?

① 「선박안전법」에 따른 구조 및 설비를 갖춘 선박일 것
② 이용객의 숙박 또는 휴식에 적합한 시설을 갖추고 있을 것
③ 수세식화장실과 냉·난방 설비를 갖추고 있을 것
④ 욕실이나 샤워시설을 갖춘 객실을 20실 이상 갖추고 있을 것

[해설] ④는 관광유람선업 중 '크루즈업'의 등록기준이지, 일반관광유람선업의 등록기준은 아니다(관광진흥법 시행령 제5조 관련 〈관광사업의 등록기준〉 참조).

[21] 카지노사업자에게 부과할 수 있는 관광진흥개발기금의 범위는?

① 총매출액의 100분의 1
② 총매출액의 100분의 10
③ 총매출액의 100분의 15
④ 총매출액의 100분의 20

[해설] 카지노사업자는 연간 '총매출액의 100분의 10'의 범위에서 일정비율에 해당하는 금액을 「관광진흥개발기금법」에 따른 관광진흥개발기금에 내야 한다(관광진흥법 제30조 1항).

[22] 카지노업의 조건부 영업허가에 대한 설명으로 적절치 않은 것은?

① 1년 이내에 법정시설 및 기구를 갖출 것을 조건으로 허가한다.
② 부득이한 사유가 있으면 1회에 한하여 6개월을 넘지 아니하는 범위 내에서 그 기간을 연장할 수 있다.
③ 허가를 받은 자가 법정기간 내에 시설과 기구를 갖추지 아니한 경우에는 그 허가를 취소당할 수도 있다.
④ 조건부 영업허가를 받은 자가 그 기간 내에 필요한 시설과 기구를 갖춘 때에는 그 내역을 문화체육관광부장관에게 신고하여야 한다.

[해설] 조건부 영업허가를 받은 자가 정당한 사유 없이 허가조건을 이행하지 아니하면 그 허가를 취소하여야 한다(동법 제24조 2항).

[23] 관광사업의 양도·양수·합병신고를 누구에게 하여야 하는가?

① 모두 문화체육관광부장관에게 하여야 한다.
② 시·도지사에게 하여야 한다.
③ 시장·군수·구청장에게 하여야 한다.
④ 관할 등록기관등의 장에게 하여야 한다.

[해설] 관할 '등록기관등의 장'에게 하여야 한다(동법 제8조 4항 · 5항).

[24] 다음 중 카지노업의 영업소 폐쇄사유로 올바르지 않은 것은?

① 카지노업 허가를 받은 자가 모든 관광사업자에 공통으로 적용되는 결격사유에 해당하게 된 경우 그 영업소를 폐쇄하여야 한다.
② 허가 또는 신고 없이 카지노업을 경영하는 경우에는 당해 영업소를 폐쇄하여야 한다.
③ 금고이상의 형의 집행유예를 선고받고 그 유예기간이 종료되었다 하더라도 이러한 자가 경영하는 카지노영업소는 폐쇄하여야 한다.
④ 허가의 취소 또는 사업의 정지명령을 받고도 계속하여 영업을 한 때에는 당해 영업소를 폐쇄하여야 한다.

[해설] 금고이상의 형의 집행유예를 선고받고 그 유예기간 중에 있는 자는 결격사유에 해당되어 카지노업의 허가를 받을 수 없다(관광진흥법 제22조 제1항 5호). 그러나 유예기간이 종료된 자는 유효하게 카지노업의 허가를 받을 수 있기 때문에 그가 경영하는 영업소는 폐쇄할 수 없다.

[25] 유원시설업의 허가 및 신고에 관한 설명으로 틀린 것은?

① 유원시설업 중 종합유원시설업과 일반유원시설업을 경영하려는 자는 시·도지사의 허가를 받아야 한다.
② 유원시설업 중 기타유원시설업을 경영하려는 자는 특별자치도지사·특별자치시장·시장·군수·구청장에게 신고를 하여야 한다.
③ 특별자치도지사·특별자치시장·시장·군수·구청장은 유원시설업을 허가함에 있어서 문화체육관광부령으로 정하는 시설과 설비를 갖출 것을 조건으로 허가할 수 있다.
④ 유원시설업의 허가를 받은 자가 관광사업자에게 공통적으로 적용되는 결격사유에 해당하면 허가를 취소하여야 한다.

[해설] 유원시설업 중 종합유원시설업과 일반유원시설업을 경영하려는 자는 특별자치도지사·특별자치시장·시장·군수·구청장의 허가를 받아야 한다(동법 제5조 2항, 동법 시행령 제7조).

[26] 관할 등록기관등의 장이 사업정지에 갈음하여 부과할 수 있는 과징금의 최고액은?

① 500만원
② 1,000만원
③ 2,000만원
④ 3,000만원

[해설] 관할 등록기관등의 장은 사업정지를 명하여야 하는 경우에 그 사업정지처분을 갈음하여 2천만원 이하의 과징금을 부과할 수 있다(관광진흥법 제37조 1항).

[27] 관광종사원의 자격제도에 관한 설명 중 잘못된 것은?

① 관광종사원의 자격제도는 여행업과 관광숙박업에 종사하는 자에 한하여 적용된다.
② 여행업에는 관광통역안내사·국내여행안내사의 자격이 있고, 관광숙박업에는 호텔경영사·호텔관리사·호텔서비스사의 자격이 있다.
③ 관할 등록기관등의 장은 일정한 관광업무에는 관광종사원의 자격을 가진 자가 종사하도록 해당 관광사업자에게 권고할 수 있다.
④ 관광종사원 자격시험에 관한 사항은 문화체육관광부장관의 고유권한사항이다.

[해설] 관광종사원의 자격시험에 관한 사항은 문화체육관광부장관의 권한사항이지만(관광진흥법 제38조 2항), 관광종사원 중 관광통역안내사·호텔경영사·호텔관리사의 자격시험에 관한 권한은 한국관광공사에 위탁하고 있고, 국내여행안내사 및 호텔서비스사의 자격시험에 대한 권한은 한국관광협회중앙회에 위탁하도록 되어 있다(동법 시행령 제65조 제1항 4호 · 5호).

[28] 다음 중 관광종사원의 자격의 취소나 자격정지 사유가 아닌 것은?

① 파산선고를 받고 복권되지 아니한 자
② 거짓이나 그 밖에 부정한 방법으로 자격을 취득한 경우
③ 자격증을 타인에게 대여한 때
④ 직무를 수행하는 데에 부정 또는 비위(非違)사실이 있는 경우

[해설] ②·③·④는 취소 등의 사유에 해당하지만, ①은 해당하지 않는다(관광진흥법 제40조 참조).

[29] 관광종사원 시험 중 면접시험의 평가사항이 아닌 것은?

① 응시이유
② 국가관·사명감 등 정신자세
③ 예의·품행·성실성
④ 의사발표의 정확성과 논리성

[해설] 면접시험은 ① 국가관·사명감 등 정신자세, ② 전문지식과 응용능력, ③ 예의·품행·성실성, ④ 의사발표의 정확성과 논리성 등에 관하여 평가한다(동법 시행규칙 제45조).

[30] 관광종사원 자격시험은 시험시행일 며칠 전에 공고해야 하는가?

① 30일 전
② 40일 전
③ 50일 전
④ 60일 전

[해설] 한국산업인력공단은 시험의 응시자격·시험과목·일시·장소·응시절차, 그 밖에 시험에 필요한 사항을 시험 시행일 60일 전에 일간신문에 공고하여야 한다(동법 시행규칙 제49조).

◆ 예상문제 정답 ◆

[01] ②	[02] ①	[03] ④	[04] ①	[05] ③	[06] ①	[07] ④	[08] ③
[09] ④	[10] ④	[11] ③	[12] ③	[13] ④	[14] ③	[15] ①	[16] ②
[17] ④	[18] ③	[19] ②	[20] ④	[21] ②	[22] ③	[23] ④	[24] ③
[25] ①	[26] ③	[27] ④	[28] ①	[29] ①	[30] ④		

핵심 예상문제

Ⅵ. 관광진흥법(3)

[1] 외국인 관광객의 국내여행을 위한 안내업무에 종사할 수 있는 자는?

① 관광통역안내사 자격을 취득한 자
② 국내여행안내사 자격을 취득한 자
③ 호텔경영사 자격을 취득한 자
④ 호텔관리사 자격을 취득한 자

[해설] 관광진흥법 시행령 제36조 관련 〈별표 4〉에 따르면 외국인 관광객의 국내여행을 위한 안내업무는 관광통역안내사 자격을 취득한 자가 종사하도록 되어 있다.

[2] 관광종사원 교육을 위한 매 연도 교육계획은 누가 작성하는가?

① 해당 관광사업자 ② 시·도지사
③ 문화체육관광부장관 ④ 한국관광공사

[해설] 문화체육관광부장관은 관광종사원 교육을 위한 매 연도 교육계획을 작성하고, 그 교육계획에 따라 교육을 받아야 할 관광종사원이 소속되어 있는 관광사업자에게 교육대상자, 교육시간 및 그 밖의 교육실시에 관한 사항을 통보하여야 한다(동법 시행규칙 제55조).

[3] 「관광진흥법」상 관광체험교육프로그램을 개발·보급할 수 있는 자로 옳은 것은?

① 한국관광공사의 사장
② 한국관광협회중앙회의 회장
③ 한국여행업협회의 회장
④ 지방자치단체의 장

[해설] **「관광진흥법」 제48조의5(관광체험교육프로그램 개발)**:
문화체육관광부장관 또는 지방자치단체의 장은 관광객에게 역사·문화·예술·자연 등의 관광자원과 연계한 체험기회를 제공하고, 관광을 활성화하기 위하여 관광체험교육프로그램을 개발·보급할 수 있다. 이 경우 장애인을 위한 관광체험교육프로그램을 개발하여야 한다.

[4] 「관광진흥법」상 여행이용권의 지급대상으로 옳은 것은?

① 관광사업자
② 관광종사원
③ 관광취약계층
④ 외국인 관광객

[해설] 국가 및 지방자치단체는 「국민기초생활 보장법」에 따른 수급권자와 그 밖에 소득 수준이 낮은 저소득층 등 대통령령으로 정하는 관광취약계층에게 여행이용권을 지급할 수 있다(관광진흥법 제47조의5 참조).

[5] 관광진흥법령상 국외여행 인솔자의 자격요건으로 옳은 것은?

① 여행업체에서 3개월 이상 근무하고 국외여행경험이 있는 자
② 관광통역안내사 자격을 취득한 자
③ 여행업체에서 근무하고 국외여행경험이 있는 자로서 시·도지사가 지정하는 양성교육을 이수한 자
④ 대통령령으로 정하는 교육기관에서 국외여행인솔에 필요한 양성교육을 이수한 자

[해설] **국외여행인솔자의 자격요건(관광진흥법 시행규칙 제22조):**

1. 관광통역안내사 자격을 취득할 것
2. 여행업체에서 6개월 이상 근무하고 국외여행경험이 있는 자로서 문화체육관광부장관이 정하는 소양교육을 이수할 것
3. 문화체육관광부장관이 지정하는 교육기관에서 국외여행 인솔에 필요한 양성교육을 이수할 것

[6] 관광진흥법령상 관광통계 작성 범위로 옳지 않은 것은?

① 국민의 관광행태에 관한 사항
② 외국인 방한 관광객의 경제수준에 관한 사항
③ 관광사업자의 경영에 관한 사항
④ 관광지와 관광단지의 현황 및 관리에 관한 사항

[해설] 관광통계의 작성범위는 다음과 같다(관광진흥법 시행령 제41조의2).

1. 외국인 방한(訪韓) 관광객의 관광행태에 관한 사항
2. 국민의 관광행태에 관한 사항
3. 관광사업자의 경영에 관한 사항
4. 관광지와 관광단지의 현황 및 관리에 관한 사항
5. 그 밖에 문화체육관광부장관 또는 지방자치단체의 장이 관광산업의 발전을 위하여 필요하다고 인정하는 사항

[7] 관광진흥법령상 도시지역의 주민이 거주하고 있는 주택을 이용하여 외국인 관광객에게 한국의 가정문화를 체험할 수 있도록 숙식 등을 제공하는 업은?

① 한옥체험업
② 관광식당업
③ 한국전통호텔업
④ 외국인관광 도시민박업

[해설] '외국인관광 도시민박업'(관광진흥법 시행령 제2조제1항 6호 〈개정 2014.11.28.〉)
도시지역(농어촌지역 및 준농어촌지역은 제외한다)의 주민이 거주하고 있는 단독주택 또는 다가구주택과 아파트, 연립주택 또는 다세대 주택을 이용하여 외국인 관광객에게 한국의 가정문화를 체험할 수 있도록 숙식 등을 제공하는 사업을 말하는데, 종전까지는 외국인관광 도시민박업의 지정을 받으면 외국인 관광객에게만 숙식 등을 제공할 수 있었으나, 도시재생활성화계획에 따라 마을기업이 운영하는 외국인관광 도시민박업의 경우에는 외국인 관광객에게 우선하여 숙식 등을 제공하되, 외국인 관광객의 이용에 지장을 주지 아니하는 범위에서 해당 지역을 방문하는 내국인 관광객에게도 그 지역의 특성화된 문화를 체험할 수 있도록 숙식 등을 제공할 수 있게 하였다(관광진흥법 시행령 제2조제1항제6호 카목 〈개정 2014.11.28.〉).

[8] 「관광진흥법」상 여행이용권의 지급 및 관리에 관한 설명으로 옳지 않은 것은?

① 국가 및 지방자치단체는 대통령령으로 정하는 관광취약계층에게 여행이용권을 지급할 수 있다.
② 국가 및 지방자치단체는 여행이용권의 수급자격 및 자격유지의 적정성을 확인하기 위하여 필요한 가족관계증명 자료 등 대통령령으로 정하는 자료를 관계기관의 장에게 요청할 수 있다.
③ 국가 및 지방자치단체는 여행이용권의 발급 등 여행이용권 업무의 효율적 수행을 위하여 전담기관을 지정할 수 있다.
④ 국가 및 지방자치단체는 여행이용권의 이용기회 확대 및 지원업무의 효율성을 제고하기 위하여 여행이용권과 문화이용권을 통합하여 운영할 수 있다.

[해설] 「관광진흥법」 제47조의5(여행이용권의 지급 및 관리)에 관한 설명으로 ①·②·③은 이에 합당한 설명이나, ④는 문화체육관광부장관이 아닌 국가 및 지방자치단체가 여행이용권과 문화이용권을 통합하여 운영할 수 있다고 한 점에서 잘못된 설명이다.

[9] 관광특구의 진흥계획에 포함되어야 하는 사항으로 옳지 않은 것은?

① 퇴폐행위·호객행위 근절대책
② 관광불편신고센터의 운영계획
③ 지역주민의 의견청취

④ 외국인 관광객을 위한 관광상품 개발·육성계획

[해설] 관광특구의 진흥계획에 포함되어야 할 사항으로는 ①·②·④ 외에 범죄예방 계획 및 바가지요금 근절대책 등이 있으나(관광진흥법 시행규칙 제65조 참조), ③은 이에 해당되는 사항이 아니다.

[10] 관광진흥법상 외국인 의료관광 지원과 관련된 내용으로 옳지 않은 것은?

① 문화체육관광부장관이 정하는 기준을 충족하는 외국인 의료관광 관련 기관에 관광진흥개발기금을 대여할 수 있다.
② 문화체육관광부장관은 외국인 의료관광 전문인력을 양성하는 전문교육기관 중에서 우수 전문교육기관이나 우수 교육과정을 선정하여 지원할 수 있다.
③ 문화체육관광부장관은 외국인 의료관광 안내에 대한 편의를 제공하기 위하여 국내외에 외국인 의료관광 유치 안내센터를 설치·운영할 수 있다.
④ 문화체육관광부장관은 의료관광의 활성화를 위하여 지방자치단체의 장이나 외국인 환자 유치 의료기관 또는 유치업자와 공동으로 해외마케팅사업을 추진할 수 있다.

[해설] 외국인 의료관광 지원과 관련된 내용으로 ②·③·④는 이에 합당한 설명이나(관광진흥법 시행령 제8조의3 참조), ①은 이에 합당한 내용이 아니다.

[11] 관광진흥법령상 관광종사원의 자격 등에 관한 내용으로 옳지 않은 것은?

① 파산선고를 받고 복권되지 아니한 자는 취득하지 못한다.
② 관광종사원의 자격을 취득하려는 자는 문화체육관광부장관이 실시하는 시험에 합격한 후 문화체육관광부장관에게 등록하여야 한다.
③ 관광종사원의 자격증을 분실하게 되면 한국관광공사의 사장에게 재교부를 신청하여야 한다.
④ 관할 등록기관 등의 장은 대통령령으로 정하는 관광업무에는 관광종사원의 자격을 가진 자가 종사하도록 해당 관광사업자에게 권고할 수 있다.

[해설] ③관광종사원 자격증을 잃어버리거나 못 쓰게 되면 문화체육관광부장관에게 그 자격증의 재교부를 신청할 수 있다(관광진흥법 제38조 제4항 참조).

[12] 관광진흥법령상 유원시설업자 중 물놀이형 유기시설 또는 유기기구를 설치한 자가 지켜야 하는 안전·위생기준으로 옳지 않은 것은?

① 영업 중인 사업장에 의사를 1명 이상 배치하여야 한다.
② 이용자가 쉽게 볼 수 있는 곳에 수심 표시를 하여야 한다.
③ 풀의 물이 1일 3회 이상 여과기를 통과하도록 하여야 한다.

④ 음주 등으로 정상적인 이용이 곤란하다고 판단될 때에는 음주자 등의 이용을 제한하여야 한다.

[해설] '물놀이형 유기시설·유기기구의 안전·위생기준'에 따르면, 사업자는 영업중인 물놀이형 유기시설·유기기구 사업장에 「의료법」에 따른 간호사 또는 「간호조무사 및 의료유사업자에 관한 규칙」에 따른 간호조무사를 1명 이상 배치하여야 한다(관광진흥법 시행규칙 제39조의2 관련 별표 10의2 참조). 따라서 ①은 합당한 내용이 아니다.

[13] 다음은 한국관광협회중앙회의 공제사업 운영에 대한 설명이다. 틀린 것은?

① 협회가 공제사업의 허가를 받으려면 공제규정을 첨부하여 문화체육관광부장관에게 신청하여야 한다.
② 공제규정에는 사업의 실시방법, 공제계약, 공제분담금 및 책임준비금의 산출방법에 관한 사항이 포함되어야 한다.
③ 공제규정을 변경하려면 문화체육관광부장관의 승인을 받아야 한다.
④ 공제사업에 관한 회계는 다른 사업의 회계와 일괄처리하여야 한다.

[해설] ④공제사업에 관한 회계는 협회의 다른 사업에 관한 회계와 구분하여 경리하여야 한다(관광진흥법 시행령 제39조 제5항).

[14] 한국관광협회중앙회의 업무사항이 아닌 것은?

① 관광사업의 발전을 위한 업무
② 회원의 공제사업
③ 관광안내소의 운영
④ 관광자원의 개발

[해설] 협회의 업무사항으로는 ①·②·③ 외에 관광통계, 관광종사원의 교육과 사후관리, 관광사업 진흥에 필요한 조사·연구 및 홍보, 국가나 지방자치단체로부터의 위탁받은 업무 및 각종 수익사업 등이 있다(관광진흥법 제43조 참조). ④는 협회의 업무사항이 아니다.

[15] 관광개발기본계획에 포함되는 사항이 아닌 것은?

① 전국의 관광여건과 관광동향에 관한 사항
② 전국의 관광수요와 공급에 관한 사항
③ 관광권역의 설정에 관한 사항
④ 관광자원의 개발자금에 관한 사항

[해설] "기본계획"에 포함되는 사항으로는 ①·②·③ 외에 관광자원의 보호·개발·이용·관리 등에 관한 기본적인 사항, 관광권역별 관광개발의 기본방향에 관한 사항, 그 밖에 관광개발에 관한 사항 등이 있다(관광진흥법 제49조 제1항 참조). ④는 "기본계획"의 해당 사항이 아니다.

[16] 권역별 관광개발계획에 포함되는 사항이 아닌 것은?

① 관광자원의 보호·개발·이용·관리 등에 관한 사항
② 관광지 및 관광단지의 조성·정비·보완 등에 관한 사항
③ 관광사업의 추진에 관한 사항
④ 관광권역별 관광개발의 기본방향에 관한 사항

[해설] ④는 관광개발기본계획에 포함되는 사항이다(관광진흥법 제49조 제1항·제2항 참조).

[17] 문화체육관광부장관은 권한의 일부를 누구에게 위임할 수 있는가?

① 시·도지사
② 시장·군수·구청장
③ 한국관광공사
④ 한국관광협회중앙회

[해설] 문화체육관광부장관의 권한은 대통령령으로 정하는 바에 따라 그 일부를 시·도지사에게 위임할 수 있다(관광진흥법 제80조 제1항).

[18] 문화체육관광부장관이 협회에 위탁하는 사항으로 맞는 것은?

① 관광통역안내사 및 호텔관리사의 자격시험
② 국내여행안내사의 자격시험
③ 관광식당업의 지정 및 지정취소
④ 국외여행 인솔자의 등록 및 자격증 발급

[해설] ①은 한국관광공사에 위탁하고, ③은 지역별 관광협회에 위탁하며, ④는 업종별 관광협회에 위탁한다.

[19] 관광특구의 지정요건에 적합하지 않은 것은?

① 관광안내시설, 공공편익시설 및 숙박시설 등이 갖추어져 외국인 관광객의 관광수요를 충족시킬 수 있는 지역일 것
② 해당 지역의 최근 1년간 외국인 관광객이 10만명 이상일 것
③ 임야·농지·공업용지 또는 택지 등 관광활동과 직접적인 관련성이 없는 토지가 관광특구 전체 면적의 10%를 초과하지 아니할 것
④ 주변의 환경이 수려하고 환경영향평가에 적합한 지역일 것

[해설] 「관광진흥법」 제70조 및 동법 시행령 제58조의 규정을 살펴보면, ①·②·③은 관광특구 지정요건에 부합되나, ④는 지정요건에 부합되지 않는다고 본다.

[20] 관광지 및 관광단지의 지정권자는?

① 시·도지사
② 국토교통부장관
③ 환경부장관
④ 문화체육관광부장관

[해설] 관광지 및 관광단지는 문화체육관광부령으로 정하는 바에 따라 시장·군수·구청장의 신청에 의하여 시·도지사가 지정한다. 다만, 특별자치도의 경우에는 특별자치도지사가 지정한다(관광진흥법 제52조 제1항).

[21] 관광지와 관광단지 조성계획의 승인권자는?

① 시·도지사
② 한국관광공사
③ 문화체육관광부장관
④ 지역별관광협회

[해설] '관광지등'의 조성계획은 관광지등을 관할하는 시장·군수·구청장이 작성하여 시·도지사의 승인을 받아야 한다. 다만, 관광단지의 경우에는 관광단지를 개발하려는 '관광단지개발자'(공공법인 또는 민간개발자)가 조성계획을 작성하여 시·도지사의 승인을 받을 수 있다(동법 제54조 1항). 관광지등을 관할하는 특별자치도지사는 관계 행정기관의 장과 협의하여 조성계획을 수립하고, 조성계획을 수립한 때에는 지체 없이 이를 고시하여야 한다(동법 제54조 5항).

[22] 관할 등록기관등의 장이 사업정지처분을 갈음하여 과징금을 부과할 경우 그 액수는?

① 500만원 이상
② 1천만원 이하
③ 2천만원 이하
④ 3천만원 이하

[해설] 관할 등록기관등의 장은 그 사업의 정지가 그 사업의 이용자 등에게 심한 불편을 주거나 그 밖에 공익을 해칠 우려가 있으면 사업정지처분을 갈음하여 2천만원 이하의 과징금을 부과할 수 있다(관광진흥법 제37조 1항).

[23] 다음 중 문화체육관광부장관의 권한 가운데 한국관광공사에 위탁한 것은?

① 국내여행안내사시험에 관한 사항
② 관광통역안내사 및 호텔경영사의 자격시험, 등록증의 교부업무
③ 호텔서비스사의 자격시험에 관한 권한

④ 카지노기구의 검사에 관한 권한

[해설] 문화체육관광부장관의 권한사항이나 한국관광공사에 위탁한 것으로는 우수숙박시설의 지정 및 지정취소에 관한 권한, 관광종사원 중 관광통역안내사·호텔경영사·호텔관리사의 자격시험·등록 및 자격증 발급에 관한 권한 등이다(관광진흥법 제38조, 동법시행령 제65조 제1항 1의2호 및 4호). 국내여행안내사 및 호텔서비스사의 자격시험 등에 관한 권한은 한국관광협회중앙회에 위탁하고 있고(동법시행령 제65조 제1항 5호), 카지노기구의 검사에 관한 권한은 문화체육관광부장관이 지정하는 검사기관에 위탁하고 있다(동법 시행령 제65조 1항 2호).

[24] 사업시행자는 '관광지등'의 조성사업 시행에 따라 생활의 근거를 잃게 된 자에게 이주대책을 수립해야 하는데, 다음 중 이 대책에 포함되지 않는 것은?

① 택지 및 농경지의 매입
② 이주보상금
③ 이주대책에 따른 비용
④ 취업알선

[해설] 이주대책에 포함되는 내용으로는 ㉮ 택지 및 농경지의 매입, ㉯ 택지조성 및 주택의 건설, ㉰ 이주보상금, ㉱ 이주방법 및 이주시기, ㉲ 이주대책에 따른 비용, ㉳ 그 밖에 필요한 사항(동법 제66조, 동법 시행령 제57조) 등이다. 따라서 ④취업알선은 이주대책에 포함되지 않는다.

[25] 권역별 관광개발계획의 수립 및 확정절차로서 틀린 것은?

① 권역계획은 10년마다 그 지역을 관할하는 시·도지사가 수립한다.
② 수립한 권역계획은 문화체육관광부장관이 조정하고 관계기관의 장과 협의하여 확정한다.
③ 권역계획 중 경미한 사항의 변경에 대하여는 관계기관의 장과의 협의를 갈음하여 문화체육관광부장관의 승인을 받아야 한다.
④ 시·도지사는 권역계획이 확정되면 그 요지를 공고하여야 한다.

[해설] ①권역계획은 5년마다 그 지역을 관할하는 시·도지사(특별자치도지사는 제외한다)가 수립하여야 한다(동법 제51조 및 시행령 제42조). ②·③·④는 관광진흥법 제51조 제2항 및 제3항의 규정이다.

[26] 다음 행정벌에 관한 설명 중 옳지 않은 것은?

① 행정벌은 행정법상의 의무위반에 대하여 일반통치권에 기하여 제재로서 과하는 벌을 말한다.
② 행정벌에는 형법전에 형명(刑名)이 있는 벌을 과하는 행정형벌과 형법전에 형명이 없는 벌인 행정질서벌(과태료)로 구별된다.

③ 행정형벌은 형법에 규정된 형벌(사형·징역·금고·자격상실·자격정지·벌금·구류·과료·몰수)을 과하는 경우로서 행정벌의 중심적 위치를 차지하고 있다.
④ 행정벌을 과하는 데는 특별한 규정이 있는 경우를 제외하고는 형법총칙의 규정이 적용되며, 과형절차도 형사소송절차에 따른다.

[해설] ④행정벌 가운데 행정형벌에 관하여는 특별규정이 있는 경우를 제외하고는 형법총칙의 규정이 적용되며(형법 제8조), 그 과형절차에 있어서도 법원에서의 형사소송절차에 의하는데 반하여, 행정질서벌(과태료)에는 형법총칙의 규정이 적용되지 아니하고 그 과형절차도 「비송사건절차법」에 따른 과태료재판을 한다(비송사건절차법 제247조 참조).

[27] 다음은 과태료에 관한 설명이다. 옳지 않은 것은?

① 과태료는 법률질서에 대한 위반이기는 하나, 형벌을 과할 정도가 아닌, 단순한 의무위반에 대해 과하는 벌이다.
② 과태료는 관할 경찰청장이 부과·징수한다.
③ 과태료처분을 받은 자가 이의를 제기하면 관할 등록기관등의 장은 지체 없이 관할 법원에 그 사실을 통보하고, 그 통보를 받은 법원은 「비송사건절차법」에 따라 재판을 한다.
④ 과태료처분에 불복하는 자는 그 처분을 고지받은 날부터 30일 이내에 관할 등록기관등의 장에게 이의를 제기할 수 있다.

[해설] ② 과태료는 대통령령으로 정하는 바에 따라 관할 등록기관등의 장이 부과·징수한다(관광진흥법 제86조 제2항, 동법시행령 제67조).

[28] '관할등록기관등의 장'이 행정처분을 하려고 할 때 청문(聽聞)을 실시해야 하는 경우가 아닌 것은?

① 카지노업의 허가취소
② 관광호텔업의 영업정지
③ 관광종사원자격의 취소
④ '관광지등'의 조성계획승인의 취소

[해설] '관할등록기관등의 장'은 ㉠ '관광사업의 등록등'의 취소, ㉡ 사업계획승인의 취소, ㉢ 관광종사원 자격의 취소, ㉣ '관광지등'의 조성계획 승인의 취소 등의 처분을 하고자 하는 경우에는 처분의 상대방이나 이해관계인의 의견을 듣기 위한 청문을 실시하여야 한다(동법 제77조). 따라서 ②관광호텔업의 영업정지는 청문의 대상이 되지 않는다.

[29] 카지노업을 경영하고자 하는 자가 허가를 받지 아니하고 영업을 하였을 때 벌칙은?

① 5년 이하의 징역 또는 5천만원 이하의 벌금
② 3년 이하의 징역 또는 3천만원 이하의 벌금
③ 3년 이하의 징역 또는 1천만원 이하의 벌금
④ 2년 이하의 징역 또는 1천만원 이하의 벌금

[해설] 카지노업의 허가를 받지 아니하고 카지노업을 경영한 자는 5년 이하의 징역 또는 5천만원 이하의 벌금에 처한다(관광진흥법 제81조).

[30] 등록을 하지 않고 여행업·관광숙박업·국제회의업 및 관광객이용시설업을 경영하는 자에 대한 벌칙은?

① 5년 이하의 징역 또는 5천만원 이하의 벌금
② 3년 이하의 징역 또는 3천만원 이하의 벌금
③ 2년 이하의 징역 또는 1천만원 이하의 벌금
④ 1년 이하의 징역 또는 3백만원 이하의 벌금

[해설] 등록을 하지 아니하고 여행업·관광숙박업·국제회의업 및 관광객이용시설업을 경영하는 자는 3년 이하의 징역 또는 3천만원 이하의 벌금에 처한다(관광진흥법 제82조).

[31] 과징금의 부과요건으로서 틀린 것은?

① 관광사업자가 행정처분의 사유에 해당하는 행위를 하여야 한다.
② 행정처분으로서 사업의 정지를 명하는 경우에 한한다.
③ 사업의 정지가 당해 사업의 이용자 등에게 심한 불편을 주거나 공익을 해칠 우려가 있어야만 가능하다.
④ 사업정지에 갈음하여 1,000만원 이하의 금액납부를 명한다.

[해설] ④'관할등록기관등의 장'은 관광사업자가 위반행위를 하여 사업정지를 명하여야 하는 경우에 그 사업정지가 이용자 등에게 심한 불편을 주거나 그 밖에 공익을 해칠 우려가 있는 때에는 그 사업정지처분에 갈음하여 2,000만원 이하의 과징금을 부과할 수 있다(관광진흥법 제37조).

[32] 과태료는 누가 부과·징수하는가?

① 문화체육관광부장관
② 관할 경찰서장
③ 시·도지사
④ 관할 등록기관등의 장

[해설] 행정질서벌로서의 과태료는 '관할 등록기관등의 장'이 부과·징수한다(동법 제86조 2항, 동법시행령 제67조).

◆ 예상문제 정답 ◆

[01] ①	[02] ③	[03] ④	[04] ③	[05] ②	[06] ②	[07] ④	[08] ④
[09] ③	[10] ①	[11] ③	[12] ①	[13] ④	[14] ④	[15] ④	[16] ④
[17] ①	[18] ②	[19] ④	[20] ①	[21] ①	[22] ③	[23] ②	[24] ④
[25] ①	[26] ④	[27] ②	[28] ②	[29] ①	[30] ②	[31] ④	[32] ④

핵심 예상문제

Ⅶ. 국제회의산업법

[1] 「국제회의산업 육성에 관한 법률」(이하 "국제회의산업법"이라 한다)의 제정시기는?

① 1961. 8. 22.
② 1975. 12. 31.
③ 1986. 12. 31.
④ 1996. 12. 30.

[해설] '국제회의산업법'은 1996. 12. 30. 법률 제5210호로 제정되었다.

[2] 「국제회의산업 육성에 관한 법률」의 제정목적과 거리가 먼 것은?

① 국제회의의 유치 촉진
② 국제회의산업 육성·진흥
③ 국민경제의 향상
④ 관광시설의 서비스 개선

[해설] 이 법은 국제회의의 유치를 촉진하고 국제회의산업을 육성·진흥함으로써 관광산업의 발전과 국민경제의 향상 등에 이바지함을 목적으로 한다(국제회의산업법 제1조).

[3] 국제기구 또는 국제기구에 가입한 기관 또는 법인·단체가 개최하는 회의로서 국제회의 요건으로 틀린 것은?

① 해당 회의에 5개국 이상의 외국인이 참가할 것
② 회의참가자가 300명 이상이고 그 중 외국인이 100명 이상일 것
③ 3일 이상 진행되는 회의일 것
④ 회의 개최에 필요한 부대시설을 반드시 확보할 것

[해설] ④는 국제회의 개최에 필요한 요건이 아니다('국제회의산업법 시행령' 제2조 제1호 참조).

[4] 「국제회의산업 육성에 관한 법률」에서 사용하는 용어의 정의로 틀린 것은?

① 국제회의란 상당수의 외국인이 참가하는 회의로서 대통령령으로 정하는 종류와 규모에 해당하는 것을 말한다.
② 국제회의산업이란 국제회의의 유치와 개최에 필요한 국제회의시설, 숙박시설 등과 관련된 산업을 말한다.
③ 국제회의시설이란 국제회의의 개최에 필요한 회의시설, 전시시설 및 이와 관련된 부대시설 등을 말한다.
④ 국제회의도시란 국제회의산업의 육성·진흥을 위하여 지정된 특별시·광역시 또는 시를 말한다.

[해설] ②국제회의산업은 숙박시설이 아니라 서비스 등과 관련된 산업을 말한다(국제회의산업법 제2조 제2호 참조).

[5] 국제회의산업 육성 기본계획을 수립·시행하는 데에 포함되는 사항이 아닌 것은?

① 국제회의의 유치와 촉진에 관한 사항
② 국제회의의 원활한 개최에 관한 사항
③ 국제회의에 필요한 인력의 양성에 관한 사항
④ 국제회의 시설의 재정지원에 관한 사항

[해설] "기본계획"에 포함되는 사항으로는 ①·②·③ 외에 국제회의시설의 설치와 확충에 관한 사항, 그 밖에 국제회의산업의 육성·진흥에 관한 중요 사항 등이 있다(국제회의산업법 제6조 참조). 따라서 포함되는 사항이 아닌 것은 ④이다.

[6] 국제기구에 가입하지 아니한 기관 또는 법인·단체가 개최하는 국제회의로서 참가자 중 외국인의 수는 얼마 이상이어야 하는가?

① 150명 이상
② 200명 이상
③ 250명 이상
④ 300명 이상

[해설] ①국제기구에 가입하지 아니한 기관 또는 법인·단체가 개최하는 회의의 요건은 회의참가자 중 외국인이 150명 이상이어야 하고 2일 이상 진행되는 회의일 것을 요한다(국제회의산업법 시행령 제2조 제2호 참조).

[7] 국제회의 전담조직의 업무가 아닌 것은?

① 국제회의 유치 및 개최 지원
② 국제회의산업의 국내 홍보
③ 국제회의 관련 정보의 수집 및 배포
④ 국제회의 전문인력의 교육 및 수급

[해설] ②국제회의 전담조직의 업무는 국제회의산업의 국외 홍보이다(국제회의산업법 시행령 제9조 참조).

[8] 국제회의시설 중 전문회의시설이 갖추어야 할 요건이 아닌 것은?

① 2천명 이상의 인원을 수용할 수 있는 대회의실이 있을 것
② 30명 이상의 인원을 수용할 수 있는 중·소회의실이 10실 이상 있을 것
③ 회의개최에 필요한 부대시설을 확보하고 있을 것
④ 2천제곱미터 이상의 옥내외전시면적을 확보하고 있을 것

[해설] ③은 전문회의시설이 갖추어야 할 요건이 아니다(국제회의산업법 시행령 제3조 제2항 참조).

[9] 전문회의시설이 갖추어야 할 대회의실의 수용인원은?

① 2천명 이상
② 3천명 이상
③ 5천명 이상
④ 1만명 이상

[해설] 전문회의시설은 2천명 이상의 인원을 수용할 수 있는 대회의실을 갖추고 있어야 한다(국제회의산업법 시행령 제3조 제2항 참조).

[10] 전문회의시설이 갖추어야 할 옥내와 옥외를 합친 전시면적은 얼마 이상이어야 하는가?

① 2,000제곱미터 이상
② 2,500제곱미터 이상
③ 3,000제곱미터 이상
④ 3,500제곱미터 이상

[해설] 국제회의시설 중 전문회의시설은 옥내와 옥외의 전시면적을 합쳐서 2천제곱미터 이상 확보하고 있어야 한다(국제회의산업법 시행령 제3조 제2항 참조).

[11] 준회의시설이 갖추어야 할 대회의실의 수용인원은 얼마 이상이어야 하는가?

① 200명 이상
② 500명 이상
③ 600명 이상
④ 1,000명 이상

[해설] 준회의시설은 국제회의 개최에 필요한 회의실로 활용할 수 있는 호텔연회장·공연장·체육관 등의 시설로서 200명 이상의 인원을 수용할 수 있는 대회의실이 있어야 한다(국제회의산업법 시행령 제3조 제3항 참조).

[12] 국제회의 전시시설이 갖추어야 하는 중·소회의실은 몇 실 이상인가?

① 2실 이상
② 3실 이상
③ 5실 이상
④ 10실 이상

[해설] 30명 이상의 인원을 수용할 수 있는 중·소회의실이 5실 이상 있어야 한다(국제회의산업법 시행령 제3조 제4항).

[13] 국제회의시설의 부대시설로 적합하지 않은 것은?

① 음식점시설
② 주차시설
③ 휴식시설
④ 공연장시설

[해설] 전문회의시설·준회의시설 및 전시시설의 부대시설은 숙박시설, 주차시설, 음식점시설, 휴식시설, 판매시설 등으로 한다(국제회의산업법 시행령 제3조 제5항 참조).

[14] 국제회의도시를 지정하는 경우 그 지정기준으로 잘못된 것은?

① 지정대상 도시에 휴식시설, 판매시설이 갖추어져 있을 것
② 지정대상 도시에 국제회의시설이 있고, 해당 특별시·광역시 또는 시에서 이를 활용한 국제회의산업 육성에 관한 계획을 수립하고 있을 것
③ 지정대상 도시에 국제회의 참가자를 위한 편의시설이 갖추어져 있을 것
④ 지정대상 도시에 풍부한 관광자원이 있을 것

[해설] **국제회의도시의 지정기준**(국제회의산업법 시행령 제13조):

1. 지정대상 도시에 국제회의시설이 있고, 해당 특별시·광역시 또는 시에서 이를 활용한 국제회의산업 육성에 관한 계획을 수립하고 있을 것
2. 지정대상 도시에 숙박시설·교통시설·교통안내체계 등 국제회의 참가자를 위한 편의시설이 갖추어져 있을 것
3. 지정대상 도시 또는 그 주변에 풍부한 관광자원이 있을 것

[15] 문화체육관광부장관이 국제회의산업 육성기반을 조성하기 위하여 관계 중앙행정기관의 장과 협의하여 추진하여야 할 사업이 아닌 것은?

① 국제회의시설의 건립
② 국제회의 전문인력의 양성
③ 국제회의산업에 관한 정보와 통계의 수집·분석 및 유통
④ 국제회의산업에 관한 국내 홍보사업

[해설] ④중앙행정기관의 장과 협의하여 추진하여야 할 사업은 국제회의산업에 관한 국외 홍보사업이다(국제회의산업법 제8조 제1항 및 동법시행령 제12조 1항 참조).

[16] 문화체육관광부장관은 국제회의산업육성기반 조성과 관련된 국제협력을 촉진하기 위하여 사업시행기관이 추진하는 사업을 지원할 수 있는데, 다음 중 이에 해당하는 사업으로 볼 수 없는 것은?

① 국제회의 관련 국제협력을 위한 조사·연구
② 국제회의 전문인력 및 정보의 국제교류
③ 국제회의 관련 국내 기관·단체의 지원사업
④ 그 밖에 국제협력을 촉진하기 위하여 필요한 사업으로서 문화체육관광부령으로 정하는 사업

[해설] ③외국의 국제회의 관련 기관·단체의 국내 유치사업에 지원할 수 있다(국제회의산업법 제11조 참조).

[17] 문화체육관광부장관은 국제회의 전문인력의 양성 등을 위하여 사업시행기관이 추진하는 사업을 지원할 수 있는데, 다음 중 이에 해당되지 않는 것은?

① 국제회의 전문인력의 교육훈련
② 국제회의 전문인력 교육과정의 개발·운영
③ 국제회의 전문인력의 교육훈련과 관련하여 문화체육관광부령으로 정하는 필요한 사업
④ 국제회의에 필요한 인력의 양성기관에 대한 재정지원

[해설] ④는 여기에 해당되지 않는다(국제회의산업법 제10조 참조).

[18] 다음은 국제회의도시의 지정에 관한 설명이다. 틀린 것은?

① 국제회의도시란 국제회의산업의 육성·지원을 위하여 문화체육관광부장관에 의하여 지정된 특별시·광역시 또는 시를 말한다.
② 지정대상도시 안에 국제회의시설이 있고, 당해 특별시·광역시 등이 이를 활용한 국제회의산업육성에 관한 계획을 수립하고 있을 것을 요한다.
③ 지정대상도시 안에 숙박시설·교통시설 등 국제회의 참가자를 위한 편의시설이 갖추어져 있을 것을 요한다.
④ 지정대상도시 안에 국제회의시설 및 편의시설이 갖추어져 있으면 그 주변에 관광자원의 유무는 고려하지 않는다.

[해설] ④국제회의도시의 지정기준은 지정대상도시 또는 그 주변에 풍부한 관광자원이 있을 것을 요한다(국제회의육성법 시행령 제13조 참조).

[19] 문화체육관광부장관은 국제회의 정보의 공급·활용·유통을 촉진하기 위하여 사업시행기관이 추진하는 다음의 사업을 지원할 수 있는데, 틀린 것은?

① 국제회의 정보 및 통계의 수집·분석
② 국제회의 정보의 가공 및 유통
③ 국제회의 정보망의 구축 및 운영
④ 국제회의시설의 건립

[해설] ④국제회의시설의 건립사업은 국제회의 정보의 공급 및 활용 등과는 관계없다(국제회의육성법 제13조 2항 참조).

[20] "국제회의산업법"상 국제회의 전담조직에 대한 내용으로 옳은 것은?

① 외교부장관은 국제회의 유치·개최의 지원업무를 국제회의 전담조직에 위탁할 수 있다.
② 산업통상자원부장관이 국제회의 전담조직을 지정한다.
③ 국제회의 전담조직은 국제회의 관련 정보의 수집 및 배포업무를 담당한다.
④ 국제회의 전담조직은 국제회의도시를 지정할 수 있다.

[해설] ③국제회의 전담조직은 국제회의 관련 정보의 수집 및 배포업무를 담당한다(국제회의산업법 시행령 제9조 참조).

[21] 다음은 국제회의산업 육성기본계획에 관한 설명이다. 옳지 않은 것은?

① 문화체육관광부장관은 국제회의산업의 육성·진흥을 위하여 '육성기본계획'을 수립·시행하여야 한다.

② 문화체육관광부장관은 국제회의산업 육성과 관련된 기관의 장에 대하여 기본계획의 효율적인 달성을 위하여 필요한 협조를 요청할 수 있다.

③ 문화체육관광부장관이 '기본계획'을 수립 또는 변경하려는 경우에는 먼저 국제회의산업과 관련이 있는 기관 또는 단체 등의 의견을 들어야 할 뿐만 아니라, '육성위원회'의 심의를 거쳐야 한다.

④ 육성기본계획에는 국제회의의 유치와 촉진에 관한 사항 외에 국제회의산업의 육성·진흥에 관한 중요 사항이 포함되어야 한다.

[해설] ③문화체육관광부장관이 기본계획을 수립하거나 변경하는 경우에는 국제회의산업과 관련이 있는 기관 또는 단체 등의 의견을 들어야 하며, 그것으로서 족하다. '육성위원회'는 2009.3.18. 폐지되었다(국제회의산업법 제6조 참조).

◆ 예상문제 정답 ◆

[01] ④	[02] ④	[03] ④	[04] ③	[05] ④	[06] ①	[07] ②	[08] ③
[09] ①	[10] ①	[11] ②	[12] ③	[13] ④	[14] ④	[15] ④	[16] ③
[17] ④	[18] ④	[19] ④	[20] ③	[21] ③			

참고문헌

강대성, 법과 생활, 삼영사, 2001.
강덕윤 외, 신관광학개론, 백산출판사, 2019.
김미경·정연국 외, 관광학개론, 백산출판사, 2019.
김광근 외, 신관광학의 이해, 백산출판사, 2019.
김병묵·이영준, 생활과 법률, 법문사, 1997.
김사헌, 관광경제학, 백산출판사, 2016.
김영환, 최신관광법규론, 백산출판사, 2005.
김영환 외 4인, 법학개론, 백산출판사, 2006.
박상수·홍성화, 해설관광법규(예상문제 수록), 백산출판사, 2018.
박종국, 신법학개론, 교서관, 1999.
법무부, 한국인의 법과 생활, 2009.
성기룡, 관광법규론, 일신사, 2005.
신동숙·박순영, 최신 관광법규의 이해, 백산출판사, 2017.
원철식·최영준 외, 관광법규와 사례분석, 백산출판사, 2021.
이근영, 민법학개론, 박영사, 2002.
정하중, 행정법개론, 법문사, 2012.
정희천, 최신관광법규론[제20판], 대왕사, 2022.
조진호, 시민생활과 법률, 진영사, 1991.
최명규, 민법총칙[제2판], 법문사, 2014.
홍성찬, 법학개론, 박영사, 2009.
홍정선, 행정법특강, 박영사, 2005.
황해봉, 새로 쓴 행정법강의, 백산출판사, 2006.
법률학사전, 법전출판사, 1990.
문화체육관광부, 관광동향에 관한 연차보고서, 2005~2022.

저자소개

조진호

- 국민대학교 법과대학 법학과 졸업(법학사)
- 고등고시 행정과(제16회) 제1차시험 합격
- 고등고시 사법과(제16회) 제1차시험 합격
- 사법시험(제1, 2회) 제1차시험 합격
- 현) 백산출판사 편집위원
- 저서

  법률상식(1990, 진영사)

  시민생활과 법률(1991, 진영사)

  신관광법규론(공저 : 2002, 백산출판사)

  관광법규론(제1판~제10판, 현학사)

박영숙

- 단국대학교 일어일문학과 학사
- 일본 후쿠오카교육대학 국어교육학 석사
- 일본 구르메대학 대학원 비교문화연구과 문학박사
- 현) 수원과학대학교 호텔관광서비스과 교수

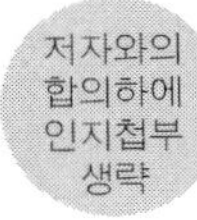

최신 관광법규론

2018년 3월 10일 초　판 1쇄 발행
2024년 1월 10일 개정5판 1쇄 발행

지은이 조진호 · 박영숙
펴낸이 진욱상
펴낸곳 백산출판사
교　정 편집부
본문디자인 조진호
표지디자인 오정은

등　록 1974년 1월 9일 제406-1974-000001호
주　소 경기도 파주시 회동길 370(백산빌딩 3층)
전　화 02-914-1621(代)
팩　스 031-955-9911
이메일 edit@ibaeksan.kr
홈페이지 www.ibaeksan.kr

ISBN 979-11-6639-386-0　93980
값 25,000원